石油安全生产工程丛书

丛书主编：吴 奇 隋 军

井下作业安全手册

于胜泓 郭志伟 等编

石油工业出版社

内 容 提 要

本书是《石油安全生产工程丛书》之一。

全书介绍了与井下作业安全相关的法律法规，井下作业安全生产所必备的一些基本知识、安全生产技术与安全生产管理知识等，并对井下作业的典型事故案例进行了分析。

本书可作为井下作业队一线员工、技术人员和管理人员的案头工具书参考使用，同时也可供石油院校相关专业的师生学习使用。

图书在版编目（CIP）数据

井下作业安全手册 / 于胜泓，郭志伟等编．
北京：石油工业出版社，2010.1
 （石油安全生产工程丛书）
 ISBN 978-7-5021-7575-7

Ⅰ．井…
Ⅱ．①于…②郭…
Ⅲ．井下作业（油气田）－安全技术－技术手册
Ⅳ．TE358-62

中国版本图书馆 CIP 数据核字（2009）第 234219 号

出版发行：石油工业出版社
　　　　　（北京安定门外安华里 2 区 1 号　100011）
　　　　　网　　址：www.petropub.com
　　　　　编辑部：(010)64523739　发行部：(010)64523620
经　　销　全国新华书店
印　　刷　北京中石油彩色印刷有限责任公司
2010 年 1 月第 1 版　2015 年 1 月第 2 次印刷
787×1092 毫米　开本：1/16　印张：20.75
字数：497 千字　印数：3001—4500 册

定价：85.00 元

序

石油工业既是国民经济的支柱产业，又是一个高风险行业。安全生产更关系到社会的稳定、经济的发展和改革开放的进程。强化安全教育培训，提高全员安全素质是保证石油生产安全运行，防止各种事故发生并减少事故损失的重要手段。提高全体职工的安全意识和文化技能素质，使职工懂得高效能地安全生产是企业发展的基础。安全生产是实现企业效益的基本保障。因此，针对生产和现场实践，从实用出发，从生产实践中来，把具体的科学的东西，提炼成普遍的安全生产知识，指导实践，服务生产，就显得非常重要。

根据中国石油天然气股份有限公司安全生产培训教育工作的需要，为了提高广大员工安全生产操作技能，增强自我防范能力，勘探与生产分公司牵头组织编写了这套《石油安全生产工程丛书》。第一批计划编写《采油工程安全手册》、《井下作业安全手册》、《钻井工程安全手册》、《试油试采安全手册》4个分册。

这套丛书主要包括安全生产法律法规、安全基本知识、安全生产技术、安全生产管理、现场急救与事故案例分析等几部分内容。把有关安全生产的法律、法规、标准、制度、技术知识、事故案例等内容提炼出精华，汇编成册，希望能为各专业岗位人员提供必要的指导与借鉴。这套丛书将技术与安全相结合，将安全知识融入到技术细节之中，在讲解技术知识的过程中突出分析了可能发生的安全事故，同时讲述了如何规避可能发生的安全事故。这套丛书的作者都来自于生产现场一线，长期从事技术操作和管理，是一批经验丰富、技术过硬的资深技术人员和管理人员。因此，丛书的内容有助于岗位员工规范"标准动作"，减少"自选动作"，从而规避安全隐患，保证安全生产。本套丛书以岗位安全技术手册的形式编写，可以方便广大员工有选择地翻阅、学习和参考，是现场石油员工的实用工具书。

安全促进生产，生产必须安全。希望广大石油员工加强学习，自觉抵制不安全行为，不断提高自身素质和安全意识，切实做好安全生产工作。

中国石油天然气股份有限公司勘探与生产分公司副总经理、安全总监

吴　奇

前　言

由于石油工业作业环境地处野外，工作环境差，工艺设备种类繁多；又由于石油天然气的易燃、易爆、有毒、有害的特性，属于工业生产中的高危行业。石油工业一旦发生事故，不但可能造成严重人员伤亡和重大经济损失，还会污染环境，造成恶劣的社会影响。因此，保证石油工业生产安全，防止各类事故发生并减少事故损失，是摆在我们面前的首要任务。为此，我们编写了这套《石油安全生产工程丛书》。

《井下作业安全手册》是该套丛书的重要组成部分之一，其主要内容包括：职业安全卫生法律法规、安全基本知识、井下作业工程准备安全、生产井作业施工安全、油水井大修作业安全、压裂酸化作业安全、井下作业井控安全、事故案例分析等。职业安全生产法律法规，主要节选了与井下作业安全相关的法律法规，有利于在短时间内掌握安全生产的大概内容；安全基本知识，主要介绍了井下作业安全生产所必备的一些基本知识，是针对所有专业与岗位人员的一种普遍性知识；安全生产技术与安全生产管理从井下作业工程准备、生产井作业、油水井大修、压裂酸化等几个方面入手，对所涉及的井下作业各个环节进行了系统论述，是本书的主要内容；事故案例分析，通过对井下作业施工范围内发生的安全事故进行认真分析，归类整理，使一个事故类型遍布多个岗位，以为基层各岗位从事安全管理与操作人员提供指导与借鉴。

由于该书涉及面广，内容比较庞杂，同时编者的水平有限，错误与不当之处在所难免。希望有关专家和广大读者能够提出宝贵意见。

编者

2009 年 12 月

目　录

第一章 概 论

第一节 井下作业及其安全生产基本概念

一、井下作业的概念

在油田开发过程中，根据油田调整、改造、完善、挖潜的需要，按照工艺设计要求，利用一套地面和井下设备、工具，对油、水井采取各种井下技术措施，达到提高注采量，改善油层渗流条件及油、水井技术状况，提高采油速度和最终采收率的目的。这一系列井下施工工艺技术统称为井下作业。

二、井下作业的分类

井下作业根据内容分为以下三种。

（1）大修作业：井下故障诊断、复杂打捞、查封窜、找堵漏、找堵水、防砂、回采、修套管、过引鞋加深钻井、套管内侧钻、挤封油水层、油水井报废等施工作业。

（2）中修作业：冲砂、清蜡、检泵、换结构、简单打捞、补孔、封堵、注水泥等施工作业。

（3）小修作业：管内打捞、更换浅部的管杆、不动管柱的热洗、不拆井口的解堵等施工作业。

三、井下作业的形式

（1）起下作业：利用井架、修井机等提升设备进行起下管柱的作业施工。包括更换井内的油管柱、抽油杆柱、调整配产、配注方案、新井下泵、检泵、打捞、处理井下卡钻事故、修理套管、探视井下情况等。

（2）循环作业：利用泵进行的洗井、冲砂、压井、压裂、酸化和封堵等项作业。

（3）旋转作业：利用转盘和钻具及井下工具进行的套洗、研磨、侧钻、钻水泥塞、造扣、倒扣等项作业。

四、井下作业安全生产的概念

（一）安全

从一般意义上讲，安全是指客观事物的危险程度能够被人们普遍接受的状态。包括人身安全、设备安全、设施安全和环境安全等。

（二）安全生产

安全生产是党和国家一贯的方针，也是现代企业管理中的一个基本原则。其含义是：企业在生产经营过程中，建立安全组织，健全安全制度，完善保护措施，消除或控制对人身、设备和环境的危险及有害因素，保障人身、设备和生态环境健康安全，促进劳动生产率的提高。

（三）井下作业安全生产

井下作业安全生产指：井下作业单位在对生产井采取一系列维护修理或技术改造等施工作业过程中，结合 QHSE 管理体系，削减风险，消除各种危害因素，保障人身、设备和环境健康安全。

井下作业属野外施工，其环境繁难、体力繁重、工艺繁多、工序繁琐，生产过程中危险性较大，保障安全生产尤为艰难和重要。实践证明，安全生产必须从教育入手，从预防抓起，提升广大员工的安全防范意识，是搞好安全生产的根本保证。

第二节　井下作业不安全因素及事故类型

井下作业安全是一项系统工程。对于直接与作业井接触的基层生产单位，首先要明确井下作业过程中的不安全因素，有针对性地制定防范措施，查找安全隐患，把事故消灭在萌芽状态，确保生产安全。

一、井下作业不安全因素的分类

井下作业潜在的不安全因素是多方面的、复杂的，大体上概括为物的不安全状态、人的不安全行为、施工环境的不安全限制、安全管理上的缺陷等四类。

（1）物的不安全状态：包括设备、工具、用具缺少安全装置或有缺陷；设备、装置、机械、工程设施等在设计、制造施工及安装方面有缺陷或维护保养不经常，检修不及时；原材料或产品的性质带有不安全因素，如易燃、易燃、有毒等；工艺过程、操作方法上有缺陷；劳动保护用品和设施以及防范措施有缺陷等。

（2）人的不安全行为：主要表现在人与物接触过程中违反安全规定和操作规程。原因一是安全意识不牢、生产技术不强、安全技能不懂、操作规程不会；二是身体状况不佳、思想情绪不宁、岗位职责不清；三是凭老经验、老办法，想当初、想当然，存在侥幸心理、麻痹思想。

（3）施工环境的不安全限制：包括施工现场面积小，场地不平整，天气不好，照明不够，人员不足，设施不全等。

（4）安全管理上的缺陷：包括落实安全生产规章制度不严明，安全保护设施不严谨，劳动保护用品穿戴不严肃，员工安全教育与安全培训不严格，"两书一表"制定不严密，现场检查监督不严厉，生产组织不严谨，环境保护不严防等。

二、井下作业安全事故类型

事故是由于主、客观上某种不安全因素的存在，随时间进程产生某些意外情况时而出现的一种现象。具体表现为正常的活动暂时或永久停止，并且可能造成人身伤亡、财产损失和环境破坏。

井下作业过程中安全事故种类是多种多样的，划分归类的方式也是多种多样的，这里我们按性质分为以下几种类型：

（一）井喷事故

井喷事故是指地层流体（油、气、水）无控制地涌入井筒并喷出地面，造成一定危害程度的现象。

井喷事故的根本原因是地层压力高于井筒液柱对地层的压力。造成这种局面常常是由于选择的压井液密度过低，使压井后井筒液柱对地层的压力低于地层本身的压力，或者是压井过程中压井液被气馕，使进入井筒中的压井液密度降低。另外在起管柱过程中不采取边起边灌压井液的措施，也会使井筒液柱不断降低而导致井喷。当油井处于多层开采，在各层压力系数相差较大的情况下，压井后有的层会发生漏失，当井筒内液柱降低到一定程度，液柱压力低于高压层的压力时，高压层的油、气、水就会喷出，出现井喷。还有一种情况就是，当上提管柱时，一些较大直径工具造成抽吸现象，例如封隔器的胶筒未解封处于膨胀状态时，上提管柱时就会产生抽吸现象，使压井液被带出井外，从而造成井喷。

1. 井喷危害

（1）浪费和毁坏油气资源；

（2）毁坏油井井身结构；

（3）吞噬井口设备；

（4）引起火灾事故；

（5）人员中毒；

（6）人员伤亡；

（7）环境污染；

（8）作业施工难度增大。

2. 井喷预防

井喷预防是施工作业必须做到的工作。井喷有其自身的规律性，预防井喷、消灭井喷是完全能够做到的。预防井喷应从以下几方面做起：

（1）选择密度适当、性能稳定的压井液压井。

（2）选择合适的压井方式和方法压井。循环压井应保持足够的排量，并且要一气呵成。高压气井在压井前应用清水洗井脱气，当压井液进入油管鞋部位时，出口要进行控制，使进出口排量一致。

（3）坚持"边起边灌"的方法，使压井液液面在井口，保持井筒内液柱压力。

（4）作业井井口安装自封封井器、全封封井器、半封封井器，一旦发生井喷立即关闭封井器。

（5）提前做好抢装井口设备的工作，如有井喷预兆就可以迅速地装好井口闸门，防止井喷。

3. 井喷处理

一旦发生井喷事故，要立即组织处理，处理的越早越好。

（1）在井筒内没有油管的情况下要抢装总闸门。将井和总闸门钢圈槽擦干净后放入钢圈，将闸门全部打开，以减少油气上冲力，装好闸门后关闭井口，接好管线强行挤压。

（2）在井内有油管的情况下应立即抢装油管悬挂器及总闸门。

（3）迅速安装全封封井器、半封封井器及自封封井器。

（4）井喷发生后为避免火灾事故，井场应立即熄灭火种，切断电源，撤出与抢救、处理无关的设备，通井机也要视情况采取熄火或撤出的措施。

（5）处理过程中应由经验丰富的人员统一指挥，根据井喷情况配备救护车、消防车等抢救设施。

（二）中毒事故

石油及其蒸气具有一定的毒性，当石油蒸气及石油气从口、鼻进入人的呼吸系统，能使人体器官受害而产生急性或慢性中毒。当空气中油气含量为 0.28% 时，人在该环境中经过 12 ~ 14min 便会有头晕感；如含量达到 1.13% ~ 2.22%，将会使人难以支持；含量更高时，则会使人立即晕倒，失去知觉，造成急性中毒。此时若不能及时发现并抢救，则可能导致窒息死亡。若皮肤经常与原油接触，则会产生脱脂、干燥、裂口、皮炎或局部神经麻木等症状。

石油除了直接给人体造成毒害之外，其排放还会给生态环境造成危害，其中主要是含油污水的排放。石油排入水中后，将漂浮在水面上形成一层油膜，阻止大气中的空气溶解于水，从而造成水体缺氧，影响到水体的自净作用。

石油工业生产中的防中毒措施大体上可归纳为三个方面：

（1）严格控制排放量（其中包括防止泄漏），对生产流程及主要设备进行密闭，以及对含油污水进行处理等。

（2）及时排除聚集于工作场所的油气，主要是采取通风措施，但应指出的是，因油气密度比空气大，常积存于地面上及低洼处，故通风设备应设置于低处。

（3）对工作人员加强防毒知识教育，健全职业卫生制度，强调使用防毒用品等。

（三）火灾事故

燃烧：燃烧是一种发热发光的化学反应。分为固体燃烧、液体燃烧、气体燃烧，并具备可燃物、助燃物、火源三个条件才可燃烧。

着火：可燃物在空气中达到某一温度时，与火源接触即行燃烧，在火源移去后仍能继续燃烧，直至可燃物燃尽为止，这种持续燃烧的现象叫着火。

火灾：指在时间上空间上失去控制的着火所造成的灾害。

就井下作业现场而言，发生火灾的隐患很多，如：井场污油、井口溢流、施工井天然气含量高、井喷、酸气、油气的跑冒滴漏、照明电线接头漏电、电线老化漏电、电线断路、井场杂草和杂物、井场有明火、人员在井场吸烟、作业机排气管火星溢出、铁器撞击产生火花、井场内进行焊接和切割作业、风大、雷击等。

预防火灾一直是井下作业的一项重要工作。火灾事故防范和处理的基本要求是：在施工现场应严格控制火源，配有相应的消防器材；杜绝生产设备跑、冒、滴、漏；照明设施完好；施工井无溢流；确需动用明火作业时，要有审批的动火报告，并严格按照上面的各条款执行。

（四）电气事故

（1）定义。电气事故主要表现为人体接触或接近带电物体时造成的电击或电伤，电弧或电火花引发的爆炸事故，以及由电气设备异常发热而造成的烧毁设备，甚至引起火灾等事故。

（2）原因。石油工业生产中，介质的特殊性决定了在油、气可能泄漏、聚积的场所，包括电动机、变压器、供电线路、各种调整控制设备、电器仪表、照明灯具及其他电气设备等电气设施,在运行及启、停过程中带有电火花及电弧产生。

(3)预防。预防电气事故大体上有以下安全要求:①电气设备的选择与安装应符合安全原则,这是保证用电安全的先决条件;②采用各种防护措施,其中包括防止接触电气设备中带电部件的防护措施、防止电气设备漏电伤人的防护措施、防止因高压电窜到低压线路上而引起触电事故的防护措施,以及在使用电气设备时应使用各种防护用品等;③建立严格的安全用电制度,对工人进行安全用电知识教育,并定期或按季节对电气设备进行安全检查。

(五)机械性事故

机械性事故是指由于机械性外力的作用而造成的事故。一般表现为人身伤亡或机械损坏。作业工程范围内使用的机械设备,多数是重型或大容量的,而且是在重载、高速、高压、高温等条件下运行,机械化及自动化程度比较高。这些机器与设备需要使用大量的各种规格、不同性质的金属材料来制造,并由多种零部件及辅助装置、控制元件等组装而成,一个极微小的内在缺陷,或制造装配过程中未能消除的附加应力,都将成为重大事故的隐患。因此,在井下作业工程范围内,经常发生断轴、开裂、倒井架、重物脱落等机械事故。同时,由于在生产过程中使用了大量的管道及各种阀件,从而使泄漏、断裂等也时有发生。机械事故极易引发人身伤亡,另一个不可忽视的问题,是在机器与设备中被生产、储存或输送的主要是易燃易爆油气,因此,机械事故发生后会产生严重的后果,其中常见的有:

(1)机器外露运动的部分在运行中引起的绞、辗伤害,或因运动部件断脱、飞出而造成的人身伤亡及机器损坏事故。为此,要求机器的外露部分应加装防护罩。对于一些事故发生频率高、危险性大的机器,如猫头、绞车、滚筒、抽油机游梁、曲柄、电机等应加防护罩。靠近住宅区和公共场所或道路两旁应加防护栏。

(2)手持工具、用具(如大锤、管钳、吊卡、吊环、简易自封、扳手、锯条等)易造成的碰、砸、割等人身伤害。工人在操作时要注意安全,必须穿戴好劳保防护用品。在重物坠落或空中运移时造成的打击事故,经常发生在设备安装、吊装等作业中。因此,作业时应加装必要的防护措施,现场工作人员必须戴好安全帽,非工作人员必须远离现场。安装井口控制器和井口闸门时易发生夹手和砸手事故,因此要求操作人员步调一致,注意力集中,作业机操纵人员与井口操作人员要配合好,并有专人指挥。

(3)高空作业坠落造成的伤亡事故。井下作业涉及高空作业的时候很多,如穿大绳;穿二道绷绳;吊卸、吊装驴头;电工上杆接电等。这些高空作业会造成人员滑落、工具掉落、被吊卸、吊装物坠落,导致人员伤亡和设备损坏。因此高空作业人员必须要系安全带,戴安全帽;使用的工具必须有安全保护绳,防止工具脱手滑落;梯子必须稳固,无油污,防止脚下打滑,站立不稳,吊装用的绳索无断丝、断股现象,保证其抗拉强度。

(4)起下作业过程中造成的人身伤害事故。这方面的事故在井下作业事故中占有一定的比例,如油管、抽油杆桥倒塌造成人身伤害;下油管时油管后部撅起伤人;起油管时油管往滑道上放时滑落地下伤脚;起下过程中,滑车上下移动时,人员靠井口太近,来不及躲避高空落物,造成人员伤亡;上井架扶油管,易发生伤手和坠落事故;井口操作人员不戴安全帽;管钳没有打牢或管钳跳牙,人员摔倒受伤;操作台板因有油水或冻冰人员滑倒受伤;起下光杆时没有按操作规程操作,造成方卡子压手或胶皮闸门砸手;还有平地跌入坑内或池中,造成人员摔伤等等。对此要求井口操作人员要穿戴好保护用品,站井口时要后退一步，杜绝上井架扶油管，要遵守操作规程，同时要保证每项工序的施工标准和工作质量，要做好防滑、防冻、防摔，不能盲目施工，要做到互相监督、互相提示、互相纠正违章行为。

（5）搬运（这里讲的搬运指的是机械搬运和人工搬运两种）设备、工具、配件、油管过程中的伤害事故。

井下作业中设备搬运包括作业井架的转运；履带式作业机的托运；野营房的搬运；地面锅炉、污油回收装置、池子的装运；地面油管、抽油杆的吊运等等，在此过程中一旦发生事故将会造成人身伤亡或设备损坏的严重后果。因此在搬运过程中要做到：

①做好出车前的检查准备工作，使车辆保持完好状态。

②检查好吊装绳索有无断丝、断股、死扭现象，确保绳索的抗拉强度。

③吊装时要有专业人员指挥，吊臂下严禁站人。

④采用四角吊装，同时要检查好吊环处的焊接牢固情况。

⑤吊装物要固定在托运车上，绝不能前后左右窜动，途中要多次进行检查，防止固定绳索松动。

⑥拖车停放要平稳，便于作业机上下。作业机上下拖车时要有专业人员指挥，并把作业机固定在拖车上。拖车行驶不能超过每小时40km，并且不能急起步、急停车、急转弯，防止出现作业机滑落事故。

⑦5级以上大风严禁以上作业施工。

工具、配件、油管的搬运主要指的是一人或两个人能拿动或抬动的物件和油管以及抽油杆，这方面在以往的实际工作中出现问题不在少数。如，抬油管时前后配合不好砸伤肩膀；抬控制器伤手或砸脚；抬东西时滑倒挫腿崴脚；井场泥泞或冻冰滑倒摔伤等。因此参与搬运人员要注意力集中，密切配合，观察好行走路线，在视线不佳、天气不好、井场泥泞等不利于抬运的情况下，严禁抬运。

（六）雷电袭击事故

雷电是大自然中的静电放电现象，建筑物、构筑物、输电线路和变配电装备等设施及设备遭到雷电袭击时，会产生极高的电压和极大的电流，在其波及的范围内，可能造成设备或设施损坏，导致火灾或爆炸，并直接或间接地造成人员伤亡。因此，预防雷电袭击是一项重要的安全措施。

（七）地震灾害事故

地震是地球内部突然发生的一系列弹性波，一般出现在700m以下的深度。在地震发生时，从有震感到强烈振动，大约只需几十秒钟时间。地震时除了因强烈振动而直接导致建筑物倒塌、电杆折断、容器管道破裂、火灾爆炸之外，还会伴随着出现海啸、断层、地裂、山崩、滑坡及地面隆起和下沉现象。对井下作业生产来说，地震会造成油、气、水井损坏；井架倒塌；作业井失控发生井喷；火灾爆炸；电路起火等破坏性极高灾害。

三、井下作业安全事故特征

井下作业工程是一项系统复杂工程，使用的是大型的机械设备，工具用具都是具有一定重量的钢铁制品，员工从事的是重体力劳动，小磕小碰现象时有发生，严重的磕碰就成了事故。要保证井下作业的安全，就要深刻地探讨井下作业过程中事故的特征。

（一）井下作业安全事故具有随机性

井下作业安全是相对的，不是一口井搞好了就安全了，它是随着施工条件变化而变化的，同时也受到众多因素限制，如井场施工条件，照明条件，天气情况，人员情况，工人身体状况，生产技术和安全技能的熟知程度，思想情绪和心理反应，防护设施，保护措施，作业井施工难度等。这些方面无论是哪个环节出现问题或存在漏洞都有可能导致事故的发生，因此说井下作业安全事故具有随机性。这就要求每一口井从施工准备开始都要严格按照施工安全标准、严格执行 QHSE 体系要求、严格落实施工质量标准、严格遵守安全操作规程，摒弃粗放，追求细节，确保安全。

（二）井下作业安全事故具有伤害性

井下作业工程中使用的工具多、用具杂，并且都是钢铁制品，具有一定的重量，极易发生安全事故，而且是人身伤害事故。近些年来，在各级政府和企业部门的领导下，在基层生产单位和广大员工的共同努力下，井下作业生产中的恶性事故发生率大大降低，呈现出前所未有的良好态势，但由于井下作业不安全因素的不确定性，一些人身伤害事故还不同程度的发生。这就要求井下作业生产单位领导和广大员工坚持不懈地花大力气、下大工夫、动大手笔，定措施、查隐患、堵漏洞，从预防入手，保证井下作业生产安全。

（三）井下作业安全事故具有损坏性

井下作业施工中使用的设备和接触到的抽油机和井口装置等设备，都是重型的，一旦发生设备安全事故，往往都是损坏或损毁性的，其直接和间接损失不可估量。这就要求设备管理部门和设备使用人员要有高度的责任感和使命感，加大设备管理力度，加强技术知识学习，提升岗位操作技能，培育安全思想意识，确保设备的安全。

（四）井下作业安全事故具有破坏性

井下作业生产中的安全事故对施工人员会造成伤害、对作业设备会造成报废、对油井设施会造成损毁、对生态环境会造成破坏，所以说井下作业安全事故具有破坏性。这就要求安全管理者和生产操作人员要筑牢安全防范思想，树立遵章守制意识，强"三基"、反"三违"，遏制破坏性的安全事故的发生。

第二章 职业安全卫生法律法规

中国职业安全卫生的法律、法规体系由三个层次构成：(1)全国人民代表大会及其常务委员会制订的国家法律；(2)国务院制定的行政法规和标准，各地方国家权力机关和地方政府制定和发布的、适合本地区的规范性法律文件及行政法规；(3)各专业和行业管理部门及企业依据上述法律、法规制定的安全生产的规章制度、安全技术标准等。

第一节 国家法律

国家法律是由全国人民代表大会及其常务委员会制定的法律。如《中华人民共和国劳动法》、《中华人民共和国刑法》、《中华人民共和国消防法》、《中华人民共和国安全生产法》、《中华人民共和国职业病防治法》等❶。

一、《中华人民共和国宪法》（节选）

第二章 公民的基本权利和义务

第四十二条 中华人民共和国公民有劳动的权利和义务。

国家通过各种途径，创造劳动就业条件，加强劳动保护，改善劳动条件，并在发展生产的基础上，提高劳动报酬和福利待遇。

劳动是一切有劳动能力的公民的光荣职责。国有企业和城乡集体经济组织的劳动者都应当以国家主人翁的态度对待自己的劳动。国家提倡社会主义劳动竞赛，奖励劳动模范和先进工作者。国家提倡公民从事义务劳动。

国家对就业前的公民进行必要的劳动就业训练。

第四十三条 中华人民共和国劳动者有休息的权利。

国家发展劳动者休息和休养的设施，规定职工的工作时间和休假制度。

二、《中华人民共和国刑法》（节选）

第二章 危害公共安全罪

第一百三十四条 工厂、矿山、林场、建筑企业或者其他企业、事业单位的职工，由于不服管理、违反规章制度，或者强令工人违章冒险作业，因而发生重大伤亡事故或者造成其他严重后果的，处三年以下有期徒刑或者拘役；情节特别恶劣的，处三年以上七年以下有期徒刑。

第一百三十五条 违反爆炸性、易燃性、放射性、毒害性、腐蚀性物品的管理规定，在生产、储存、运输、使用中发生重大事故，造成严重后果的，处三年以下有期徒刑或者

---

❶为方便读者查阅，本章沿用了原法律、法规的体例。

拘役；后果特别严重的，处三年以上七年以下有期徒刑。

三、《中华人民共和国劳动法》（节选）

第一章 总 则

第三条 劳动者享有平等就业和选择职业的权利、取得劳动报酬的权利、休息休假的权利、获得劳动安全卫生保护的权利、接受职业技能培训的权利、享受社会保险和福利的权利、提请劳动争议处理的权利以及法律规定的其他劳动权利。劳动者应当完成劳动任务，提高职业技能，执行劳动安全卫生规程，遵守劳动纪律和职业道德。

第四条 用人单位应当依法建立和完善规章制度，保障劳动者享有劳动权利和履行劳动义务。

第三章 劳动合同和集体合同

第十六条 劳动合同是劳动者与用人单位确立劳动关系、明确双方权利和义务的协议。建立劳动关系应当订立劳动合同。

第十七条 订立和变更劳动合同，应当遵循平等自愿、协商一致的原则，不得违反法律、行政法规的规定。

劳动合同依法订立即具有法律约束力，当事人必须履行劳动合同规定的义务。

第四章 工作时间和休息休假

第三十六条 国家实行劳动者每日工作时间不超过八小时、平均每周工作时间不超过四十四小时的工时制度。

第四十条 用人单位在下列节日期间应当依法安排劳动者休假：

（一）元旦；

（二）春节；

（三）国际劳动节；

（四）国庆节；

（五）法律、法规规定的其他休假节日。

第四十一条 用人单位由于生产经营需要，经与工会和劳动者协商后可以延长工作时间，一般每日不得超过一小时；因特殊原因需要延长工作时间的在保障劳动者身体健康的条件下延长工作时间每日不得超过三小时，但是每月不得超过三十六小时。

第四十二条 有下列情形之一的，延长工作时间不受本法第四十一条规定的限制：

（一）发生自然灾害、事故或者因其他原因，威胁劳动者生命健康和财产安全，需要紧急处理的；

（二）生产设备、交通运输线路、公共设施发生故障，影响生产和公众利益，必须及时抢修的；

（三）法律、行政法规规定的其他情形。

第四十三条 用人单位不得违反本法规定延长劳动者的工作时间。

第四十四条 有下列情形之一的，用人单位应当按照下列标准支付高于劳动者正常工作时间工资的工资报酬：

（一）安排劳动者延长时间的，支付不低于工资的百分之一百五十的工资报酬；

（二）休息日安排劳动者工作又不能安排补休的，支付不低于工资的百分之二百的工资报酬；

（三）法定休假日安排劳动者工作的，支付不低于工资的百分之三百的工资报酬。

第四十五条 国家实行带薪年休假制度。

劳动者连续工作一年以上的，享受带薪年休假。具体办法由国务院规定。

第六章 劳动安全卫生

第五十二条 用人单位必须建立、健全劳动卫生制度，严格执行国家劳动安全卫生规程和标准，对劳动者进行劳动安全卫生教育，防止劳动过程中的事故，减少职业危害。

第五十三条 劳动安全卫生设施必须符合国家规定的标准。

新建、改建、扩建工程的劳动安全卫生设施必须与主题同时设计、同时施工、同时投入生产和使用。

第五十四条 用人单位必须为劳动者提供符合国家规定的劳动安全卫生条件和必要的劳动防护用品，对从事有职业危害作业的劳动者应当定期进行健康检查。

第五十五条 从事特种作业的劳动者必须经过专门培训并取得特种作业资格。

第五十六条 劳动者在劳动过程中必须严格遵守安全操作规程。

劳动者对用人单位管理人员违章指挥、强令冒险作业，有权拒绝执行；对危害生命安全和身体健康的行为，有权提出批评、检举和控告。

第五十七条 国家建立伤亡和职业病统计报告和处理制度。县级以上各级人民政府劳动行政部门、有关部门和用人单位应当依法对劳动者在劳动过程中发生的伤亡事故和劳动者的职业病状况，进行统计、报告和处理。

四、《中华人民共和国消防法》（节选）

第一章 总 则

第二条 消防工作贯彻预防为主、防消结合的方针，坚持专门机关与群众相结合的原则，实行防火安全责任制。

第五条 任何单位、个人都有维护消防安全、保护消防设施、预防火灾、报告火警的义务。任何单位、成年公民都有参加有组织的灭火工作的义务。

第二章 火 灾 预 防

第九条 生产、储存和装卸易燃易爆危险物品的工厂、仓库和专用车站、码头，必须设置在城市的边缘或者相对独立的安全地带。易燃易爆气体和液体的充装站、供应站、调压站，应当设置在合理的位置，符合防火防爆要求。

原有的生产、储存和装卸易燃易爆危险物品的工厂、仓库和专用车站、码头，易燃易爆气体和液体的充装站、供应站、调压站，不符合前款规定的，有关单位应当采取措施，限期加以解决。

第十四条 机关、团体、企业事业单位应当履行下列消防安全职责：

（一）制定消防安全制度、消防安全操作规程；

（二）实行防火安全责任制，确定本单位和所属各部门、岗位的消防安全责任人；

（三）针对本单位的特点对职工进行消防宣传教育；

（四）组织防火检查，及时消除火灾隐患；

（五）按照国家有关规定配置消防设施和器材、设置消防安全标志，并定期组织检验、维修，确保消防设施和器材完好、有效；

（六）保障疏散通道、安全出口畅通，并设置符合国家规定的消防安全疏散标志；

居民住宅区的管理单位，应当依照前款有关规定，履行消防安全职责，做好住宅区的消防安全工作。

第十七条　生产、储存、运输、销售或者使用、销毁易燃易爆危险物品的单位、个人，必须执行国家有关消防安全的规定。

生产易燃易爆危险物品的单位，对产品应当附有燃点、闪点、爆炸极限等数据的说明书，并且注明防火防爆注意事项。对独立包装的易燃易爆危险物品应当贴附危险品标签。

进入生产、储存易燃易爆危险物品的场所，必须执行国家有关消防安全的规定。禁止携带火种进入生产、储存易燃易爆危险物品的场所。禁止非法携带易燃易爆危险物品进入公共场所或者乘坐公共交通工具。

储存可燃物资仓库的管理，必须执行国家有关消防安全的规定。

第十八条　禁止在具有火灾、爆炸危险的场所使用明火；因特殊情况需要使用明火作业的，应当按照规定事先办理审批手续。作业人员应当遵守消防安全规定，并采取相应的消防安全措施。

进行电焊、气焊等具有火灾危险的作业的人员和自动消防系统的操作人员，必须持证上岗，并严格遵守消防安全操作规程。

第十九条　消防产品的质量必须符合国家标准或者行业标准。禁止生产、销售或者使用未经依照产品质量法的规定确定的检验机构检验合格的消防产品。

禁止使用不符合国家标准或者行业标准的配件或者灭火剂维修消防设施和器材。

公安消防机构及其工作人员不得利用职务为用户指定消防产品的销售单位和品牌。

第二十条　电器产品、燃气用具的质量必须符合国家标准或者行业标准。电器产品、燃气用具的安装、使用和线路、管路的设计、敷设，必须符合国家有关消防安全技术规定。

第二十一条　任何单位、个人不得损坏或者擅自挪用、拆除、停用消防设施、器材，不得埋压、圈占消火栓，不得占用防火间距，不得堵塞消防通道。

公用和城建等单位在修建道路以及停电、停水、截断通信线路时有可能影响消防队灭火救援的，必须事先通知当地公安消防机构。

第四章　灭火救援

第三十二条　任何人发现火灾时，都应当立即报警。任何单位、个人都应当无偿为报警提供便利，不得阻拦报警。严禁谎报火警。

公共场所发生火灾时，该公共场所的现场工作人员有组织、引导在场群众疏散的义务。

发生火灾的单位必须立即组织力量扑救火灾。邻近单位应当给予支援。

消防队接到火警后，必须立即赶赴火场，救助遇险人员，排除险情，扑灭火灾。

第五章　法　律　责　任

第四十五条　电器产品、燃气用具的安装或者线路、管路的敷设不符合消防安全技术规定的，责令限期改正；逾期不改正的，责令停止使用。

第四十六条　违反本法的规定，生产、储存、运输、销售或者使用、销毁易燃易爆危险物品的，责令停止违法行为，可以处警告、罚款或者十五日以下拘留。

单位有前款行为的，责令停止违法行为，可以处警告或者罚款，并对其直接负责的主管人员和其他直接责任人员依照前款的规定处罚。

第四十七条　违反本法的规定，有下列行为之一的，处警告、罚款或者十日以下拘留：

（一）违反消防安全规定进入生产、储存易燃易爆危险物品场所的；

（二）违法使用明火作业或者在具有火灾、爆炸危险的场所违反禁令，吸烟、使用明火的；

（三）阻拦报火警或者谎报火警的；

（四）故意阻碍消防车、消防艇赶赴火灾现场或者扰乱火灾现场秩序的；

（五）拒不执行火场指挥员指挥，影响灭火救灾的；

（六）过失引起火灾，尚未造成严重损失的。

第四十八条　违反本法的规定，有下列行为之一的，处警告或者罚款：

（一）指使或者强令他人违反消防安全规定，冒险作业，尚未造成严重后果的；

（二）埋压、圈占消火栓或者占用防火间距、堵塞消防通道的，或者损坏和擅自挪用、拆除、停用消防设施、器材的；

（三）有重大火灾隐患，经公安消防机构通知逾期不改正的。

单位有前款行为的，依照前款的规定处罚，并对其直接负责的主管人员和其他直接责任人员处警告或者罚款。

有第一款第二项所列行为的，还应当责令其限期恢复原状或者赔偿损失；对逾期不恢复原状的，应当强制拆除或者清除，所需费用由违法行为人承担。

五、《中华人民共和国职业病防治法》（节选）

第一章　总　　则

第二条　本法适用于中华人民共和国领域内的职业病防治活动。

本法所称职业病，是指企业、事业单位和个体经济组织（以下统称用人单位）的劳动者在职业活动中，因接触粉尘、放射性物质和其他有毒、有害物质等因素而引起的疾病。

职业病的分类和目录由国务院卫生行政部门会同国务院劳动保障行政部门规定、调整并公布。

第三条　职业病防治工作坚持预防为主、防治结合的方针，实行分类管理、综合治理。

第四条　劳动者依法享有职业卫生保护的权利。

用人单位应当为劳动者创造符合国家职业卫生标准和卫生要求的工作环境和条件，并采取措施保障劳动者获得职业卫生保护。

第五条　用人单位应当建立、健全职业病防治责任制，加强对职业病防治的管理，提高职业病防治水平，对本单位产生的职业病危害承担责任。

第二章　前　期　预　防

第十三条　产生职业病危害的用人单位的设立除应当符合法律、行政法规规定的设立条件外，其工作场所还应当符合下列职业卫生要求：

（一）职业病危害因素的强度或者浓度符合国家职业卫生标准；

（二）有与职业病危害防护相适应的设施；

（三）生产布局合理，符合有害与无害作业分开的原则；

（四）有配套的更衣间、洗浴间、孕妇休息间等卫生设施；

（五）设备、工具、用具等设施符合保护劳动者生理、心理健康的要求；

（六）法律、行政法规和国务院卫生行政部门关于保护劳动者健康的其他要求。

第三章　劳动过程中的防护与管理

第十九条　用人单位应当采取下列职业病防治管理措施：

（一）设置或者指定职业卫生管理机构或者组织，配备专职或者兼职的职业卫生专业人员，负责本单位的职业病防治工作；

（二）制定职业病防治计划和实施方案；

（三）建立、健全职业卫生管理制度和操作规程；

（四）建立、健全职业卫生档案和劳动者健康监护档案；

（五）建立、健全工作场所职业病危害因素监测及评价制度；

（六）建立、健全职业病危害事故应急救援预案。

第二十条　用人单位必须采用有效的职业病防护设施，并为劳动者提供个人使用的职业病防护用品。

用人单位为劳动者个人提供的职业病防护用品必须符合防治职业病的要求；不符合要求的，不得使用。

第二十一条　用人单位应当优先采用有利于防治职业病和保护劳动者健康的新技术、新工艺、新材料，逐步替代职业病危害严重的技术、工艺、材料。

第二十二条　产生职业病危害的用人单位，应当在醒目位置设置公告栏，公布有关职业病防治的规章制度、操作规程、职业病危害事故应急救援措施和工作场所职业病危害因素检测结果。

对产生严重职业病危害的作业岗位，应当在其醒目位置，设置警示标识和中文警示说明。警示说明应当载明产生职业病危害的种类、后果、预防以及应急救治措施等内容。

第二十三条　对可能发生急性职业损伤的有毒、有害工作场所，用人单位应当设置报警装置，配置现场急救用品、冲洗设备、应急撤离通道和必要的泄险区。

对放射工作场所和放射性同位素的运输、贮存，用人单位必须配置防护设备和报警装置，保证接触放射线的工作人员佩戴个人剂量计。

对职业病防护设备、应急救援设施和个人使用的职业病防护用品，用人单位应当进行经常性的维护、检修，定期检测其性能和效果，确保其处于正常状态，不得擅自拆除或者停止使用。

第二十四条 用人单位应当实施由专人负责的职业病危害因素日常监测，并确保监测系统处于正常运行状态。

用人单位应当按照国务院卫生行政部门的规定，定期对工作场所进行职业病危害因素检测、评价。检测、评价结果存入用人单位职业卫生档案，定期向所在地卫生行政部门报告并向劳动者公布。

职业病危害因素检测、评价由依法设立的取得省级以上人民政府卫生行政部门资质认证的职业卫生技术服务机构进行。职业卫生技术服务机构所作检测、评价应当客观、真实。

发现工作场所职业病危害因素不符合国家职业卫生标准和卫生要求时，用人单位应当立即采取相应治理措施，仍然达不到国家职业卫生标准和卫生要求的，必须停止存在职业病危害因素的作业；职业病危害因素经治理后，符合国家职业卫生标准和卫生要求的，方可重新作业。

第二十五条 向用人单位提供可能产生职业病危害的设备的，应当提供中文说明书，并在设备的醒目位置设置警示标识和中文警示说明。警示说明应当载明设备性能、可能产生的职业病危害、安全操作和维护注意事项、职业病防护以及应急救治措施等内容。

第二十六条 向用人单位提供可能产生职业病危害的化学品、放射性同位素和含有放射性物质的材料的，应当提供中文说明书。说明书应当载明产品特性、主要成分、存在的有害因素、可能产生的危害后果、安全使用注意事项、职业病防护以及应急救治措施等内容。产品包装应当有醒目的警示标识和中文警示说明。贮存上述材料的场所应当在规定的部位设置危险物品标识或者放射性警示标识。

国内首次使用或者首次进口与职业病危害有关的化学材料，使用单位或者进口单位按照国家规定经国务院有关部门批准后，应当向国务院卫生行政部门报送该化学材料的毒性鉴定以及经有关部门登记注册或者批准进口的文件等资料。

进口放射性同位素、射线装置和含有放射性物质的物品的，按照国家有关规定办理。

第二十七条 任何单位和个人不得生产、经营、进口和使用国家明令禁止使用的可能产生职业病危害的设备或者材料。

第二十八条 任何单位和个人不得将产生职业病危害的作业转移给不具备职业病防护条件的单位和个人。不具备职业病防护条件的单位和个人不得接受产生职业病危害的作业。

第二十九条 用人单位对采用的技术、工艺、材料，应当知悉其产生的职业病危害，对有职业病危害的技术、工艺、材料隐瞒其危害而采用的，对所造成的职业病危害后果承担责任。

第三十条 用人单位与劳动者订立劳动合同（含聘用合同，下同）时，应当将工作过程中可能产生的职业病危害及其后果、职业病防护措施和待遇等如实告知劳动者，并在劳动合同中写明，不得隐瞒或者欺骗。

劳动者在已订立劳动合同期间因工作岗位或者工作内容变更，从事与所订立劳动合同中未告知的存在职业病危害的作业时，用人单位应当依照前款规定，向劳动者履行如实告知的义务，并协商变更原劳动合同相关条款。

用人单位违反前两款规定的，劳动者有权拒绝从事存在职业病危害的作业，用人单位不得因此解除或者终止与劳动者所订立的劳动合同。

第三十一条　用人单位的负责人应当接受职业卫生培训，遵守职业病防治法律、法规，依法组织本单位的职业病防治工作。

用人单位应当对劳动者进行上岗前的职业卫生培训和在岗期间的定期职业卫生培训，普及职业卫生知识，督促劳动者遵守职业病防治法律、法规、规章和操作规程，指导劳动者正确使用职业病防护设备和个人使用的职业病防护用品。

劳动者应当学习和掌握相关的职业卫生知识，遵守职业病防治法律、法规、规章和操作规程，正确使用、维护职业病防护设备和个人使用的职业病防护用品，发现职业病危害事故隐患应当及时报告。

劳动者不履行前款规定义务的，用人单位应当对其进行教育。

第三十二条　对从事接触职业病危害的作业的劳动者，用人单位应当按照国务院卫生行政部门的规定组织上岗前、在岗期间和离岗时的职业健康检查，并将检查结果如实告知劳动者。职业健康检查费用由用人单位承担。

用人单位不得安排未经上岗前职业健康检查的劳动者从事接触职业病危害的作业；不得安排有职业禁忌的劳动者从事其所禁忌的作业；对在职业健康检查中发现有与所从事的职业相关的健康损害的劳动者，应当调离原工作岗位，并妥善安置；对未进行离岗前职业健康检查的劳动者不得解除或者终止与其订立的劳动合同。

职业健康检查应当由省级以上人民政府卫生行政部门批准的医疗卫生机构承担。

第三十三条　用人单位应当为劳动者建立职业健康监护档案，并按照规定的期限妥善保存。

职业健康监护档案应当包括劳动者的职业史、职业病危害接触史、职业健康检查结果和职业病诊疗等有关个人健康资料

劳动者离开用人单位时，有权索取本人职业健康监护档案复印件，用人单位应当如实、无偿提供，并在所提供的复印件上签章。

第三十四条　发生或者可能发生急性职业病危害事故时，用人单位应当立即采取应急救援和控制措施，并及时报告所在地卫生行政部门和有关部门。卫生行政部门接到报告后，应当及时会同有关部门组织调查处理；必要时，可以采取临时控制措施。

对遭受或者可能遭受急性职业病危害的劳动者，用人单位应当及时组织救治、进行健康检查和医学观察，所需费用由用人单位承担。

第三十五条　用人单位不得安排未成年工从事接触职业病危害的作业；不得安排孕期、哺乳期的女职工从事对本人和胎儿、婴儿有危害的作业。

第三十六条　劳动者享有下列职业卫生保护权利：

（一）获得职业卫生教育、培训；

（二）获得职业健康检查、职业病诊疗、康复等职业病防治服务；

（三）了解工作场所产生或者可能产生的职业病危害因素、危害后果和应当采取的职业病防护措施；

（四）要求用人单位提供符合防治职业病要求的职业病防护设施和个人使用的职业病防护用品，改善工作条件；

（五）对违反职业病防治法律、法规以及危及生命健康的行为提出批评、检举和控告；

（六）拒绝违章指挥和强令进行没有职业病防护措施的作业；

（七）参与用人单位职业卫生工作的民主管理，对职业病防治工作提出意见和建议。

用人单位应当保障劳动者行使前款所列权利。因劳动者依法行使正当权利而降低其工资、福利等待遇或者解除、终止与其订立的劳动合同的，其行为无效。

第三十七条 工会组织应当督促并协助用人单位开展职业卫生宣传教育和培训，对用人单位的职业病防治工作提出意见和建议，与用人单位就劳动者反映的有关职业病防治的问题进行协调并督促解决。

工会组织对用人单位违反职业病防治法律、法规，侵犯劳动者合法权益的行为，有权要求纠正；产生严重职业病危害时，有权要求采取防护措施，或者向政府有关部门建议采取强制性措施；发生职业病危害事故时，有权参与事故调查处理；发现危及劳动者生命健康的情形时，有权向用人单位建议组织劳动者撤离危险现场，用人单位应当立即做出处理。

第三十八条 用人单位按照职业病防治要求，用于预防和治理职业病危害、工作场所卫生检测、健康监护和职业卫生培训等费用，按照国家有关规定，在生产成本中据实列支。

第二节　安全生产重要行政法规

安全生产重要行政法规，是国务院制订的行政法规和标准，各地方国家权力机关和地方政府制定和发布的、适合本地区的规范性法律文件及行政法规。如《中华人民共和国安全生产法》、《工厂安全卫生规程》、《企业职工伤亡事故报告和处理规定》、《关于加强企业生产中安全工作的几项规定》等。

一、《中华人民共和国安全生产法》（节选）

第一章　总　　则

第三条 安全生产管理，坚持安全第一、预防为主的方针。

第四条 生产经营单位必须遵守本法和其他有关安全生产的法律、法规，加强安全生产管理，建立、健全安全生产责任制度，完善安全生产条件，确保安全生产。

第五条 生产经营单位的主要负责人对本单位的安全生产工作全面负责。

第六条 生产经营单位的从业人员有依法获得安全生产保障的权利，并应当依法履行安全生产方面的义务。

第七条 工会依法组织职工参加本单位安全生产工作的民主管理和民主监督，维护职工在安全生产方面的合法权益。

第二章　生产经营单位的安全生产保障

第十六条 生产经营单位应当具备本法和有关法律、行政法规和国家标准或者行业标准规定的安全生产条件；不具备安全生产条件的，不得从事生产经营活动。

第十七条 生产经营单位的主要负责人对本单位安全生产工作负有下列职责：

（一）建立、健全本单位安全生产责任制；

（二）组织制定本单位安全生产规章制度和操作规程；

（三）保证本单位安全生产投入的有效实施；

（四）督促、检查本单位的安全生产工作，及时消除生产安全事故隐患；

（五）组织制定并实施本单位的生产安全事故应急救援预案；

（六）及时、如实报告生产安全事故。

第十八条　生产经营单位应当具备的安全生产条件所必需的资金投入，由生产经营单位的决策机构、主要负责人或者个人经营的投资人予以保证，并对由于安全生产所必需的资金投入不足导致的后果承担责任。

第二十条　生产经营单位的主要负责人和安全生产管理人员必须具备与本单位所从事的生产经营活动相应的安全生产知识和管理能力。

危险物品的生产、经营、储存单位以及矿山、建筑施工单位的主要负责人和安全生产管理人员，应当由有关主管部门对其安全生产知识和管理能力考核合格后方可任职。考核不得收费。

第二十一条　生产经营单位应当对从业人员进行安全生产教育和培训，保证从业人员具备必要的安全生产知识，熟悉有关的安全生产规章制度和安全操作规程，掌握本岗位的安全操作技能。未经安全生产教育和培训合格的从业人员，不得上岗作业。

第二十二条　生产经营单位采用新工艺、新技术、新材料或者使用新设备，必须了解、掌握其安全技术特性，采取有效的安全防护措施，并对从业人员进行专门的安全生产教育和培训。

第二十三条　生产经营单位的特种作业人员必须按照国家有关规定经专门的安全作业培训，取得特种作业操作资格证书，方可上岗作业。

特种作业人员的范围由国务院负责安全生产监督管理的部门会同国务院有关部门确定。

第二十四条　生产经营单位新建、改建、扩建工程项目（以下统称建设项目）的安全设施，必须与主体工程同时设计、同时施工、同时投入生产和使用。安全设施投资应当纳入建设项目概算。

第二十八条　生产经营单位应当在有较大危险因素的生产经营场所和有关设施、设备上，设置明显的安全警示标志。

第二十九条　安全设备的设计、制造、安装、使用、检测、维修、改造和报废，应当符合国家标准或者行业标准。

生产经营单位必须对安全设备进行经常性维护、保养，并定期检测，保证正常运转。维护、保养、检测应当做好记录，并由有关人员签字。

第三十条　生产经营单位使用的涉及生命安全、危险性较大的特种设备，以及危险物品的容器、运输工具，必须按照国家有关规定，由专业生产单位生产，并经取得专业资质的检测、检验机构检测、检验合格，取得安全使用证或者安全标志，方可投入使用。检测、检验机构对检测、检验结果负责。

涉及生命安全、危险性较大的特种设备的目录由国务院负责特种设备安全监督管理的部门制定，报国务院批准后执行。

第三十一条　国家对严重危及生产安全的工艺、设备实行淘汰制度。

生产经营单位不得使用国家明令淘汰、禁止使用的危及生产安全的工艺、设备。

第三十二条　生产、经营、运输、储存、使用危险物品或者处置废弃危险物品的，由有关主管部门依照有关法律、法规的规定和国家标准或者行业标准审批并实施监督管理。

生产经营单位生产、经营、运输、储存、使用危险物品或者处置废弃危险物品，必须执行有关法律、法规和国家标准或者行业标准，建立专门的安全管理制度，采取可靠的安全措施，接受有关主管部门依法实施的监督管理。

第三十三条 生产经营单位对重大危险源应当登记建档，进行订期检测、评估、监控，并制订应急预案，告知从业人员和相关人员在紧急情况下应当采取的应急措施。

生产经营单位应当按照国家有关规定将本单位重大危险源及有关安全措施、应急措施报有关地方人民政府负责安全生产监督管理的部门和有关部门备案。

第三十四条 生产、经营、储存、使用危险物品的车间、商店、仓库不得与员工宿舍在同一座建筑物内，并应当与员工宿舍保持安全距离。

生产经营场所和员工宿舍应当设有符合紧急疏散要求、标志明显、保持畅通的出口。禁止封闭、堵塞生产经营场所或者员工宿舍的出口。

第三十五条 生产经营单位进行爆破、吊装等危险作业，应当安排专门人员进行现场安全管理，确保操作规程的遵守和安全措施的落实。

第三十六条 生产经营单位应当教育和督促从业人员严格执行本单位的安全生产规章制度和安全操作规程；并向从业人员如实告知作业场所和工作岗位存在的危险因素、防范措施以及事故应急措施。

第三十七条 生产经营单位必须为从业人员提供符合国家标准或者行业标准的劳动防护用品，并监督、教育从业人员按照使用规则佩戴、使用。

第三十八条 生产经营单位的安全生产管理人员应当根据本单位的生产经营特点，对安全生产状况进行经常性检查；对检查中发现的安全问题，应当立即处理；不能处理的，应当及时报告本单位有关负责人。检查及处理情况应当记录在案。

第三十九条 生产经营单位应当安排用于配备劳动防护用品、进行安全生产培训的经费。

第四十条 两个以上生产经营单位在同一作业区域内进行生产经营活动，可能危及对方生产安全的，应当签订安全生产管理协议，明确各自的安全生产管理职责和应当采取的安全措施，并指定专职安全生产管理人员进行安全检查与协调。

第四十一条 生产经营单位不得将生产经营项目、场所、设备发包或者出租给不具备安全生产条件或者相应资质的单位或者个人。

生产经营项目、场所有多个承包单位、承租单位的，生产经营单位应当与承包单位、承租单位签订专门的安全生产管理协议，或者在承包合同、租赁合同中约定各自的安全生产管理职责；生产经营单位对承包单位、承租单位的安全生产工作统一协调、管理。

第四十二条 生产经营单位发生重大生产安全事故时，单位的主要负责人应当立即组织抢救，并不得在事故调查处理期间擅离职守。

第四十三条 生产经营单位必须依法参加工伤社会保险，为从业人员缴纳保险费。

第三章 从业人员的权利和义务

第四十四条 生产经营单位与从业人员订立的劳动合同，应当载明有关保障从业人员劳动安全、防止职业危害的事项，以及依法为从业人员办理工伤社会保险的事项。

生产经营单位不得以任何形式与从业人员订立协议，免除或者减轻其对从业人员因生产安全事故伤亡依法应承担的责任。

第四十五条　生产经营单位的从业人员有权了解其作业场所和工作岗位存在的危险因素、防范措施及事故应急措施，有权对本单位的安全生产工作提出建议。

第四十六条　从业人员有权对本单位安全生产工作中存在的问题提出批评、检举、控告；有权拒绝违章指挥和强令冒险作业。

生产经营单位不得因从业人员对本单位安全生产工作提出批评、检举、控告或者拒绝违章指挥、强令冒险作业而降低其工资、福利等待遇或者解除与其订立的劳动合同。

第四十七条　从业人员发现直接危及人身安全的紧急情况时，有权停止作业或者在采取可能的应急措施后撤离作业场所。

生产经营单位不得因从业人员在前款紧急情况下停止作业或者采取紧急撤离措施而降低其工资、福利等待遇或者解除与其订立的劳动合同。

第四十八条　因生产安全事故受到损害的从业人员，除依法享有工伤社会保险外，依照有关民事法律尚有获得赔偿的权利的，有权向本单位提出赔偿要求。

第四十九条　从业人员在作业过程中，应当严格遵守本单位的安全生产规章制度和操作规程，服从管理，正确佩戴和使用劳动防护用品。

第五十条　从业人员应当接受安全生产教育和培训，掌握本职工作所需的安全生产知识，提高安全生产技能，增强事故预防和应急处理能力。

第五十一条　从业人员发现事故隐患或者其他不安全因素，应当立即向现场安全生产管理人员或者本单位负责人报告；接到报告的人员应当及时予以处理。

第五十二条　工会有权对建设项目的安全设施与主体工程同时设计、同时施工、同时投入生产和使用进行监督，提出意见。

工会对生产经营单位违反安全生产法律、法规，侵犯从业人员合法权益的行为，有权要求纠正；发现生产经营单位违章指挥、强令冒险作业或者发现事故隐患时，有权提出解决的建议，生产经营单位应当及时研究答复；发现危及从业人员生命安全的情况时，有权向生产经营单位建议组织从业人员撤离危险场所，生产经营单位必须立即做出处理。

工会有权依法参加事故调查，向有关部门提出处理意见，并要求追究有关人员的责任。

第四章　安全生产的监督管理

第五十六条　负有安全生产监督管理职责的部门依法对生产经营单位执行有关安全生产的法律、法规和国家标准或者行业标准的情况进行监督检查，行使以下职权：

（一）进入生产经营单位进行检查，调阅有关资料，向有关单位和人员了解情况。

（二）对检查中发现的安全生产违法行为，当场予以纠正或者要求限期改正；对依法应当给予行政处罚的行为，依照本法和其他有关法律、行政法规的规定做出行政处罚决定。

（三）对检查中发现的事故隐患，应当责令立即排除；重大事故隐患排除前或者排除过程中无法保证安全的，应当责令从危险区域内撤出作业人员，责令暂时停产停业或者停止使用；重大事故隐患排除后，经审查同意，方可恢复生产经营和使用。

（四）对有根据认为不符合保障安全生产的国家标准或者行业标准的设施、设备、器材予以查封或者扣押，并应当在十五日内依法做出处理决定。

监督检查不得影响被检查单位的正常生产经营活动。

第五十七条　生产经营单位对负有安全生产监督管理职责的部门的监督检查人员（以

下统称安全生产监督检查人员）依法履行监督检查职责，应当予以配合，不得拒绝、阻挠。

第六十四条　任何单位或者个人对事故隐患或者安全生产违法行为，均有权向负有安全生产监督管理职责的部门报告或者举报。

第五章　生产安全事故的应急救援与调查处理

第六十九条　危险物品的生产、经营、储存单位以及矿山、建筑施工单位应当建立应急救援组织；生产经营规模较小，可以不建立应急救援组织的，应当指定兼职的应急救援人员。

危险物品的生产、经营、储存单位以及矿山、建筑施工单位应当配备必要的应急救援器材、设备，并进行经常性维护、保养，保证正常运转。

第七十条　生产经营单位发生生产安全事故后，事故现场有关人员应当立即报告本单位负责人。

单位负责人接到事故报告后，应当迅速采取有效措施，组织抢救，防止事故扩大，减少人员伤亡和财产损失，并按照国家有关规定立即如实报告当地负有安全生产监督管理职责的部门，不得隐瞒不报、谎报或者拖延不报，不得故意破坏事故现场、毁灭有关证据。

二、《工厂安全卫生规程》（节选）

第三章　工　作　场　所

第十七条　工作场所的光线应该充足，采光部分不要遮蔽。

第十八条　工作地点的局部照明的照度应该符合操作要求，也不要光线刺目。

第十九条　通道应该有足够的照明。

第二十五条　对于经常在寒冷气候中进行露天操作的工人，工厂应该设有取暖设备的休息处所。

第二十七条　在高温条件下操作的工人，应该由工厂供给盐汽水等清凉饮料。

第二十九条　工作场所应该根据需要设置洗手设备，并且供给肥皂。

第三十一条　工作场所应该备有急救箱。

第四章　机　械　设　备

第三十二条　传动带、明齿轮、砂轮、电锯、接近于地面的联轴节、转轴、皮带轮和飞轮等危险部分，都要安设防护装置。

第三十三条　压延机、冲压机、碾压机、压印机等压力机械的施压部分都要有安全装置。

第三十四条　机器的转动摩擦部分，可设置自动加油装置或者蓄油器；如果用人工加油，要使用长嘴注油器，难于加油的，应该停车注油。

第三十五条　起重机应该标明起重吨位，并且要有信号装置。桥式起重机应该有卷扬限制器、起重量控制器、行程限制器、缓冲器和自动联锁装置。

第三十六条　起重机应该由经过专门训练并考试合格的专职人员驾驶。

第三十七条　起重机的挂钩和钢绳都要符合规格，并且应该经常检查。

第三十八条　起重机在使用的时候，不能超负荷、超速度和斜吊；并且禁止任何人站在吊运物品上或者在下面停留和行走。

第三十九条　起重机应该规定统一的指挥信号。

第四十条　机器设备和工具要定期检修，如果损坏，应该立即修理

第五章　电 气 设 备

第四十一条　电气设备和线路的绝缘必须良好。裸露的带电导体应该安装于碰不着的处所；否则必须设置安全遮栏和明显的警告标志。

第四十二条　电气设备必须设有可熔保险器或者自动开关。

第四十三条　电气设备的金属外壳，可能由于绝缘损坏而带电的，必须根据技术条件采取保护性接地或者接零的措施。

第四十四条　行灯的电压不能超过 36 伏特，在金属容器内或者潮湿处所不能超过 12 伏特。

第四十五条　电钻、电镐等手持电动工具，在使用前必须采取保护性接地或者接零的措施。

第四十六条　发生大量蒸汽、气体、粉尘的工作场所，要使用密闭式电气设备；有爆炸危险的气体或者粉尘的工作场所，要使用防爆型电气设备。

第四十七条　电气设备和线路都要符合规格，并且应该定期检修。

第四十八条　电气设备的开关应该指定专人管理。

第六章　锅炉和气瓶

第四十九条　每座工业锅炉应该有安全阀、压力表和水位表，并且要保持准确、有效。

第五十条　工业锅炉应该有保养、检修和水压试验制度。

第五十一条　工业锅炉的运行工作，应该由经过专门训练并考试合格的专职人员担任。

第五十二条　各种气瓶在存放和使用的时候，必须距离明火 10 米以上，并且避免在阳光下曝晒；搬运时不能碰撞。

第五十三条　氧气瓶要有瓶盖和安全阀，严防油脂沾染，并且不能和可燃气瓶同放一处。

第五十四条　乙炔发生器要有防止回火的安全装置，并且应该距离明火 10 米以上。

第七章　气体、粉尘和危险物品

第五十五条　散放易燃、易爆物质的工作场所，应该严禁烟火。

第五十六条　发生强烈噪音的生产，应该尽可能在设有消音设备的单独工作房中进行。

第五十八条　散放有害健康的蒸汽、气体和粉尘的设备要严加密闭，必要的时候应该安装通风、吸尘和净化装置。

第六十条　有毒物品和危险物品应该分别储藏在专设处所，并且应该严格管理。

第六十一条　在接触酸碱等腐蚀性物质并且有烧伤危险的工作地点，应该设有冲洗设备。

第六十三条　对于有毒或者有传染性危险的废料，应该在当地卫生机关的指导下进行处理。

第六十四条　废料和废水应该妥善处理，不要使它危害工人和附近居民。

三、《企业职工伤亡事故报告和处理规定》（节选）

第一章 总 则

第三条 本规定所称伤亡事故，是指职工在劳动过程中发生的人身伤害、急性中毒事故。

第四条 伤亡事故的报告、统计、调查和处理工作必须坚持实事求是、尊重科学的原则。

第二章 事 故 报 告

第五条 伤亡事故发生后，负伤者或者事故现场有关人员应当立即直接或者逐级报告企业负责人。

第六条 企业负责人接到重伤、死亡、重大死亡事故报告后，应当立即报告企业主管部门和企业所在地劳动部门、公安部门、人民检察院、工会。

第八条 发生死亡、重大死亡事故的企业应当保护事故现场，并迅速采取必要措施抢救人员和财产，防止事故扩大。

第四章 事 故 处 理

第十六条 事故调查组提出的事故处理意见和防范措施建议，由发生事故的企业及其主管部门负责处理。

第十七条 因忽视安全生产、违章指挥、违章作业、玩忽职守或者发现事故隐患、危害情况而不采取有效措施以致造成伤亡事故的，由企业主管部门或者企业按照国家有关规定，对企业负责人和直接责任人员给予行政处分；构成犯罪的，由司法机关依法追究刑事责任。

第十八条 违反本规定，在伤亡事故发生后隐瞒不报、谎报、故意迟延不报、故意破坏事故现场，或者无正常理由，拒绝接受调查以及拒绝提供有关情况和资料的，由有关部门按照国家有关规定，对有关单位负责人和直接责任人员给予行政处分；构成犯罪的，由司法机关依法追究刑事责任。

第十九条 在调查、处理伤亡事故中玩忽职守、徇私舞弊或者打击报复的，由其所在单位按照国家有关规定给予行政处分；构成犯罪的，由司法机关依法追究刑事责任。

四、《国务院关于加强企业生产中安全工作的几项规定》（全文）

为了进一步贯彻执行安全生产方针，加强企业生产中安全工作的领导和管理，以保证职工的安全与健康，促进生产，特作如下规定：

（一）关于安全生产责任制

1. 企业单位的各级领导人员在管理生产的同时，必须负责管理安全工作，认真贯彻执行国家有关劳动保护的法规和制度，在计划、布置、检查、总结、评比生产的时候，同时计划、布置、检查、总结、评比安全工作。

2. 企业单位中的生产、技术、设计、供销、运输、财务等各有关专职机构，都应该在各自业务范围内，对实现安全生产的要求负责。

3．企业单位都应该根据实际情况加强劳动保护工作机构或专职人员的工作。劳动保护工作机构或专职人员的职责是：协助领导上组织推动生产中的安全工作，贯彻执行劳动保护的法规、制度；汇总和审查安全技术措施计划，并且督促有关部门切实按期执行；组织和协助有关部门制订或修订安全生产制度和安全技术操作规程，对这些制度、规程的贯彻执行进行监督检查；经常进行现场检查，协助解决问题，遇有特别紧急的不安全情况时，有权指令先行停止生产，并且立即报告领导上研究处理；总结和推广安全生产的先进经验；对职工进行安全生产的宣传教育；指导生产小组安全员工作；督促有关部门按规定及时分发和合理使用个人防护用品、保健食品和清凉饮料；参加审查新建、改建、大修工程的设计计划，并且参加工程验收和试运转工作；参加伤亡事故的调查和处理，进行伤亡事故的统计、分析和报告，协助有关部门提出防止事故的措施，并且督促他们按期实现；组织有关部门研究执行防止职业中毒和职业病的措施；督促有关部门做好劳逸结合和女工保护工作。

4．企业单位各生产小组都应该设有不脱产的安全员。小组安全员在生产小组长的领导和劳动保护干部的指导下，首先应当在安全生产方面以身作则，起模范带头作用，并协助小组长做好下列工作：经常对本组工人进行安全生产教育，督促他们遵守安全操作规程和各种安全生产制度；正确地使用个人防护用品；检查和维护本组的安全设备；发现生产中有不安全情况的时候，及时报告；参加事故的分析和研究，协助领导上实现防止事故的措施。

5．企业单位的职工应该自觉地遵守安全生产规章制度，不进行违章作业，并且要随时制止他人违章作业，积极参加安全生产的各种活动，主动提出改进安全工作的意见，爱护和正确使用机器设备、工具及个人防护用品。

（二）关于安全技术措施计划

1．企业单位在编制生产、技术、财务计划的同时，必须编制安全技术措施计划。安全技术措施所需的设备、材料，应该列入物资、技术供应计划，对于每项措施，应该确定实现的期限和负责人。企业的领导人应该对安全技术措施计划的编制和贯彻执行负责。

2．安全技术措施计划的范围，包括以改善劳动条件（主要指影响安全和健康的）、防止伤亡事故、预防职业病和职业中毒为目的的各项措施，不要与生产、基建和福利等措施混淆。

3．安全技术措施计划所需的经费，按照现行规定，属于增加固定资产的，由国家拨款；属于其他零星支出的，摊入生产成本。企业主管部门应该根据所属企业安全技术措施的需要，合理地分配国家的拨款。劳动保护费的拨款，企业不得挪作他用。

4．企业单位编制和执行安全技术措施计划，必须走群众路线，计划要经过群众讨论，使切合实际，力求做到花钱少、效果好；要组织群众定期检查，以保证计划的实现。

（三）关于安全生产教育

1．企业单位必须认真地对新工人进行安全生产的入厂教育、车间教育和现场教育，并且经过考试合格后，才能准许其进入操作岗位。

2．对于电气、起重、锅炉、受压容器、焊接、车辆驾驶、爆破、瓦斯检验等特殊工种的工人，必须进行专门的安全操作技术训练，经过考试合格后，才能准许他们操作。

3．企业单位都必须建立安全活动日和在班前班后会上检查安全生产情况等制度，对职工进行经常的安全教育。并且注意结合职工文化生活，进行各种安全生产的宣传活动。

4．在采用新的生产方法、添设新的技术设备、制造新的产品或调换工人工作的时候，必须对工人进行新操作法和新工作岗位的安全教育。

（四）关于安全生产的定期检查

1．企业单位对生产中的安全工作，除进行经常的检查外，每年还应该定期地进行二至四次群众性的检查，这种检查包括普遍检查、专业检查和季节性检查，这几种检查可以结合进行。

2．开展安全生产检查，必须有明确的目的、要求和具体计划，并且必须建立由企业领导负责、有关人员参加的安全生产检查组织，以加强领导，做好这项工作。

3．安全生产检查应该始终贯彻领导与群众相结合的原则，依靠群众，边检查，边改进，并且及时地总结和推广先进经验。有些限于物质技术条件当时不能解决的问题，也应该订出计划，按期解决，务须做到条条有着落，件件有交代。

（五）关于伤亡事故的调查和处理

1．企业单位应该严肃、认真地贯彻执行国务院发布的《工人职员伤亡事故报告规程》。事故发生以后，企业领导人应该立即负责组织职工进行调查和分析，认真地从生产、技术、设备、管理制度等方面找出事故发生的原因；查明责任，确定改进措施，并且指定专人，限期贯彻执行。

2．对于违反政策法规和规章制度或工作不负责任而造成事故的，应该根据情节的轻重和损失的大小，给以不同的处分，直至送交司法机关处理。

3．时刻警惕一切敌对分子的破坏活动，发现有关政治性破坏活动时，应立即报告公安机关，并积极协助调查处理。对于那些思想麻痹、玩忽职守的有关人员，应该根据具体情况，给以应得的处分。

4．企业的领导人对本企业所发生的事故，应该定期进行全面分析，找出事故发生的规律，订出防范办法，认真贯彻执行，以减少和防止事故。对于在防范事故上表现好的职工，给以适当的表扬或物质鼓励。

各产业主管部门可以根据本规定的精神，结合本产业的具体情况，拟定实施细则发布施行。各企业单位应该根据本规定的精神和主管部门发布的实施细则，制定本企业必要的安全生产规章制度。

各级劳动部门、产业主管部门和工会组织对于本规定的贯彻执行负责督促检查。

第三节　职业安全卫生标准

职业安全卫生标准有国家标准、行业标准和地方标准三个级别，它们都是围绕如何消除降低或预防劳动过程中的危险和有害因素，保护职工安全与健康，保障设备和生产的正常运行而制订的。根据《中华人民共和国标准法》的规定，标准一经批准实施就是技术法规，具有法律效力。如《危险化学品安全管理条例》、《爆炸危险场所安全规定》、《工作场所安全使用化学品的规定》、《压力容器安全技术监察规程》、《特种设备安全监察条例》等。

一、《危险化学品安全管理条例》（节选）

第一章 总 则

第三条 本条例所称危险化学品，包括爆炸品、压缩气体和液化气体、易燃液体、易燃固体、自燃物品和遇湿易燃物品、氧化剂和有机过氧化物、有毒品和腐蚀品等。

危险化学品列入以国家标准公布的《危险货物品名表》（GB 12268）；剧毒化学品目录和未列入《危险货物品名表》的其他危险化学品，由国务院经济贸易综合管理部门会同国务院公安、环境保护、卫生、质检、交通部门确定并公布。

第四条 生产、经营、储存、运输、使用危险化学品和处置废弃危险化学品的单位（以下统称危险化学品单位），其主要负责人必须保证本单位危险化学品的安全管理符合有关法律、法规、规章的规定和国家标准的要求，并对本单位危险化学品的安全负责。

危险化学品单位从事生产、经营、储存、运输、使用危险化学品或者处置废弃危险化学品活动的人员，必须接受有关法律、法规、规章和安全知识、专业技术、职业卫生防护和应急救援知识的培训，并经考核合格，方可上岗作业。

第二章 危险化学品的生产、储存和使用

第八条 危险化学品生产、储存企业，必须具备下列条件：

（一）有符合国家标准的生产工艺、设备或者储存方式、设施；

（二）工厂、仓库的周边防护距离符合国家标准或者国家有关规定；

（三）有符合生产或者储存需要的管理人员和技术人员；

（四）有健全的安全管理制度；

（五）符合法律、法规规定和国家标准要求的其他条件。

第十五条 使用危险化学品从事生产的单位，其生产条件必须符合国家标准和国家有关规定，并依照国家有关法律、法规的规定取得相应的许可，必须建立、健全危险化学品使用的安全管理规章制度，保证危险化学品的安全使用和管理。

第十六条 生产、储存、使用危险化学品的，应当根据危险化学品的种类、特性，在车间、库房等作业场所设置相应的监测、通风、防晒、调温、防火、灭火、防爆、泄压、防毒、消毒、中和、防潮、防雷、防静电、防腐、防渗漏、防护围堤或者隔离操作等安全设施、设备，并按照国家标准和国家有关规定进行维护、保养，保证符合安全运行要求。

第十八条 危险化学品的生产、储存、使用单位，应当在生产、储存和使用场所设置通讯、报警装置，并保证在任何情况下处于正常适用状态。

第二十二条 危险化学品必须储存在专用仓库、专用场地或者专用储存室（以下统称专用仓库）内，储存方式、方法与储存数量必须符合国家标准，并由专人管理。

危险化学品出入库，必须进行核查登记。库存危险化学品应当定期检查。

剧毒化学品以及储存数量构成重大危险源的其他危险化学品必须在专用仓库内单独存放，实行双人收发、双人保管制度。储存单位应当将储存剧毒化学品以及构成重大危险源的其他危险化学品的数量、地点以及管理人员的情况，报当地公安部门和负责危险化学品安全监督管理综合工作的部门备案。

第二十三条 危险化学品专用仓库，应当符合国家标准对安全、消防的要求，设置明显标志。危险化学品专用仓库的储存设备和安全设施应当定期检测。

第二十四条 处置废弃危险化学品，依照固体废物污染环境防治法和国家有关规定执行。

第二十五条 危险化学品的生产、储存、使用单位转产、停产、停业或者解散的，应当采取有效措施，处置危险化学品的生产或者储存设备、库存产品及生产原料，不得留有事故隐患。处置方案应当报所在地设区的市级人民政府负责危险化学品安全监督管理综合工作的部门和同级环境保护部门、公安部门备案。负责危险化学品安全监督管理综合工作的部门应当对处置情况进行监督检查。

第四章 危险化学品的运输

第三十七条 危险化学品运输企业，应当对其驾驶员、船员、装卸管理人员、押运人员进行有关安全知识培训；驾驶员、船员、装卸管理人员、押运人员必须掌握危险化学品运输的安全知识，并经所在地设区的市级人民政府交通部门考核合格（船员经海事管理机构考核合格），取得上岗资格证，方可上岗作业。危险化学品的装卸作业必须在装卸管理人员的现场指挥下进行。

运输危险化学品的驾驶员、船员、装卸人员和押运人员必须了解所运载的危险化学品的性质、危害特性、包装容器的使用特性和发生意外时的应急措施。运输危险化学品，必须配备必要的应急处理器材和防护用品。

第五章 危险化学品的登记与事故应急救援

第四十七条 国家实行危险化学品登记制度，并为危险化学品安全管理、事故预防和应急救援提供技术、信息支持。

第五十条 危险化学品单位应当制定本单位事故应急救援预案，配备应急救援人员和必要的应急救援器材、设备，并定期组织演练。

危险化学品事故应急救援预案应当报设区的市级人民政府负责危险化学品安全监督管理综合工作的部门备案。

第五十一条 发生危险化学品事故，单位主要负责人应当按照本单位制定的应急救援预案，立即组织救援，并立即报告当地负责危险化学品安全监督管理综合工作的部门和公安、环境保护、质检部门。

二、《工作场所安全使用化学品的规定》（节选）

第三章 使用单位的职责

第十二条 使用单位使用的化学品应有标识，危险化学品应有安全标签，并向操作人员提供安全技术说明书。

第十三条 使用单位购进危险化学品时，必须核对包装（或容器）上的安全标签。安全标签若脱落或损坏，经检查确认后应补贴。

第十四条 使用单位购进的化学品需要转移或分装到其他容器时，应标明其内容。对于危险化学品，在转移或分装后的容器上应贴安全标签；盛装危险化学品的容器在未净化处理前，不得更换原安全标签。

第十五条 使用单位对工作场所使用的危险化学品产生的危害应定期进行检测和评估，对检测和评估结果应建立档案。作业人员接触的危险化学品浓度不得高于国家规定的标准；暂没有规定的，使用单位应在保证安全作业的情况下使用。

第十六条 使用单位应通过下列方法，消除、减少和控制工作场所危险化学品产生的危害：

（一）选用无毒或低毒的化学替代品；

（二）选用可将危害消除或减少到最低程度的技术；

（三）采用能消除或降低危害的工程控制措施（如隔离、密闭等）；

（四）采用能减少或消除危害的作业制度和作业时间；

（五）采取其他的劳动安全卫生措施。

第十七条 使用单位在危险化学品工作场所应设有急救设施，并提供应急处理的方法。

第十八条 使用单位应按国家有关规定清除化学废料和清洗盛装危险化学品的废旧容器。

第十九条 使用单位应对盛装、输送、贮存危险化学品的设备，采用颜色、标牌、标签等形式，标明其危险性。

第二十条 使用单位应将危险化学品的有关安全卫生资料向职工公开，教育职工识别安全标签、了解安全技术说明书、掌握必要的应急处理方法和自救措施，经常对职工进行工作场所安全使用化学品的教育和培训。

三、《爆炸危险场所安全规定》（节选）

第三章 危险场所的技术安全

第十一条 有爆炸危险的生产过程，应选择物质危险性较小、工艺较缓和、较为成熟的工艺路线。

第十二条 生产装置应有完善的生产工艺控制手段，设置具有可靠的温度、压力、流量、液面等工艺参数的控制仪表，对工艺参数控制要求严格的应设双系列控制仪表，并尽可能提高其自动化程度；在工艺布置时应尽量避免或缩短操作人员处于危险场所内的操作时间；对特殊生产工艺应有特殊的工艺控制手段。

第十三条 生产厂房、设备、储罐、仓库、装卸设施应远离各种引爆源和生活、办公区；应布置在全年最小频率风的上风向；厂房的朝向应有利于爆炸危险气体的散发；厂房应有足够的泄压面积和必要的安全通道；以散发比空气重的有爆炸危险气体的场所地面应有不引爆措施；设备、设施的安全间距应符合国家有关规定；生产厂房内的爆炸危险物料必须限量，储罐、仓库的储存量严格按国家有关规定执行。

第十四条 生产过程必须有可靠的供电、供气（汽）、供水等公用工程系统。对特别危险场所应设置双电源供电或备用电源，对重要的控制仪表应设置不间断电源（ups）。特别危险场所和高度危险场所应设置排除险情的装置。

第十五条 生产设备、储罐和管道的材质、压力等级、制造工艺、焊接质量、检验要求必须执行国家有关规程；其安装必须有良好的密闭性能。对压力管线要有防止高低压窜气、窜液措施。

第十六条 爆炸危险场所必须有良好的通风设施，以防止有爆炸危险气体的积聚。生产装置尽可能采用露天、半露天布置，布置在室内应有足够的通风量；通排风设施应根据气体比重确定位置；对局部易泄漏部位应设置局部符合防爆要求的机械排风设施。

第十七条 危险场所必须按《中华人民共和国爆炸危险场所电气安全规程（试行）》划定危险场所区域等级图，并按危险区域等级和爆炸性混合物的级别、组别配置相应符合国家标准规定的防爆等级的电气设备。防爆电气设备的配置应符合整体防爆要求；防爆电气设备的施工、安装、维护和检修也必须符合规程要求。

第十八条 爆炸危险场所必须设置相应的可靠的避雷设施；有静电积聚危险的生产装置应采用控制流速、导除静电接地、静电消除器、添加防静电等有效的消除静电措施。

第十九条 爆炸危险场所的生产、储存、装卸过程必须根据生产工艺的要求设置相应的安全装置。

第二十条 桶装的有爆炸危险的物质应储存在库房内。库房应有足够的泄压面积和安全通道；库房内不得设置办公和生活用房；库房应有良好的通风设施；对储存温度要求较低的有爆炸危险物质的库房应有降温设施；对储存遇湿易爆物品的库房地面应比周围高出一定的高度；库房的门、窗应有遮雨设施。

第二十一条 装卸有爆炸危险的气体、液体时，连接管道的材质和压力等级等应符合工艺要求，其装卸过程必须采用控制流速等有效地消除静电措施。

第四章　危险场所的安全管理

第二十二条 企业应实行安全生产责任制，企业法定代表人应对本单位爆炸危险场所的安全管理工作负全面责任，以实现整体防爆安全。

第二十三条 新建、改建、扩建有爆炸危险的工程建设项目时，必须实行安全设施与主体工程同时设计、同时施工、同时竣工投产的"三同时"原则。

第二十四条 爆炸危险场所的设备应保持完好，并应定期进行校验、维护保养和检修，其完好率和泄漏率都必须达到规定要求。

第二十五条 爆炸危险场所的管理人员和操作工人，必须经培训考核合格后才能上岗。危险性较大的操作岗位，企业应规定操作人员的文化程度和技术等级。

防爆电气的安装、维修工人必须经过培训、考核合格，持证上岗。

第二十六条 企业必须有安全操作规程。操作工人应按操作规程操作。

第二十七条 爆炸危险场所必须设置标有危险等级和注意事项的标志牌。生产工艺、检修时的各种引爆源，必须采取完善的安全措施予以消除和隔离。

第二十八条 爆炸危险场所使用的机动车辆应采取有效的防爆措施。作业人员使用的工具、防护用品应符合防爆要求。

第二十九条 企业必须加强对防爆电气设备、避雷、静电导除设施的管理，选用经国家指定的防爆检验单位检验合格的防爆电气产品，做好防爆电气设备的备品、备件工作，不准任意降低防爆等级，对在用的防爆电气设备必须定期进行检验。检验和检修防爆电气产品的单位必须经过资格认可。

第三十条 爆炸危险场所内的各种安全设施，必须经常检查，定期校验，保持完好的状态，做好记录。各种安全设施不得擅自解除或拆除。

第三十一条 爆炸危险场所内的各种机械通风设施必须处于良好运行状态，并应定期检测。

第三十二条 仓库内的爆炸危险物品应分类存放，并应有明显的货物标志。堆垛之间应留有足够的垛距、墙距、顶距和安全通道。

第三十三条 仓库和储罐区应建立健全管理制度。库房内及露天堆垛附近不得从事试验、分装、焊接等作业。

第三十四条 爆炸危险物品在装卸前应对储运设备和容器进行安全检查。装卸应严格按操作规程操作，对不符合安全要求的不得装卸。

第三十五条 企业的主管部门应按本规定的要求加强对爆炸危险场所的安全管理，并组织、检查和指导企业爆炸危险场所的安全管理工作。

四、《重大事故隐患管理规定》（全文）

第一章　总　　则

第一条 为贯彻"安全第一，预防为主"的方针，加强对重大事故隐患的管理，预防重大事故的发生，制定本规定。

第二条 本规定所称重大事故隐患，是指可能导致重大人身伤亡或者重大经济损失的事故隐患。

第三条 本规定适用于中华人民共和国境内的企业、事业组织和社会公共场所（以下统称单位）。

第二章　评估和报告

第四条 重大事故隐患根据作业场所、设备及设施的不安全状态，人的不安全行为和管理上的缺陷，可能导致事故损失的程度分为两级：

特别重大事故隐患是指可能造成死亡50人以上，或直接经济损失1000万元以上的事故隐患。

重大事故隐患是指可能造成死亡10人以上，或直接经济损失500万元以上的事故隐患。重大事故隐患的具体分级标准和评估方法由国务院劳动行政部门会同国务院有关部门制定。

第五条 特别重大事故隐患由国务院劳动行政部门会同国务院有关部门组织评估。

重大事故隐患由省、自治区、直辖市劳动行政部门会同主管部门组织评估。

第六条 重大事故隐患评估费用由被评估单位支付。

第七条 单位一旦发现事故隐患，应立即报告主管部门和当地人民政府，并申请对单位存在的事故隐患进行初步评估和分级。

第八条 主管部门和当地人民政府对单位存在重大事故隐患进行初步评估和分级，确定存在重大事故隐患的单位。重大事故隐患的初步评估结果报送省级以上劳动行政部门和主管部门，并申请对重大事故隐患组织评估。

第九条 经省级以上劳动行政部门和主管部门评估，并确认存在重大事故隐患的单位应编写重大事故隐患报告书。

特别重大事故隐患报告书应报送国务院劳动行政部门和有关部门，并应同时报送当地人民政府和劳动行政部门。

重大事故隐患报告书应报送省级劳动行政部门和主管，并应同时报送当地人民政府和劳动行政部门。

第十条 重大事故隐患报告书应包括以下内容：

（一）事故隐患类别；

（二）事故隐患等级；

（三）影响范围；

（四）影响程度；

（五）整改措施；

（六）整改资金来源及其保障措施；

（七）整改目标。

第三章 组 织 管 理

第十一条 存在重大事故隐患的单位应成立隐患管理小组。小组由法定代表负责。

第十二条 隐患管理小组应履行以下职责：

（一）掌握本单位重大事故隐患的分布，发生事故的可能性及其程度，负责重大事故隐患的现场管理；

（二）制订应急计划，并报当地人民政府和劳动部门备案；

（三）进行安全教育，组织模拟重大事故发生时应采取的紧急处置措施，必要时组织救援设施、设备调配和人员疏散演习；

（四）随时掌握重大事故隐患的动态变化；

（五）保持消防器材、救护用品完好有效。

第十三条 省级以上主管部门负责督促单位对重大事故隐患的管理和组织整改。

第十四条 省级以上劳动行政部门会同主管部门组织专家对重大事故隐患进行评估，监督和检查单位对重大事故隐患进行整改。

第十五条 各级工会组织督促并协助单位对重大事故隐患的管理和整改。

第十六条 县级以上劳动行政部门应负责处理、协调重大事故隐患管理和整改中的重大问题，经同级人民政府批准后，签发《重大事故隐患停产、停业整改通知书》。

第四章 整 改

第十七条 存在重大事故隐患的单位，应立即采取相应的整改措施，难以立即整改的单位应采取防范、监控措施。

第十八条 对在短时间内即可能发生重大事故的隐患，县级以上劳动行政部门可按有关法律规定查处；也可以报请当地人民政府批准，指令单位停产、停业进行整改。

第十九条 接到《重大事故隐患停产、停业通知书》的单位，应立即停产、停业进行整改。

第二十条 完成重大事故隐患整改的单位，应及时报告省级以上劳动行政部门和主管部门，申请审查验收。

第二十一条　重大事故隐患整改资金由单位筹集，必要时报请当地人民政府和主管部门给予支持。

第五章　奖励与处罚

第二十二条　对及时发现重大事故隐患，积极整改并有效防止事故发生的单位和个人，应给予表彰和奖励。

第二十三条　对存在的重大事故隐患隐瞒不报的单位，应给予批评教育，并责令上报。

第二十四条　对重大事故隐患未进行整改或未采取防范、监控措施的单位，由劳动行政部门责令改正；情节严重的，可给予经济处罚或提请主管部门给予单位法定代表人行政处分。

第二十五条　对接到《重大事故隐患停产、停业整改通知书》而未立即停产、停业进行整改的单位，劳动行政部门可给予经济处罚或提请主管部门给予单位法定代表人行政处分。

第十六条　对重大事故隐患不采取措施，致使发生重大事故，造成生命和财产损失的，对责任人员比照刑法第一百八十七条的规定追究刑事责任。

第二十七条　对矿山事故隐患的查处按《矿山安全法》第七章有关规定办理。

第六章　附　　则

第二十八条　省、自治区、直辖市劳动行政部门可根据本规定制定实施办法。

第二十九条　本规定自 1995 年 10 月 1 日起施行。

五、《压力容器安全技术监察规程》（节选）

第五章　安装、使用管理与修理改造

第 116 条　使用压力容器单位的安全管理工作主要包括：

１．贯彻执行本规程和有关的压力容器安全技术规范规章。

２．制定压力容器的安全管理规章制度。

３．参加压力容器订购、设备进厂、安装验收及试车。

４．检查压力容器的运行、维修和安全附件校验情况。

５．压力容器的检验、修理、改造和报废等技术审查。

６．编制压力容器的年度定期检验计划，并负责组织实施。

７．向主管部门和当地安全监察机构报送当年压力容器数量和变动情况的统计报表，压力容器定期检验计划的实施情况，存在的主要问题及处理情况等。

８．压力容器事故的抢救、报告、协助调查和善后处理。

９．检验、焊接和操作人员的安全技术培训管理。

１０．压力容器使用登记及技术资料的管理。

第 117 条　压力容器的使用单位，必须建立压力容器技术档案并由管理部门统一保管。技术档案的内容应包括：

１．压力容器档案卡（见附件四）。

2．第33条规定的压力容器设计文件。

3．第63条规定的压力容器制造、安装技术文件和资料。

4．检验、检测记录，以及有关检验的技术文件和资料。

5．修理方案，实际修理情况记录，以及有关技术文件和资料。

6．压力容器技术改造的方案、图样、材料质量证明书、施工质量检验技术文件和资料。

7．安全附件校验、修理和更换记录。

8．有关事故的记录资料和处理报告。

第 118 条　压力容器的使用单位，在压力容器投入使用前，应按《压力容器使用登记管理规则》的要求，到安全监察机构或授权的部门逐台输使用登记续。

第 119 条　压力容器的使用单位，应在工艺操作规程和岗位操作规程中，明确提出压力容器安全操作要求，其内容至少应包括：

1．压力容器的操作工艺指标（含最高工作压力、最高或最低工作温度）。

2．压力容器的岗位操作法（含开、停车的操作程序和注意事项）。

3．压力容器运行中应重点检查的项目和部位，运行中可能出现的异常现象和防止措施，以及紧急情况的处置程序。

第 120 条　压力容器操作人员应持证上岗。压力容器使用单位应对压力容器操作人员定期进行专业培训与安全教育，培训考核工作由地、市级安全监察机构或授权的使用单位负责。

第 121 条　压力容器发生下列异常现象之一时，操作人员应立即采取紧急措施，并按规定的报告程序，及时向有关部门报告。

1．压力容器工作压力、介质温度或壁温超过规定值，采取措施工仍不能得到有效控制。

2．压力容器的主要受压元件发生裂缝、鼓包、变形、泄漏等危及安全的现象。

3．安全附件失效。

4．接管、紧固件损坏，难以保证安全运行。

5．发生火灾等直接威胁到压力容器安全运行。

6．过量充装。

7．压力容器液位超过规定，采取措施仍不能得到有效控制。

8．压力容器与管道发生严重振动，危及安全运行。

9．其他异常情况。

第 122 条　压力容器内部有压力时，不得进行任何修理。对于特殊的生产工艺过程，需要带温带压紧固螺栓时；或出现紧急泄漏需进行带压堵漏时，使用单位必须按设计规定制定有效的操作要求和防护措施，作为人员应经专业培训并持证操作，并经使用单位技术负责人批准。在实际操作时，使用单位安全部门应派人进行现场监督。

第 123 条　以水为介质产生蒸汽的压力容器，必须做好水质管理和监测，没有可靠的水处理措施，不应投入运行。

第六章 定 期 检 验

第130条 压力容器的使用单位及其主管部门，必须及时安排压力容器的定期检验工作，并将压力容器年度检验计划报当地安全监察机构及检验单位。安全监察机构负责监督检查，检验单位就负责完成检验任务。

第131条 在用压力容器，按照《在用压力容器检验规程》《压力容器使用登记管理规则》的规定，进行定期检验、评定安全善和办理注册登记。

第132条 压力容器的定期检验分为：

1. 外部检查：是指在用压力容器运行中的宣期在线检查，每年到少一次。外部检查可由检验单位有资桥的压力容器检验员进行，也可由经安全监察机构认可的使用单位压力容器专业人员进行。

2. 内外部检验：是指在用压力容器停机时的检验。内外部检验应由检验单位有资格的压力容器检验员进行。其检验周期分为：

（1）安全状况等级为1、2级的，每6年至少一次；

（2）安全状况等级为3级的，每3年至少一次。

第七章 安 全 附 件

第140条 压力容器用的安全阀、爆破片装置、紧急切断装置、压力表、液面计、测温仪表、快开门式压力容器的安全联锁装置应符合本规程的规定。制造爆破片装置的单位必须持有国家质量技术监督局颁发的制造许可证。制造安全阀、紧急切断装置、液面计、快开门式压力容器的安全联锁装置的单位应经省级以上（含省级）安全监察机构批准。

第141条 本规程适用范围内的在用压力容器，应根据设计要求装设安全泄放装置（安全阀划爆破片装置）。压力源来自压力容器外部，且得到可靠控制时，安全泄放装置可以不直接安装在压力容器上。

第142条 安全阀不能可靠工作时，应装设瀑破片装置，或采用爆破片装置与安全阀装置组合的结构。采用组合结构时，应符合GB150附录B的有关规定。凡串联在组合结构中的爆破片在动作时不允许产生碎片。

第143条 安全附件的设计、制造，应符合相应国家标准、行业标准的规定。

第144条 对易燃介质或毒性程度为极度、高度或中度危害介质的压力容器，应在安全阀或爆破片的排出口装设导管，将排放介质引至安全地点，并进行妥善处理，不得直接排入大气。

第145条 安全阀、爆破片的排放能力，必须大于或等于压力容器的安全泄放量。排放能力和安全泄放量的计算，见附件五。对于充装处于饱和状态或过热状态的气液混合介质的压力容器，设计爆破片装置应计算泄放口径，确保不产生空间爆炸。

第146条 固定式压力容器上只安装一个安全阀时，安全阀的开启压力 p_z 不应大于压力容器的设计压力 p，且安全阀的密封试验压力 p_t 应大于压力容器的最高工作压力 p_w，即：$p_z \leqslant p$，$p_t > p_w$。

固定式压力容器上安装多个安全阀时，其中一个安全阀的开启压力不应大于压力容器的设计压力，其余安全阀的开启压力可适当提高，但不得超过设计压力的1.05倍。

第147条 移动式压力容器安全阀的开启压力应为罐体设计压力的 $1.05 \sim 1.10$ 倍，安全阀的额定排放压力不得高于罐体设计压力的 1.2 倍，回座压力不应低于开启压力的 0.8 倍。

第148条 固定式压力容器上装有爆破片装置时，爆破片的设计爆破压力 p_B 不得大于压力容器的设计压力，且爆破片的最小设计爆破压力不应小于压力容器最高工作压力 p_w 的 1.05 倍，即：$p_B \leqslant p$ $p_B \min \geqslant 1.05 p_w$

第149条 设计压力容器时，如采用最大允许工作压力作为选用安全阀、爆破片的依据，就在设计图样上和压力容器铭牌上注明。

第150条 安全阀出厂必须随带产品质量证明书，并在产品上装设牢固的金属铭牌。

第151条 杠杆式安全阀应有防止重锤自由移动的装置和限制杠杆越出的导架；弹簧式安全阀应有防止随便拧动调整螺钉的铅封装置；静重式安全产阀应有防止重片飞脱的装置。

第152条 安全阀安装的要求如下：

1．安全阀应垂直安装，并应装设在压力容器液面以上气相空间部分，或装设在与压力容器气相空间相连的管道上。

2．压力容器与安全阀之间的连接管和平共处管件的通孔，其截面积不得小于安全阀的进口截面积，其接管应尽量短而直。

3．压力容器一个连接口上装设两个或两个以上的安全阀时，则该连接口入口的面积，应至少等于这些安全阀的进口截面积总和。

4．安全阀与压力容器之间一般不宜装设截止阀门。为实现安全阀的在线校验，可在安全阀与压力容器之间装设爆破片装置。对于盛装毒性程度为极度、高度、中度危害介质，易燃介质，腐蚀、黏性介质或贵重介质的压力容器，为便于安全阀的清洗与更换，经合用单位主管压力容器安全的技术负责人批准，并制定可靠的防范措施，方可在安全阀（爆破片装置）与压力容器之间装设截止阀门。压力容器正常运行期间截止阀必须保证全开（加铅封或锁定），截止阀的结构和通径应不妨碍安全阀的安全泄放。

5．安全阀装设位置，应便于检查和维修。

第153条 新安全阀在安装之前，应根据使用情况进行调试后，才准安装使用。

第154条 安全附件应实行定期检验制度。安全附件的定期检验按照《在用压力容器检验规程》的规定进行。《在用压力容器检验规程》未作规定的，由检验单位提出检验方案，报省级安全监察机构批准。安全阀一般每年至少应校验一次，拆卸进行校验有困难时应采用现场校验（在线校验）。爆破片装置应进行定期更换，对超过最大设计爆破压力而未爆破的爆破片应立即更换；在苛刻条件下使用的爆破片装置应每年更换；一般爆破片装置应在 $2 \sim 3$ 年内更换（制造单位明确可延长使用寿命的除外）。压力表和测温仪表应按使用单位规定的期限进行校验。

第155条 安全阀的校验单位应具有与校验工作相适应的校验技术人员、校验装置、仪器和场地，并建立必要的规章制度。校验人员应具有安全阀的基本知识，熟悉并能执行安全阀校验方面的有关规程、标准并持证上岗，校验工作应有详细记录。校验合格后，校验单位应出具校验报告书并对校验合格的安全阀加装铅封。

六、《特种设备安全监察条例》（节选）

第一章　总　则

第五条　特种设备生产、使用单位应当建立健全特种设备安全管理制度和岗位安全责任制度。

特种设备生产、使用单位的主要负责人应当对本单位特种设备的安全全面负责。

特种设备生产、使用单位和特种设备检验检测机构，应当接受特种设备安全监督管理部门依法进行的特种设备安全监察。

第三章　特种设备的使用

第二十四条　特种设备使用单位应当使用符合安全技术规范要求的特种设备。特种设备投入使用前，使用单位应当核对其是否附有本条例第十五条规定的相关文件。

第二十五条　特种设备在投入使用前或者投入使用后 30 日内，特种设备使用单位应当向直辖市或者设区的市的特种设备安全监督管理部门登记。登记标志应当置于或者附着于该特种设备的显著位置。

第二十六条　特种设备使用单位应当建立特种设备安全技术档案。安全技术档案应当包括以下内容：

（一）特种设备的设计文件、制造单位、产品质量合格证明、使用维护说明等文件以及安装技术文件和资料；

（二）特种设备的定期检验和定期自行检查的记录；

（三）特种设备的日常使用状况记录；

（四）特种设备及其安全附件、安全保护装置、测量调控装置及有关附属仪器仪表的日常维护保养记录；

（五）特种设备运行故障和事故记录。

第二十七条　特种设备使用单位应当对在用特种设备进行经常性日常维护保养，并定期自行检查。

特种设备使用单位对在用特种设备应当至少每月进行一次自行检查，并做出记录。特种设备使用单位在对在用特种设备进行自行检查和日常维护保养时发现异常情况的，应当及时处理。

特种设备使用单位应当对在用特种设备的安全附件、安全保护装置、测量调控装置及有关附属仪器仪表进行定期校验、检修，并做出记录。

第二十八条　特种设备使用单位应当按照安全技术规范的定期检验要求，在安全检验合格有效期届满前 1 个月向特种设备检验检测机构提出定期检验要求。

检验检测机构接到定期检验要求后，应当按照安全技术规范的要求及时进行检验。

未经定期检验或者检验不合格的特种设备，不得继续使用。

第二十九条　特种设备出现故障或者发生异常情况，使用单位应当对其进行全面检查，消除事故隐患后，方可重新投入使用。

第三十条　特种设备存在严重事故隐患，无改造、维修价值，或者超过安全技术规范规定使用年限，特种设备使用单位应当及时予以报废，并应当向原登记的特种设备安全监督管理部门办理注销。

第三十一条 特种设备使用单位应当制定特种设备的事故应急措施和救援预案。

第三十九条 锅炉、压力容器、电梯、起重机械、客运索道、大型游乐设施的作业人员及其相关管理人员（以下统称特种设备作业人员），应当按照国家有关规定经特种设备安全监督管理部门考核合格，取得国家统一格式的特种作业人员证书，方可从事相应的作业或者管理工作。

第四十条 特种设备使用单位应当对特种设备作业人员进行特种设备安全教育和培训，保证特种设备作业人员具备必要的特种设备安全作业知识。

特种设备作业人员在作业中应当严格执行特种设备的操作规程和有关的安全规章制度。

第四十一条 特种设备作业人员在作业过程中发现事故隐患或者其他不安全因素，应当立即向现场安全管理人员和单位有关负责人报告。

第六章 法 律 责 任

第六十四条 未经许可，擅自从事压力容器设计活动的，由特种设备安全监督管理部门予以取缔，处 5 万元以上 20 万元以下罚款；有违法所得的，没收违法所得；触犯刑律的，对负有责任的主管人员和其他直接责任人员依照刑法关于非法经营罪或者其他罪的规定，依法追究刑事责任。

第七十三条 电梯制造单位有下列情形之一的，由特种设备安全监督管理部门责令限期改正；逾期未改正的，予以通报批评：

（一）未依照本条例第十九条的规定对电梯进行校验、调试的；

（二）对电梯的安全运行情况进行跟踪调查和了解时，发现存在严重事故隐患，未及时向特种设备安全监督管理部门报告的。

第七十四条 特种设备使用单位有下列情形之一的，由特种设备安全监督管理部门责令限期改正；逾期未改正的，处 2000 元以上 2 万元以下罚款；情节严重的，责令停止使用或者停产停业整顿：

（一）特种设备投入使用前或者投入使用后 30 日内，未向特种设备安全监督管理部门登记，擅自将其投入使用的；

（二）未依照本条例第二十六条的规定，建立特种设备安全技术档案的；

（三）未依照本条例第二十七条的规定，对在用特种设备进行经常性日常维护保养和定期自行检查的，或者对在用特种设备的安全附件、安全保护装置、测量调控装置及有关附属仪器仪表进行定期校验、检修，并做出记录的；

（四）未按照安全技术规范的定期检验要求，在安全检验合格有效期届满前 1 个月向特种设备检验检测机构提出定期检验要求的；

（五）使用未经定期检验或者检验不合格的特种设备的；

（六）特种设备出现故障或者发生异常情况，未对其进行全面检查、消除事故隐患，继续投入使用的；

（七）未制定特种设备的事故应急措施和救援预案的；

（八）未依照本条例第三十二条第二款的规定，对电梯进行清洁、润滑、调整和检查的。

第七十五条　特种设备存在严重事故隐患，无改造、维修价值，或者超过安全技术规范规定的使用年限，特种设备使用单位未予以报废，并向原登记的特种设备安全监督管理部门办理注销的，由特种设备安全监督管理部门责令限期改正；逾期未改正的，处5万元以上20万元以下罚款。

七、《石油与天然气井下作业井控安全管理规定》（全文）

（一）总　则

第一条　为做好井下作业井控工作，有效地预防与防止井喷、井喷失控和井喷着火或爆炸事故的发生，保证人身和财产安全，保护环境和油气资源，遵循国家有关法律法规，特制定本规定。

第二条　井喷失控是井下作业中性质严重、损失巨大的灾难性事故。一旦发生井喷失控，将会造成自然环境污染、油气资源的严重破坏，还易酿成火灾、造成设备毁坏、油气井报废、甚至人员伤亡。因此，必须牢固树立"安全第一，预防为主，以人为本"的指导思想。

第三条　井下作业井控工作是一项要求严密的系统工程，涉及各管理（勘探）局、油气田分（子）公司（以下简称油气田）的勘探、开发、设计、技术监督、安全、环保、装备、物资、培训等部门，各有关单位必须十分重视，各项工作必须有组织地协调进行。

第四条　利用井下作业设备进行钻井（含侧钻和加深钻井）；原钻机试油或原钻机投产作业，均执行中国石油天然气集团公司颁发的《石油与天然气钻井井控规定》。

第五条　井下作业井控工作的内容包括：设计的井控要求，井控装备，作业过程的井控工作，防火、防爆、防硫化氢措施和井喷失控的紧急处理，井控培训和井控管理制度等六方面。

第六条　本规定适用于中国石油天然气集团公司陆上石油与天然气井的试油、射孔、小修、大修、增产增注措施等井下作业。各油气田应以本规定为准，结合本地区油、气、水井井下作业的特点，制订相应实施细则，并报中国石油天然气集团公司（以下简称集团公司）市场管理部和中国石油天然气股份有限公司（以下简称股份公司）勘探与生产分公司备案。进入该地区的所有井下作业队伍必须执行本规定和该地区相应实施细则。

（二）井下作业设计的井控安全要求

第七条　井下作业的地质设计、工程设计、施工设计中应有相应的井控要求或明确井控设计。

第八条　在地质设计（送修书或地质方案）中应提供井身结构、套管钢级、壁厚、尺寸、水泥返高等资料，提供本井和邻井的油气水层及目前地层压力、油气比、注水注汽区域的注水注汽压力、与邻井油层连通情况，有与井控有关情况的提示。

第九条　工程设计应提供井下套管的技术状况，明确压井液的类型、性能，提供施工压力参数，提示本井和邻井在生产及历次施工作业硫化氢等有毒有害气体监测情况。

第十条　施工单位应依据地质设计和工程设计做出施工设计，必要时应查阅钻井及修井井史等资料和有关技术要求，选配压井液及相应压力等级的井控装置。

第十一条 对井场周围一定范围内的居民住宅、学校、厂矿等工业与民用设施应进行现场勘察，并在工程设计中标注说明和提出相应的防范要求。施工单位应复核在井场周围一定范围内的居民住宅、学校、厂矿等工业与民用设施情况，并制定具体的预防和应急措施。

第十二条 新井（老井新层）、高温高压井、气井、大修、压裂酸化措施井的施工作业必须安装防喷器，其他情况是否安装防喷器，应在各油田实施细则中明确。

第十三条 设计完毕后，按规定程序进行审批，未经审批同意不准施工。

（三）井控装备

第十四条 井控装备包括防喷器、射孔防喷器及防喷管、简易抢防喷装置、采油（气）树、内防喷工具、防喷器控制台、压井管汇和节流管汇及相匹配的闸门等。

第十五条 含硫地区井控装备选用材质应符合行业标准 SY/T 5087—2005《含硫油气井安全钻井推荐作法》的规定。

第十六条 防喷器的选择

1．防喷器压力等级的选用原则上应不小于施工层位目前最高地层压力和所使用套管抗内压强度以及套管四通额定工作压力三者中最小者。

2．防喷器组合的选定应根据各油田的具体情况。

3．特殊情况下不装防喷装置的井，必须在作业现场配备齐全由提升短节、旋塞阀（或闸门）、油管挂等组成的内、外简易防喷装置和工具，做到能随时安装到位及时控制井口。

第十七条 压井管汇、节流管汇及阀门的压力级别和组合形式要与防喷器压力级别和组合形式相匹配，其整体配置按各油田的具体情况进行选择。

第十八条 井控装备在井控车间的试压与检验

1．井控装备、井控工具要实行专业化管理，由井控车间（站）负责井控装备和工具的站内检查（验）、修理、试压，并负责现场技术服务。所有井控装备都要建档并出具检验合格证。

2．在井控车间（站）内，应对防喷器、防喷器控制台、射孔闸门等进行试压检验。

3．井控车间应取得相应的资质。

第十九条 现场井控装备的安装、试压和检验按各油田实施细则规定执行。

第二十条 放喷管线安装在当地季节风的下风向，接出井口 35m 以外，通径不小于 62mm，放喷闸门距井口 3m 以外，压力表接在内控管线与放喷闸门之间，放喷管线如遇特殊情况需要转弯时，转弯处要用锻造钢制弯头，每隔 10～15m 用地锚或水泥墩将放喷管线固定牢靠。压井管线自套管闸门接出，安装在当地季节风的上风方向。

第二十一条 井控装备在使用中的要求

1．防喷器、防喷器控制台等在使用过程中，井下作业队要指定专人负责检查与保养并做好记录，保证井控装备处于完好状态。

2．正常情况下，严禁把防喷器当作采油树使用。

3．不连续作业时，井口必须安装控制装置；严禁在未打开闸板防喷器的情况下进行起下管柱作业。

4．液压防喷器的控制手柄都应有标识，不准随意扳动。

第二十二条 施工时拆卸的采油树部件要清洗、保养完好备用。当油管挂坐入大四通后应将顶丝全部顶紧。双闸门采油树在正常情况下使用外阀门，有两个总闸门时先用上闸门，下闸门保持全开状态。要定期向阀腔内注入润滑密封脂。对高压油气井和出砂井不得用闸门控制放喷，应采用针型阀或油嘴放喷。

第二十三条 主要井控装备必须是经集团公司认可的生产厂家生产的合格产品。

（四）作业过程的井控安全工作

第二十四条 作业过程的井控工作主要是指在作业过程中按照设计要求，使用井控装备和工具，采取相应的技术措施，快速安全控制井口，防止发生井涌、井喷、井喷失控和着火或爆炸事故的发生。

第二十五条 井下作业队施工前的准备工作

1．在对地质、工程和施工设计中提出的有关井控方面的要求和技术措施向全队职工进行交底，并明确作业班组各岗位分工。

2．对施工现场已安装的井控装备、配备的防喷工具进行检查，使之处于完好状态。

3．施工现场使用的放喷管线、节流及压井管汇必须符合使用规定，并试压合格。

4．施工现场应备足满足设计要求的压井液。

5．钻台上（或井口边）应备有能连接井内管柱的旋塞阀或简易防喷装置作为备用内、外防喷工具。

第二十六条 现场井控工作要以班组为主，按应急计划进行演练。

第二十七条 及时发现溢流是井控技术的关键环节，在作业过程中要有专人观察井口，以便及时发现溢流。

第二十八条 发现溢流要及时发出警报信号（信号统一为：报警一长鸣笛信号，关井两短鸣笛信号，解除三短鸣笛信号），按正确的关井方法及时关井，其关井最高压力不得超过井控装备额定工作压力、套管实际允许抗内压强度两者中的最小值。

第二十九条 常规电缆射孔作业

1．常规电缆射孔要安装防喷器或射孔闸门。

2．常规电缆射孔过程中要有专人负责观察井口显示情况，若液面不在井口，应及时地向井筒内灌入同样性能的压井液，保持井筒内静液柱压力不变。

3．安装射孔防喷器和防喷管进行常规电缆射孔的井，在发生溢流时，应停止射孔，及时起出枪身，来不及起出射孔枪时，应剪断电缆，迅速关闭射孔闸门或防喷器。

4．射孔结束后，要有专人负责监视井口，确定无异常时，才能卸掉射孔闸门并进行下一步施工作业。

第三十条 诱喷作业

1．抽汲作业前应认真检查抽汲工具，装好防喷管、防喷盒。

2．用连续油管进行气举排液、替喷等项目作业时，必须装好连续油管防喷器组。

第三十一条 起下作业

1．在起下封隔器等大尺寸工具时，应控制起下钻速度，防止产生抽汲或压力激动。

2．在起管柱过程中，应及时向井内补灌压井液，保持液柱压力平衡。

（五）防火、防爆、防硫化氢措施和井喷失控的紧急处理

第三十二条 井场设备布局要考虑防火的安全要求，标定井场内的施工区域并严禁烟火。在森林、苇田、草地、采油（气）场站等地进行井下作业时，应设置隔离带或隔离墙。发电房、锅炉房等应在井场盛行季节风的上风处，发电房和储油罐距井口不小于 30m 且相互间距不小于 20m，井场内应设置明显的风向标和防火防爆安全标志。

第三十三条 井场电器设备、照明器具及输电线路的安装应符合 SY 5727《井下作业井场用电安全要求》、SY 5225《石油与天然气钻井、开发、储运防火、防爆安全技术规程》和 SY/T 6023《石油井下作业安全生产检查规定》等标准要求。井场必须按消防规定备齐消防器材并定岗、定人、定期检查维护保养。

第三十四条 在含硫油气井进行井下作业施工时，应严格执行 SY6137《含硫气井生产技术规定》和 SY5087《含硫油气井安全钻井推荐作法》等标准，井口、地面流程、入井管柱、仪器、工具等应具备抗硫腐蚀性能，制定施工过程中的防硫方案，完井时应考虑防腐措施。井场内气体易聚集的场所应安装硫化氢监测仪和防爆排风扇等防护设备，并配备足够数量的正压式空气呼吸器。对作业人员进行防硫化物培训并定期进行防硫演练等。对高压高产含硫气井，应考虑防喷器（特别是剪切闸板）组合。

第三十五条 各单位要根据油田实际制定具体的井喷应急预案。

第三十六条 各油田要根据油田实际制定关井的程序和相应的措施。

第三十七条 一旦发生井喷失控，应迅速启动应急预案，成立现场抢险领导小组，统一领导，负责现场施工指挥。同时配合地方政府，紧急疏散井场附近的群众，防止发生人员伤亡。

（六）井控安全培训

第三十八条 各油气田应在经集团公司认可的井控培训单位进行相关人员的取证和换证的培训工作。

第三十九条 各油气田对从事井下作业方案设计、井控管理、现场施工、现场监督等人员必须进行井控培训，经培训合格后做到持证上岗，要求培训岗位如下：

1. 管理（勘探）局、油气田分（子）公司的井下作业现场管理人员、作业监督人员。

2. 井下作业公司及下属分公司主管生产、安全、技术的领导，机关从事一线生产指挥人员、井控车间技术干部。

3. 井下作业队的主要生产骨干（副班长以上）。

第四十条 井控培训要求：

1. 对工人的培训，重点是预防井喷，及时发现溢流，正确实施关井操作程序及时关井（或抢装井控工具），掌握井控设备进行日常的维护和保养。

2. 对井下作业队生产管理人员的培训，重点是正确判断溢流，正确关井，按要求迅速建立井内平衡，能正确判断井控装备故障，及时处理井喷事故。

3. 对井控车间技术人员、现场服务人员的培训，重点是掌握井控装备的结构、原理，会安装、调试，能正确判断和排除故障。对井下作业公司经理、主管领导（安全总监）、总工程师、二、三线从事现场技术管理的技术人员的培训，重点是井控工作的全面监督管理，井喷事故的紧急处理与组织协调。

第四十一条　对井控操作持证者，每两年由井控培训中心复培一次，培训考核不合格者，取消（不发放）井控操作证。

（七）井控安全工作七项管理制度

第四十二条　井控分级责任制度

1. 各管理（勘探）局和油气田分（子）公司应分别成立井控领导小组，明确井控工作第一责任人，由第一责任人担任组长。双方领导小组共同负责组织贯彻执行井控规定，制定和修订井控工作实施细则，组织开展井控工作。

2. 各井下作业公司、井下作业分公司、作业施工队、井控车间（站）应相应成立井控领导小组，负责本单位的井控工作。

3. 井下作业公司必须配备专（兼）职井控技术和管理人员。

4. 各级负责人按"谁主管，谁负责"的原则，做到职、权、责明确到位。

5. 集团公司市场管理部和股份公司勘探与生产分公司每年联合组织一次井控工作大检查，各油气田每半年联合组织一次井控工作大检查，各井下作业公司对本单位下属作业队，至少每季度进行一次井控工作检查，井下作业队每天要进行井控工作检查。

第四十三条　井控操作证制度

应持证人员经培训考核取得井控操作合格证后方可上岗。

第四十四条　井控装置的安装、检修、现场服务制度

1. 井控车间（站）

（1）负责井控装置配套、维修、试压、回收、检验、巡检服务。

（2）建立保养维修责任制、巡检回访制、定期回收检验制等各项管理制度。

（3）在监督、巡检中应及时发现和处理井控装备存在的问题，确保井控装备随时处于正常工作状态。

（4）每月的井控装备使用动态、巡检报告等应及时逐级上报井下作业公司主管部门。

2. 作业队应定岗、定人、定时对井控装置及工具进行检查、保养，并认真填写运转、保养和检查记录。

第四十五条　防喷演习制度

1. 井下作业队伍应根据施工作业内容进行，旋转作业时，起下油管、杆（钻杆和抽油杆）时，起下钻挺、工具时，井内少量油管时，电缆（钢丝）射孔时，空井时，发生溢流时的六种不同的工况分岗位、按程序定期进行防喷演习。

2. 作业班组应进行不同工况下的防喷演习，并做好防喷演习讲评和记录工作。演习记录包括：组织人、班组、时间、工况、速度、参加人员、存在问题、讲评等。

第四十六条　井下作业队干部 24 小时值班制度

1. 作业队干部必须坚持 24 小时值班，并做好值班记录。

2. 值班干部应监督检查各岗位井控措施执行、制度落实情况，发现问题立即整改。遇到现场井下试压、溢流、井喷、复杂情况处理等，值班干部必须在场亲自组织、指挥处理。

第四十七条　井喷事故逐级汇报制度

1. 发生井喷事故时，要从下至上逐级汇报。一旦发生井喷事故要立即报告该队所在井下作业公司工程技术处，2 小时之内要上报到油气田主管领导，24 小时之内上报到集团公

司和股份公司有关部门。

2．发生井喷或井喷失控事故后，作业队应由专人负责收集资料，资料要准确无误。

3．发生井喷事故后，要保持各级通信随时联络畅通无阻，并有专人值班。

4．对汇报不及时或隐瞒井喷事故的，要追究领导责任。

第四十八条　井控例会制度

1．作业队每周召开一次由队长主持的以井控为主的安全会议；每天班前、后会上，值班干部和司钻必须布置井控工作任务，检查讲评本班组井控工作。

2．井下作业分公司每月召开一次井控例会，检查、总结、布置井控工作。

3．井下作业公司每季度召开一次井控工作例会，总结、协调、布置井控工作。

4．各油气田每半年联合召开一次井控工作例会，总结、布置、协调井控工作。

5．集团公司市场管理部和股份公司勘探与生产分公司每年联合召开一次井控工作例会，总结、布置、协调井控工作。

八、《油井井下作业防喷技术规程》（节选）

四、施工前防喷安全准备

（1）施工设计应在施工前48h送达施工单位，施工设计部门负责向施工单位进行技术交底，施工单位未见到施工设计，不允许开工。

（2）施工单位按施工设计的要求备齐防喷装置、防喷材料及工具。

（3）施工单位应按施工设计安装井口防喷装置组合，确保防喷装置开关灵活好用，经试压合格后方可进行施工；若不符合要求，则不允许施工。

（4）施工作业前，应在套管闸门一侧接放喷管线至土油池或储污罐，并用地锚固定。放喷管线应尽量使用直管线，不允许使用焊接管线及软管线。

五、井下作业过程防喷要求

（一）射孔施工防喷要求

（1）依据地层压力系数预测能自喷的井应优先选用油管传输射孔，或选用适宜的压井液进行电缆射孔和过油管射孔。

（2）高压油（气）层射孔前应接好压井管线，并准备井筒容积1.5倍以上的、密度适宜的压井液。

（3）射孔时各个岗位应落实专人负责，并做好防喷、抢关、抢装操作的准备工作。

（4）射孔时应密切观察井口显示情况。发现有井喷预兆，应根据实际情况采取果断措施，防止井喷。

（5）电缆射孔过程中发生井喷时，视其喷势，采取相应措施。若电缆上提速度大于井筒液柱上顶速度，则起出电缆，关防喷装置；若电缆上提速度小于井筒液柱上顶速度（即电缆产生堆积、打扭），则剪断电缆，关防喷装置，并在防喷装置上装好采油井口装置。

（二）起下作业防喷要求

（1）起下作业时，井筒内压井液应保持常满状态，起管柱时每起10～20根补注一次压井液，不允许边喷边作业，起完管柱应立即关闭防喷装置。

（2）起下作业时应备有封堵油管的防喷装置（如油管控制阀，油管旋塞阀等）。

（3）起下作业时，如果发生井筒流体上顶管柱，在保证管柱畅通的情况下，关闭井口防喷装置组合，再采取下步措施。

（4）起下带有大直径工具的管柱时，在防喷装置上加装防顶卡瓦。作业过程应保持油、套管连通，并及时向井内灌注压井液。

（5）起下抽油泵前应按 SY/T 5587.3 压井后再进行施工。

（6）起下抽油泵若采用不压井作业，应按 SY/T 5587.2 的要求执行。

（三）压井、替喷施工防喷要求

（1）压井替喷施工应符合 SY/T 5587.3 的要求，观察进出口平衡，无溢流显示时方可进行下步施工。

（2）高压油（气）层替喷应采用二次替喷的方法，即先用低密度的压井液替出油层顶部 100m 至人工井底的压井液，将管柱完成于完井深度，再用低密度的压井液替出井筒全部压井液。

（四）冲砂作业防喷要求

（1）冲砂作业应使用性能适宜的修井液进行施工。

（2）冲开被砂埋的地层时应保持循环正常，当发现出口排量大于进口排量时，按 SY/T 5587.3 压井后再进行下步施工。

（五）钻水泥塞、桥塞、封隔器施工防喷要求

（1）钻水泥塞、桥塞、封隔器施工所用修井液性能要与封闭地层前所用压井液性能相一致。

（2）水泥塞、桥塞、封隔器钻完后要充分循环修井液，其用量为 1.5～2 倍井筒容积，停泵观察 30min 井口，无溢流时方可进行下步施工。

（六）打捞作业防喷要求

（1）捞获大直径落物上提管柱时，在防喷装置上加装防顶卡瓦。作业过程应保持油、套管连通，并及时向井内灌注压井液。

（2）打捞施工过程中发生井喷，应按 SY/T 5587.3 压井后再进行施工。

（七）施工要求

（1）施工时各道工序应衔接紧凑，尽量缩短施工时间，防止因停、等造成的井喷和对油层的伤害。

（2）有自喷能力的井施工不能连续作业时，应装好采油井口装置，防止井喷。

六、防喷装置管理

（1）防喷装置应按要求组装试压。试压程序、试验压力、液控部分试验、密封性能试验，闸板手动关闭试验按 SY 5053.1—92 中 6.2～6.5 执行，试验后应填写试压卡片，不合格产品不得送至生产现场。

（2）送至生产现场的防喷装置各部件应灵活好用，并附有试压卡片。

（3）施工单位对送达的防喷装置要按清单逐项验收，并在交接卡片上签字；对无试压卡片的防喷装置，施工单位不得使用。

（4）防喷装置现场组装后应进行整体试压，施工单位应认真检查，发现问题及时解决。

（5）防喷装置应定期维修、保养，施工单位不准随意拆装（采油、气树除外）。

（6）防喷装置由专门队伍统一管理，并编号归档。

第四节　井下作业各岗位安全工作职责

岗位职责是保证安全生产的第一道基本屏障。井下作业从管理岗到操作岗都有自己的岗位职责，各油田的作业系统根据实际生产情况制定了详细的岗位细责。岗位人员只有熟知岗位职责，只有尽职尽责，才能削减岗位风险。

一、大队长的安全工作职责

（1）大队长是全大队安全生产第一责任人，对全大队的安全生产工作负全面责任。

（2）认真贯彻执行国家、地方政府有关安全生产的法律、法规和公司、厂各项安全管理制度及规定；努力完成本单位安全生产工作目标和业绩考核中的安全生产指标。

（3）成立大队QHSE委员会，明确分管安全工作的副职领导，并授予应有的管理权限。建立健全安全管理组织机构，为安全管理部门配备安全监测工具、仪器和设备等必要的资源。

（4）重视安全投入，及时落实安全生产技术措施计划和隐患整改计划，定期主持召开安全工作会议，听取安全工作汇报，决定安全工作的重要奖惩，及时解决安全管理工作中的重大问题。

（5）组织或参与事故的调查处理，落实事故"四不放过"的原则。

（6）向上级报告或向本单位员工公布安全生产情况，认真听取意见和建议，接受监督。

二、主管安全领导的安全工作职责

（1）协助大队长管理本单位安全生产工作，对本单位安全生产工作负有领导责任。

（2）认真贯彻执行国家、地方政府有关安全生产的法律、法规和公司、厂各项安全管理制度及规定。

（3）组织制定和实施大队年度安全工作目标和安全工作计划，负责审定大队安全生产规章制度、隐患整改方案及安全技术措施。

（4）定期主持召开大队安全专业工作会议，研究分析安全动态，总结、部署安全工作。

（5）领导、布置和检查安全方面的工作，及时解决工作中的安全隐患问题，深入现场调查研究，掌握了解安全生产情况，总结、推广安全管理先进经验。

（6）组织开展安全检查工作，监督安全技术措施项目和安全隐患整改计划的落实。

（7）发生一般级以上安全事故，及时到现场组织抢险和组织事故调查处理工作。

（8）制定有关安全方面的应急预案，定期组织应急演练。

（9）定期对新老员工进行质量、健康、安全、环保方面的培训，提高员工的安全意识。

（10）定期向大队长和QHSE委员会通报安全工作情况，重大问题提交会议讨论。

三、主管生产领导的安全工作职责

（1）按照"管生产必须管安全"和"谁主管谁负责"的原则，对本单位的安全生产工作负领导责任。

（2）认真贯彻执行国家、地方政府有关安全生产的法律、法规和公司及厂各项安全管理制度及规定。

（3）正确处理好安全与生产的关系，坚持贯彻"五同时"原则，监督检查生产组安全职责履行和各项安全生产规章制度的执行情况，及时纠正生产管理中的失职和违章行为。

（4）组织和指挥各项工作过程，严格落实各项安全保证措施，预防各类事故的发生。

（5）认真对待生产过程中的安全隐患问题，制定周密的应急方案及消减措施。

（6）定期组织生产安全检查，及时整改各类重大生产安全隐患。

（7）发生重大生产安全事故，及时到现场组织抢险和参与事故调查处理工作。

四、主管设备领导的安全工作职责

（1）按照"谁主管、谁负责"的原则，抓好设备方面的安全工作，对设备管理安全工作负有领导责任。

（2）认真贯彻执行国家、地方政府有关安全生产的法律、法规和公司及厂各项安全管理制度及规定，组织做好机动设备的日常维护保养工作。

（3）组织制订机动设备管理规章制度、设备安全技术规程，并组织实施。认真制定并严格落实各项安全生产技术保证措施，预防各类事故的发生。

（4）负责组织机动设备安全大检查，落实设备隐患整改，制定周密的应急预案及安全防范措施。

（5）坚持贯彻"五同时"原则，监督检查设备方面的安全职责履行和有关设备方面的安全规章制度的执行情况，及时纠正工作中的失职和违章行为。

（6）发生设备安全事故时，应及时到达现场，组织抢险和参与事故调查处理。

五、工会主席的安全工作职责

（1）监督大队及大队所属各单位认真贯彻落实国家及上级有关安全生产、劳动保护的各项方针、政策和规章制度，充分发挥工会组织在安全生产工作中的监督作用。

（2）协助安全部门搞好安全生产宣传教育，组织开展安全合理化建议活动，参加有关安全生产和劳动保护规章制度的制修订工作。

（3）经常组织员工开展遵章守纪和预防事故的群众性活动，依照有关规定支持行政关于安全工作的奖惩，协助做好员工伤亡事故的善后处理工作。

（4）关心员工劳动条件的改善，维护员工在劳动中的安全与健康，监督有关女职工特殊保护规定的执行情况，把职业安全卫生工作列入职工代表大会的议题。

（5）定期组织员工健康检查，严防职业病的发生。

六、作业队队长的安全工作职责

（1）对本单位的安全生产工作负全面责任，是安全生产第一责任人。

（2）完成本单位安全生产工作目标和业绩考核中的安全生产及环境保护指标。

（3）及时向员工贯彻安全生产及环境保护有关法律法规和上级要求，开展好员工规章制度、操作规程和 QHSE 的教育。

（4）重视安全投入，及时落实安全生产技术措施成本。

（5）加强组织领导，建立健全安全和环保管理组织机构，定期主持召开安全工作会议，及时解决生产中的重大安全问题，参与事故的调查及处理。

（6）积极组织落实完成上级安全部门安排的各项工作内容。

（7）每月向本单位员工公布安全生产状况，认真听取员工意见和建议，接受监督。

（8）结合季节特点和生产实际，认真落实各项安全工作措施，做好开工前的安全检查工作，并不定期对施工现场进行安全检查。

（9）开展经常性的岗位安全检查，关键部位、要害岗位要亲自检查，及时落实措施、整改隐患，防止事故的发生。对特种作业人员及时组织按期培训，做到持证上岗。

（10）本单位发生事故后要保护好现场，并及时、详细、真实、准确的向上级主管部门报告发生事故的原因和经过，协助事故调查处理。

七、作业队副队长的安全工作职责

（1）贯彻执行国家和上级安全主管部门有关安全工作的方针、政策、法令、法规和指示，协助队长按时完成上级安排的各项安全工作任务。

（2）牢固树立"安全第一、预防为主"的思想，加强安全知识教育，及时纠正和制止违章行为。

（3）深入施工现场开展经常性的安全工作检查，及时落实措施，积极整改隐患，防止事故发生。

（4）结合季节特点和生产实际，协助队长认真落实各项安全工作措施，有针对性地开展安全检查和整改活动。

（5）发生重大事故和各类事故要及时保护好现场，在保证人身安全的前提下，积极组织抢险，及时准确地向上级汇报情况，协助调查。

（6）负责施工井的施工准备、井架立放、修井机就位，并做好开工前的安全检查及对施工过程中的安全操作规程执行情况的检查。

（7）负责 ISO14001 管理体系和 QHSE 体系的运行，控制排放污油、污水和有害废物，并及时填写有关记录。

（8）坚持贯彻"五同时"原则，监督检查本单位的安全职责履行和各项安全生产规章制度的执行情况，及时纠正员工在工作中的失职和违章行为。

八、作业队技术员的安全工作职责

（1）对本单位安全技术工作负直接责任。

（2）组织研究解决施工井安全生产工作中的工艺流程、井下工具、地面工具安全技术指标要求的操作规程。

（3）负责组织制定本单位的各种应急预案，并组织好经上级主管部门审批后的各种应急预案的演练，记录要详细。

（4）按照国家和上级有关安全、防火、工业卫生及劳动保护等法规、标准、岗位操作规程、环境管理体系及各种应急预案的要求，组织做好本单位员工的安全技术培训工作。

（5）抓好安全科技工作，开展安全科技公关，推广应用安全新技术、新成果和新产品。

（6）按照 QHSE 的有关要求做好本单位施工井的计划书，并在开工前向员工进行安全技术要求和预防风险教育。

（7）组织实施技术工作过程中，认真制订并严格落实各项安全生产技术保证措施，预防各类事故的发生。

（8）负责组织制定并落实员工 QHSE 教育培训计划，组织开展 QHSE 教育培训工作，保证员工具备必要的 QHSE 生产知识，熟悉有关 QHSE 生产规章制度和安全操作规程，掌握本岗的安全操作技能。

九、作业队司机长的安全工作职责

（1）按照"谁主管、谁负责"的原则，抓好小队设备的安全生产工作，对设备安全管理工作负直接责任。

（2）认真贯彻执行上级和本队有关安全生产的各项安全管理制度及规定，组织做好本队安全设备和设施的日常维护、保养、检查工作。

（3）在施工过程中，自觉遵守并严格监督小班司机严格执行设备操作规程，预防各类机械事故和安全事故的发生。

（4）搞好新、老司机的培训和岗位安全教育工作。

（5）负责迎接机动设备安全大检查，落实设备隐患整改，制订安全防范措施。

（6）在发生设备安全事故时，要及时采取措施，防止事态扩大，应积极抢救并保护好现场，向上级如实汇报。

（7）做好设备运转记录和设备档案工作，及时落实上级有关安全活动和安全工作的指示精神。

（8）组织制订落实设备管理规章制度、设备安全技术规程，并组织实施。

十、作业队材料员的安全工作职责

（1）按照"谁主管、谁负责"的原则，抓好物资管理的安全工作，对本队的物资管理安全工作负有直接责任。

（2）物资管理和发放要严格执行国家、地方政府有关安全生产的法律、法规，执行上级和大队有关安全各项管理规章制度和工作标准、技术标准，杜绝有安全隐患的物资进入生产过程。

（3）参加大、小队的日常各种安全工作会议，认真落实有关会议决议，协助执行物资管理中的各类事故应急预案的演练工作，协调处理各类突发性事故的物资保障工作。

（4）按照上级有关规定，组织执行和实施物资管理规章制度，严格执行发放标准，及时做好劳动防护用品、工用具的管理和发放工作，确保质量安全。

（5）严格执行国家和上级有关物资仓储安全管理规定，保证易燃、易爆、剧毒等危险品物资的拉运、储存、发放、搬运和使用过程的安全。

（6）负责小队应急抢险所需物资材料的管理和储存、发放工作。发生安全生产事故时，确保所需物资及时送到现场。协助组织抢险和参与事故调查工作。

十一、作业队班长的安全工作职责

(1) 模范遵守各项规章制度和工作纪律，严格执行各项操作规程，监督本班员工遵守各项规章制度和工作纪律，制止"三违"现象的发生，对本班实现安全生产负主要责任。

(2) 负责做好班前的安全讲话及检查整改工作，及时填写与安全有关的各项记录，并及时组织落实上级有关安全活动和安全工作的指示精神。

(3) 组织开展班组安全活动，搞好新、老员工和实习人员的岗位安全教育和培训工作。

(4) 督促、检查本班员工正确使用安全防护用品，搞好安全防护装置和设施的管理及日常维护保养工作。

(5) 在生产工作中首先制定好安全措施，施工过程中要严格执行 QHSE 作业指导书和计划书的标准，并做好安全监护工作。

(6) 掌握各岗位安全生产动态，发现隐患要及时消除，不能及时消除的应采取防范措施，并立即向小队或上级汇报。

(7) 发生事故时，应立即向上级主管部门汇报并保护好现场，同时要积极进行现场抢救，防止事态扩大，协助组织抢险和参与事故调查工作。

(8) 重点负责游动系统的检查与保养工作。

十二、作业队副班长的安全工作职责

(1) 模范遵守各项规章制度和工作纪律，严格执行各项操作规程，坚持原则，监督本班员工遵守各项规章制度和工作纪律，制止违章作业，对本班实现安全生产负责。

(2) 积极配合班长工作，班长不在时代替班长职责。起下作业时负责井口指挥操作，监督各岗严格执行安全操作规程情况，保证安全无事故。

(3) 负责施工井场卫生，检查和监督各岗工具、用具的使用及保养，同时抓好环保工作。

(4) 负责加压装置、井口控制、胶皮闸门、采油树、配件、液压钳、打捞工具、进出口管线的安全检查、维修保养工作。

(5) 组织开展班组安全活动，搞好新、老员工和实习人员的岗位安全教育和培训工作。

(6) 督促、检查本班员工正确使用安全防护用品，搞好安全防护装置和设施的管理及日常维护保养工作。

(7) 在生产工作中首先制定好安全措施，并做好安全监护工作，发现隐患要及时消除，不能及时消除的应采取防范措施，并立即向上级汇报。

(8) 发生事故时，要及时采取措施，防止事态扩大，应积极抢救，保护现场，并立即向上级汇报。

(9) 及时宣传和落实上级有关安全活动和安全工作的指示精神，并负责各项安全记录。

十三、作业队一岗位的安全工作职责

(1) 掌握本岗位存在的危险因素和防范措施。

(2) 严格执行安全生产规章制度和岗位操作规程，遵守劳动纪律。

（3）上岗时应按规定穿戴好劳动防护用品，正确维护和保养岗位安全防护装置及设施，保持其完好、齐全、灵敏、有效状态。

（4）熟练掌握岗位安全操作技能和故障排除方法，按规定巡回检查，及时发现和消除事故隐患，自己不能消除的应立即向上级如实汇报。

（5）有权制止、纠正他人的不安全行为，有权拒绝执行违章作业的指令并可越级汇报。

（6）积极参加各项安全活动，生产中应协同配合，共同搞好安全生产。

（7）重点负责检查游动系统及提升系统设施的完好状况，是否符合有关行业技术标准。

（8）施工过程中，有责任做到互相监督、互相提示、互相纠正违章行为。

（9）副班长不在岗时，代替副班长的安全职责。

十四、作业队二岗位的安全工作职责

（1）掌握本岗位存在的危险因素和防范措施。

（2）严格执行安全生产规章制度和岗位操作规程，遵守劳动纪律。

（3）上岗时应按规定穿戴好劳动防护用品，正确维护和保养岗位安全防护装置及设施，保持其完好、齐全、灵敏、有效状态。

（4）熟练掌握岗位安全操作技能和故障排除方法，按规定巡回检查，及时发现和消除事故隐患，自己不能消除的应立即向上级如实汇报。

（5）有权制止、纠正他人的不安全行为，有权拒绝执行违章作业的指令并可越级汇报。

（6）积极参加各项安全活动，生产中应协同配合，共同搞好安全生产。

（7）重点负责检查工具、配件的完好状况，是否符合有关行业技术标准。

（8）施工过程中，有责任做到互相监督、互相提示、互相纠正违章行为。

十五、作业队三岗位的安全工作职责

（1）掌握本岗位存在的危险因素和防范措施。

（2）严格执行安全生产规章制度和岗位操作规程，遵守劳动纪律。

（3）上岗时应按规定穿戴好劳动防护用品，正确维护和保养岗位安全防护装置及设施，保持其完好、齐全、灵敏、有效状态。

（4）熟练掌握岗位安全操作技能和故障排除方法，按规定巡回检查，及时发现和消除事故隐患，自己不能消除的应立即向上级如实汇报。

（5）有权制止、纠正他人的不安全行为，有权拒绝执行违章作业的指令并可越级汇报。

（6）积极参加各项安全活动，生产中应协同配合，共同搞好安全生产。

（7）重点负责检查消防器材、电器设施的完好状况，是否符合有关行业技术标准。

（8）施工过程中，有责任做到互相监督、互相提示、互相纠正违章行为。

十六、作业队四岗位的安全工作职责

（1）掌握本岗位存在的危险因素和防范措施。

（2）严格执行安全生产规章制度和岗位操作规程，遵守劳动纪律。

（3）上岗时应按规定穿戴好劳动防护用品，正确维护和保养岗位安全防护装置及设施，保持其完好、齐全、灵敏、有效状态。

(4) 熟练掌握岗位安全操作技能和故障排除方法，按规定巡回检查，及时发现和消除事故隐患，自己不能消除的应立即向上级如实汇报。

(5) 有权制止、纠正他人的不安全行为，有权拒绝执行违章作业的指令并可越级汇报。

(6) 积极参加各项安全活动，生产中应协同配合，共同搞好安全生产。

(7) 重点负责检查仪器、仪表的完好状况，是否符合有关行业技术标准。

(8) 施工过程中，有责任做到互相监督、互相提示、互相纠正违章行为。

十七、作业队特种司机的安全工作职责

(1) 掌握本岗位存在的危险因素和防范措施。

(2) 严格执行安全生产规章制度和岗位操作规程，遵守劳动纪律。

(3) 上岗时应按规定穿戴好劳动防护用品，正确维护和保养岗位安全防护装置及设施，保持其完好、齐全、灵敏、有效状态。

(4) 熟练掌握岗位安全操作技能和故障排除方法，按规定巡回检查，及时发现和消除事故隐患，自己不能消除的应立即向上级如实汇报。

(5) 有权制止、纠正他人的不安全行为，有权拒绝执行违章作业的指令并可越级汇报。

(6) 积极参加各项安全活动，生产中应协同配合，共同搞好安全生产。

(7) 必须持证上岗，上岗证要按规定定期进行复审，有权拒绝无证人员操作特种设备。

(8) 必须熟练掌握本工种的安全技术操作规程、应知应会内容，准确掌握设备性能，能够处理设备运行过程中的突发事件。

(9) 工作中要精力集中，操作平稳，听从井口操作人员的指挥。

(10) 经常检查作业机刹车系统是否安全可靠，有无异常情况，滚筒钢丝绳是否排列整齐，有断丝情况。

(11) 施工过程中，有责任做到互相监督、互相提示、互相纠正违章行为。

十八、电工的安全工作职责

(1) 严格执行大、小队安全生产规章制度和岗位安全操作规程，遵守劳动纪律和职业道德。

(2) 上岗时必须正确穿戴好劳动防护用品。

(3) 认真学习技术，熟练掌握本岗位安全操作技能和排除故障的方法，按规定巡回检查，及时发现和消除事故隐患。

(4) 工作中严禁酒后上岗，高空作业要有保护措施，施工作业必须有监护人。工具要灵活好用，不漏电。

(5) 在上岗之前，要进行安全讲话，对所工作的部位出现的各种情况，要有预防措施及事故预案。

(6) 要持证上岗，工作中有权制止、纠正他人的不安全行为，有权拒绝违章指挥并可越级汇报，对危害生命安全和身体健康的行为，有权批评，拒绝施工，并可越级报告。

(7) 发生事故，应立即采取措施防止事故扩大，并立即向上级如实汇报。

第三章 井下作业施工准备安全

井下作业施工是多工种多设备联合作业的大型施工，只有做好大量的准备工作后，才能保证质量、健康、安全与环境，因此要充分认识到施工准备在井下作业施工中的重要性。本章主要介绍内容包括井场调查及搬迁、立井架、洗压井等项施工作业过程中的安全标准和安全检查内容。

第一节 井场调查及搬迁安全

施工单位在接到施工井设计和施工井通知单后，应进行井场调查，主要了解井场的地理位置和井场的施工条件，以便做好各种施工准备。井场调查应在一周前进行，在搬迁施工设备前一天再到施工井场勘察一次，以免发生临时变故影响正常施工。在井场调查结束后，根据作业设计要求，将井下作业施工设备、工具、材料安全地搬迁到施工井场，按井场施工条件摆放设备，既要有利于施工作业的顺利进行，还要做到安全生产。

一、井场调查

井场调查主要是从施工安全角度出发，了解和掌握井场的安全隐患和不安全因素，提前做好准备工作。施工前能消除的隐患要彻底消除，需要采油单位协助的，要及时与采油单位协调。整改和消除不了的或不彻底的隐患，在施工中要制定有效安全措施重点防范，保证施工的顺利与安全。

（一）井位

（1）对照井位图调查施工井的地理位置。

（2）对照井位图和地质开发方案核实井号。

（3）调查施工井所属的单位，并由所属单位确认。

（二）地面道路

（1）调查通往井场的道路状况、运输距离。

（2）调查沿途道路上的障碍物、输电线路、通信线路的情况。

（3）调查沿途经过的桥梁、涵洞承载能力。

（4）调查桥涵的宽度、允许的拖挂长度。

（三）井场

（1）调查井场可供井下作业施工使用的有效面积。

（2）调查井场可供立放井架、摆放油管、抽油杆、工具台、值班房、锅炉房、油水容器和停放车辆的位置能否满足施工要求。

（3）调查井场是否有妨碍立放井架和作业施工的输电线路、通信线路及其他障碍物。

（4）调查井场土壤状况能否满足地锚承载安全要求。

(5) 调查井场周围足够面积内有无易燃易爆的危险品,有无怕震动、怕噪音的民用设施。

(四) 供电电源

(1) 调查可向井场供电的电源、电压和供电距离。

(2) 调查电源接线方式,需要上杆接线时,应查清电线杆的类型、高度、变压器情况等。

(五) 采油树

(1) 调查采油树的型号及完好情况。

(2) 调查井口装置能否与不压井作业施工装置配套,以及所需要的连接工具。

(六) 地面流程

(1) 调查油、水、气井所隶属的计量间、配水间或集气站。

(2) 调查流程的类型,冬季施工时有无冻管线的危险及应采取的必要措施。

(七) 井场设备及装置

(1) 调查井口房类型,能否整体吊装或移动。

(2) 调查抽油机型号、冲程、冲次、安装的方位、驴头的拆装方式及手刹的完好情况。

(3) 调查油气分离器、加热设备、点滴加药装置、配电计量装置等是否有碍于井下作业施工。

二、井场交接

井场交接(接井)主要是从油、水、气井管理单位了解掌握施工井的有关情况,明确井口流程和管线走向以及井场用电设备的电线走向,同时明确施工前的井场情况和施工后的恢复标准。

(1) 施工单位派专人到施工井上与采油单位按规定进行施工井的交接。交接时要从井口设备完整情况、井口流程通畅情况、各部位闸门灵活情况、采油设备完好情况、井场平整情况、电源电线等情况逐点进行细致交接,对重点设备与项目应当场试运转、试刹车。

(2) 交接后双方应在交接书上签字,各自保存一份,以备施工后交接。

三、井场搬迁

井下作业是多工种、多设备、多工具联合作业的大型施工作业,因此要有大量的设备、用具和物资搬迁。在这方面往往存在着许多安全隐患和不安全因素,需要引起管理者和施工人员的高度重视。

(一) 搬迁准备工作的内容

(1) 车辆及吊装工具的准备。

搬家之前作业队要对井架及底座、板房、池子、工具房进行清洁;对游动滑车、液压钳、井口控制器、液化气瓶、电源线等要先进行固定。

(2) 需吊装的物件放置可安全吊装的地点,保证上下无电线、前后无障碍、左右可摆动、物件无刮连、地面平整坚实。

(3) 钢丝绳要无断丝、断股和死扭现象,固定吊装物用的铁丝要保证其抗拉扭强度。

(4) 检查拖挂的野营房、爬犁的拖钩和保险绳是否完好;检查被吊装物的吊环是否完好，有无开焊或裂口。

（二）吊装及运输

（1）在吊装、吊卸前首先要试吊，试吊的高度在 16～20cm。试吊过程中要坚持"七查"制，即：一查吊装重物的钢丝绳是否有断丝断股缺陷，能否承受要吊装的载荷，严禁超载吊装；二查吊车支腿是否稳固；三查液压泵电动机、阀运转是否平稳灵活；四查游动系统是否灵活好用；五查吊钩、吊环是否符合安全规定；六查被吊装物品是否绑扎可靠；七查启重臂活动范围内是否有电力线路。

（2）在装、卸车过程中，要保证"六做到"，即：持证操作；装车平稳；限高限载；避让障碍；绑扎紧固；吊车臂下无人。

（3）在运输时，要慎重选择线路，防止刮碰，遵章限速，常查紧固。

（4）卸车就位时，本着"三方便"原则，即：本着方便生产，方便吊装，方便看井的原则。同时板房距井口、土油池、放喷管线出口的上风头30m以外，确保安全。

（三）作业机、拖拉机拖运

（1）拖车司机必须做好"五查"，即：一是设备巡回检查；二是灯光信号检查；三是制动转向、传动系统检查；四是拖车转盘、主挂车接口管线检查；五是拖板、拖车梯子有无磨损松动检查。拖车应停放在坚硬平坦、上空无障碍物、方便作业机和拖拉机上下的路面上，同时刹车牢固，保证车辆前后不移动，要有专业人员指挥作业机上下拖车。长途运输时，应将作业机固定在拖车上。

（2）在拖运过程中，做到"五记住"，即：一记住起步要匀速；二记住行驶要限速；三记住转弯要看路；四记住过线看高度；五记住超车看宽度。同时拖车司机应遵守重型车限速规定。转弯时要注意来往车辆和转弯路的情况，转弯半径不得小于30m。要特别注意防止车身超宽刮碰来往车辆。要注意观察拖板上作业机的移动情况，避免使用急刹车，发现作业机移动时，应及时停车进行检查和校正。冬季行车，要及时清除拖板和拖车梯子上的积雪浮冰，防止打滑。

（四）管杆类物体转运

（1）做到"顺装车、慢行路、紧绑绳、无横扫"。装卸管杆要轻装轻卸，防止管杆弹起伤人；绑扎要牢固可靠，检查绑扎油管的棕绳是否有破损现象；在运输过程中要选择好行车路线，遵守重型车限速规定；注意路面情况，超车会车时注意两侧通行情况，防止刮碰两侧行人及车辆；转弯时要保持适当车距，防止管杆扫碰前后行人及车辆。

（2）水龙头、方钻杆、油管、抽油杆要带好护丝，接箍朝向井口。

（五）大件设备装卸

（1）绳套要卡牢、系牢、挂牢，由专人指挥搬家车司机和吊车司机的吊装、吊卸操作，地面工作人员要位于被装卸物件一侧，按指挥人员的指挥进行推拉扶正。

（2）装卸盛液容器与管类设备时，必须清空其内的液体。

四、井场布置

（1）施工设备和设施要做到平稳就位，摆放整齐，符合安全规定，便于施工操作。

（2）值班房、锅炉房、发电机要距井口侧风头30m以外。锅炉房与值班房应分开放置，其距离应大于4m。在气井和高压井施工时，值班房、锅炉房、发电机应距井口100m

以外。在特殊情况下不能达到上述条件时，应有具体的安全防范措施，并经安全监督验收。

（3）各种容器就位在距井口 30m 以外便于车辆通行处，并做到水平放置排列成行。井场受限时，尽可能远离井口。操作台、游动滑车、井口控制装置等吊放在距井口 3m 处。

（4）油管、抽油杆、方钻杆卸在油管桥两侧，接箍朝向井口。

（5）履带式作业机停放在井架的正后方，其尾部距离井架基础中心线为 3～5m，并摆正、摆平。

（6）井场要有醒目的安全警示标志，如：必须戴安全帽；禁止烟火；上井架必须系安全带；当心触电；防机械伤人；逃生路线图和方向指示标等。

（7）井场要用安全警示线围起来，并有"非施工人员禁止入内"的安全警示标志。

五、井场用电

（1）井场所用电线应满足载荷要求，绝缘可靠，不准用照明线代替动力线。

（2）线路整齐，不得穿越井场和妨碍车辆交通及在油水池内通过，如需要穿越公路时，要用油管套在外面或埋在地下作保护。动力线架设高度不低于 2.5m，照明线架设高度不低于 1.5m，严禁拖地或挂在绷绳、井架或其他铁器上。

（3）井架照明应采用防爆灯，电线保证绝缘，固定可靠。

（4）井场照明应采用直流低压设备，不准直射司钻和井口操作人员。

（5）电器开关应装在距井口 5m 以外的开关盒内，低压照明灯、闸刀应分开设置且不准放在地面。所有保险丝应规范使用，严禁用铜、铝等材料代替。

（6）野营房、野外锅炉房要有接地线。

六、连接管线

（1）替喷、放喷、气举、洗井等各项施工管线连接必须用钢质管线，进口管线长度应大于 20m，出口管线应用地锚固定，各连接部位无泄漏，并接进污油回收装置。

（2）高压放喷管线上应安装压力表。

（3）冬季施工时循环管线的出口应低于进口，便于管线内的液体排放。

（4）管线流程应按规定试压合格后方可使用。

第二节　立井架、穿大绳及校井架安全

立井架、穿大绳、校井架是井下作业施工准备的一项重要内容，它关系到井下作业能否顺利施工和安全生产。立井架是将作业中的吊升起重系统安装在井口的过程。穿大绳是指用钢丝绳将吊升系统的井架天车与游车按要求连接在一起的过程。校井架是指为保证井架施工安全，通过调整绷绳，使井架与井口之间的位置达到规定要求的过程。

一、立井架

（一）井架要求

井架具有足够的承载能力及足够的工作高度和空间；井架无弯曲、变形、损坏，各部位螺丝完好、齐全、坚固；天车滑轮转动灵活无异常响声，加注润滑脂的油嘴完好。

（二）井架基础

（1）井架基础可采用钢制或水泥预制基础。

（2）井架基础最小压强为 0.15 ~ 0.20MPa，基础应高出地面 80 ~ 100mm。

（3）井架基础应平整、坚固、不会发生翻转，底角螺丝与销子齐全完好，水平度不大于 0.5°~ 1°。井架基础中心与井口的距离根据井架的高度而定，表 3-1 是常见的井架基础与井口的距离。

表 3-1　井架基础与井口的距离

井架高度，m	井架基础中心与井口中心的距离，m
18	1.8±0.05
24	2.4±0.1
29	2.8±0.1

（三）绷绳坑

（1）绷绳坑的尺寸（深×长×宽）：1.8m×（上 1.4m，下 1.6m）×0.8m，前后共 8 个坑，后第一道坑深为 2m 以上。

（2）若用坑木，其尺寸为 φ300mm×1600mm，必须防腐，不准用腐烂变质的木料；若用水泥地锚，其尺寸为 0.2m×0.2m×1.5m。

（3）绷绳坑地锚绳套长 8m，后面头道长 10m，后坑地锚绳套直径不小于 1in，其余不小于 7/8in，绳套必须涂防腐剂。

① BJ-29 型井架绷绳坑到井口距离如图 3-1 所示。

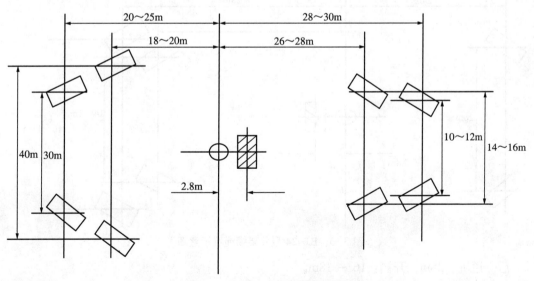

图 3-1　BJ-29 型井架绷绳坑示意图

后头道坑：28 ~ 30m；开挡：14 ~ 16m。

后二道坑：26 ~ 28m；开挡：10 ~ 12m。

前头道坑：20 ～ 25m；开档：30m。

前二道坑：18 ～ 20m；开档40m。

② BJ-18 型井架绷绳坑到井口距离如图 3-2 所示。

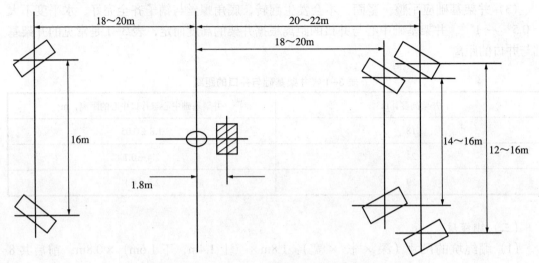

图 3-2　BJ-18 型井架绷绳坑示意图

后一道坑：20 ～ 22m；开档：12 ～ 16m。

后二道坑：18 ～ 20m；开档：14 ～ 16m。

前绷绳：　18 ～ 20m；开档：16m。

③ BJ-24 型井架绷绳坑到井口距离如图 3-3 所示。

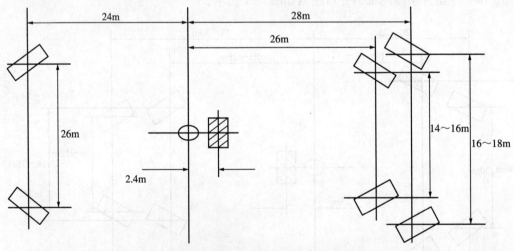

图 3-3　BJ-24 型井架绷绳坑示意图

后一道坑：28m；开档：16 ～ 18m。

后二道坑：26m；开档：14 ～ 16m。

前绷绳：　24m；开档：26m。

④车载式井架地锚与井口中心距离见 3-2 表。

表 3-2　车载式井架地锚与井口中心距

修井机吨位，t	前头道，m	前开挡，m	后头道，m	后开挡，m
120	38.5±1	56.4±1	38.5±1	54.6±1
80	27±3	54±3	27±3	54±3
50	23±3	46±3	23±3	46±3
40	12.5±3	20±0.5	12.5±3	20±0.5

(4) 绷绳坑木或水泥地锚与绷绳方向呈 90°。

(5) 绷绳坑用石头或黏土填实，在有流沙的地区填石头并灌水泥浆。

(6) 使用麻花钻时，深度应在 2m 以上。

(7) 绷绳和地锚必须定期检查。

（四）地锚

(1) 绷绳坑的位置应避开管线、电缆、水坑、钻井液池等处，绷绳应距电力线 5m 以上。

(2) 地锚可采用水泥桩或钢管，打入地下系上绷绳后的抗拉力不小于 70kN。

(3) 绳卡子的规格与绷绳相同，后绷绳每根 3 个绳卡子，前绷绳每根 2 个绳卡子，二道绷绳每根 2 个绳卡子，卡距 150～200mm，每个卡子开口互为 180°，相邻错开。

(4) 绳套用 ϕ16mm 钢丝绳制作，卡 3 个绳卡子。

（五）绷绳

(1) 固定式井架绷绳参数见表 3-3。

表 3-3　固定式井架绷绳参数

代号	根数	最小直径，mm	长度，m	张力，N	绷绳垂度	钢丝绳曲率半径，m
A	2	15.5	45	4500	152°	63.5
B	2	15.5	40	4500	127°	57.2
C	2	15.5	36	2200	101°	50

注：A—天车至后地锚桩长度；

B—天车至前地锚桩长度；

C—井架接口处（12m）至后两道地锚桩绷绳长度。

(2) 车载式井架绷绳参数见表 3-4。

（六）立固定式井架操作

(1) 抬起起升架多路换向手柄，起升架慢慢升起，当井架随起升架升至 70° 时，系好后绷绳，与地锚柱上的花篮螺丝联结，用卡子卡紧。

(2) 继续升起井架，使井架基础坐在预先整理好的地面上，使井口距井架两腿之间距离在 180cm±5cm。

(3) 继续升起井架至指定位置，使天车对准井口，前后误差 10cm，左右误差 5cm。

表3-4 车载式井架绷绳参数

修井机 吨位，t	代号	绷绳 根数	最小 直径，mm	长度 m	张力 N	绷绳垂度 mm	钢丝绳曲率 半径，mm
80	A	4	15.88	56	4540	152	63.5
	B	2	12.7	48	2270	127	57.2
	C	2	19.05	32	—	76～101.6	76
	D	2	19.05	23		76～101.6	76
50	A	2	15.88	53	5000	152～254	63.5
	B	2	12.7	45	5000	152～254	57.2
	C	2	19.05	33	6000	152～254	76
40	A	4	15.88	24.7	—	76～100	63.5
	B	2	12.7	17.2			57.2

（4）将前绷绳固定在前地锚桩的花篮螺丝处，用绳卡子卡紧。

（5）缓慢收回起升架，收起千斤，分离动力。

（6）固定井架应按标准安装好6根绷绳，用卡子卡紧。

（7）花篮螺丝的螺栓伸出长度在各部尺寸达到要求时不大于螺栓长度的二分之一。

（七）立车载式井架操作

（1）调试液压系统和气控系统，使之处于工作状态。

（2）载车与井口对中后，利用载车的四个液压调平千斤和水平尺把载车找平。找平后，将千斤用锁紧螺帽锁住，并将载车两只机械调平千斤顶好，使6只千斤受力均匀。

（3）将Y形支腿上的两只机械千斤撑住，并与座托对准，然后检查Y形支腿上的角度水平尺，调整Y形支腿上的前后倾角不超过3.5°，Y形支腿下的螺旋机械千斤的伸出部分长度不得超过180mm。

（4）在井架起升途中，不准调节Y形支腿，也不允许调节载车的水平度，若发现问题应将井架放平后重新调节，调好后再进行井架起升。

（5）穿大绳、固定活绳头，在滚筒上缠够规定的数量的钢丝绳，并排列整齐，将游车大钩在托架上固定好。

（6）理顺井架上的各绷绳和其他吊绳，绷绳的各绳卡卡紧可靠。

（7）按润滑要求，给井架与天车各润滑点加注润滑脂。

（8）启动液压油泵，打开针形阀，循环8～12min；卸松起升液缸顶部放气螺丝，同时操作手柄使液缸在低压下充液排除缸内的气体，直至排出的油无气泡为止。

（9）井架在水平位置时，打开伸缩长液缸顶部的放气螺丝，排尽液缸中的空气。

（10）检查井架回转固定螺丝，二节井架锁紧装置，使其灵活可靠。

（11）二层井架起升操作。

①关闭针形阀，抬起起升液缸控制手柄，开始起升井架。

②起升过程液压、油压控制在额定范围。

③当起升至液缸直径变化，产生增压时，操作应保持平稳。

④井架起升完毕，先把下节井架与 Y 形支腿锁紧，再打开针形阀。

（12）单层井架起升操作。

①将多路换向阀的溢流阀压力调到额定范围，并向各油缸充油。

②操作多路换向阀起升架，当井架起升到垂直位置后，应减慢起升速度，不能产生任何冲击。

③井架起升完毕，将井架与后支架前腿后连接销连接好。

（13）上部井架的伸出操作。

①将固定二节井架的安全锁钩打开。

②安装好刹把与刹车连杆，并松开固定的游车大钩，对新换的钢丝绳要确定好长度，固定好死绳头。

③抬起伸缩长液缸的控制阀手柄，开始伸出第二节井架。伸出井架时液缸压力控制在额定范围。

④井架伸出的同时，二层台也随吊绳拉紧而逐渐开启栏杆并抬起到水平位置。

⑤当井架升到位时，拉下井架背面的杠杆手柄，使井架链锁装置转到锁合位置，然后把上节井架慢慢下放，坐在链锁装置的托座上，继续压下伸缩长液缸的控制手柄，使之处于缩回井架的位置上，打开针形阀使缸内泄压。

（14）井架固定要求。

①将上井架链锁装置的安全定位锁销插牢，二层台挂钩处的固定连接件扣合，穿销固定，并连接两节井架间的电路插头。

②安装好全部绷绳。

③全部液压控制阀处于非工作状态位置，阀组箱应关闭，换位阀应换位。

（八）立井架应注意的事项及预防措施

井架起放过程中的事故易发环节多在井架的起放操作中，曾发生过不少重大事故，追其原因大都是没有及时发现事故隐患，对事故的易发环节重视不够，因此，应对井架起放操作中的事故易发环节引起警惕。

（1）防止起放井架前修井机整体不平衡，导致起放过程中井架倾倒。如立放井架时风力过大造成失衡。

（2）防止液压系统压力低，管路没有进行前后放气，导致起放中途操作失灵。

（3）防止起放井架所用钢丝绳发生断裂，所用的钢丝绳必须符合标准，使用完毕后按要求进行保养。起升井架时应注意观察井架上升高度，防止井架蹿出，造成恶性事故。

（4）防止自行式修井机对准井口时超过标准距离，导致起放井架时撞坏井口设备。

（5）固定式井架地基必须坚实、平整，无油水污泥等，基础平面必须水平。

（6）井架必须符合质量标准，不得有缺损、鸡胸、驼背、局部变形等，定期检查，并有记录，若不符合要求就不能施工。

（7）井架绷绳规格尺寸、数量、绳卡子个数、绷绳卡固位置及各道绷绳坑到井口中心距和开档必须符合安装标准。绳卡和钢丝绳规格必须一致，绳卡距应为钢丝绳直径的 6～7 倍。

（8）二层平台上不准堆放和悬挂任何物品，使用的扳手、榔头之类的工具应拴好安全绳。

（9）在特殊气候条件下施工作业，或进行特殊施工作业时，必须加固井架并使井架负荷保持在安全范围之内。

（10）天车轮润滑油嘴保持完好无损，定期加注黄油，各滑轮转动灵活无损伤，天车中心与井口垂向的地面水平距离不大于3cm。

（11）绷绳花篮螺丝应符合质量标准，灵活好用，调节螺纹无缺陷，不变形，不生锈，无油污，无泥土，有调节余量，螺母在丝杠长度的1/4 ～ 3/4 处。

二、穿大绳

尽管有些油田的井下作业实现了井架、滑车整体搬迁，减少了穿大绳的工序，大大削减了工序施工中的风险，但相对来讲也埋下了一些隐患，员工们对此项工序的生产技术、操作规程以及防范措施已经生疏，因此在这里有必要把此项工序的质量标准、操作规程和安全防范作以详尽的阐述。

（一）穿大绳准备

（1）准备好穿大绳所用的工具，如引绳、保险绳、撬杠、细绳或细铁丝、绳卡、扳手等。

（2）作业机就位，游动滑车摆在井架正前方。

（3）天车检查。穿大绳前由一岗位系好安全带，爬上天车并拴牢安全带，对天车进行认真检查，检查部位如下：

①固定天车螺栓是否紧固，以免震动而发生位移造成事故。

②天车轴是否完好，要求无裂痕，润滑好。

③天车轮是否清洁，若不清洁需进行清除并打黄油。

④天车轮槽有无损伤，轮槽边有无缺损。

⑤是否安装防碰装置。

⑥所有滑轮转动是否灵活好用，轴承内有无咬伤摩擦的声音。

（4）游动滑车的检查。

施工前在地面检查游动滑车，检查项目有：

①按照修井任务预计的负荷选用合适的游动滑车，并留有一定的保险系数。使用中最大负荷不能超过游动滑车的安全负荷，若不符合要求要坚决更换。

②检查滑轮转动是否灵活，轮槽边有无缺损，轴要加足黄油。

③滑轮护罩是否磨损钢丝绳。

④检查连接部位。

（二）穿大绳操作安全要求

（1）由井架工系好安全带，把引绳带到井架上。在井架上把安全带系于不妨碍操作而又安全可靠的地方，把引绳通过天车上的第一个滑轮两端垂于地面，一端系在钢丝绳头上，另一端连在将要上升的钢丝绳本体上，形成一个环形。

（2）由地面操作人员拉动引绳，钢丝绳被引绳带到天车上，同时将引绳的另一端也带上井架顶。钢丝绳通过天车的第一个滑轮后，继续缓缓拉动引绳，使钢丝绳头到达地面。

（3）解开引绳与钢丝绳的连接，倒引绳，即由井架工把在井架外侧一端的引绳提上井架顶，再从井架内侧空间放下。

（4）把到达地面的钢丝绳穿过游动滑车的第一个滑轮，系到引绳上，同时引绳的另一端连在将要上升的钢丝绳上，再由地面操作人员拉动引绳，引绳带着钢丝绳上升到天车，通过天车的第二个滑轮，继续拉动引绳到地面。

（5）解开钢丝绳与引绳的连接，把钢丝绳头穿过游动滑车的第二个滑轮，再系到引绳上，同时又将引绳的另一端连在将要上升的钢丝绳上，拉动引绳。这样依次进行下去，穿完所要穿的滑轮。

（6）大绳穿好后，将绳端拉长一段，缠于井架底脚；若要装拉力计，则通过拉力计拉环卡好绳卡。

（三）死绳头的固定及安全要求

（1）在不装拉力计时，钢丝绳要在架子盘绳器盘上几圈或井架腿上系上猪蹄扣后卡好卡子。

（2）绳卡子要符合尺寸和间隔要求，开口方向朝向绳端，并卡四个绳卡，螺丝上紧后以压扁钢丝绳外圆弧为宜。

（3）在装拉力计时，在架子底脚间通过拉力环穿上两道钢丝绳，并用三个绳卡按要求卡牢。大绳死绳通过另一个拉力环卡上四个绳卡，卡紧卡牢。

（4）在底脚穿拉力提环的钢丝绳与死绳头间要加双绳套，以起保险作用，防止拉力计的提环拔出发生事故。

（5）要检查绳卡子的螺杆和螺帽有无裂痕，有裂痕或压扁的不能用。

（四）卡活绳头及盘大绳的操作和安全要求

（1）将钢丝绳活绳端从滚筒内侧穿过滚筒固定孔，从外侧拉出，用两个绳卡子采用环形法固定。

（2）活绳头要卡紧卡牢，不能松动滑出。

（3）活绳绕在滚筒上，在滚筒上的余量不少于10圈。

（4）盘大绳时，滚筒钢丝绳排列要紧密整齐，不能挤压重叠。排列时，刹把必须由司机操作，用一挡低速，缓慢地旋转滚筒，禁止猛合离合器或使滚筒旋转过快，以防大绳将滚筒前操作人员挤伤或将游动滑车拉翻。

（5）滚筒前拉拽大绳人员，在拉拽时要远离滚筒，防止被大绳带入滚筒，还要防止钢丝绳毛刺挂伤手及身体。

（6）盘大绳时，禁止用大锤直接锤击大绳，以防止大绳受损，必要时，可在大绳上垫上硬木进行锤击。

（五）穿大绳的要求

（1）作业提升大绳的规格应按负荷选用，但最小必须是 ϕ18.5mm 以上的钢丝绳。不能松股、断股、扭股，在一个扭矩内断丝不能超过 10 丝。

（2）不许安装和使用天车副滑轮。如特殊需要天车副滑轮时，必须拴牢卡紧，工作负荷不低于 5t。

（3）快绳不能摩擦井架，当游动滑车在最低位置时，滚筒上绳缠绕的圈数浅井不少于 10 圈，深井（超过 3000m）不少于 15 圈。

（4）抽大绳时，绳头必须用棕绳带送。

（5）死绳不能缠绕井架，尾绳结用猪蹄扣，卡牢 4 或 5 个绳卡距 15～20cm。

（6）井架校正后，天车、游动滑车、井口应三点成一线。游动滑车偏离井口距离前后不大于 3cm，左右不大于 2cm。

（六）注意事项及预防措施

（1）穿大绳时，钢丝绳头与引绳连接要牢固，以防中途脱落伤人。

（2）用人力拉动引绳带钢丝绳上升时，注意棕绳不得与井架角铁摩擦，以免磨断。

（3）井架上操作人员必须拴好安全带，地面操作人员必须戴好安全帽。

（4）在穿大绳过程中，要有专人指挥，井架的操作人员与地面操作人员要密切配合，拉放要有信号和口令，以防在倒滑轮时将手挤伤。

（5）严禁从井架上往下扔工具或掉工具，使用的工具应拴好保险尾绳，固定在天车台护圈上。

（6）钢丝绳与天车、游动滑车滑轮槽大小配合必须合适，按规定使用。

三、校井架

大绳穿好后提起游动滑车，天车、游动滑车、井口三点应成一线，如果三点不在一条直线上，就应该通过校正井架来调整游动滑车的位置。

（一）校井架方法

（1）吊起一根油管，根据吊起的油管与井内油管位置调整花篮螺丝。

（2）当调整花篮螺丝后仍不能将游动滑车调整到位时，应该调整绷绳（倒绷绳）。调整绷绳时应该先用绳套将绷绳卡在地锚上，然后方可松开卡花篮螺丝的绳卡，再根据情况把花篮螺丝调长或调短，重新用卡子卡在绷绳上，之后再紧花篮螺丝校正井架。

（二）校正井架的要求

（1）校正井架后，前后各绷绳都要绷紧，受力均匀。

（2）在花篮螺丝上、下观测孔能看到丝杠。

（3）天车、游动滑车、井口三点成一线。

（三）校正井架的注意事项及防范措施

（1）倒绷绳时，先卡保险绳，防止发生倒井架事故。

（2）冬季施工时严禁用火烧烤花篮螺丝，以免花篮螺丝的抗拉强度降低。

（3）五级大风时严禁倒绷绳校井架，以免发生倒井架事故。

（4）倒绷绳时，要单一进行，不能同时松开多个绷绳。

第三节 压井安全

修井施工是在井口敞开的情况下进行起下管柱和处理井下故障的。在作业过程中，当井口敞开后一旦液柱压力低于地层压力，势必造成井内流体无控制地喷出，既有害于地层，又不利于施工。解决这个问题有两种方法，一是使用不压井、不放喷井口装置，可以使高压油气水井在作业时不喷；另一方法是采用设备从地面往井里注入密度适当的流体，使井筒里的液柱在井底造成的回压与地层压力平衡，恢复和重建压力平衡的作业，又叫压井作业。

一、压井目的和措施原则

压井就是将具有一定性能和数量的液体，泵入井内，并使其液柱压力相对平衡于地层压力的过程；或是说压井是利用专门的井控设备和技术向井内注入一定重度和性能的修井液，建立压力平衡的过程。

压井是修井施工中最基本、最常用的工艺，往往是其他作业的前提。压井作业的成败，影响到该井施工安全、施工质量、施工效果。其关键是正确地确定地层压力，有足够的合乎性能要求的压井液，一套合理的施工方法和有效的施工设备。

压井目的是暂时使井内流体在修井施工过程中不喷出，方便作业。压井要保护油层，应遵守"压而不喷，压而不漏，压而不死"的原则，并采取以下四项产层保护措施：

(1) 选用优质压井液。

(2) 低产低压井可采用不压井作业，严禁挤压作业（特殊情况除外）。

(3) 地面盛液池、罐干净无杂物，作业泵车及管线要进行清洗。

(4) 加快施工速度，缩短占井时间，完工后要及时投产。

二、地层压力的确定方法

压井靠一定数量、一定密度的压井液实施，而一定数量、一定密度的确定在于地层的静止压力或当前地层压力的测定，因而地层压力提供的正确与否是选择压井液密度的关键。

（一）测静压（地层压力）

将要进行修井施工的油井关井复压 3 ~ 7d，待地面表压力读数稳定后，下压力计到油层中部测压，直接读出地层静压。

油井关井等压力恢复时，将压力计下至井内预定深度前，必须确定 2 个以台阶，测出液压梯度，再推算到油层中部，就是该井的静压。

（二）计算法

对注水井和低油气比可利用套压加上井筒液柱压力来计算。

三、压井液的选择

压井是靠压井液自身的静压力有效地控制地层流体的压力，地层不可避免地要受到压井液的影响，其影响程度和压井效果的好坏，取决于压井液液柱压力与地层压力的对比关系以及压井液本身的性质，所采用的加重剂最好溶于该压井液的载体。所有入井流体，均与地层岩性配伍性相一致。

为改善或维持油水井生产情况，在原生产井上进行修井作业时用的流体叫修井液。修井施工应根据所要求抑制的因素，用初选的修井液作地层岩石和修井液相容性实验来选择修井液。

（一）压井液应具备的功能

(1) 与地层岩性相配伍，与地层流体相容，并保持井眼稳定。

(2) 密度可调，以便平衡地层压力。

(3) 在井下温度和压力条件下稳定。

(4) 滤失量少。

（5）有一定携带固相颗粒的能力。

（二）影响压井液选择的因素

1．物理因素

（1）环空流速：影响压力损耗的大小和井眼冲洗能力。流速不足可能是设备能力有限、体系压力损失大、环空间隙或整个系统造成的结果，此时应提高流体的黏度。

（2）设备：修井设备应满足配制小量物料和维护修井液的要求，大量修井液应在配液站预先配制。

（3）井内流体的性质：选择不影响采出流体的修井液，如果采出的地层液体是气体，应便于脱气。

（4）环形空间：使用井下装置（封隔器、衬管等）时，应选择有良好流变性的修井液，以维持最低压力降，减轻抽汲作用。

（5）循环次数：通常有部分流体不能长期循环，要求修井液具有稳定性，其悬浮性、稳定性、静切力、失水量、密度等不超过预定范围。

（6）腐蚀：调节酸碱度或加入缓蚀剂，尽量减小腐蚀。

（7）修井液的成分：修井液在油井与地层的配合性，射孔作业中修井液遭受极高的压力和温度，弹道不应发生釉化现象。

2．地层因素

（1）地层压力：液柱压力等于地层压力加预定安全系数，井下工具的运动所造成的抽汲压力不至于使地层流体侵入井内。

（2）渗透性：控制失水，防止滤液浸入和滤饼沉积对产层的堵塞。

（3）黏土含量：地层中不可能有不同含量的种类黏土。应用适宜的电解液添加剂抑制黏土水化或预防这些黏土重新矿化。

（4）地层：渗透性地层应加入酸溶性的或用其他方法可除去的桥接剂降低液体滤失。

（5）温度：在井下温度下有保持流变能力。混合盐水不随温度变化而产生变化。

（6）过敏性：滤液对地层敏感性，产层中黏土含量和类型及其外来液体的敏感性和敏感程度（包括：水敏性、水酸性、酸敏性、碱敏性、盐敏性、流动敏感和热敏性）。

（7）地层流体和修井液的相容性：应做可溶性试验。

3．其他因素

污染物、经济效益（最经济的压井液是满足基本的和特定的目的）、公害、地面储罐、再利用问题都是影响修井液选择的因素。

（三）压井液分类

1．水基液

水基修井液以水为连续相，其优点是易于控制密度、黏度、黏土水化、腐蚀、液体滤失，处理费用不高，易获得水溶性原料。

（1）改性修井液：是加有添加剂以满足修井液在悬浮、凝胶结构和腐蚀控制等方面基本要求的修井液。缺点是高浓度的微粒物质堵塞或沉淀使产能下降，是不理想的液体。使用它们主要取决于其使用价值和经济情况。

（2）无固相盐水液：盐水体系是由一种或多种盐水配制而成，一般含有 20% 左右的溶解盐类，是目前专门采用的修井液和完井液。其防止地层损坏的机理是由于它本身不存在固相，不会夹带固体颗粒侵入产层，无机盐类改变了体系中的离子环境，使离子活性降低，即使部分修井液侵入产层也不会引起黏土膨胀和运移。

盐水修井液的种类很多，有的加入化学处理剂以增加黏度，降低水量。适当选配盐类难满足大部分地层条件的修井需要，其密度范围是 $1.06 \sim 2.3g/cm^3$，常用盐水及密度如下：

①氯化钾盐水：密度最大为 $1.17g/cm^3$；

②氯化钠盐水：密度最大为 $1.20g/cm^3$；

③溴化钠盐水：密度最大为 $1.50g/cm^3$；

④氯化钙盐水：密度最大为 $1.39g/cm^3$；

⑤溴化钙盐水：密度最大为 $1.39 \sim 1.70g/cm^3$；

⑥溴化钙/氯化钙盐水：密度最大为 $1.33 \sim 1.80g/cm^3$；

⑦溴化锌/氯化钙盐水：密度最大为 $1.80 \sim 2.30g/cm^3$。

在选择盐水修井液时，除了考虑产层盐性的特点外，还要了解盐水本身的特点，如易受气候影响，吸湿性、密度和结晶温度等。

（3）聚合物盐水：是以聚合物代替黏土或膨润土而产生适当黏度、切力及滤失量，该体系还规定各种不同类型的固体作为桥接剂，以防无固相液体大量漏入产层。桥接剂应是酸溶、水溶或油溶的。防止地层损害的机理是：适合于产层的特点、分选好的固相颗粒，桥接在地层入口处，在井壁形成非常致密的滤饼，从而控制完井液及滤溢的侵入。即使有少量滤液侵入，其中溶解的盐类和聚合物的抑制作用可以进一步防止黏土水化膨胀。即从"桥堵"和"抑制"两方面防止地层的损害。桥堵固相颗粒在作业后予以除去，其渗透率可恢复到原始渗透率的 $95\% \sim 100\%$，对地层基本没有损害。

2. 油基液

用油作连续相的压井液，当水形成液体内的不连续相时称为油基乳化液。适用于压力低于淡水梯度的地层和水敏性地层。如果现场原油适合于作业需要，则原生原油是一种最好的修井液，它不损害产层。缺点是含有石蜡和沥青颗粒，会乳化地层，闪点和燃点低有着火危险。

3. 泡沫

由液体（通常为水）、表面活性剂和气体（空气和氮气）组成。用于低压油层，但其操作复杂性和成本受泡沫体系的条件约束。

（四）压井液密度的选择

1. 密度的选择法介绍

（1）压井液密度选择法。

遵照压井原则，考虑压井作业的有效率，压井时井筒压井液液柱压力大于地层压力 $1 \sim 1.5MPa$。计算公式是：

$$\rho = 100 \left(p_{油层} + p_{附加} \right) / H$$

式中　ρ——压井液密度，g/cm^3；

　　$p_{油层}$——静压或当前地层压力，MPa；

　　$p_{附加}$——附加压力，MPa；

H——油层中部深度，m。

（2）地层压力倍数选择法。

计算公式是：

$$\rho = 1000p_{油层}K/H$$

式中　ρ——压井液密度，g/cm³；

　　　　$p_{油层}$——静压或当前地层压力，MPa；

　　　　K——附加系数，1.10 ～ 1.15；

　　　　H——油层中部深度，m。

（3）压井液相对密度计算。

压井管柱深度不超过油层中部深度时，压井液密度计算公式是：

$$\rho = 100\left[p_{油层}+p_{附加}-g(H-h)\right]/h$$

式中　ρ——压井液密度，g/cm³；

　　　　$p_{油层}$——静压或当前地层压力，MPa；

　　　　$p_{附加}$——附加压力，MPa；

　　　　h——实际压井深度，m；

　　　　H——油层中部深度，m。

从保护油层来看，现场多采用密度选择法确定压井液密度。

2．公式使用中应考虑的因素

使用附加压力和附加系数时应考虑的因素：

（1）静压或原始地层压力值来源的可靠性及其偏差；

（2）油气层能量的大小，产能大则多取，产能小则少取；

（3）生产状况，油气比高的井多取，低的井少取；注水开发见效的井多取，未见效少取；

（4）修井施工内容、难易程度与时间长短，作业难度大、时间长的井多取，反之少取；

（5）大套管多取，小套管少取；

（6）井深多取，井浅少取；

（7）密度在1.5g/cm³以下时，附加压力不超过0.5MPa；密度在1.5g/cm³以上时，附加压力不超过1.5MPa。

（五）压井液用量计算

1．加大压井液密度所需加重剂的计算

$$G = \frac{\rho_1 V(\rho_2 - \rho_3)}{\rho_1 - \rho_2}$$

式中　G——加重剂所需量，kg；

　　　　V——加重前压井液体积，m³；

　　　　ρ_1——加重剂密度，g/cm³；

ρ_2——加重后压井液密度，g/cm³；

ρ_3——加重前压井液密度，g/cm³。

2. 降低压井液密度所需水量的计算

$$Q = \frac{V(\rho_1 - \rho_2)\rho}{\rho_2 - \rho}$$

式中　Q——降低压井液密度时需要加入的水量，m³；

V——原压井液体积，m³；

ρ_1——原压井液密度，g/cm³；

ρ_2——稀释后压井液密度，g/cm³；

ρ——水的密度，g/cm³。

3. 压井液循环一周时间

$$t = \frac{H(V_1 + V_2)}{Q}$$

式中　t——压井液循环一周时间，min；

V_1——管柱内容积，L/m；

V_2——管柱外容积，L/m；

H——井深（管柱长度），m；

Q——泵的排量，L/min。

4. 井筒容积

（1）理论计算公式。

$$V = \pi D^2 H/4$$

式中　V——井筒容积，m³；

D——井筒内径，m；

H——井深，m。

（2）现场计算公式。

$$V = D^2 H/2$$

式中　D——井眼尺寸，in。

压井液备量一般为井筒容积的 1.5 ~ 2 倍，浅井和小井眼为 3 ~ 4 倍。

四、压井方法及选择

压井方法的选择是关系到压井成败的重要因素，因此选择时需确定以下因素：一是井内管柱的深度和规范；二是管柱内阻塞或循环通道；三是实施压井工艺的井眼及地层特性。这些因素是压井方法选择的依据。如果压井方法选择不当、计算不准确，可能造成井涌、井喷或井漏，都会损害产层和发生安全事故。常用压井方法有灌注法、循环法和挤注法三种。

1. 灌注法

灌注法是向井筒内灌注压井液，用井筒液柱压力平衡地层压力的压井方法。此方法多用在压力不高、工作简单、时间短的修井作业上。特点是压井液与油层不直接接触，修井后很快投产，可基本消除对产层的损害。

2．循环法

循环法是将密度合适的压井液用泵泵入井内并进行循环，密度较小的液体（或油、气及水）被压井用的压井液替出井筒达到压井目的的方法。有时虽然把井压住了，在井口敞开的情况下，井下也易产生新的复杂情况，这是因为液柱压力尚未完全建立，而压井液被高压气体及液体侵入、破坏，很难建立起井眼——地层系统的压力平衡。解决的办法是在井口造成一定的回压，利用回压和压井液压力来平衡地层压力，抑制地层流体流向井内。

循环法压井的关键是确定压井液的密度和控制适当的回压。分为反循环压井和正循环压井。

（1）反循环压井。

反循环压井是将压井液从油、套环形空间泵入井内顶替井内流体，由管柱内上升到井口的循环过程。

反循环压井多用于压力高、产量大的油气井中。因为，反循环压井时，液流是从截面积大、流速低的管柱与套管环形空间流向截面积小、流速高的管柱内。根据水力学原理，在排量一定的条件下，当压井液从管柱与套管的环形空间泵入时，压井液的下行流速低，沿程摩阻损失小，压降也小，而对井底产生的回压相对较大。可见，反循环压井从一开始就产生较大的回压。所以，对于压力高、产量大的井，采用反循环压井法不仅易成功，而且压井后，即使油层有轻微损害，也可借助于投产时井本身的高压、大产量来解除；相反，如果对低压井采用反循环法压井法，会产生较大的井底回压，易造成产层损害，甚至出现压漏地层的现象。反循环压井有排除液流时间短，地面压井液增量少，压井成功率高等优点。

（2）正循环法。

正循环压井是将压井液从管柱内泵入井内顶替井内流体，由油套环形空间上升到井口的循环过程。

正循环压井则适用于低压和产量较大的油井。在排量一定的条件下，当压井液从管柱内泵入时，压井液的下行流速快，沿程摩阻损失大，压降也大，对井底产生的回压相对较小。所以，对于低压井，采用正循环压井法不仅能达到压井目的，还能避免压漏地层。

正循环压井应具备以下两个条件：一是能安全压井；二是在不超过套管与井口设备许用压力条件下能循环液流。

（3）挤入法。

在油、套既不连通，又无循环通道的井不能循环压井，也不能采用灌注压井的情况下采用挤入法。比如砂堵、蜡堵，井筒流体的硫化氢含量高于工作容限或因井下结构及事故不能进入循环的高压井等。该方法是井口只留有压井液进口，其余管路闸门全部关闭，用泵将压井液挤入井内，把井筒中的油、气、水挤回地层，挤完关井一段时间后，开井观察压井效果。必要时待管柱活动后，有循环条件的，可洗井，这样有利于提高压井效果。

挤入法缺点是：可能将脏物（砂、泥等）挤入产层，造成孔道堵塞；需要压裂来解除堵塞，恢复油井生产。值得注意的是采用挤压法时，在压井过程中其最高压力不得超过装置的额定压力、套管抗内压强度的 80% 或地层破裂压力值这三者中的最小者。

五、压井安全技术要求及注意事项

(一)安全技术要求

(1) 在满足井下作业要求条件下,应从简地面管线,布局要合理紧凑,减少水力损失,有利于安全生产。

(2) 所有管线连接好后,应进行地面试压,试压值为工作压力的 1.2 ~ 1.5 倍,保持无刺漏。

(3) 出口接硬管线,内径不小于 $\phi 62mm$,要考虑当地季节风向、居民区、高压线、道路、设施等情况,并接出井口 35m 以外,转弯夹角不小于 120°,每隔 10 ~ 15m 用水泥墩、螺栓或地锚固定,出口直接进入污油回收装置,以免污染环境。

(4) 地面管线上不能行驶各种车辆,如果管线处必须过车时,应架空或掩埋管线。

(5) 节流压井管汇额定工作压力与所用防喷器组合的额定工作压力要一致。

(6) 不允许将节流压井管汇作为日常灌注管线使用。

(二)井被压住的表象

(1) 泵压平稳,进口排量等于出口排量,进口密度等于出口密度。

(2) 返出液体无气泡,停泵后井口无溢流,进口与出口压力表上读数近于相等。

(三)安全注意事项

(1) 压井前应用油嘴排除井筒上部存气。

(2) 压井前应检查泵注设备,以免中途停泵,造成压井液气侵。

(3) 用改性压井液压井时,压井前应先替入部分前置液脱气;高油气比井可用清水循环除气,待出口见水后,再替入改性压井液。

(4) 为保护产层,应避免压井时间过长,减少压井液对产层的伤害。

(5) 当进口液量超过理论井筒容积时,仍不返出或大量漏失,应停止作业,请示有关部门,采取有效措施。

(6) 为防止管线堵塞,压井时应装过滤网。

(7) 压井时人员不许在高压区穿行,如出现刺漏,应停泵泄压后再处理,开关闸门应侧身操作。

(8) 挤压井的压井液挤入到产层顶部以上 50m,计量一定要准确。

(9) 若重复压井,必须将前次压井液排净,排除量应大于井筒容积的 1.2 ~ 1.5 倍。

(10) 现场要准备防喷闸门及所用接头等,以备井喷时抢装井口,再次压井。

(四)影响压井作业的主要因素

1. 压井液性能影响

压井过程中,井内和地层内各种条件都在不断地对压井液进行着作用,促使性能合适的压井液在不断地变化,影响着压井的成功率。压井液性能破坏的主要原因是"四侵":

(1) 水侵。

在压井过程中,外来水侵入使压井液性能破坏。压井液受到水侵后,其黏度变小,密度降低,应及时调整其性能。

(2) 气侵。

气侵是地层(油井)内的天然气大量混入压井液中,占据井筒内体积,其密度下降,黏度增加，造成压井困难。这种情况的发生，是井喷的"警告信号"，应立即调整压井液性能。

(3) 钙侵（水泥侵）。

地层中的石膏侵入压井之中，造成了改性压井液中的钠基黏土性质转变为钙基黏土，称为钙侵。压井液钙侵后其黏度和切力降低，失水量增大；水泥侵是由于水泥侵入使改性压井液性能变坏，其黏度增大，流动性变差，失水增加，造成压井困难，严重时会损害产层。此时，应加入褐煤碱剂、单宁酸粉等，采取沉淀法恢复压井液性能。

(4) 盐水侵。

地层中盐（水）侵后，压井液性能发生变化，改性压井液黏度增大，易气侵造成密度降低，严重时会发生井喷事故。防止改性压井液盐水侵的办法是预先提高改性压井液密度，将盐水层压住，加入处理剂，稳定其性能，使盐水侵不能发生。

2. 设备性能影响

钻井泵的排量达不到设计要求，上水不好，使压井液不能连续注入，甚至出现设备故障，延误作业时间，压井液被破坏，导致压井失败。

(五) 造成压井失败的主要因素

1. 井下情况不明（或不详）

对井下结蜡严重、高压水层、油气比、静压及周围连通情况等不清，在压井过程中发生预料不到的问题，导致压井失败。

2. 准备不充分

没有备处理剂，无法调配压井液性能；管线上的不紧或有破裂处，检查不严格，压井过程管线渗漏；准备压井液数量不足，迫使压井工作半途而废。

3. 技术措施不当

如果压井过程中井口压力控制不当，影响压井的进行。出口控制过大，地层喷吐流体进入井筒，压井不能成功；如果出口控制过小，大量压井液注入产层，侵害产层，后患无穷。

(六) 压井应录取的资料

压井作业时应录取的资料有：时间；压井方式；压井液名称；压井液相对密度（进、出口）；压井液黏度；泵压；用液量；深度等。

六、特殊井压井技术和安全

(一) 气井和高压、高气油比井压井工艺

气井和高压、高气油比井的共同特点是井口压力高、气量大，与常规油水井大修的主要区别是压井作业，首要安全目标是防喷以及防火、防爆，因此压井作业在这类井中显然尤为重要。

在气井和高压、高气油比井中，每一次压井作业并不是孤立的，而要考虑实际情况，比如井眼和井口状况以及受压极限、井内管柱、地面管线、设备能力等。处于关井状态井口压力通常处于最高值，泵送压力必须高于该值以迫使液体泵入井中。在多数情况下，常规油水井的压井方法也适用于气井和高压高气油比井，所不同的是气井和高压气油比井需动用大级别泵车，甚至压裂车进行压井作业；而且由于压井液易气侵，需要与之相适应的隔气与脱气措施。气侵严重的压井液应考虑使用消泡剂除气技术。该技术有操作简单、除气直观、节约费用和作业时间短的特点，是确保压井成功的有效措施之一。

1. 正循环法

推荐正循环压井法是基于放喷管线安全连接的考虑，当然也应满足可正循环流体的条件。

（1）出口管线安全要求。

出口管线的连接是进行气井和高压、高气油比井压井作业的重要环节，宜接硬管线且要平直，每隔 10 ~ 15m 一固定，双闸门控制出口为原则。推荐的正循环压井出口管线连接是：

①套管闸门 + 针形阀（节流阀）+ 硬管线，出口点火。

②考虑到修井机钻台底座有限，不能装双闸门的情况，也可选择台下连接方式：

套管闸门 + 硬管线（6m 左右）+ 针形阀（节流阀）+ 硬管线，出口点火。

硬管线的长度不少于 50m，通径不小于 ϕ62mm，对于大流量的气井，推荐采用通径为 ϕ100mm 的放喷管线。针形阀（节流阀）的主要作用是控压，无针形阀（节流阀）时，也可以短时间内选用配套的套管闸门作为控压放喷用。装双放喷闸门的目的是一旦外闸门被损坏，可关闭内闸门，更换外闸门，不至于失控。放喷管线应按规定试压合格。

操作程序：试压→点长明火→全开内套管闸门→开针形阀（节流阀或外套管闸门），排气或控压进行正循环压井作业。

（2）作业程序。

①控制排气。

排除井筒内的部分高压气体，使井筒形成一个短暂的相对稳定"低压漏斗区"，有利于压井。

②控压循环垫大量隔液（一般用清水），隔气或脱气。

③控压泵入设计密度和数量的压井液，循环到进出口压井液密度相等，井口并不外溢，完成作业。

2. 挤压法

适用于不能使用常规法进行循环压井的井。假如井下条件、井中管柱和地面设备能承受关井压力和所施加额外压力，则以适当速度泵入设计密度的压井液将井压住。挤压法压井作业周期较长，对井筒、井口以及设备能力要求高，长时间扩压压井液易气侵。

如果井口出现超压，则应在挤压前，采用灌注压井液和排气的方法来降低井口压力。把压井液泵入井筒后，让压井液在井筒内下降，这需要几分钟到半个小时。如果灌注压井液的工作没有做好，许多本来可以控制的情况就会演变为井喷。

一般作业程序：反挤隔离液（一般为清水）5 ~ 10m³→压井液→关套管闸门；正挤隔离液 5 ~ 10m³→压井液→关套管闸门→扩压→活动管柱→洗井。

3. 反循环正挤法

对于气井和高压气油比井的循环压井作业，都要控压。在施工现场控压是一项较烦琐的工作，不但需要准确的计算，而且需要现场操作技巧和经验；流体的循环流动，对气层中的高压油气有一个携带压力，是上返压井液易气侵的原因之一。

反循环正挤法是控压反循环压井液到压井管柱的管脚处，确保环形空间内的压井液完好，再正挤压井液到设计井段，关井，扩压，洗井。在反循环和正挤压井液前，均垫隔离液隔气。

该压井法避免了井底携带压力对压井液的侵害，成功率高。

（二）特殊情况下的压井

（1）局部置换压井法。

在井筒内压井液需加重，而施工现场无加重设备的情况下，局部置换压井法是一种快速建立目的层液柱压力的压井方法。其特点是不需进行加重压井液的操作，循环压井液不超过一周即可把井压住，节约了施工时间和费用，施工安全简便、速度快。但不宜在高压液柱压力下部有低压漏失层的井中作业。

工艺原理：根据压井目的层的地层压力和原井筒内流体密度，确定加入高密度压井液数量，正循环注入高密度压井液，顶替原低密度压井液，至管柱内和环形空间内高密度压井液面平齐，这样就在井筒内形成了一个局部高压井段，使压井目的层获得设计要求的液柱压力，达到压井目的。

（2）在井内无管柱或管柱很少的情况下，应尽量利用井喷的间隙，利用防喷设备进行强行下钻（油管），当管柱下入高压层后再压井；或者安装一套不压井起下钻（油管）井口装置，再下入封隔器，隔绝气流后压井。

（3）当井口无控制设备时（防喷器系统），应利用井喷间隙的时间强行安装控制设备，注意打开套管闸门，将喷出流体引出井场，再压井；也可不用井口控制设备（防喷器等）直接压井，但这种压井，不能控制回压，往往在压完井时发生卡管柱。

（4）对于结蜡较多井的压井作业，要注意不能使蜡块堆积堵塞管柱或通道，发现泵压逐渐上升后，应采取放喷措施，挤、排交叉作业，放喷量不大于挤入量，如此反复几次即可排除结蜡。另一种方法是用溶蜡物质做前置液，如柴油 $1 \sim 2m^3$，疏通蜡堵通道，再进行压井作业。

（5）在老油田、老区块，由于油田经过多年的开发注水（注气），地层压力已不是原始的地层压力，尤其是遇到高压封闭区块，它的压力往往高于原始的地层压力。在这些连通性好的注水（注气）有效区，应关闭相邻的注水（注气）井，泄压后再进行压井作业。在修井施工中，液柱压力与地层压力平衡时，水对压井液的影响并不大，压井液流动时会引起井底相对低压，水就会逐渐浸入或被压井液带入，压井液逐渐被水浸，性能破坏，因此抓紧施工进度，应尽可能减少循环洗井。

（三）非常规压井

非常规压井方法是溢流、井喷井不具备常规压井方法的条件而采用的方法，如：空井井喷、修井液喷空等施工的压井。

1. 空井压井

发生溢流的原因是由于起钻（管）时发生强烈抽汲，地层流体进入井内，或因电测等空井作业时，修井液长期静止而被气侵，不能及时除气造成。

处理方法：空井发生溢流，不能再将管柱下入井内时，应迅速关井，记录关井压力。然后用"体积法"将井内气体排出。

原理：间歇放出修井液，让天然气在井内膨胀上升到井口。

操作方法：先确定允许的套压升高值，当套压上升到允许的套压值后，通过节流阀放出一定的修井液，然后关井，关井后气体又继续上升，套压再次升高，再放出一定量的修井液。

重复上述操作，直到井内充满修井液。

2．修井液喷空时的压井方法

（1）井内无油管或油管少时，采用"置换法"压井，向井内强行泵入一定量的修井液，关井。使修井液下沉到井底，再卸掉一定量的井口压力，其值应等于灌入修井液所增加的压力值。

重复上述操作，间歇泵入修井液，间歇释放压力，就可以使井内静液压力逐渐增加，井口压力逐渐降低，最后建立新的平衡。

（2）井内油管较多（或在井底）时，向井内强行注入修井液，并使进入环空慢慢地建立液柱压力。

当修井液在环空返到一定高度，关井套压不很高时，可通过节流阀进行循环压井。

3．低套压压井法

低套压压井法指发生溢流后不能关井，如果关井，套压就会超过最大允许套压，因此不能关死井，只能控制在接近最大允许套压的情况下节流放喷。

（1）不能关井的原因。

①高压浅气层发生溢流；

②套管破裂腐蚀有缝隙；

③发现溢流的时间太晚。

（2）压井原理。

低套压压井就是在井不能完全关闭的情况下，通过节流阀控制套压，使套压在不超过极限套压的条件下进行压井。当加重修井液在环空上返到一定高度后，可在极限套压范围内试行关井。关井后，求得关井油管压力和压井液密度，然后再用常规法压井。

（3）减少地层流体的措施。

在低套压压井过程中，由于井底压力不能平衡地层压力，地层流体仍会继续侵入井内，从而增加了压井的复杂性。为了减少地层流体的继续侵入，可以采取：

①增大压井排量，可以使环空流动阻力增加，有助于增大井底压力，抑制和减少地层流体的继续侵入；

②提高第一次循环的重修井液密度，可使加重修井液进入环空后，能较快地增加环空的液柱压力，降低井口套压；

③如果地层破裂压力是最小极限压力时，当溢流被顶替到套管内以后，可适当提高井口套压值。

4．又喷又漏的压井方法

又喷又漏的压井方法指井喷与井漏同存在于一裸眼井段中压井。这种情况是需优先解决的问题，否则压井时因压井液的漏失而无法维持井底压力略高于地层压力。根据又喷又漏产生的不同原因，其表现形式可分为上喷下漏、下喷上漏和同层又喷又漏。

（1）上喷下漏的处理。

上喷下漏俗称"上吐下泻"。这是因为同时射开了高压层和低压层时，井漏将修井液和储备修井液消耗尽，井内得不到修井液补充，使井内液柱压力降低而导致上部高压层井喷。

其处理步骤是：

①在高压层以下有井漏时，应立即停止循环，间歇定时定量反灌修井液以降低漏速，尽可能维持一定液面高度来保证井内液柱压力略大于高压产层的地层压力。

②反灌修井液密度应是产层压力当量密度与安全附加当量密度之和。

③当漏速减少时，井眼—地层压力系统呈暂时平衡状态后，可着手堵漏，堵漏成功后就可以压井了。

(2) 下喷上漏的处理。

当遇到下部高压层发生溢流时，提高修井液密度压井而将高压层上部地层压漏时，就会出现所谓的下喷上漏。其处理方法是：溢流发生后压井造成上部地层漏失，应立即停止循环，间歇定时定量反灌修井液。然后隔开喷层和漏层，再提高漏层的承压能力，最后压井。

(3) 同层又喷又漏的处理。

同层又喷又漏多发生在裂缝、孔洞发育的地层，或压时井底压力与井眼周围产层压力恢复速度不同步的产层。这种地层对井底压力变化十分敏感。井底压力稍大就漏，稍小则喷。处理方法是：间隔定时反灌一定数量的修井液，维持低压头下的漏失，下油管完井。

第四节 洗 井 安 全

洗井是井下作业施工的一项经常项目，在抽油机井、稠油井、注水井及结蜡严重的井施工前或施工中，一般都要洗井。

这里介绍的洗井有两种：一种是泵站高压水洗井；一种是泵车洗井（解堵）。

一、泵站高压水洗井安全

泵站高压水洗井是利用泵站具有一定温度的高压水，通过洗井流程，以某一种洗井方式，使高压水进入井底又回到泵站的循环过程。

（一）高压水洗井的作用

(1) 高压水洗井可以清除井壁和油管、抽油杆上的结蜡、死油、杂质等脏物，防止带到地面，有利于环保。另外可以减少油管、抽油杆清洗时间，降低清洗费用；

(2) 高压水洗井能起到压井目的；

(3) 根据回水管线见温快慢和温度高低判断油管是否漏失；

(4) 根据洗井压力判断井下是否堵塞。

（二）高压水洗井工艺安全

(1) 放套管气。套管气要放到套管生产管线中，不能放到空气中。

(2) 倒井口流程。一般都是反洗井，井口流程最好是采油单位管井人员倒，但作为作业班组人员要懂井口各种流程的倒法。

下面介绍目前常用的井口流程工艺：

(1) 水井流程的注水、洗井及排液（图3-4）。

①注水流程。打开生产闸门和总闸门，其他闸门都要处于关闭状态，这样配水间来水经过生产闸门和总闸门到达地层，就可以完成注水。

图 3-4　水井流程示意

1—测试闸门；2—生产放空闸门；3—总闸门；4—套管生产闸门；5—注入管线；
6—生产闸门；7—油压闸门

②洗井流程。打开套管闸门、总闸门，然后关闭生产闸门，打开放空闸门，这样配水间来水经套管闸门进入油套环形空间，从油管返回经总闸门和放空闸门排出，达到洗井目的。

③排液流程。首先要关闭配水间来水闸门，然后再打开总闸门（正常处于开启状态）、放空闸门，再关上生产闸门，这样来水管线的余压可卸掉，井液通过总闸门和放空闸门排出。

（2）油井流程的洗井和循环操作（图 3-5）。

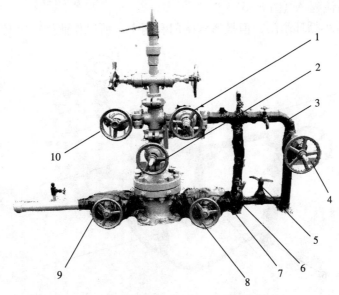

图 3-5　油井流程的洗井和循环操作示意

1——一次生产闸门；2—总闸门；3—回油管线；4—二次生产闸门；5——小循环闸门；
6—掺水闸门；7—来水管线；8—套管生产闸门；9—套管放空闸门；10—油管放空闸门

①油井生产掺水流程。抽油机启抽后，油从井内经总闸门、一次生产闸门进入回油管线，掺水经掺水闸门上升与油在回油管线内汇合，经回油管线输送回到计量间。

②洗井流程。把套管闸门打开，关闭掺水闸门，泵站来的热水经来水管线、套管闸门进入油套环形空间，从油管返回后经总闸门、一次生产闸门、二次生产闸门进入回油管线后返回计量间，完成洗井工艺。

③拆井口时倒流程操作。打开小循环闸门，这样计量间来水可以经过此闸门经回油管线回到计量间，然后关闭其他所有闸门（如果油、套放空闸门处于打开，正在放溢流，可不用关），再拆掉井口。

④作业施工时要把计量间来的掺水经回油管线返回计量间，目的是不使回油管线内的油凝固，来水油管线内的液体始终处于流动状态，冬季也不至于冻管线。具体倒流程的方法有两种：

a.大循环：打开小循环闸门，这样计量间的来水可以经过此闸门经回油管线回到计量间，然后关闭其他所有闸门（如果油、套放空闸门处于打开，正在放溢流，可不用关），再拆掉井口，然后在回油管线与一次生闸门的连接处扣上丝堵堵死，然后打开二次生产闸门和掺水闸门，关闭小循环闸门，这样计量间来水可经过掺水闸门二次生产闸门沿回油管线回到计量间。这样可保掺水闸门与二次生产闸门间的管线在冬季施工时不冻，容易投产。

b.小循环：打开小循环闸门，这样计量间来水可以经过此闸门经回油管线回到计量间，然后关闭其他所有闸门（如果油、套放空闸门处于打开，正在放溢流，可不用关），再拆掉井口，在此过程就已经进行了小循环工艺，这样就能起到管线保温作用。优点是简便易行，缺点是冬季掺水闸门到二次生产闸门处的管线容易冻死，不利于投产。因此小循环一般在不结冰的季节或地区采用。如果条件允许情况下都要采取大循环。

（3）几种常见流程的操作方法。

①不规则井口流程 A（图 3-6）。

这个流程没有小循环闸门，但是掺水闸门有两个，所以作业生产时必须倒大循环。在

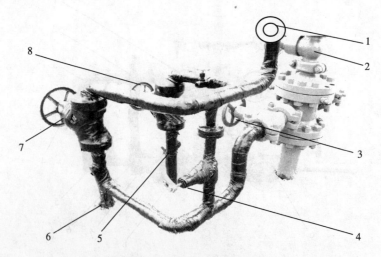

图 3-6　不规则井口流程 A 示意

1—一次生产闸门；2—总闸门；3—套管生产闸门；4—掺水闸门 A；
5—回油管线；6—来水管线；7—掺水闸门 B；8—二次生产闸门

冬季生产时要尽可能把两个闸门都打开到适合位置，让两条管线都有掺水通过，以免冻管线，其他方面同上。

②不规则井口流程 B（图 3-7）。

图 3-7　不规则井口流程 B 示意
1—掺水闸门 A；2—二次生产闸门；3—回油管线；4—来水管线；5—掺水闸门 B；
6—套管生产闸门；7—一次生产闸门

这个流程没有小循环闸门，但是掺水闸门有两个，所以作业生产时必须倒大循环。在冬季生产时要尽可能把两个闸门都打开到适合位置，让两条管线都有掺水通过，以免冻管线，其他方面同上。只是洗井时直接打开套管闸门，洗井液就能进入井内。

③集成流程（图 3-8）。

a. 正常生产掺水流程。

打开二次生产闸门和来水总闸门，打开掺水闸门并调到适当程度，打开一次生产闸门，抽油机启抽。在正常生产情况下，上述几个闸门必须打开。

b. 洗井流程。

一次生产闸门和二次生产闸门保持开启状态，关闭掺水闸门，来水总闸门打开，套管闸门和洗井闸门先后打开，计量间来

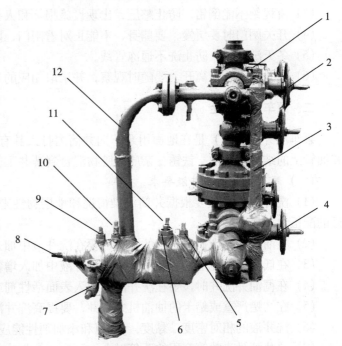

图 3-8　集成流程示意
1—掺水闸门；2——次生产闸门；3—掺水立管；4—套管生产闸门；
5—洗井闸门；6—定压放气闸门；7—掺水放空；8—二次生产闸门；
9—小循环闸门；10—来水总闸门；11—手动放气闸门；12—回油管线

热水后就可以进行洗井工艺。

c. 大循环。

打开小循环闸门和来水总闸门，这样计量间来水可以经过此闸门经回油管线回到计量间，然后关闭其他所有闸门（如果油、套放空闸门处于打开，正在放溢流，可不用关），再拆掉井口，然后在回油管线与一次生产闸门的连接处扣上死堵堵死，再打开二次生产闸门和掺水闸门，关闭小循环闸门，这样计量间来水可经过掺水闸门二次生产闸门沿回油管线回到计量间。

d. 小循环。

打开来水总闸门和小循环闸门，这样计量间来水可以经过此闸门经回油管线回到计量间，然后关闭其他所有闸门（如果油、套放空闸门处于打开，正在放溢流，可不用关），再拆掉井口。此过程就已经进行了小循环工艺，可以起到管线保温作用。

e. 作业过程中不用坐井口也能洗井。有套管放空死堵的井能够进行正反两种洗井方式，没有的只能进行反洗井。

f. 放套管气方法。打开套管闸门和手动放气阀，套管气就从管线直接进入回油管线。

g. 掺水放空阀。这个阀门是用来放空来水管线里的水的。

（三）高压水洗井的安全注意事项

（1）应先洗地面管线两周后，再倒进井里，避免热洗管线中的沉砂及脏物进入井里。

（2）随时观察压力变化，压力不能超过井口、管线、闸门和联接处以及泵的承载压力，防止出现设备损坏和人身安全和环境污染事故。

（3）流程绝不能倒错，防止憋压，出现设施损坏和人身伤害事故。

（4）开关闸门时要缓慢，要侧身，不能正对着闸门，防止丝杠窜出伤人。

（5）冬天洗井时，防止洗不通冻管线。

（6）洗井时人不能离开，要随时观察，并录取相应的资料。

二、泵车洗井安全

泵车洗井（解堵）是在地面用泵车向井筒内打入具有一定性质的洗井工作液，把井壁和油管上的结蜡、死油、铁锈、杂质等脏物混合到洗井工作液中带到地面的工艺过程。

（一）泵车洗井的洗井液要求

（1）洗井液的性质要根据井筒污染情况和地层物性来确定，要求洗井液与油水层有良好的配伍性。

（2）在油层为黏土矿物结构的井中，要在洗井液中加入防膨剂。

（3）在低压漏失地层井洗井时，要在洗井液中加入增黏剂和暂堵剂或采取混气措施。

（4）在稠油井洗井时，要在洗井液中加入表面活性剂或高效洗油剂，或用热油洗井。

（5）在结蜡严重或蜡卡的抽油机井洗井，要提高洗井液的温度至70℃以上。

（6）洗井液的相对密度、黏度、pH值和添加剂性能应符合施工设计要求。

（7）洗井液量为井筒容积的两倍以上。

（二）泵车洗井方式

1. 正洗井

洗井液从油管泵入，从油套环形空间返出。正洗井一般用在油管结蜡严重的井。

2. 反洗井

洗井液从油套环形空间泵入，从油管返出。反洗井一般用在抽油机井、注水井、套管结蜡严重的井。

正洗井和反洗井各有利弊。正洗井对井底造成的回压较小，但洗井液在油套环形空间中上返的速度稍慢，对套管壁上脏物的冲洗力相对小些；反洗井对井底造成的回压较大，洗井液在油管中上返的速度较快，对套管壁上脏物的冲洗力度相对大些。为保护油层，当管柱结构允许时，应采取正洗井。

（三）泵车洗井程序及安全要求

（1）按施工设计的管柱结构要求，将洗井管柱下到设计深度。

（2）连接地面管线，地面管线试压至设计施工泵压的 1.5 倍，经 5min 后不刺不漏为合格，防止刺伤人。

（3）开套管闸门泵入洗井液。开闸门时要缓慢，要侧身，不要正对着闸门，防止丝杠窜出伤人。泵车管线附近不能站人，防止管线爆裂、弹起、刺漏伤人。

（4）洗井时要注意观察泵压变化，泵压不能超过油层吸水启动压力。排量由小到大，出口排液正常后逐渐加大排量，排量一般控制在 0.3 ~ 0.5m³/min，将设计用量的洗井液全部泵入井内。

（5）洗井过程中，随时观察并记录泵压、排量、出口排量及漏失量等数据。泵压升高洗井不通时，应停泵及时分析原因进行处理，不得强行憋泵。

（6）严重漏失井采取有效堵漏措施后，再进行洗井施工。

（7）出砂严重的井优先采用反循环法洗井，保持不喷不漏、平衡洗井。若正循环洗井时，应经常活动管柱。

（8）洗井过程中加深或上提管柱时，洗井工作液必须循环两周以上方可活动管柱，并迅速连接好管柱，直到洗井至施工设计深度。

（9）出口进入泵站或接入污油回收装置，防止污染环境的事故发生。

第四章 生产井作业施工安全

第一节 有杆抽油泵作业施工安全

一、有杆抽油泵简介

有杆抽油泵是目前国内油田广泛应用的机械采油泵，按其结构可分为常规抽油泵和特种抽油泵两大类。通常，对符合抽油泵标准设计和制造的抽油泵称为常规抽油泵或标准抽油泵，而对具有专门用途如防砂、防气、抽稠油等与标准结构、规范不同的抽油泵称为特种抽油泵或专用抽油泵。下面对不同类型的抽油泵作简要介绍。

（一）常规抽油泵

常规抽油泵按其结构特点可分为管式抽油泵和杆式抽油泵两大类。

1. 管式抽油泵

管式抽油泵按其结构不同，分为衬套泵和整筒泵两种。

（1）衬套泵。

衬套泵由外工作筒和安装在工作筒内的多节衬套、活塞，上、下游动阀，上、下接头和固定阀组成。

（2）整筒泵。

整筒泵由泵筒、活塞，上、下游动阀，上、下接头和固定阀组成。和衬套泵相比，具有结构简单，质量轻；在转运和下井过程中无衬套错位现象发生；比较容易加工，因此泵筒可以做得更长，适应做长冲程抽油泵等优点。

由于管式抽油泵结构比较简单，制造成本低，在相同的油管尺寸下可安装的管式抽油泵直径比杆式抽油泵大，因此排液量较大，对于产液高的油井，还可以采用在活塞上部安装脱接器的方法，下入泵径大于油管内径的管式抽油泵。

管式抽油泵工作原理：上冲程时抽油杆带动活塞上行，游动阀在自重和油管内液柱压力的作用下关闭，并提升活塞上部井液在油管内上行，与此同时活塞下部泵筒内压力降低，当其压力低于泵筒外套管压力时，套管内井液顶开抽油泵固定阀，进入活塞下部泵筒空间。当活塞下行时，抽油泵固定阀靠自重下落而关闭，活塞下部井液受到压缩，使下部泵筒内压力不断增高，当其压力超过油管内液柱压力时，将顶开游动阀，同时固定阀上部井液通过活塞进入油管内。由于抽油泵活塞在抽油机的带动下，不断作上下往复运动，因而抽油泵的游动阀和固定阀也交替地打开与关闭，完成抽油泵的抽汲工作循环。

2. 杆式抽油泵

杆式抽油泵是连接在抽油杆的下端，下抽油杆时通过井下油管，锁定在油管预定位置上的一种抽油泵。

杆式抽油泵有定筒式顶部固定杆式泵和定筒式底部固定杆式泵及动筒式底部固定杆式泵三种。

（1）定筒式顶部固定杆式泵。

这种抽油泵由泵顶部的固定支撑装置将泵筒固定在油管内的预定位置上（图4-1），它不仅使用可靠，而且还有下列优点：在活塞运动时可以将锁紧装置周围的砂子冲掉，防止砂卡，便于检泵作业；泵筒可以绕顶部锁紧装置这个支点摆动，所以在斜井中下泵时，可以减少泵筒和油管的损坏；在固定位置深度相同的情况下，泵的沉没度要比底部固定的杆式泵大，所以比较适合在低产井和低液面井中使用。其缺点主要是：由于顶部固定，泵筒受内压和液柱向下拉伸力的复合载荷，受力状况比较恶劣；活塞上行时，泵筒受内部压力高于外部压力，使泵筒内孔增大，漏失量有所增加。

（2）定筒式底部固定杆式泵。

这种泵是由泵的底部锁紧装置将泵筒固定在油管内的预定位置上（图4-2）。底部固定杆式泵应用也较广。它具有泵筒只受外力，不会因井筒内液柱作用而伸长，间隙不会增大的特点，适合在深井中使用；它的泵筒可绕底部锁紧装置这个支点摆动，在斜井中也可使用。但在固定支承套和锁紧装置的环形空间内容易沉积砂粒，使检泵作业困

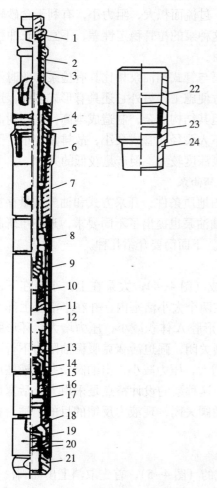

图4-1　定筒式顶部固定杆式抽油泵

1—阀杆异径接头；2—阀杆；3—导向套；4—密封支承环；5—心轴；6—弹性套；7—接头；8—上加长接箍；9—柱塞上部出油阀罩；10—阀座；11—泵筒；12—柱塞；13—柱塞下部出油阀罩；14—阀球；15—阀座；16—压帽；17—下加长接箍；18—进油阀罩；19—阀球；20—阀座；21—阀座接头；22—上接头；23—支承密封环；24—下接头

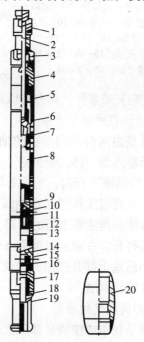

图4-2　定筒式底部固定杆式抽油泵

1—阀杆异径接头；2—阀杆；3—导向套；4—接头；5—上加长接箍；6—柱塞上部出油阀罩；7—泵筒；8—柱塞；9—柱塞下部出油阀罩；10—阀座；11—阀座；12—阀座压帽；13—下加长接箍；14—泵筒进油阀罩；15—阀球；16—阀座；17—接头；18—密封支承环；19—弹性心轴；20—支承套

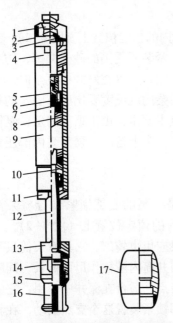

图 4—3 动筒式底部固定杆式抽油泵

1—泵筒出油阀罩；2—阀球；3—阀座；
4—接头；5—柱塞进油阀罩；6—阀球；
7—阀座；8—柱塞；9—泵筒；10—上拉
管接箍；11—堵头；12—拉管；13—下
拉管接箍；14—接头；15—密封支承环；
16—弹性心轴；17—支承环

难，不宜在含砂井中使用。另外由于底部固定，工作时泵筒摆动大，加快了阀杆、导向套的的磨损，故不宜做长冲程泵。

（3）动筒式底部固定杆式泵。

这种泵的泵筒与抽油杆下端连接，并做上下运动（图4—3），活塞通过拉管和底部锁紧装置固定在油管内预定位置的支承套上。工作时抽油杆带动泵筒作上下往复运动。动筒式底部固定杆式泵，主要适用在含砂较多的采油井中。因为工作时泵筒上下运动，不停地搅动井液，使砂粒不易沉积在锁紧装置周围而造成卡泵；固定阀和出油阀都为开式阀罩，过流面积大，阻力小，有利于含砂较多的井液排出。但这种泵的拉管稳定性差，不宜做长冲程泵和在稠油井中使用。

杆式抽油泵与管式抽油泵相比具有检泵作业时不需动油管的特点，方便施工。另外它还具有形式多样，选择余地大等优点。但其结构复杂，制造成本高，在相同油管内径条件下允许下入泵径比管式泵小，故排量较小。因此杆式泵适用于下泵深度较大，但产量较低的井。

（二）特种抽油泵

由于各油田地质条件、开采方式和油气质量存在较大差异，所以对抽油泵也提出了不同要求，近些年研制出一些适用于复杂开采条件，具有特殊用途的抽油泵。下面简要介绍几种。

1. 液力反馈式抽稠油泵

这种泵是由两台不同泵径的抽油泵串联而成（图4—4），大泵在上，小泵在下，中心管将上下活塞连为一体，泵的进、排油阀均装在两个大小活塞内，并在小活塞上部开一个过油孔b。当活塞下行时，下活塞与上泵筒的环形腔A体积减小，压力增大，环形腔内的井液经过油孔将液压作用在进油阀上，使进油阀关闭，强迫活塞克服稠油阻力下行同时排油阀打开排液。当活塞上行时，环形腔A体积增大，压力减小，出油阀受井筒液柱压力关闭，进油阀打开，井液经过油孔b进入环形腔。这种泵的设计特点是采用大小活塞形成环形腔和在小活塞上部开过油孔，使下冲程时进油阀关闭，现液力反馈的目的，适合抽汲黏度较大的井液或稠油。

2. 环形阀防气抽油泵

这种泵是在常规抽油泵基础上进行改造而成的（图4—5），首先取消上出油阀，并在泵的出口处装一环形阀；在环形阀中间固定一摩擦环，以增加环形阀与拉杆之间的摩擦力。上冲程时，环形阀在拉杆摩擦力的带动下，及时打开，出油阀在井筒液柱压力作用下关闭，抽油泵排油。与此同时，活塞下泵腔体积增大，压力下降，进油阀被打开进油。下冲程时，在油气比大的油井中，常规抽油泵往往由于进油阀上面的压力低于井筒液柱压力，而使出油阀不能打开。而此时，由于环形阀在拉杆摩擦力作用下及时关闭，并承受井筒液柱压力，使环形阀以下泵筒内处于低压状态，出油阀由于活塞之上泵筒体积增大，压力下降而迅速打开排油，适合在含气较高的油井中使用。

3．大排量双作用抽油泵

这种抽油泵由于增加了一个进油阀（图4-6），使抽油泵在下冲程时也能正常进油，所以在一个往复冲程过程中，可以完成两次进油和排油过程，因而与相同泵径和工作参数的抽油泵相比，大幅度地提高了产液量。当油层压力大，油井供液充足，以致较大的常规抽油泵也不能满足排液要求时，可采用这种大排量双作用泵。但由于下冲程时有排油过程，抽油杆下行阻力增加，易发生下部杆柱弯曲偏磨问题，不宜在原油黏度过大和出砂的油井中使用。

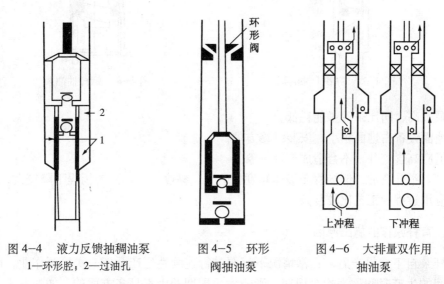

图4-4　液力反馈抽稠油泵　　图4-5　环形　　图4-6　大排量双作用
1—环形腔；2—过油孔　　　阀抽油泵　　　　抽油泵

4．防砂卡抽油泵

这种泵（图4-7）在抽汲过程中，排到抽油泵上部的井液可把大部分细小的沙粒带到地面，而较大的砂粒在下沉过程中，被安装在拉杆上面的滑阀遮挡，不能回落到泵筒，而是通过外套与泵筒间的环形通道落到泵下面的沉砂管内，如因故停机，滑阀可使泵筒上端关闭，泵上油管内井液中的砂粒，也可通过环形通道下沉到沉砂管内。所以这种抽油泵在生产或停机时均能有效地防止砂卡和砂埋，适合在出砂量较高的油井中使用。

5．螺杆抽油泵（地面驱动式）

螺杆抽油泵（图4-8）按基本结构形式分单筒式和串联式，按驱动方式分为地面驱动和井下驱动两类，目前广泛采用的是地面驱动单筒式螺杆泵。地面驱动螺杆泵抽油装置主要由地面驱动系统、连接器、抽油杆及井下抽油装置组成。

（1）螺杆泵工作原理。

螺杆泵是一种螺旋式空腔累进泵，地面动力通过抽油杆驱动转子在定子中转动，转子与定子啮合，形成了一系列被定子与转子之间的接触线所密封的腔室，随着转子的转动，密封腔室沿轴线方向由吸入端向排出端运移，同时又在吸入端形成低压空腔并依次被井液充满，这样密封腔室不断地形成、运移，使井液被连续排出井外。

（2）特点。

①螺杆泵结构简单，制造成本低。

图 4-7　防砂卡抽油泵

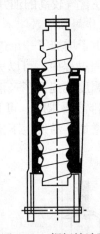

图 4-8　螺杆抽油泵

②泵效高，同比采油量能耗低。

③地面设备占地面积小，安装维修方便。

④适应高含气井，不会造成气锁现象。

⑤可以举升稠油，但扬程受液体黏度影响大，黏度上升，泵的扬程下降较大。

⑥应用过程中工艺比较复杂。

二、有杆泵作业施工原因

有杆泵自下井投产后，正常情况下都要进行连续性生产至下一次检泵作业。两次检泵作业之间的生产时间称为检泵周期。影响检泵周期的因素是多方面的，如油井出砂、结蜡会造成卡泵停产；抽油杆偏磨会导致油管和抽油杆断脱；油管和泵漏失会严重降低泵效等。另外油井产量、油层压力、井液含水含气量及抽油机工作参数、管理措施等，都对检泵周期有一定影响。

造成检泵的原因主要可分为以下几个方面：

（1）抽油杆脱扣或断裂造成检泵。抽油杆在井内长期受到交变载荷作用，易产生疲劳，发生断裂，或螺纹松动发生脱扣。

（2）油层出砂较多，造成砂卡、砂堵，使抽油机不能正常工作，需要进行检泵。

（3）油井结蜡严重，造成活塞或抽油杆卡。尽管在防蜡方面有许多措施，但对一些结蜡较严重的井，蜡卡、蜡堵的现象时有发生。使抽油机不能正常工作，需要进行检泵。

（4）抽油泵在井下长期工作磨损，漏失量不断增加，造成泵效降低，产量下降，需要进行检泵。

（5）由于产出液黏度太大等原因，对活塞下行产生的阻力较大，使抽油杆在下行过程中发生弯曲变形，抽油杆节箍或杆体与油管壁发生摩擦，长期作用，发生管壁磨穿或杆体磨断造成检泵。

（6）油井的动液面发生变化，产量发生变化，为查清原因，需要检泵施工。

（7）根据油田开发方案的要求，需要改换泵径或加深、上提泵挂等，需要进行检泵。

（8）油管断脱或螺纹漏失，需要检泵施工。由于油管在井下长期受到交变载荷作用，使管扣裂断或松口漏失的现象时有发生。

(9) 井下工具失灵，需要检泵施工。如阀卡、井下开关打不开、大泵脱接器及其他井下配套工具失灵等。

三、有杆泵施工主要工序安全操作要求

有杆泵检泵作业施工，是一项占井下作业系统工作量比例较大的工作，也是一项易发生各种生产安全事故的工作。因此，搞好施工中的各项安全管理，减少和预防各种安全生产事故，是每一个作业工人和生产管理者的重要职责。搞好检泵施工的安全生产工作要坚持在每一个生产环节中把生产安全放在首位。坚持以人为本，科学管理，严格执行检泵作业施工中的各项安全操作规程，杜绝一切违规操作行为，是实现安全生产的保障。

(一) 施工准备安全工作

1. 施工设计

施工设计是作业施工的依据，也是安全生产、正确施工的指导书，因此要求施工队的生产管理干部、技术人员及作业班长在施工前必须认真了解设计内容，掌握施工井的相关基础数据（人工井底、射孔井段、套管规范、井内油管深度、泵型等）、生产数据（产液量、含水量、上次作业施工时间等）、本次施工原因及施工目的、施工工序质量标准、技术要求等。以免发生遗漏工序，误施工或施工质量不达标等问题。

2. 井场调查

施工前应对施工井场情况进行实地调查，达到以下标准：

(1) 进出井场道路要安全畅通。

(2) 井场电源能满足施工用电要求。

(3) 井场面积能够摆放各种施工工具设备。

(4) 如井场临近企业、民房或主要公路，开工前要制定具体的安全环保措施。

3. 立井架

作业施工使用的井架总类有多种，但不论使用哪种井架施工，都必须按照安装井架操作规程进行操作，以确保安全立放并合乎质量要求，立井架的安全要求主要是：

(1) 立井架前要选择方向位置，要考虑到起下作业时，油管桥、抽油杆桥的摆放位置符合拉排油管、抽油杆的安全操作需要。

(2) 立井架前要查看架子上方是否有电线、通信线路或其他障碍物，防止造成人员触电和损坏通讯设施等生产安全事故。

(3) 井架基础安放位置要平实，不能有淤泥、斜坡或其他障碍物，否则要进行清理或用木方、石块垫实，防止井架承载后发生基础倾斜翻转，严重时会造成倒井架事故。

(4) 井架的倾斜度要符合规定标准（BJ-18 型井架基础距井口中心 1.8m)，立后天车中心线与井口中心垂直误差不大于 10cm。

(5) 联合修井机自背的双节井架在立井架时，要注意清除滑道内和折口处的障碍物，检查锁销是否都在安全正确位置，防止发生井架损伤事故。

(6) 夜间和五级风以上及雨雪天气不许进行立井架操作，以免发生意外事故。

(7) 立井架时要有专人指挥、专人操作、专人观察，非工作人员要离井口 30m 以外，避免发生意外时造成伤人事故。

4．交接井

交接井是准备工作中的重要内容，要求由施工队长与采油队管理该井的井长进行交接，并正式填写交接书。通过交接井能使施工队进一步了解施工井的基本情况，有助于作业队安全顺利施工，也为施工后发生问题划分责任提供依据。交接井的主要内容包括：

（1）交接井口和计量间的流程情况。使作业队在进行洗井、压井工序时，能正确倒换井口流程。冬季施工时，单管进计量间的井要在交井前用压风机进行扫线，避免输油管线冻结事故。

（2）交接井场地面设备情况。包括抽油机及抽油机上各部配件完好情况和井场内其他在用设备完好情况。

（3）交接采油树及上面附属配件完好、缺损情况。包括压力表、各种阀门、手轮等。对重要的仪器仪表凡不影响作业施工并能卸下的，应卸下交采油队保管。

（4）交接井场及附近地带存在油污情况，以便施工后清理井场恢复原貌。对井场油污数量比较大，影响作业施工安全的，要及时向上级部门反映，采取事先处理措施。

（5）交接井场电器设备情况。包括变压器、在用电缆电线、配电箱、配电盘等。

（6）交接时，作业队要向井长了解该井日常生产状况，井下落物情况等，以供施工中参考。交接后，按正规格式填写交接书，双方签字，一式两份备存。

（二）穿大绳安全操作要求

（1）穿大绳前首先要检查井架、绷绳、地锚符合安全生产要求，爬梯、护圈完好无缺损、无油污，避免发生滑落摔伤事故。

（2）上井架操作人员要穿戴劳保用品。随身携带的小件工具（扳手、撬杠等），要系好安全绳，防止工具坠落伤人。

（3）上井架操作人员携带棕绳到达井架顶部后，首先要将安全带锁定在架子护圈或梯子杆上，然后才能进行下部操作。

（4）大绳规格应按使用负荷选用，但允许使用的最小直径为 $\phi 19mm$（3/4in）的钢丝绳。

（5）穿大绳时，钢丝绳与引绳连接要用细铁丝扎牢，引绳至少要在大绳上打三个绳结，防止中途脱落伤人。

（6）禁止使用滚筒锚头带动引绳进行穿大绳操作，以防止发生意外事故。

（7）死绳头要在井架一侧的底腿上系好猪蹄扣，卡牢 4 或 5 个与大绳规格相符的绳卡子。

（8）禁止使用天车副滑车。这是一种超载使用井架的不安全行为。

（9）穿大绳过程中，井架上、地面上和作业机内操作人员要配合协调，并要有专人负责上下瞭望指挥，避免穿错或发生天车夹手、工具坠落等安全事故。

（10）穿完大绳后，游动滑车放在最低位置时，滚筒上大绳余量不能少于 10 圈。

（11）检泵作业施工要求穿 6 股（承载股数）大绳。穿完后上提游动滑车时，地面人员要用绳套控制游动滑车，防止刮碰井口，损坏井口设备或挤伤人事故。

（三）吊拨驴头安全操作

各油田使用的抽油机型有多种，吊拨驴头的方法因机型不同而各有所区别。驴头的吊拨基本有三种方式：即侧翻式、上翻式和吊离式。现场上大部分驴头可以用游动滑车进行吊拨，但有些驴头因受规格尺寸限制，为保证操作安全，需动用吊车进行处理。不论抽油机属于哪种类型，吊拨驴头都要严格遵守安全操作规程。

（1）吊拨驴头前，首先要在地面观察判断驴头的类型，确定正确的吊拨方法。同时将抽油机卸载，取下方卡子。

（2）根据抽油机类型选择有利的停机位置（侧翻式选择游梁水平状态停机，上翻式选择上死点停机，吊离式选择下死点停机），上游梁操作前，先将抽油机制动刹死，防止操作过程中溜车，造成意外事故。

（3）操作人员必须系好安全带，打开或取下驴头锁销，挂好绳套后，操作人员必须下到地面方可缓慢起吊。

（4）吊驴头要用不小于 16mm 钢丝绳套，不允许使用棕绳或其他材料绳套吊卸驴头，防止发生人身、机械事故。

（5）吊拨驴头前要卸开驴头两侧调节螺丝，防止刮卡。

（6）吊拨驴头时，用力必须缓慢，注意观察是否有刮卡位置，对有锈蚀粘结部位要预先进行处理，不可猛提，防止发生损坏设备或人身伤害事故。

（7）吊拨驴头时，要有专人进行观察指挥，各岗位人员要做好协调配合，特别是起吊操作人员，要保证视线良好，听从指挥。

（8）其余现场人员要离井口 10m 之外。

（9）驴头上翻或侧翻后要用棕绳或钢绳系牢，防止自行复位发生意外事故。

（10）吊离式驴头下放时，要有地面人员牵拉，避免碰坏井口设备。

（四）洗井安全操作

为了安全施工、防止井喷、减少环境污染，当油层压力小于上部静水柱压力时，要在抬井口前进行洗井工序。目的一是用洗井液将井筒充满，利用静水柱压力，可以防止井口喷溢，有利于安全起下操作。二是通过洗井，将原井筒内的油质、蜡质替出，可以避免起抽油杆、油管时将大量原油带到地面造成污染浪费。检泵施工前洗井的安全操作要求主要是：

（1）洗井前要对进口管线和水泥车管线试压，试验压力为正常工作压力的 1.5 倍，各连接处无漏失为合格。

（2）倒井口流程。检查井口各闸门是否开关到位，防止误开关，憋坏井口低压流程或使洗井液直通。

（3）凡具备条件的，洗井液出口必须进干线；不具备进干线条件的，要进集油罐或集油坑，进行回收处理。不许排放到井场或土油坑内，影响现场施工安全。

（4）洗井液要符合施工设计要求，当油层压力低于静水柱压力且属于水敏地层时，应采用气化水洗井，以防止对油层造成损害。

（5）洗井液用量不少于井筒容积的 2 倍。

（6）出口管线前端面不能接 90°弯头。对于含气量大的井，出口管线前端必须采取固定措施，以防管线摆动，造成人身伤害事故。

（7）有杆泵应采用反循环洗井，洗井压力应低于油层吸水压力。当反循环洗井不通时，应停止洗井，分析原因，采取相应处理措施。

（8）冬季施工时，进出口管线要在洗井后及时排空，防止发生冻裂事故。

（9）检螺杆泵洗井时，必须将螺杆转子提出衬套 1m 以上。

（五）压井安全操作

当油层压力大于或等于上部静水柱压力时，施工前要采取压井措施。

1．压井液密度选择

参照本章第三节"自喷井压井施工安全操作"内容。

2．压井的安全操作要求

（1）接好压井管线后，首先对压井管线试压，试验压力为正常工作压力的 1.5 倍，各接口处无漏失为合格。

（2）缓慢释放套管气，直至套管排液为止。套管压力高、气量大的井，放套管气时，现场施工人员要远离出口管线。

（3）倒好反压井井口流程，之后向井内泵入隔离液（一般为清水）不少于 2m³。

（4）向井内泵入压井液，进口排量不小于 0.3m³/min，压井中途不得停泵，否则影响压井效果。

（5）压井时最高泵压不许超过油层吸水压力，防止油层伤害。

（6）压井时，在压井液返至井口之前的返出液要进干线，但要避免压井液返入输油管线造成沉积堵塞事故。

（7）测量进出口压井液密度差不大于 0.02g/cm³ 时，停泵观察 15min，井口无溢流即为压井成功。

（8）返出的压井液必须回收处理。不许随意露天排放，影响现场施工安全。

（9）检螺杆泵压井时，必须将螺杆转子提出衬套 1m 以上。

（六）起下抽油杆安全操作

起下抽油杆的安全操作要求主要有：

（1）上提光杆时速度要缓慢，要注意观察上提载荷，如有遇卡现象不能硬拔，要分析原因，采取相应措施进行处理。

（2）如抽油杆上安装有扶正、刮蜡装置（多为尼龙、硬塑材料制成），并且判定井内油管已断脱时，应将抽油杆加深到遇阻，采取先起油管后起抽油杆的办法，否则会造成严重的卡堵事故。

（3）抽油杆桥要搭的平稳牢固，要求四道桥，每桥三个座，桥间距 2.5m。桥面水平，距地面高度不小于 50cm。

（4）起下抽油杆时，吊筒或吊卡钩绳套不允许挂在游动滑车单侧耳环上，以防损坏游动滑车耳环和伸缩轴，发生坠落伤人事故。

（5）用抽油杆吊卡起下抽油杆时，要随时检查卡瓣和手柄，保持灵活好用状态，若有油蜡淤塞（特别在冬季施工），要及时清除，防止卡瓣失灵，造成抽油杆脱掉伤人。

（6）起抽油杆时，要随时掌握起出数量和井下剩余量，在活塞和转子接近井口时，要提前卸掉抽油杆自封压盖，防止顶钻发生意外事故。

（7）起下抽油杆时，各岗位之间配合协调，防止抽油杆弯曲和造成井下落物。

（七）卸采油树安全操作

卸采油树的安全操作要求主要是：

（1）要根据井口流程情况，以不影响正常起下作业，不刮碰井口其他管线、设备为原则，选择合适的拆卸位置。同时要考虑到施工后安装的简单方便。

（2）卸采油树后，井口必须具备井控条件。

（3）对多年锈蚀的各种井口紧固螺丝，正常拆卸有困难、需动用电气焊时，需经上级主管部门审批，并采取相应防火措施。

（4）北方冬季施工时，采油树卸下后要将全部闸门打开，排空采油树及管线内积液，防止发生冻裂事故。

（5）必须在井口无油、气喷溢量的情况下拆卸采油树。

（八）安装井口控制器安全操作

井口控制器主要作用是在施工过程中发生井喷时，能及时关闭油、套管环形空间；在空井时关闭套管控制井喷。在正常起下油管过程中，井口控制器的主要作用是防止井口掉入小件工用具和清除油管外壁附着的原油。它是检泵施工中安全生产、文明施工必备的井口设备。所以不论是否有可能发生井喷，都要求在卸掉采油树后装上井口控制器。一般情况下，检泵作业井口控制器由油管自封、半封、全封和特殊法兰组成。安装井口控制器的安全操作要求主要是：

（1）必须选用经专业部门检测试压合格且有出厂合格证的产品。在使用中要经常检查，发现承压、密封标准达不到安全使用要求的，要及时进行更换。

（2）安装前，要在地面检查各组成部分主体无外伤、变形，配件齐全完好，开关灵活到位，密封胶件完整无破损，检查全、半封闸板和油管自封芯要与井内油管规格相符。

（3）安装时各连接处密封槽和密封钢圈要清理干净，并涂上黄油。紧固螺丝首先对角上紧，再逐个紧固。紧固后要保持两个连接面周边间隙一致，每条紧固螺丝受力均匀。

（4）整体吊装时，要使用不小于 $\phi 14mm$ 的钢丝绳套。

（5）起吊操作人员要与井口操作人员密切配合，听从指挥，慢提轻放，防止发生刮坏井口设备流程和人身伤害事故。

（九）倒油管头安全操作

倒油管头是施工作业的重要工序之一，安全操作要求主要有：

（1）提油管头前，首先要将四条顶丝开到位，同时检查井口控制器各闸板是否已开到最大位置，防止油管头提起过程中受卡，造成损坏设备和意外事故。

（2）提油管头时，操作人员要撤离井口，并要指派专人观察绷绳、地锚、井架和井架基础承载后是否有异常现象，如发现问题要及时停车处理。

（3）提油管头时，用力要缓慢，不可猛提，同时要注意观察指重表，上提最大负荷不能超过井架和游动系统的安全载荷。

（4）达到规定安全负荷仍不能提出时，要停止操作，并找现场专业技术人员进行分析处理，施工队不可蛮干。

（十）起油管安全操作

起油管的安全操作要求主要有：

（1）油管桥要搭的稳固平整。要求三道桥间距 3.5m，每道桥 5 个座，桥面呈水平状，离地面高度不少于 30cm。

（2）不允许用原井内油管搭油管桥。

（3）拉排油管时要摆放整齐，每 10 根一出头。油管桥面上不许上人行走和堆放施工器材。不允许在油管桥上双层排放油管。

(4) 不许用管钳接拉油管，要用手接油管并平稳地放在滑道上，防止油管下端戳地伤及拉油管人员。

(5) 游动滑车与井口不对中时，严禁操作人员上井架扶正游动滑车进行起下油管操作，防止发生绞手和坠落事故。

(6) 起油管时，井口背钳要用 48in 管钳，尾绳要用不小于 ϕ13mm 钢丝绳系在管钳把后部（不能穿在末端孔内），另一端系牢在井架相应高度位置上。

(7) 起油管时，井口操作台要平稳牢固，井口操作人员脚下、身边无障碍物，以保证在游动系统或井口发生险情时，能迅速撤离危险区。

(8) 特殊情况下，需拉锚头卸油管扣时，打好管钳后，操作人员要暂离井口，以免发生人身伤害事故。

(9) 起油管时，操作要平稳，严禁猛提猛放，在井内有大直径井下工具时，要注意防止顶钻事故。

(10) 冬季施工时，起出的原井抽油泵要当场排空泵筒内积液，防止冻裂。

(11) 起油管时，各岗位操作人员要分工明确，密切配合，正确使用液压钳。

（十一）下油管安全操作

下油管的安全操作要求除参照起油管的要求外，还有：

(1) 用活门式吊卡下油管时（特别在冬季），要注意清除活门锁销孔中的污油，防止污油凝固将锁销粘住，使吊卡关闭后销子不到位（从外表不易发现），使油管脱掉造成伤人事故。

(2) 下油管提单根时，拉油管人员要防止油管向前窜动刮在自封盖子下，否则会使油管尾部迅速翻起，造成伤人事故。

(3) 下井油管及抽油泵等必须清洁无油污、泥砂。螺纹要涂密封胶。

(4) 下井油管螺纹或管体若有损伤变形，要及时更换。以免因漏失返工。

(5) 下井油管必须丈量准确，每 1000m 误差不大于 0.2m，并用内径规逐根通过，清除管内异物。

(6) 下油管使用液压油管钳，应有液压钳扭矩显示装置，控制压力在安全规定范围之内，避免扭矩过大损坏油管螺纹、扭矩不够使管扣不密封返工。

(7) 下油管时，操作要平稳，严禁猛提猛放，防止发生顿井口，造成井下事故或人身伤害事故。

（十二）施工后吊拨驴头安全操作

施工后吊拨驴头的安全操作要求，除了参照施工前吊拨驴头的要求之外，主要还有以下几项：

(1) 上翻式和侧翻式驴头在归位前，要将抽油机停到下死点位置。在牵拉归位时，不可用力过猛，防止损坏游梁、支架、轴承等部件。

(2) 吊下式驴头在吊装前，要在地面用蒸汽清洗干净，以免在上部清洗困难，易发生烫伤、坠落等安全事故。同时根据驴头吊起的姿态，选择合适的游梁停待角度。

(3) 抽油机空载调整停机位置时，要利用平衡块的摆动惯性，反复开关电源，直到理想位置再断电刹车，一次性连续供电，容易造成电器设备损坏事故。

（4）驴头吊上之后，要将锁销穿好并固定牢。左右两侧的调整螺丝要上紧，并将驴头调正。上驴头操作人员必须系好安全带，小件工具要系保险绳，防止发生坠落事故。

四、有杆泵施工过程中易发生事故的预防及处理

（一）大绳跳槽

在起下作业施工中，时有发生大绳跳槽现象，在跳槽的同时或在处理过程中，都容易发生机械或人身事故。因此，怎样在起下操作过程中防止大绳跳槽和正确处理大绳跳槽，既是一个生产技术问题，也是一个生产安全问题。

大绳跳槽分游动滑车大绳跳槽和天车大绳跳槽，造成大绳跳槽的原因有多种，有的属于人为操作不当，有的属于意外情况。

1．大绳跳槽的原因

（1）当井下管柱因某种原因遇卡大力上提时，突然解卡或管柱断脱会造成大绳跳槽。

（2）用游动滑车吊放井口周围的重物时，由于大绳倾斜过大，容易造成大绳跳槽。

（3）向井内下放油管和钻具过程中，下放速过快或刹车失灵，造成顿井口时，易发生大绳跳槽。

（4）大绳打扭时易发生大绳跳槽等。

2．大绳跳槽的预防措施

（1）作业机滚筒刹车要始终保持良好状态，发现刹车跑偏失灵或刹带吃力不均，要及时进行调整，不能带病工作。

（2）如滚筒大绳扭劲较大，在穿大绳前要将大绳放于地面进行拖拉放劲。

（3）下放油管时，下放速度不能过快，注意提前控制速度，避免顿井口。

（4）在吊放井口重物时，应适当放长起吊绳套，减小游动滑车倾斜角度，有利防止大绳跳槽。

3．大绳跳槽的正确处理方法

（1）发生游动滑车大绳跳槽时，如游动滑车还能上下活动，要将游动滑车用钢丝绳吊在井架下部 1.5～2m 处，然后将大绳各股放松，将大绳调入槽内即可。

（2）如果游动滑车已被跳槽绳卡死不能上下活动，要派人上井架到滑车停留位置，选两股大绳用绳卡子卡牢（保证各股大绳调松后，游动滑车能悬挂在井架上），然后将各股大绳调松放入槽内，再松开绳卡子。

（3）天车大绳跳槽时，如果游动滑车能上下活动，则把滑车放到地面再进行处理。如滑车不能上下活动，也用上述方法将滑车卡吊在井架上再进行处理。上井架人员要系安全带，随身携带的工具要拴上保险绳，防坠落伤人。

（4）在处理大绳跳槽过程中，现场工作人员要协作配合，统一指挥。有时大绳跳槽处理起来很困难，遇到这种情况不能急躁，注意在保证安全的情况下加快速度，不可蛮干使事故复杂化。

（二）井喷事故

在检泵作业施工中，由于各种原因，时有井喷事故发生。井喷不但污染环境，浪费油气资源，还可能引发井场火灾事故，造成人员伤亡等严重后果。

1．造成井喷的原因

(1) 压井液的质量性能不符合设计要求，容易引发井喷。如压井液的数量不足，井筒没有完全被压井液充满。压井液的黏度不符合要求，黏度过高易发生气浸，过低易产生沉淀。压井液的密度不够，不能对油层形成足够的回压等。

(2) 施工前采用的地层静压数据不符合井下实际情况。计算出的压井液密度不能满足压井要求。

(3) 压井方式和操作措施不当。如没有选择正确的压井方式；对于喷量较大的井没有适当控制出口排量或压井中途停泵等。

(4) 井内有低压漏失层。因为有低压层会使压井后井筒液面下降较快，当液面降到一定程度时，井内液柱压力与油气层压力就会失去平衡，使地层的油气进入井内，气体会向上移动膨胀，逐渐引发井喷。

(5) 当井内管柱下部装有较大直径的井下工具时（如各种封隔器、油管锚等），在起油管过程中易发生井喷。因大直径井下工具如活塞有抽汲作用，被抽汲出的低密度油气会沿井筒上升，不断降低井内液体密度，减小井液对地层的回压，会引发井喷。

(6) 施工前准备工作不充分，防喷工作意识不强，致使在起油管过程中发现井喷迹象时，无法采取控制措施。如压井后没有安装井口控制器，或控制器失灵不能正常发挥作用；井场上没有准备井口油管控制阀，无法控制油管喷油等。

(7) 压井后在有效的作业时间内，没有完成预定工作量。超过压井有效时间，会发生井喷。

2．井喷的预防

在安全、环保工作不断加强的环境下，预防井喷和及时控制井喷是井下作业施工中必须做好的一项工作。只要充分利用各种防喷配套工具设备，严格执行各项安全防喷操作规程，在井下作业过程中预防井喷、及时控制井喷是完全可以做到的。预防井喷应做好以下几项工作：

(1) 根据井况条件，合理选择压井液，密度附加量值取 $0 \sim 15\%$ 之间，其他指标符合设计要求。要根据近期（三个月之内）的地层静压数据，计算压井液密度。

(2) 选择正确的压井方法。压井前要进行套管排液并先打前垫液。压井过程中不宜停泵。在油套畅通回压不高（不超过油层吸水压力）的情况下，要保持大排量压井到最后。

(3) 起油管前要先将井口控制器安装好，并保证灵活好用。

(4) 为延长压井后有效作业时间，起油管时要及时向井内回灌压井液，并始终保持液面在井口。

(5) 在井下管柱下部装有大直径工具时，如果抽汲作用较明显，套管液面不能回落，应采取关闭油套管，并上下活动管柱，使套管畅通后再起油管。

(6) 事先将控制井喷的工用具准备好（如控制器扳手、井口螺栓螺帽、油管快速阀、密封圈、开口扳手等），以备急用。

(7) 加强职工的安全环保教育，提高职工的安全环保意识；严格执行规章制度，实行问责制，也是预防井喷的有效措施。

3．井喷的控制处理方法

施工中一旦发生井喷事故，现场人员要立即行动起来，投入抢救工作。如有重大险情，要首先向上级主管部门报告情况，以求在最短时间内调来人员设备进行抢救。现场处理井喷的方法主要有：

（1）在井内有油管的情况下，如井口上装有控制器，则将油管快速阀抢装到油管上，装前要将阀门全部打开，以减小阻力，装上后关闭阀门。

（2）如果井口上没有安装控制器，要马上抢座油管头，在座油管头前要检查密封胶圈是否完好。做好油管头后再抢装总闸门。在装总闸门时，要将套管闸门和总闸门都打开，以减小井内喷液的上顶力，装后将总闸门关闭。

（3）在井筒内没有油管的情况下，要马上抢装总闸门或采油树。首先清理四通上平面和大法兰下平面的钢圈槽，将钢圈擦净放入钢圈槽内，将总闸门全部打开，同时也将套管闸门打开，以减小油气阻力，装好后可将总闸门、套管闸门关闭。

（4）井喷发生后为避免发生火灾，井场上如有野外锅炉要立即熄火，同时切断电源，井场内与抢救井喷无关的机械设备，凡能撤出的都应尽快撤离井场。作业机也要根据现场情况，采取熄火或撤离措施。

（5）抢救井喷事故时，应由经验丰富的工程技术人员现场指挥，做到各种抢救工作迅速有效，忙而不乱。

（6）对可能导致重大安全事故的剧烈井喷，要有相应的主管领导坐镇指挥，同时对井喷危及范围之内的企业人员、居民的撤离作出统一部署。

（三）使用液压钳的人身伤害事故

液压钳是目前井下作业起下油管（钻杆）操作中，用来上卸管扣的专用生产工具。它具有吊装方便，使用操作简单，安全性能可靠，适用性强等特点。起下操作过程中使用液压钳可以大幅度降低工人劳动强度，提高工作效率。但如果违反液压钳安全使用操作规程，操作时精力不集中、麻痹大意，也很容易造成人身伤害事故，在施工现场液压钳伤人事故时有发生。

1. 使用液压钳造成人身伤害事故的原因

（1）操作人员没按正确的操作姿势操作，手扶在钳口一侧，易造成手指绞伤事故。

（2）更换钳牙或检查清理钳口时，没有按规定摘下修井机的总离合器，造成绞伤手掌手指事故。

（3）两人同时操作液压钳，发生液压钳误动，造成手臂绞伤事故。

（4）操作人员工作服的袖口没有系好，被绞进钳口，造成人身伤害事故。

（5）井口操作平台不稳或脚下有泥水、污油、障碍物等，当发生脚下打滑身体失衡时，易发生液压钳伤害事故。

2. 液压钳伤害事故的预防

液压钳的吊装及安全正确操作要求主要有：

（1）吊装液压钳时用1t小滑轮，不小于ϕ9.2mm的钢丝绳，将液压钳悬吊在井架上，滑轮高度在9～10m较好，液压钳高度要便于操作，钳体在操作时一定要调平。

（2）尾绳要用ϕ12mm以上的钢丝绳卡牢，一端卡在井架一侧，高度要与钳体保持水平状，尾绳要与钳体呈90°角。

（3）检查各快速接头卡接到位，不渗漏。检查钳体各部螺丝无松动。

（4）调整溢流阀，上扣时压力为6～9MPa，卸扣时压力在10～11MPa最高不超过

11MPa。

（5）使用前开动液压钳空转 1 ~ 2min。换挡灵活，挡位正常，运转时无异常噪声，缺口对位准确方可使用。

（6）复位对缺口用低挡，正常上扣用高挡。低挡上扣会造成下次施工卸扣困难，造成批量油管报废。

（7）上卸油管要等游动滑车停止摆动时再转动液压钳，防止损坏油管螺纹。

（8）更换钳牙或检修液压钳时，必须摘下修井机总离合器，否则严禁将手放入钳口。

（9）井口操作人员的袖口、衣襟要扣紧，禁止用布带、电线等扎在袖口和腰间，防止操作时被卷进钳口，发生意外伤害事故。

（10）使用液压钳时要注意是否憋压，要保持液压油及各快速接头清洁无渗漏。若发现运转声音异常，应立即停车检查，严禁带病使用液压钳。

（11）使用液压钳时，要按照正确操作要领，双手分别把在扶手上，不允许随意扶在钳体的其他部位。

（12）严禁两人同时操作液压钳。

（四）卡钻事故

卡钻是指井内管柱由于某种原因被卡死，按正常方法不能上提和下放的井下事故。在检泵施工过程中，由于违反安全操作规程，人为造成卡钻事故的现象时有发生。出现卡钻事故会使作业生产不能正常进行，严重时还要转交给修井队进行油井大修施工。处理卡钻时所消耗的费用远比正常施工费用高，不但给企业造成经济损失，还可能在处理过程中引发各种安全事故。因此在施工中首先要防止各种人为因素造成的卡钻事故，如果发生了卡钻事故要采取正确的处理方法，防止事故复杂化。

1. 卡钻的原因

由于操作不当等人为因素造成的卡钻主要有以下几种：

（1）在冲砂过程中，由于进尺过快、中途停泵、排量不足等原因，使被冲起的砂粒在油套环形空间内回落沉淀，将冲砂管柱掩埋造成卡钻事故。

（2）在打捞井下落物过程中，由于选用打捞工具不当或打捞方法不正确造成卡钻事故。

（3）施工过程中，井口操作人员不慎将小件工具掉入井内造成卡钻事故。

2. 卡钻的预防

严格遵守安全操作规程，认真做好安全预防工作是减少和避免卡钻事故最有效的方法。主要有以下几项：

（1）冲砂时水泥车排量要满足设计要求，如中途水泥车发生故障停泵，应马上将井内管柱上提 30m 以上。作业机发生故障时，水泥车要保持循环，防止砂子回落造成卡钻。

（2）冲砂接换单根前要充分循环，接单根时动作要迅速。防止砂子回落造成卡钻事故。

（3）不能用下部装有大直径井下工具的管柱冲砂。

（4）冲砂至设计要求深度后，要进行大排量冲洗循环，水量为井筒容积的 2 倍以上。

（5）在打捞井下落物时，要由专业技术人员选定打捞工具。

（6）在打捞绳类落物时（如钢丝、电缆、钢丝绳等），打捞工具上部必须要装防窜装置，在下井过程中根据落物类型、数量确定合适的下入深度。

（7）起下操作过程中，井口必须装油管自封，空井时井口上要用盖板，以防止小件工具掉入井内。

3．施工中发生卡钻的处理

（1）砂卡的处理方法。

施工过程中的砂卡主要是冲砂时操作不当造成的，也称为砂卡事故。其特征主要是井下管柱用正常负荷提不动，转不动，放不下。一般解卡方法有以下几种：

①大力活动解卡。当井下管柱遇卡不很严重时，要根据井架和游动系统的安全负荷，在不超出最大负荷范围内，对管柱进行大力提拉，快速下放，反复冲击活动，使沉砂逐渐松动，达到解卡目的。但采用此种方法一定要注意管柱负荷、井架及设备能力，不可盲目进行。要在实行前全面检查井架、绷绳、地锚、设备等各部分安全可靠情况，将各部位的不安全因素排除之后，方可进行施工。施工时井口附近不得站人，防止管柱在重载荷下断脱发生伤害事故。这种方法对一些轻度砂卡，往往可以解卡。

②憋压恢复循环法解卡。发现砂卡后，应尽快开泵进行循环。如循环不起来可用憋压的方法，憋压的同时可以结合活动管柱，如能憋开，则砂卡即可解除。憋压时要注意水龙头、水龙带及地面管线连接处都要上紧不漏，操作人员要站在安全地带，防止管线断脱伤人。

③诱喷法解卡。当地层压力较高时，可试用依靠地层压力引起套管井喷的方法，使部分砂子随油流带到地面而解卡。但使用这种方法，井口控制器必须灵活好使，避免造成井喷失控。

（2）小件落物掉入井内卡钻的处理方法。

施工中常见活动扳手、吊卡销子、螺杆螺帽等小件物品不慎掉入井内，造成卡钻事故。遇到这种情况时不要盲目采取措施，要根据油套管尺寸和落物形状进行分析，应采用活动旋转的方法，最忌硬拔。一般落物都掉在井下第一根油管的接箍上面，如活动有效，能缓慢起出一根油管即可解卡。有的小物件经油管接箍挤压可能会通过油管接箍，也采用此方法，做到遇卡不硬拔，使落物逐渐落入井底，再采取措施打捞就比较容易。

以上是在检泵施工中，由于操作不当，人为因素造成卡钻的简单处理方法，由于普通作业队受设备能力和技术手段限制，所能采取的处理措施有限。如以上方法不能奏效时，则应更换大吨位井架和配套的游动系统，进行普通修井作业，这部分的工艺技术和安全要求参考本书第五章。

第二节　潜油电泵作业施工安全

一、潜油电泵简介

潜油电泵自20世纪80年代以来，在各油田机械采油系统开始推广应用，目前已成为许多油田机械采油的重要方式之一。它的优点是工作性能稳定，管理方便，工作寿命长，适应性较好，适用于供液充足井况下的大排量强采。

本节以潜油电泵标准井下管柱结构组成为主线，分别介绍各部结构、特点、作用、工作原理及潜油电泵作业施工过程中各项安全操作要求。另外对潜油电泵在不同井况下应用过程中，所增加的一些附加装置作部分介绍。

（一）潜油电泵装置的工作原理及组成

1. 潜油电泵装置的工作原理

潜油电泵装置（图4-9）是将在井下工作的潜油电泵机组，用油管下入井内预定位置，悬挂在油管底部，地面电源通过供电系统，将电能输送给井下潜油电机，潜油电机将电能转换为机械能，带动多级潜油泵高速运转，井液在潜油泵的作用下，沿油流通道被举升到地面。

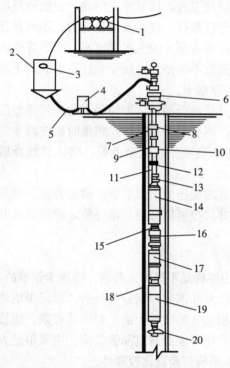

图4-9 潜油电泵井的系统组成

1—变压器；2—控制柜；3—电流表；4—接线盒；5—地面电缆；6—井口装置；7—扁电缆；8—泄油阀；9—电缆接头；10—单流阀；11—扁电缆；12—油管；13—泵头；14—泵；15—电缆护罩；16—分离器；17—保护器；18—套管；19—潜油电机；20—扶正器

2. 潜油电泵装置的组成

潜油电泵装置由三大部分组成

（1）井下部分：包括潜油电机，保护器，分离器，多级离心泵。

（2）中间部分：包括电缆，测压阀，单向阀。

（3）地面部分：包括接线盒，控制屏，变压器。

潜油电泵装置供电流程为：电源→变压器→控制屏→接线盒→潜油电缆→潜油电机。

潜油电泵装置的抽油工作流程为：分离器→潜油泵→单向阀→泄油阀（测压阀）→井口装置→集油管道。

（二）潜油电泵装置的标准管柱结构

潜油电泵装置的井下管柱结构形式很多，有标准管柱、斜井管柱、底部吸入口管柱等，其结构特点各不相同。

潜油电泵装置的标准管柱结构自下而上依次由潜油电机、保护器、分离器、多级离心泵、单向阀、泄油阀组成。潜油电泵机组之间的壳体用法兰螺丝相连接，轴与轴之间用花键套连接。潜油电泵机组上隔一根油管处安装单向阀，单向阀上隔一根油管处安装泄油阀（测试阀）。

潜油电缆由动力电缆和小扁电缆组成，小扁电缆前端插头与潜油电机相连接。动力电缆用电缆卡子固定在井下油管上，小扁电缆用电缆卡子和电缆护罩固定在机组外壁上。

（三）潜油电泵装置的井下部分

1. 潜油电机

潜油电机悬挂在管柱的最底部，它的作用是将电能转变为机械能，并通过电机轴输出，为多级离心泵提供动力，它的工作原理与普通三相鼠笼式异步感应电动机相同，但由于工作环境不同，在外形结构上就突出了"潜油悬挂式"的特点。

（1）潜油电机的组成。

潜油电机由定子部分，转子部分，油路循环系统、止推轴承、上接头（又称电机头）、下接头组成。潜油电机的定子主要由定子铁芯、定子绕组和机壳组成，潜油电机的转子主要由转子节、扶正轴承组成。

（2）潜油电机的结构特点。

①细而长的柱状结构。潜油电机的外径受到井径的限制，为了保证电机的输出功率，只能将电机设计制作成细长的结构，一般单节潜油电机的长度为3～9m，也有十余米长的单节电机。

②转子由多节转子串联组成。为了适应潜油电机细长的结构特点，采用了多支点径向支撑，整个转子是由多节相同的转子串联组成，每两个节之间放一个扶正轴承作为径向支撑点，以保证潜油电机转子的平稳运行，同时也降低了转子的制造难度。

③定子铁芯分节。潜油电机的定子铁芯由磁性材料（硅钢片）与非磁性材料（铜片）交替叠压而成，转子的转子节与定子铁芯的硅钢片段相对应，转子的扶正轴承与定子铁芯的铜片段相对应。这样使每个转子节与定子段组成一个完整的小异步感应电机，整个潜油电机就相当于多个小异步电机串联而成。

④特殊的油路循环系统。潜油电机长期在井下工作，环境温度较高，而且电机转速高、气隙小、温度上升快，同时各轴承之间也需要有良好的润滑和散热。因此在潜油电机中设置了一个特殊的循环油系统，用来解决潜油电机的散热和润滑问题。油路主要由气隙，空心轴和止推轴承等组成。

⑤潜油电机装有保护器。保护器的作用就是防止井液进入电机；补偿电机中润滑油的损失；平衡电机内腔与井内的压差。使潜油电机能持久地运行。

⑥大功率潜油电机的串联运行。潜油电机的细长结构给大功率潜油电机的制造、安装、运输带来诸多不便，所以大功率的潜油电机都采用两节或多节串联来实现。串联潜油电机的轴与轴之间用花键套连接，壳体之间采用法兰盘连接。

（3）潜油电机的铭牌（图4—10）。

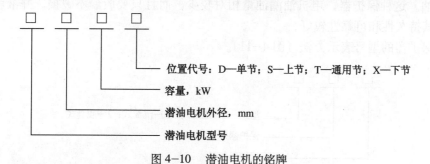

位置代号：D—单节；S—上节；T—通用节；X—下节

容量，kW

潜油电机外径，mm

潜油电机型号

图4—10　潜油电机的铭牌

①潜油电机型号按生产厂家自定的符号表示。

②额定功率：规定范围内允许的最大功率，kW。

③额定电压：表示潜油电机工作时定子绕组的线电压数值，V。

④额定电流：表示在额定电压时潜油电机负载达到额定功率的电流，A。

⑤额定转数：指潜油电机在额定电压、额定负载下运行时的转数，r/min。

⑥频率：表示潜油电机规定使用的电源频率，Hz。

⑦温升：指潜油电机绕组允许高出周围环境温度的数值，℃。

2．保护器

在标准的管柱结构中，保护器位于电机的上方，它的作用主要有五个方面：一是连接潜油电机与分离器；二是装有止推轴承，承受潜油泵的轴向力；三是防止井液进入电机；四是平衡电机内部与井内压力；五是补偿由于运转或停机时电机发热或冷却所造成的油膨胀和收缩。

保护器的种类很多，但从原理上分主要有三种，即连通式保护器、沉淀式保护器和胶囊式保护器。

（1）连通式保护器。

连通式保护器主要由机械密封、内外腔体、轴、轴承和上下接头组成。潜油电机内腔与保护器的护轴管相通，护轴管通过呼吸孔与内腔相通，内腔体与外腔体下部相通，外腔体通过连通孔与环形空间相连通，使电机内外压力处于平衡状态。为了防止井液进入电机，保护器内腔注入机油，外腔注入高密度隔离液（相对密度为 1.8 ~ 2.2 的重油），把井液与电机油隔离开来，使井液不能进入电机。在轴向有机械密封轴，阻止井液从轴向进入电机。

（2）沉淀式保护器。

沉淀式保护器主要由机械密封、沉淀室、沉淀管、涨缩管、轴、止推轴承、上下接头组成。保护器分上下两个沉淀室。上室的涨缩管与环形空间相通。两节护管的顶部分别安装一个单面机械密封和防砂帽，防止井液从护管直接进入电机。它的工作原理就是利用井液与电机油的密度不同，在沉淀室内密度较小的电机油浮在井液的上面，通过沉淀管与电机相通，密度较大的井液沉在下面，通过涨缩管与套管环形空间相通，起到隔离井液和平衡内外压力的作用。

（3）胶囊式保护器。

胶囊式保护器主要由胶囊、单向阀、轴、机械密封、沉淀室及上下接头组成。它主要靠胶囊来隔离井液和电机油，利用胶囊的膨胀、收缩平衡内外腔压力，通过单向阀排出多余的电机油。这种保护器，电机油漏油量相对较少，而且只要胶囊不破损。井液就不能进入电机，其持久性和可靠性较好。

（4）保护器的型号表示方法（图 4—11）。

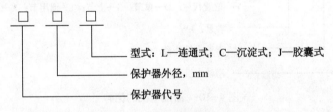

型式：L—连通式；C—沉淀式；J—胶囊式

保护器外径，mm

保护器代号

图 4—11　保护器的型号表示

3．分离器

分离器位于保护器之上，潜油电泵之下。它的作用是使井液在进入潜油泵之前，先进行气、液分离，经油套环形空间将井液中的气体排出，减少气体对泵的不良影响，达到提高泵效，延长潜油泵使用寿命的目的。

分离器按气体分离方式不同，分为沉降式分离器和旋转式分离器。无论哪种分离器都是按照气液的密度不同进行分离的。沉降式是自然分离，旋转式是强行分离。后者的分离能力要强一些。

（1）沉降式分离器。沉降式分离器由上接头、外壳、扶正器、轴、流体导向片、内腔进液孔、叶轮、隔离筒、下接头等组成。它的分离过程是：井液从吸入口进入分离器的外腔环形空间，由于井液的流动方向在这里发生180°转折，流速也发生了变化，使得压力降低，从而将游离气体分离出来。分离出来的气体在浮力的作用下，沿外腔环形空间上升之后进入油套环形空间从套管排出。而分离过的液体通过分离器底部的内腔进液孔进入分离器的内腔环形空间，并经过底部轴流式叶轮提高压力，沿内腔环形空间被举升到潜油泵入口。

（2）旋转式分离器。旋转式分离器种类很多，内部结构也各有不同，主要由上接头、分离腔、分流壳、轴、导向轮、叶轮、诱导轮、下接头等部件组成。它的分离过程是：井液由下接头的吸入口进入分离器后，被螺旋状的诱导轮引入到低压的吸入叶轮，通过叶轮的作用产生一个稳定的压头，将井液送入导向轮。导向轮将井液的径向流动变为轴向流动，使井液进入分离腔。井液在高速旋转的分离腔内作匀速圆周运动，在离心力的作用下，液体被甩向外围，气体则聚集于轴心附近。分离出的气体上移至分流壳部位，从出气孔进入油套环形空间，分离后的液体经流道进入潜油泵吸入口。

（3）分离器型号的表示方法（图4-12）。

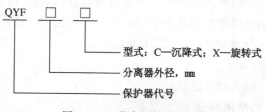

图4-12 分离器的型号表示

4．潜油泵

潜油泵位于分离器的上方，它的作用是将潜油电机传送来的机械能通过叶轮的作用，转换成井液的动能，将井液从井中举升到地面的集油系统。

（1）潜油泵的组成。

潜油泵主要由两大部分组成，即转动部分和固定部分。转动部分主要由轴、键、叶轮、止推垫、轴两端的轴套和固定螺帽组成。固定部分主要由导轮、泵壳、上下轴承及上、下接头组成。

（2）潜油泵的结构特点

①直径小、级数多、长度大。由于受套管直径限制，泵的外径较小。为了满足扬程的需要，泵叶轮的级数很多，一般情况下需要几百级叶轮，因此，泵的长度较大。为了减少制造和运输中的困难，将泵分为若干节，单节长度1～7m左右。根据需要选择几节串联使用。

②轴向卸载，径向扶正。潜油泵在工作时，由于吸入口压力低，排出口压力高，这样使叶轮上下两侧受力不平衡，产生了向下的轴向力。为了消除这种轴向力，使潜油泵能正常工作，采用了轴向卸载机构。当泵工作时，叶轮压在止推垫上，这样轴向力就可以通过止推垫、导轮逐级传递到泵的外壳上。另外为了减少轴向力，叶轮采用浮动式，每个叶轮在导轮内有1～1.5mm的自由滑动间隙，而导轮止推套与叶轮凹槽的内缘相摩擦，则起到

了多级径向扶正作用，保证了泵不弯曲运行。

③泵吸入端装有分离器。因井液中含有天然气，影响泵的正常工作。为克服这一影响，在泵的下部装有分离器进行油气分离，使分离出的气通过气道排出，油通过导轮进入第一级叶轮，被逐级举升到地面。油气分离后，可以达到减少气蚀、提高泵效的目的。

（3）潜油泵的铭牌（图5—13）。

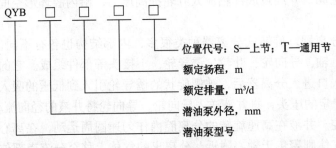

图4—13　潜油泵的铭牌

①型号：按生产厂家自定的符号表示。

②泵的排量：泵在单位时间内输出的液体量（液体体积量），m³/d。

③泵的扬程：泵所抽送单位液体从泵的进口处到泵的出口处能量的增值，m。

④泵的转数：泵轴每分钟旋转的次数，r/min。

⑤功率：指轴的功率，kW。

⑥效率：输出功率与输入功率之比。

（四）潜油电泵装置的中间部分

1．潜油电缆

潜油电缆包括潜油动力电缆（圆电缆或大扁电缆）和潜油电机引线电缆（小扁电缆）。

（1）大扁电缆。

大扁电缆主要由内外导体，绝缘层，护套层，钢带铠装组成。

①导体：由三根单股（或多股）铜线组成，作用是传递电能。

②绝缘层：导体外挤包的塑料或橡胶层，起绝缘作用。

③保护层：在绝缘层外挤包的一层橡胶或铅，作用是防止绝缘层受潮、受机械损伤或化学物质的侵蚀。

④钢带铠装：在护套层外用镀锌钢带进行瓦棱装铠，作用是防止电缆护套层在下井过程中损伤并对电缆护套层起束缚作用。

（2）小扁电缆。

小扁电缆的结构组成与大扁电缆相同，但工作空间不同。小扁电缆安装在潜油电泵与套管的环形空间，环空较小，另外潜油电泵在工作时产生大量热，小扁电缆的工作温度比大扁电缆高。与大扁电缆相比具有以下特点：

①导线直径小于大扁电缆。

②绝缘层、护套层有良好的密封性和耐高温性能。

③外包铠装采用耐磨性能好的不锈钢材料。

④因电缆前端要与电机定子绕组引线连接，因此有一个特殊的接头——电缆头。

（3）潜油电缆的特点。

潜油电缆和普通电缆相比具有以下特点：

①耐油、水、气侵蚀，耐高温，有适应井下工作状况的特性。

②外形结构尺寸符合井下环形空间要求。

③电缆前端有与潜油电机电源插口相配套的电缆头。

（4）潜油电缆的安全质量标准。

①检查电缆外表应无机械损伤和锈蚀现象，表面清洁。

②测量电缆长度与标明长度误差不大于 ±10m。

③测量三项芯线对铠皮间绝缘电阻不低于 500MΩ。

④做电缆直流泄漏试验，每 1000m 不大于 5μA。

2. 单向阀

为了便于潜油电泵的启动，在管柱上安装单向阀（一般装在泵上的第一根油管上端）。作用是在潜油电泵停机后，使管柱内的井液不能回落，再次启动时，就相当于在高扬程下启动，使启动更容易。安装单向阀后还可以避免停泵后油管内液体倒流，造成潜油电泵反转脱扣事故。

单向阀的结构主要由接头，限制销，螺母，阀体，阀座和橡胶密封组成。

3. 泄油阀

由于有了单向阀，在检电泵施工中起油管时，油管里的井液就会喷溅在井口周围，既影响安全操作又污染井场，为解决这一问题，在单向阀上部装一个泄油阀。泄油阀的结构主要由接头、泄油空心销、橡胶密封环组成。在起泵作业前，向油管内投入一根加重杆，将泄油阀的空心销砸断，油管中的存液就会顺着断孔流入油套环空内，可避免井液污染井场。有利于安全顺利施工。

4. 测压阀

测压阀是用于潜油电泵井压力测试、可以通过地面操作重复开关的井下阀。它安装在潜油电泵管柱单向阀之上泄油阀的位置。其作用是代替泄油阀。测试时可以在地面将其打开或捞出堵塞器，测试后可将其关闭或投入堵塞器，使电泵投入正常生产。目前常用的有两种，即Ⅰ型和Ⅱ型测压阀。

Ⅰ型测压阀主要由上接头、下接头、工作筒总成、限位螺母、密封圈、滑阀及滑阀限位座等组成。Ⅰ型阀结构简单，加工方便，但滑阀不可投捞，如滑阀损坏只能起出全部油管进行更换。

Ⅱ型阀主要由工作筒、测压堵塞器、打捞头、连接套、弹簧、调整螺母、压套、主体、压垫、密封圈和底堵组成。Ⅱ型阀结构比较复杂，测压堵塞器可以投捞、不需起管柱就可以捞出修理。

（五）潜油电泵的监测保护装置

1. PSI 测试装置

PSI 测试装置用于连续测量井下压力和温度。它主要由地面部分和井下部分组成。地面部分主要由二次仪表和安装在控制柜的过电流、过电压保护器及交流滤波器、自锁元件组成；井下部分安装在电机底部，包括插座，壳体和一次仪表。在测量前用多芯缆线将读数仪表和控制屏相连接，潜油电机工作或停机都显示参数，把选择开关钮放在中间位置时，压力和温度可以周期性交替显示，也可将开关钮放在压力或温度位置，单独显示压力或温度。

2．PHD 测试装置

PHD 装置可以连续测量压力，能够对电机温度进行超限保护并对电机、电缆绝缘损坏报警。PHD 装置由地面和地下两部分组成。地面部分由电感箱、指示器和记录仪表组成，安装在控制屏内。地下部分由电感线圈、滤波电感电容、压力变换器和温度继电器组成，安装在电机的下端。当井下的压力、温度、电流超出正常允许范围值时，灵敏继电器就会启动，切断电源停机。

（六）潜油电泵的附加装置

1．导流罩

导流罩就是罩在电机、保护器和潜油泵吸入口外面的护罩，其上部密封，下部开口与套管连通。导流罩主要由壳体部分、连接卡箍、顶端密封部分（防止井液从护罩上部流出、流入）和扶正装置组成。其作用是：

（1）对于一些套管尺寸较大和井温较高的油井，通过安装导流罩可以提高电机表面的液流速度，防止电机过热。

（2）当潜油电机下到射孔井段以下时，井液从上方进入潜油泵吸入口，而不经过潜油电机表面，使电机不能散热。通过安装导流罩可以改变井液流向，使井液经过潜油电机、保护器表面进入吸入口，达到电机散热的目的。

2．斜井保护装置

为了使潜油电泵机组在斜井施工过程中顺利起下，减少机组与套管之间的摩擦，防止潜油电泵和电缆在起下过程刮坏刮伤，在下电泵机组和潜油电缆时需安装保护装置，以保证潜油电泵能正常起下和运行。

潜油电泵斜井保护装置包括潜油电缆扶正器，电缆头护罩和潜油电泵扶正器等部件。

（1）潜油电缆扶正器。

常用的潜油电缆扶正器有两种，一种是金属结构扶正器，另一种是橡胶结构扶正器。

两种扶正器的结构和安装方法基本相同，都是由两个半圆环状构成，两半圆之间用销钉连接，可以开合的两半圆内侧留有电缆槽。在施工时将电缆卡在扶正器的电缆槽里，然后将两半圆抱在油管上，用专用工具进行固定后，再装上销钉即可。

（2）电缆头护罩。

电缆头护罩是一个小半圆形部件，内径与保护器接头处的最小外径相等，外径略大于电缆连接处最大外径。直接安装在保护器接头处，利用电机和保护器的连接螺栓来固定。在它的上面有一个电缆槽，用于放置小扁电缆，在起下过程中，可防止小扁电缆和电缆头损坏。

（3）潜油电泵扶正器。

潜油电泵扶正器由两个半圆环组成，使用时安装在保护器、分离器或分离器与潜油泵连接处，并利用加长的连接螺栓进行固定。

二、潜油电泵井施工配套工具设备及安全使用要求

潜油电泵属于精密井下设备，在起下操作过程中，操作技术要求标准高，施工工艺比

较复杂，为了保证安全顺利的进行起下操作，还需要配备几种工具设备，方能进行正常施工作业。这些工具设备及安全使用要求如下。

（一）缺口法兰安全使用要求

缺口法兰在起下电泵机组和电泵油管时，安装在井口上部，防止吊卡坐在井口上时，挤伤潜油电缆的专用井口设备。它由法兰主体、滚动轮、滚动轮支架、固定螺杆和螺帽组成。它的结构和安全使用要求是：

（1）缺口法兰内通径不小于井眼上部最小通经，高度在 15～20cm。

（2）缺口法兰开口宽度 10cm，开口端面要进行倒角处理，不能留有毛刺。开口两侧焊接滚动轮支架。起下油管时，动力电缆必须从开口处出入井口。

（3）缺口法兰开口方向对准潜油电缆入井方向，下部用螺栓固定在井口上。防止在起下操作时左右摆动，发生挤坏电缆和伤及操作人员的安全事故。

（二）潜油电缆导向轮安全使用要求

导向轮主要是在起下电泵管柱时，便于将电缆放入井内或从井内起出，它有保护电缆方便施工的作用，其安装和安全使用要求主要有：

（1）正常起下电泵管柱时，必须使用电缆导向轮。所装导向轮的直径和轮宽要与下井动力电缆相符合。

（2）在向井内下入引线电缆（小扁电缆）过程中，导向轮要悬挂在距离地面 3m 处。便于观察和人工托送电缆，防止电缆拉伤事故。

（3）在引线电缆与动力电缆的接头下井后，要将导向轮固定在井架上 10m 左右处，以游动滑车起下时不挂碰导向轮为准。保证稳固可靠，防止滑脱坠落，发生伤害事故。

（4）导向轮要具有防止电缆跳槽的功能，保证潜油电缆在各种情况下都不能发生跳槽拉伤，夹伤事故。

（5）导向轮要装有减震器（由压缩弹簧组成），防止电缆下井速度发生变化时，造成电缆拉伤损坏。

（6）导向轮的直径，可根据电缆的弯曲条件而定，一般不小于潜油电缆总外径的 40 倍。导向轮直径过小会使电缆绝缘层折裂，使整盘电缆报废。

（三）电缆绞盘和电缆支架安全使用要求

电缆绞盘是起下电缆过程中，盘放潜油电缆的专用设备，采用电力驱动。在没有电缆绞盘的情况下，将电缆滚筒架在电缆支架上代替电缆绞盘，采用人力盘放的方法。安装使用的安全操作要求主要有：

（1）有条件情况下，尽可能使用电动电缆绞盘。绞盘的规格类型有差异，使用前要根据所用滚筒的规格选用。

（2）放置电动绞盘时要保持底座呈水平状，滚筒轴中心线要与井口垂直。

（3）接电时，电源线要符合井场用电要求，当电源较远时，电源线要用线架架离地面。以免发生触电事故。

（4）不许单人操作电动绞盘，防止发生触电绞伤事故。

（5）在使用电缆支架支撑电缆滚筒进行作业施工时，安装前要选择地面平整坚实的位置，并使两支架底座在同一水平面上。装上电缆滚筒后，滚筒轴中心线与井口垂直。

（6）使用电缆支架时，由于受地面条件的影响，有时会发生倾倒，操作时要注意，当发现有倾倒迹象时，应提前进行处理，防止倾倒时砸伤操作人员造成伤害事故。

（7）支架都在重负荷情况下倾倒，因此发生倾倒后不要用人力去恢复，应使用吊车进行处理，防止发生损坏电缆和人员伤害事故。

（8）不论哪种电缆盘，都应放置在井架的侧后方距井口25m左右的位置，并保持在作业机操作人员的视线之内。

（9）在向井内下入电缆过程中，严禁依靠油管下放拉力使电缆盘转动，而应由电缆盘操作人员转动电缆盘下放，防止损伤电缆。

（10）在起电泵油管过程中，电缆盘操作人员要将旧电缆平整紧密地盘放在电缆滚筒上，并要将初起时的电缆头预留在滚筒外，以备检测。

（11）为使电缆的张力保持最小，潜油电缆的收和放都要在电缆盘的上方通过。

（四）潜油电缆保温房安全使用要求

电缆保温房是北方冬季进行电泵井施工时，按照制造厂方的要求，给下井电缆保温和加温的设备。主要作用是防止潜油电缆的绝缘层在严寒低温条件下发生脆裂，造成绝缘电阻值下降，达不到正常使用要求。保温房在安放和使用过程中的安全要求主要有：

（1）保温房要有较好的密封性和保温性，以减少热量散失。室内要有加温装置（电散热器或蒸汽散热片）。

（2）保温房内有效面积一般为2.5m×3m，室内装有用液压千斤起落的固定式电缆支架。

（3）保温房要在电缆出口一侧开有瞭望窗，以保证室内操作人员与现场人员保持联系和观察井口作业情况。

（4）保温房门采用双扇全开式，保证在吊入吊出电缆时顺畅，避免挤伤电缆。

（5）需要保温的电缆进入保温房后，在室内温度不低于25℃条件下，保温时间不少于10h，方可进行下井作业。

（6）对保温房进行加温时，禁止用蒸汽直接喷入室内进行加温，防止损坏电缆。

（7）保温房摆放位置要求与电缆绞盘相同。

（五）电泵起下专用吊卡安全使用要求

电泵专用吊卡是电泵起下操作专用工具。吊卡是由两个相同的卡片、钢链、吊环和紧固螺丝组成。安全使用要求主要有：

（1）不同型号的电泵机组配有不同卡口的吊卡，使用前要注意检查吊卡和机组是否配套，以免卡固不牢造成掉脱事故。

（2）保持吊卡清洁，卡口内不能夹带杂物，因机组上部卡口凹槽比较浅，若有油砂杂物容易卡固不到位，造成掉脱事故。

（3）吊卡和悬挂器都是专用于起吊电泵机组的，安全载荷有限，所以不能用于拔卡和吊起其他重物，以防断裂造成伤害事故。

（六）电缆卡子固定钳安全使用要求

电缆卡子固定钳，是用电缆卡子将潜油电缆固定在油管壁上的专用工具。由拉紧钳和封口钳两件配合使用。安全使用要求主要有：

（1）电缆卡子绕过电缆和油管，前端穿过卡环后，将剩余部分放入拉紧钳口，要求卡子与钳体平行。

（2）将拉紧钳口对着管壁的切线方向，反复压动拉紧杆柄，将电缆与油管绑紧，使电缆宽向略有变形。

（3）用封口钳咬住电缆卡子的卡环，要对中揣平后用力夹到位。

（4）将多余的卡子剪掉，用小手锤将卡环拍打平整，防止起下油管时将卡子刮开，脱落井内。

（5）电缆卡子打完后，要松紧度合适，以电缆在油管上左右不窜动为好，不宜过紧。

（6）操作过程中，注意保持钳体、钳口清洁，若有泥砂、原油淤塞，要及时用蒸汽清扫。防止由于夹带泥砂造成拉紧钳和封口钳损坏、失灵，使电缆卡子的安装质量达不到规定标准，给施工带来安全事故隐患。

三、潜油电泵施工安全操作要求

潜油电泵不同于其他一般下井工具，它具有结构复杂，加工精密，施工工艺技术标准要求高等特点。所以必须在施工中的每个环节都严格按照潜油电泵井施工操作规程，严格把好安全质量关，才能顺利地做好潜油电泵井施工工作。

（一）电泵井施工准备工作安全

1．施工井场

电泵井施工时对井场条件要求较高，一般要求具备 50m×50m 的标准井场，出入井场道路畅通，井场内平整无障碍物，无沟渠泥沼等，能满足大型车辆进出和吊车作业及摆放新旧电泵机组条件。

2．作业设备和施工人员

（1）作业机必须有良好的操作条件及合适的工作能力。

（2）井架必须具有足够的高度，游动系统能满足作业施工要求。

（3）要有经过培训的专业人员进行起下电泵机组的全过程。

（4）对现场的一般操作人员（作业工人），必须要掌握电泵机组设备的基本知识和操作要领。

（5）在施工操作过程中，必须实行严格的现场监督，以保证按照各项安全、质量操作标准进行施工。

3．各种专用配套工具设备

（1）准备与施工用动力电缆相配套的电缆导向轮和开口法兰，要求配件齐全，各转动部件灵活好用。

（2）准备动力电缆绞盘或电缆支架，空电缆滚筒（检电泵施工用），要求配件齐全，外形完好无变形。冬季施工，动力电缆需要保温时，需配置电缆保温房，要求规格合适，保温性能好，室内配件齐全。

4．提前热洗井

电泵井在施工前进行大排量反洗井，对电泵井安全顺利施工非常重要。为达到最佳的洗井效果，施工前要用输油干线流程进行反洗井，这样可以根据需要提高系统压力和来水温度，获得最佳的洗井效果，有利于安全生产操作。洗井时进口温度控制在 70～80℃ 为宜，洗井排量不小于 15m³/h，洗井总水量达到井筒容积 2 倍以上。洗井后关闭生产闸门待施工。

5．打开测压阀

如果电泵井井下管柱上装有测压阀，必须在起电泵油管之前，将测压阀堵塞器捞出或将滑阀打开。打开滑阀或捞出堵塞器必须由专业测井人员使用专用测井设备进行操作。

（二）电泵井洗井、压井安全操作

1．电泵井洗井操作安全

施工的电泵井不具备使用流程来水洗井条件时，则必须采用水泥车进行反洗井。由于潜油电泵井在正常生产过程中都要进行套管排气，所以一般情况下，油套管环形空间内结蜡都比较多。这给施工前的洗井工作增加了难度。潜油电泵井洗井安全操作要求主要有：

（1）接好水泥车洗井管线后，首先对地面进口管线进行试压。试验压力为正常工作压力的 1.5 倍，各管线接头、闸门无漏失为合格，试压时现场人员应远离高压管线，防止水龙带憋开后摆动伤人。

（2）为保证洗井效果，要使用 70～80℃ 的热水进行反洗井。低温水洗井时，不易溶解套管壁上的蜡质，造成洗井出口见清水的假象，起电泵油管时易发生蜡卡事故。

（3）洗井总水量要在井筒容积 2 倍以上，如果洗完规定要求水量之后，出口仍含油较多，可以继续增加水量，直到出口见清水为止。

（4）洗井排量要保持在 15m³/h 以上，如果设备条件允许，也可适当提高排量，但要控制洗井压力不可超过油层吸水压力，防止洗井水进入地层。

（5）洗井出口必须进干线，禁止随意排放。

2．电泵井压井施工操作安全

当施工电泵井井下没有防喷装置（丢手工具），或防喷装置失效并且洗井后仍不能控制井口返液时，需要采用压井施工。压井施工安全操作要求主要有：

（1）在有条件情况下应选择符合压井液标准的无固相压井液。这样可以减少因泥浆沉淀堵塞电泵机组，造成卡泵返工事故的可能性。

（2）采用泥浆压井时，压井液质量应符合施工设计要求，压井时要保持进口排量不大于出口排量。当油套管循环通道不畅采用挤注法压井时，要准确计算泥浆用量，避免将泥浆挤入地层，造成油层污染堵塞，使施工后潜油电泵不能正常投产，造成施工质量事故。

（3）替喷时，要严格按照泥浆压井后替喷质量标准进行替喷，特别是对于不具备下入丢手防喷工具的大直径套管井，要利用完井生产管柱进行替喷，保证替喷质量更为重要，要防止井筒残留泥浆沉淀，影响潜油电泵正常投产。

（4）采用泥浆压井施工的潜油电泵井，装点泵井口后，两小时内必须及时投产。

（三）潜油电泵井起电泵管柱安全操作

起电泵管柱时，需要各个操作岗位上的工作人员相互协调配合，既要准确熟练地做好自己的岗位工作，还要注意与其他岗位保持工作同步，做到整个起管作业有条不紊，防止发生各类机械事故和人身伤害事故。起电泵管柱的安全操作要求主要有：

（1）拆井口前要由专业电工切断电源，并在接线盒内将井下动力电缆卸开。禁止非专业人员进行此项操作，防止发生损坏电器设备和人身触电事故。

（2）提油管头时，要注意平稳操作，同时应有专人观察井架、绷绳、地锚及游动系统承载后是否有异常情况，发现问题要及时停车进行处理。当指重表显示悬重已达到井架最大安全载荷仍不能提出油管头时，应由专业技术人员进行分析处理，采取相应措施，禁止施工队自行蛮干，防止发生意外安全事故。

（3）卸电泵油管头时，要保持井下电缆的完整。禁止随意砸断井场部分的动力电缆，应按照操作程序解开油管头，将动力电缆完好取出。

（4）起电泵管柱前要将缺口法兰、潜油电缆导向轮和电缆绞盘安装就位。缺口法兰开口方向要对准电缆绞盘摆放的方向、滚动轮要转动自如，并用螺栓将缺口法兰固定在井口上，防止起电泵管柱过程中左右窜动损伤电缆。

（5）潜油电缆导向轮要吊装在井架一侧10m左右处合适的位置，并且保证安装牢固，不影响游动滑车上下运行，避免发生坠落伤人和刮坏电缆事故。

（6）潜油电缆绞盘应放置在距井口25m左右的井架侧后方，并选择地面坚实平坦，能直接观察到井口和作业机操作人员的位置。

（7）起电泵油管时要保持平稳操作，在油管上行时，要注意观察动力电缆是否和油管同步上行，如发现电缆有滞后现象要立即停车，分析原因并采取相应措施，否则将会发生严重的卡阻事故。

（8）起电泵油管过程中要注意观察指重表，如指重表读数突然明显增加或减少时，说明井内已有卡阻发生，这时要放慢上提速度，观察分析原因，采取相应处理措施，否则也有可能导致卡阻事故。

（9）在解开电缆卡子时，要使用有效的剪切工具，注意防止损坏潜油电缆。解掉的电缆卡子必须单独存放，待起完油管后进行统一清点，以掌握是否有被刮坏的电缆卡子落入井内和落入井内卡子的数量。

（10）对落井的电缆卡子，要根据落井数量，由专业技术人员决定是否采取打捞措施。防止发生电泵井返工的工程质量事故。

（11）在起电泵油管过程中，同时起出的旧电缆要及时盘绕在电缆绞盘上，绝不允许有旋转打扭、叠压等现象。不许使用金属工具敲排电缆，只允许用橡皮锤。

（12）不许单人操控电动绞盘，防止发生触电、绞伤等人身事故。

（13）井口操作人员必须穿戴各种劳动保护用品。

（四）起电泵机组安全操作

（1）起电泵机组必须由经过培训的专业人员在井口操作，施工队人员做其他辅助工作。井口操作人员必须按规定要求穿戴各种劳动保护用品。

（2）起电泵机组时，要认真检查随机组起出的电缆护罩、电缆卡子数量是否齐全，最后要将电缆卡子、护罩的缺失掉井情况反映给施工队，以便根据情况采取具体措施。

（3）起出的电泵机组要及时装好护盖，做好标记，放进专用包装箱中。

（4）旧机组包装箱内一定要有适当数量的橡胶支座，以保证在拉运过程中不损坏机组。

（5）冬季施工时，起出的电泵要及时排空泵内积水，并用油进行冲洗，避免潜油泵发生冻裂事故。在排放泵内井液时，要注意查看有无泥砂砾石等杂物，并在起泵报告中注明。

（6）起电泵机组时，井口必须用环形护板遮盖，防止机组法兰螺丝等小物件落井，造成卡阻事故。

（7）起出的引线电缆要装好护盖，盘在绞盘上，以备回厂检测。要注意防止电缆头通过导向轮时受到损坏。

（8）起机组过程中，作业机操作人员要听从指挥，操作平稳，避免因操作不当造成机组设备损坏及人身伤害事故。

（五）下电泵机组安全操作

下电泵机组是潜油电泵井施工过程中十分重要的作业环节，也是一个容易发生各种安全质量事故的环节。下电泵机组作业质量的好坏，直接关系到下入井内的潜油电泵能否正常投产和生产运行时间的长短。因此，要求所有现场操作人员和辅助配合人员及工程监督人员要通力合作，严格执行各项操作规程，避免发生各种安全质量事故。下电泵机组安全操作要求主要有：

（1）下电泵机组必须由经过培训的专业人员在井口进行操作，作业队人员要做好现场配合工作。井口操作人员必须按规定穿戴各种劳动保护用品，以保证操作安全。

（2）在下机组作业之前，要对潜油电泵机组进行检验。核对各组件的规格型号是否与要求相符，核实所需的整套设备是否全部运到井场。要记录整个潜油电泵机组的系列编号，并对全部井下设备总成做出逐件核对和检验尺寸记录。

（3）检查下电泵机组所需的各种工用具、配件是否与所下机组型号相符（包括潜油电泵吊卡、吊钩、专用扳手、接口法兰密封圈、注油器、花键套等）。

（4）将带有包装的机组逐件吊放到井口附近，将每节机组的上端朝向井口。在吊转前要检查吊车绳套和吊钩的可靠性，防止发生坠落事故。

（5）用潜油电泵专用吊卡分别卡固在机组上接头上。注意卡固前要对专用吊卡进行检查核对，保证吊卡与机组的卡吊槽相符，吊卡吊链、吊环安全可靠。

（6）用作业机吊起潜油电泵机组时，要缓慢提起，在机组尾部接近井口时，要用人拉住机组尾部，防止撞伤井口操作人员或碰撞在井口上。

（7）潜油电泵机组被吊在井口上方准备与其他部件连接之前不得卸掉保护盖。并在整个机组下井之前安装过程中进行下列检查和试验。

①对所有旋转部件的轴进行盘动试验，要在规定扭矩之内盘动灵活。

②相对应的电气检查，其中包括绝缘电阻测试。

③相序和电源线路检查。

④对设备注油情况进行检查。

⑤检查所有注油、放气和泄油丝堵的拧紧度。通过这些检查要把所有产品质量和施工质量的隐患消灭在地面。

（8）整个机组外壁上的引线电缆必须用合适的电缆护罩进行保护。在斜井下潜油电泵时，需要装电缆头护罩和潜油电泵扶正器，以保证电缆头和潜油电泵不受损伤。

（9）所有机组的连接法兰盘螺丝都必须用专用的公斤扳手上紧，不能使用普通扳手紧固，以保证每条螺丝受力均匀。

（10）在恶劣天气条件情况下，禁止进行潜油电泵的安装下井操作。如需要在这种天气条件下安装时，必须要采取有效的遮蔽措施，能达到正常天气环境水平时方可施工。

（11）下机组过程中，作业机操作人员要听从指挥，特别在提起电泵机组时要注意平稳操作，避免因操作不当造成机组设备及人身安全事故。

（12）下电泵机组时，井口必须用环形护板遮盖，防止小物件落井，造成卡阻事故。

（六）下电泵管柱施工安全操作

（1）下电泵油管时，井口操作人员必须穿戴劳动保护用品。

（2）下井油管必须清洗干净，并逐根用标准内径规通过。油管螺纹要涂密封脂，油管上扣达到规定扭矩，保证不刺不漏。

（3）下井电泵管柱，每根要打两个电缆卡子，分别打在油管接箍上、下 20 ～ 30cm 处，卡子应扎紧到电缆铠装宽向稍有变形为好，不宜过紧，卡环要用小锤拍平，防止下井时刮开落井。

（4）动力电缆有接头时，要在接头上、下 20 ～ 30cm 处各打两个电缆卡子，以减小接头处受力损坏的可能性。

（5）电缆接头与油管接箍相对时，必须用调整油管的方法使之错开，距离不小于 1m。防止接头处被套管磨漏，造成返工事故。

（6）下放电泵油管时，井口操作人员要有一人专门负责潜油电缆与开口法兰的开口对正工作。防止油管吊卡压坏潜油电缆。

（7）下放电泵油管时，电缆绞盘操控人员，要使电缆盘转动下放电缆，使电缆在最小拉力的情况下进入井筒，禁止依靠油管下放的拉力带动电缆盘转动，防止潜油电缆拉伤损坏，造成返工事故。

（8）下电泵管柱过程中，要每隔 200m 对潜油电缆作一次对地绝缘电阻检测，发现异常情况，应立即停工分析原因，如果查明井下电缆对地绝缘电阻值已不能满足投产条件时，应及时返工，以减少无功作业量。

（9）下电泵管柱过程中，要保持平稳操作，禁止猛提快放。各岗位操作人员要相互协作配合，保证施工质量和施工安全。

四、潜油电泵施工中配合工序安全操作

在下潜油电泵施工中，为满足潜油电泵的下井条件和在井下的工作条件，根据施工井不同的井况，需要采用不同的配合工序，以保证潜油电泵机组能顺利下入井内和正常投产。一般情况下潜油电泵施工配合工序主要有：套管刮削工序、安装井下封隔器及井下开关工序、下模拟泵工序和冲砂、刮蜡工序等。这些配合工序的安全操作要求主要如下。

（一）套管刮削工序安全操作

采用套管刮削工序的目的主要是将套管内壁的固结附着物、金属毛刺等能刮伤潜油电泵机组的障碍物处理平整，防止潜油电泵在起下过程中被刮伤、损坏和刮开电缆卡子，造成工程质量事故。一般在初次下入潜油电泵井和发生了刮伤电泵机组、刮坏电缆卡子的施工井中实行套管刮削工序。实行套管刮削工序的操作安全要求有：

（1）根据套管内径，选择合适的刮削器，刮削器主体外径要小于套管内径 6 ～ 8mm，刮削刀板弹起后自由外径要大于套管内径 2 ～ 5mm（见图 4-14 和图 4-15）。

（2）刮削器下井前要在地面经检测鉴定合格。刮削管柱不得接带其他下井工具，也不许用刮削管柱进行冲砂等其他作业，防止发生井下卡钻事故。

（3）刮削器在下井过程中要注意平稳操作，为保证安全和刮削效果，刮削管柱下放速度要控制在 20 ～ 30m/min。

（4）在刮削器下井过程中指重表显示悬重有波动时，要将速度控制在 5 ～ 10m/min，进行反复刮削，直到上下顺畅，悬重稳定，再继续刮削到设计要求深度。

（5）为保证刮削作业安全顺利，作业时必须安装指重表和井控设备，刮削主要井段时，

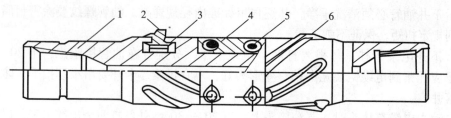

图 4—14 防脱式套管刮削器
1—主体；2—右旋刀片；3—弹簧；4—挡环；5—螺钉；6—左旋刀片

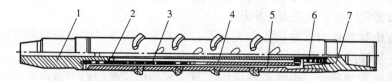

图 4—15 胶筒式套管刮削器
1—上接头；2—冲管；3—胶筒；4—刀片；5—壳体；6—O 形密封圈；7—下接头

要有专人指挥，反复刮削。

（6）当刮削管柱在未到达设计要求深度之前，观察指重表有遇阻显示时，应逐渐加压，最大压力不得超过 30kN，要缓慢上下活动管柱，不得猛提猛放，以防损坏下井工具，造成井下事故。

（7）刮削到设计要求深度后，要按照洗井操作要求进行充分洗井，将刮下的脏物洗出井筒，洗井水量不小于井筒容积的两倍。

（二）安装井下封隔器及井下开关工序安全操作

在初次下潜油电泵井洗井后，井口仍有一定喷量时，为实现不压井作业施工，在套管条件允许的情况下，要采取向井内预定位置安放一套带有井下开关的丢手封隔器。丢手后封隔器依靠卡瓦固定在套管预定位置上，同时套管被封隔器封死，封隔器下面装有井下开关，当下潜油电泵管柱时，井下开关可以用电泵管柱下端的专用工具打开，实现油井正常供液，当电泵井需要作业施工时，提起电泵管柱，井下开关又可以自动关闭，这样可以重复进行不压井作业施工。

丢手封隔器的结构原理、规格型号种类较多，丢手方式也有打压式、投杆式、旋转式等，井下开关也有多种形式规格。所以向井下安装封隔器和井下开关是一项过程比较复杂、专业技术性比较强的工作，它的安全操作要求主要有：

（1）首先根据井况条件，选择合适的丢手封隔器和井下开关，要考虑到两件工具结合使用的可靠性和安全性。

（2）不论选用哪种丢手封隔器和井下开关，都要在工具下井前准确地掌握工具的结构原理、使用方法和使用注意事项等相关知识，以防因使用操作不当，造成人身机械安全事故和工序质量返工事故。

（3）在工具下井通过井口控制器时，严禁采用加压方式通过自封芯子，应利用井口控制器加高短节将封隔器倒入井内。

（4）在封隔器下井过程中，必须要保持平稳操作，严禁猛提快放。防止因操作不当造成中途释放、丢手或下到预定位置后不能正常释放的质量事故。

（5）在封隔器释放丢手过程中，要严格按照规定的操作程序进行操作。对于采取打压进行释放丢手的封隔器，水泥车压力要由低到高分几个压力点进行稳压，禁止不经低点稳压过程就将泵压提高到释放或丢手的压力高度，这是造成封隔器释放丢手失败的重要原因，也是间接导致人身机械安全事故的原因。

（6）当封隔器释放丢手工作发生异常情况时，不能盲目采取处理措施，应由现场专业技术人员或上级专业技术部门人员进行处理，防止问题复杂化。

（7）如果发生卡钻事故，并已决定采取大力上提措施时，应当首先检查绷绳、地锚和游动系统，对不安全因素，要事先采取预防措施，同时要将油管吊卡销子和吊环用绳系牢，防止发生吊环弹出折断油管和油管掉井事故。

（8）大力上提时，井口附近不许站人，上提最大负荷不许超过井架和游动系统的安全负荷，防止发生意外事故。

（三）下模拟泵工序安全操作

下模拟泵的目的就是预先对施工井的井下套管进行检测，模拟泵如能顺利下到预定深度，再进行下电泵施工，以避免电泵机组在下井过程中发生卡阻返工。一般情况下，在电泵机组外径与井下套管内径配合空间余地较小的、套管内结蜡比较明显的、井下套管在某一井段已发生变形的或其他一些需要进行套管检验的情况下，都要进行下模拟泵工序。下模拟泵的安全操作要求主要有：

（1）选择模拟泵的外径要略大于电泵机组最大外径（一般取 2～4mm），长度相当于电泵机组的长度。

（2）采用多节模拟泵串联使用时，要保证连接后各节的轴心线在一条直线上，不能有弯曲现象。

（3）模拟泵在下井前要逐节进行检测，看是否符合下井要求和存在质量问题，并将检测结果做好记录。

（4）单节模拟泵超过 3m 时，要采用在井口逐根下入的方法，禁止采用在地面连接后，多节一次下入，防止造成模拟泵损坏或折断螺纹发生人身伤害事故。

（5）模拟泵在下井过程中，操作要平稳。经过射孔井段时要控制下放速度在 5～10m/min。观察指重表，当悬重下降 20～30kN 时，要停止下放，并采取相应措施。

（6）下模拟泵管柱，禁止接带其他下井工具，禁止和其他工序合并作业。

第三节　自喷采油井作业施工安全

一、自喷采油井简介

在油田开发初期，当油层压力、储量和原油性质等具备自喷开采条件时，一般都采用自喷开采方式进行原油生产。自喷采油就是依靠地层的天然能量和油田早期注入水的驱动作用，将原油从井底举升到地面的采油方式。由于自喷采油地面设备简单、管理方便、产量高，所以是一种最经济的采油方法。

（一）自喷井井口装置

自喷井井口装置主要由套管头、油管头和采油树组成。其中套管头和油管头称为悬挂密封部分，采油树称为控制调节部分。其主要连接方式有螺纹式、法兰式和卡箍式三种。

1. 套管头

套管头在井口装置的下端。其作用是连接井内各层套管并密封套管间的环形空间。表层套管用法兰与套管头下法兰连接，油层套管用螺纹与套管头法兰螺纹连接。

2. 油管头

油管头装在套管头的上面，它包括油管悬挂器和套管四通。油管悬挂器的作用是悬挂井内油管柱，密封油管与油层套管的环形空间；套管四通的作用是进行正反循环洗井，安装套压表以及通过油套环形空间进行循环作业。顶丝法兰盘装在套管四通上，油管挂座在顶丝法兰座上，并起到挤压密封圈，密封油、套环形空间的作用，同时起到锁定油管、防止井内压力太高时将油管顶出。

3. 采油树

采油树是指油管头以上的部分。其作用是控制和调节油井生产，引导从井中喷出的油气进入集油管线，实现下井各种仪器的起下等。采油树主要由总闸门、清蜡闸门、生产闸门和四通等部件组成。按连接方式可分为法兰连接、螺纹连接和卡箍连接三种类型，主要部件的作用如下：

（1）总闸门。它是控制油气流进入采油树的主要通道，因此，在正常生产时，它总是打开的，只有在需要长期关井和特殊情况下才关闭。

（2）生产闸门。它的主要作用是控制油气流向出口管线。正常生产时，生产闸门总是打开的，在检查、更换油嘴或油井停产时才关闭。

（3）清蜡闸门。它的上面可以连接清蜡防喷管等。清蜡时将它打开，清蜡后关闭。

采油树按其控制程度分为两部分，套管闸门以内和总闸门以下称为无控制部分，其余部分为有控部分。如果无控制部分出了问题，需要更换时，必须要压井后方能更换，所以日常管理不要随意开关总闸门和套管闸门。

（二）自喷井井口流程

为了使自喷井保持正常稳产高产，必须在井口安装能控制、调节油气产量和把产出的油气进行集输的一些设备，并用各种管件把这些设备连接成一个系统。油气在井口所通过的这套管路、设备，称为自喷井的井口流程。井口流程有以下作用：控制和调解油井的产量，录取井口动态资料，如记录油压、套压、计量油气产量、井口取样等。一般最简单的井口流程是一套能控制、调节油气产量的采油树，以及油气混输的管线设备（见图4-16）。

（三）自喷井井下管柱结构

自喷井井下管柱结构有笼统式采油和分层配产式采油两种。具体在每口自喷井采用哪一

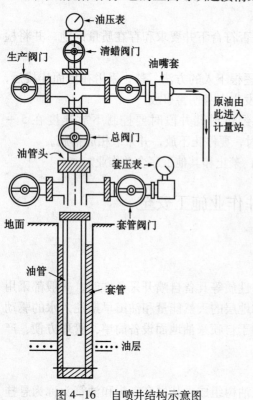

图4-16 自喷井结构示意图

种管柱结构，主要根据油田开发方案和自喷井生产情况来决定。

1．笼统式采油管柱结构

笼统式采油就是不论一口油井内射开几个油层，也暂不考虑这些油层的压力、产能等差异，对所有射开的油层同时进行开采的采油方法。也是在油田开发初期比较常用的采油方法。

自喷笼统式采油管柱结构一般比较简单，即采用光油管下到距射孔井段上界 10m 处，在油管最下端安装工作筒和喇叭口。工作筒是进行井下作业施工时，向其腔内投入堵塞器，起密封油管的作用；喇叭口是进行井下测试时，对测试仪器起导向防卡的作用。

2．分层配产式管柱结构

分层配产管柱是根据油田开发方案的要求，把多个油层分成几个层段进行开采，通过在井内下入封隔器，把几个层段分隔开，用井下配产器上不同直径的油嘴控制各层段不同的生产压差，对高渗透层适当控制采油量，对低渗透层加强采油量，实现分层定量采油，充分发挥中低渗透层的生产能力，以达到合理开发油田的目的。

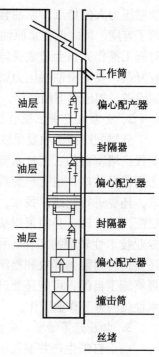

图 4-17　自喷井分层配产管柱结构示意图

自喷井分层配产式管柱结构由：井下封隔器（根据施工设计确定下入级数）、配产器、工作筒、撞击筒、尾管死堵等组成。结构见图 4-17。

（四）自喷井作业施工原因和目的

自喷井正常情况下连续生产时间较长，但有时根据油田开发方案要求，需要改变井下管柱结构或处理井口故障等，需要进行井下作业施工，进行施工的原因主要有：

（1）井口设备渗漏时，如套管法兰短节螺纹漏失，井口大四通上下或两侧密封部位漏失等，这些漏失必须通过井下作业施工进行处理。

（2）井口套管闸门、总闸门因长期使用老化失灵时，需要进行井下作业施工处理。如闸板脱落、丝杠变形，脱扣等。

（3）更换新型采油树时，需要进行井下作业施工。

（4）加高或降低井口时，需要进行井下作业施工。

（5）根据油田开发方案要求改变井下管柱结构时，如将原笼统采油管柱改为分层配产管柱，或将原井内的分层配产层段重新进行调整划分，需要进行井下作业施工。

（6）井下有落物影响油井正常测试、清蜡，并在地面打捞无效的情况下，需要进行井下作业施工。

（7）在油井需要进行压裂、酸化、找水、补孔等施工时，要进行井下作业施工。

（五）自喷采油井的施工特点

1．原油含水低、油层压力大、施工难度大

自喷生产井进行井下作业施工的困难主要来自油层压力，因为自喷生产阶段都处于油田开发初期，这一时期的原油含水量和油层压力都近于原始状态，所以具有原油含水低、

油层压力大的特点。原油含水低，自然增加了燃烧爆炸的可能性，给井场防火防爆工作增加了难度。同时低含水原油还具有挥发性强的特点，能挥发大量含有硫化物的有毒性气体，对施工操作人员会造成身体伤害，严重时也会危及生命。油层压力大会使施工过程变的比较复杂，要克服油层压力就必须采取一些技术措施，比如向井内投送堵塞器、安装井口控制设备、加压起下油管等，这些都给自喷井不压井施工操作带来一定的难度。

2. 分层配产施工配合工序多，施工工艺复杂

分层配产施工中要采取一些配合工序，比如要起出原井管柱，需要向井内投送堵塞器，有投送堵塞器的工艺技术要求；为保证各采油层段的封隔效果，在施工中要对井下各层段之间进行验串，也有一套具体的工作流程和技术标准；有的施工井根据现场情况或设计要求，还要进行刮蜡、找水、补孔等施工工序。由于自喷井地层压力较高，在向井内下入分层配产工具时，必须采用加压下入方式，各种封隔器、配产器的加压下井过程，也是一项专业技术性较强的工作，稍有失误就可能造成返工或安全事故。在分层配产管柱下井后，还要进行封隔器释放和检测封隔器密封效果，最后检测封隔器密封不合格，还是没有达到最终施工目的，可能还要进行返工。所以说自喷井分层配产施工是一项工艺复杂，专业技术性强的井下作业工作。

3. 加压起下油管，安全风险高

由于自喷生产井油层压力大，所以在施工中都必须有加压起下油管的过程，加压起下油管数量的多少，根据油层压力的大小有所不同，一般少则十几根，多则几十根。在加压起下油管前，为保证操作顺利安全，防止发生飞油管事故，要制定防范措施和应急预案，充分考虑到各种风险的可能性，但即使这样，有时还是由于操作配合不当或井口控制设备失灵等一些预料之外的原因，造成井口加压部分失控，发生飞油管事故。当井口加压失控发生飞油管时，忙乱之中最易发生人员伤害事故，飞出油管落地后，也容易砸坏各种施工设备或伤及现场操作人员，引发连环事故。在飞油管的同时也会使井口失控发生井喷，可能引发现场火灾事故等。所以加压起下油管是具有高风险特点的生产环节。

4. 保护环境，控制污染责任大

随着社会的发展进步，在井下作业施工中，控制排放，减少污染，保护环境已不是一般的管理工作要求，而是涉及触犯国家法律的原则问题。自喷井不压井施工，由于存在施工难度大，安全风险高的特点，所以发生井喷事故，造成环境污染的可能性也大。过去由于井喷事故造成环境污染，发生重大人员伤亡的恶性事故，教训十分深刻。所以在自喷井不压井施工过程中，每一个生产工作者都承担着保护环境，控制污染的重要职责。

二、自喷井不压井施工井控装置及安全使用要求

井控装置是自喷井不压井施工必备的井口设备，也是施工中对各种事故进行预防、检测、控制、处理的关键设备。正确的使用井控装置可以做到在不压井的情况下，完成起下油管的作业，既可以减少对油层损害，节约施工成本，又可以防止井喷和井喷失控，实现安全作业。

井控装置按其工作原理和作用可分为井口控制部分、加压部分和油管密封三部分。

（一）井口控制部分

井口控制部分由自封封井器、半封封井器、全封封井器、加高法兰短节和特殊法兰组

成。其作用是在不压井不放喷起下作业时控制井口压力、防止油管上顶、实现加压起下操作，保证作业施工安全顺利地进行。

1. 自封封井器

（1）结构和工作原理：自封封井器由壳体、压盖、压环、密封圈、胶皮芯子和放压死堵组成，如图4-18所示。它依靠井内油套管环形空间的压力和胶皮芯子自身的伸缩力使胶皮芯子扩张，起到密封油套环形空间的作用。

（2）安全使用要求。

①通过自封封井器的下井工具外径应小于 ϕ 115mm。外径超过 ϕ 115mm的井下工具，要利用半封和自封倒入或倒出。

②下入较大直径的井下工具时，应在工具外壁涂抹黄油，以便顺利通过。冬季使用时，应用蒸汽加热，以免拉伤自封芯子。

③外侧带有尖角的下井工具（如带有支撑卡瓦的封隔器），要利用半封和自封倒入或倒出，防止损坏自封芯子。

④使用自封封井器时，必须安装压环，防止套压较大情况下，将自封芯子憋翻背，易引发意外事故。

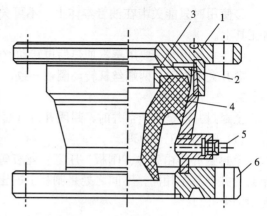

图4-18 自封封井器结构示意图

1—压盖；2—压环；3—密封圈；4—胶皮芯子；5—放压丝堵；6—壳体

（3）自封芯子规格必须与所起下的油管相符。

（4）自封芯子损坏后要及时更换，禁止在刺漏情况下使用，影响井口操作安全。

2. 半封封井器

半封封井器是依靠关闭闸板来密封油套环形空间的井口密封工具。

（1）结构和工作原理。

半封封井器主要由壳体、闸板、压盖、丝杠、压帽等组成（见图4-19）。使用时用摇把转动丝杠，带动闸板进退。靠安装在闸板上的两个带有半圆缺口的胶皮芯子密封油套环形空间。

（2）安全使用要求。

①丝杠转动灵活，开关必须到位，无卡阻现象。

②正常起下油管时，要保证处于全开状态，防止刮卡损坏密封件。

③胶皮芯子要完整无损坏，并经常检查，如有缺损不密封，要及时更换。

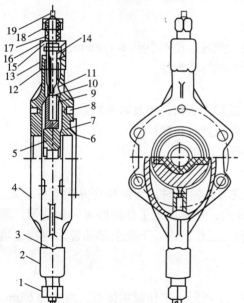

图4-19 半封封井器结构示意图

1—压帽；2—轴承外壳；3—止动螺钉；4—壳体；5—半封芯子总成；6—压圈；7—U形密封圈；8、11—螺钉；9—接头；10—倒键；12—密封圈；13—垫片；14—止推轴承；15 下垫圈；16—"人"字密封圈；17—中垫圈；18—密封圈压帽；19—丝杠

④使用时只能关卡在油管本体上，不可关卡在与管体外径不同的封隔器、配产器等下井工具上。

⑤冬季使用时，要用蒸汽加热后再转动丝杠，以防半封内冻结，拉脱丝杠。

⑥开关半封时，两端丝杠转动圈数一致，均为 9.5 圈。

3．全封封井器

全封封井器是用于空井时，封闭井口（套管）的井口控制装置。

（1）结构与工作原理。

全封封井器由壳体、闸板、压盖、丝杠等组成（见图 4-20），它的外形和工作原理与半封封井器基本相同，不同之处是闸板上的密封胶皮芯没有半圆孔，两块闸板关闭后可以密封整个井口。

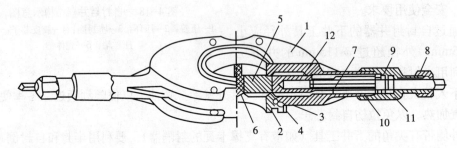

图 4-20　全封封井器结构示意

1—壳体；2—压盖；3—U 形密封圈；4—固定螺钉；5—芯子壳体；6—胶皮芯子；
7—丝杠；8—压帽；9—止推轴承；10—O 形密封圈；11—丝杠壳体；12—芯子接头

（2）安全使用要求

①丝杠转动灵活，开关必须到位，无卡阻现象。全开通径不小于 ϕ178mm。

②正常起下时，要保证处于全开状态，防止刮卡损坏密封件。

③不能用全封顶靠、夹卡油管或下井工具。

④密封胶芯要完好无损坏，并经常检查，如有缺损不密封，要及时更换。

⑤冬季使用时，要用蒸汽加热后再转动丝杠，防止丝杠拉脱。

⑥开关时两端丝杠转动圈数要一致，均为 9.5 圈。

（二）油管密封部分

油管密封部分是靠工作筒和堵塞器配合来完成的。使用时工作筒接在井内管柱下端，随下井管柱下入井内。起油管前可将堵塞器投入井内，使其座入工作筒即可密封油管，顺利起出井内管柱。下油管前，可在地面将堵塞器装入工作筒内，下完全部油管后再捞出堵塞器，使油管内畅通可投产。

1．工作筒

工作筒由工作筒主体和密封短节组成，如图 4-21 所示。工作筒主体两端均为 ϕ62mm 油管内螺纹，上端与油管连接。密封短节两端均为 ϕ62mm 油管外螺纹，与工作筒主体下端连接，密封短节与堵塞器配合，可以起密封油管作用。常用的工作筒有 ϕ54mm 和 ϕ55.5mm 两种。

2．堵塞器

堵塞器由打捞头、提升销钉、剪刀式支撑卡、调节环、密封圈、密封圈架、芯轴、螺

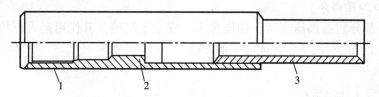

图 4-21 工作筒结构示意
1—上接头；2—支撑台阶；3—密封短节

母、导向头等组成，如图 4-22 所示。它的作用是装（投）在工作筒内，靠弹簧的作用，使两个支撑卡张开，支撑在工作筒内的支撑台阶上，起密封油管的作用，常用的堵塞器主要有 ϕ 55.5mm 和 ϕ 54mm 两种，与工作筒配套使用。

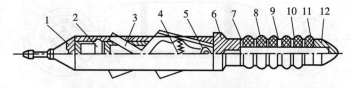

图 4-22 堵塞器结构示意
1—打捞头；2—提升销钉；3—支撑卡；4—弹簧；5—芯轴；
6—支撑卡体；7—调节环；8—密封圈；9—密封圈座；10—密
封圈芯轴；11—螺母；12—导向螺母

3. 打捞器和安全接头

打捞器是打捞井内堵塞器的专用工具。常用的是爪块式打捞器，由主体、扭簧、销钉、打捞爪组成，如图所示。打捞井下堵塞器时，用通井机钢丝绳将打捞器下入油管内，当打捞器下到井下、接触到堵塞器的打捞头后，打捞爪在扭簧的作用下，卡在堵塞器打捞头的台阶上，这时向油管内灌满清水，平衡油管和套管的压力，然后上提打捞器，将井内堵塞器捞出。

安全接头是与打捞器配套使用的工具，如图 4-23 所示。在打捞堵塞器时，如果井下堵塞器因沉砂或其他原因发生卡阻，不能正常捞出时，可以在安全接头的销钉处剪断脱开，脱开后井下遗留部分的顶端仍为打捞头，便于下次打捞。如果在打捞堵塞器时不装安全接头，当发生打捞遇卡时，就可能拔断打捞钢丝绳或钢丝，造成油管内落物事故。

在打捞井下堵塞器时，下井工具的连接顺序由上而下为：钢丝绳帽、加重杆、安全接头、打捞器。

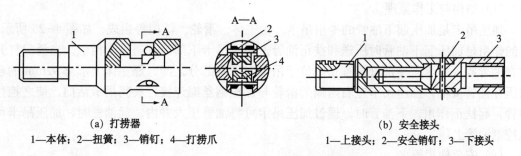

(a) 打捞器　　　　　　　　　　　　　　　(b) 安全接头
1—本体；2—扭簧；3—销钉；4—打捞爪　　　1—上接头；2—安全销钉；3—下接头

图 4-23 打捞器和安全接头结构示意

（三）井口加压部分

井口加压部分包括加压支架、加压吊卡、安全卡瓦等，其作用是可以控制油管上顶，并在井内油管上顶的情况下，完成起下油管施工。

1．加压支架

（1）结构与工作原理。

加压支架固定在加高法兰短节上，由支架、固定螺丝、滑轮、滑轮轴等组成，如图 4—24 所示。它的作用是承受加压钢丝绳的力和转变力的方向，把滚筒的上提力变为控制油管上顶的下压力和向井内压送油管的下压力，可在井内油管有上顶力的情况下，安全顺利地起出或下入油管。加压支架的计算负荷为 200kN，适用钢丝绳为 1/2 ~ 5/8in。

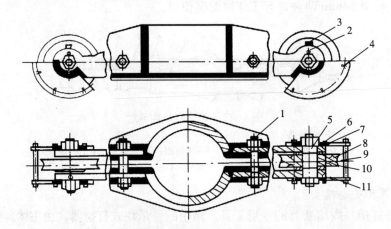

图 4—24　加压支架结构示意

1、3—螺栓；2、4—开口销；5—滑轮轴；6—挡绳销；7—垫片；8—滑
轮；9—钢套；10—油孔丝堵；11—支架

（2）安全使用要求。

①支架主体对称无变形，组装后滑轮转动灵活。

②使用过程中要注意检查，防止加压绳在支架滑轮处跳槽。

③法兰短节与加压支架上平面接触要平稳，不能有凸出的螺杆露头，防止加压支架工作时受力不均衡，造成变形、损坏，影响施工安全。

④在压力较高的井施工时，可用绳索将悬臂与套管四通连接起来，以增加强度。

2．加压吊卡

（1）结构与工作原理。

加压吊卡是加压起下油管的专用吊卡。由主体、滑轮、活门等组成，如图 4—25 所示。它的作用是加压起下油管时压送和扶正油管。加压吊卡下部与普通吊卡相似。当活门打开时将油管放入吊卡，使油管接箍正好位于吊卡上下两部分之间，靠主体上部 ϕ 92mm 的台肩压住油管接箍。加压吊卡左右两侧的滑轮与加压钢丝绳连接，关闭吊卡活门，使之抱住油管，起扶正作用。下油管时，通过加压吊卡可将油管压入井内，起油管时，加压吊卡可以控制油管上顶。

（2）安全使用要求。

①吊卡主体上下部分中心孔不同心度小于 1mm。

②活门在圆形槽内转动灵活，无卡阻现象。

③手柄螺杆及手柄套、弹簧齐全配套，安装牢固。

④两个滑轮锁定销要稳固可靠，防止坠落。

3．分段加压吊卡

（1）结构与工作原理。

当井内压力过高，加压吊卡起下油管易将油管压弯时，可采用分段加压吊卡。它可卡住油管体的任何部位将长油管分几次逐段压入井内（或起出井外），从而防止油管被压弯。

分段加压吊卡由四连杆机构、卡瓦、卡瓦牙壳体、吊卡活门、滑轮、吊卡主体、手柄等组成，如图4-26所示。工作时只需给手柄一个向上或向下的力，通过四连杆机构的作用，就能使两片卡瓦张开或合拢，卡住管体的任意部位。滑轮与加压钢丝绳连接，转动滚筒即可将油管压入井内。

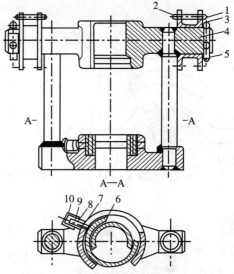

图4-25 加压吊卡结构示意
1—螺栓；2—螺母；3—滑轮；4—壳体总成；5、7—销子；6—活门；8—弹簧；9—圆柱螺母；10—手把

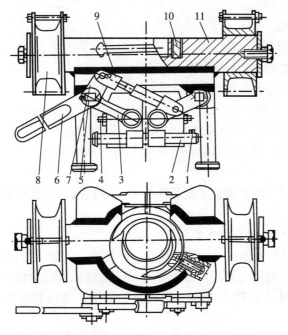

图4-26 分段加压吊卡
1—挡销；2—导杆；3—主连杆；4—卡瓦牙壳体；5—连杆轴；6—手把；7—曲柄；8—滑轮；9—中间连杆；10—吊卡活门；11—主体

由于分段加压吊卡结构比较复杂，使用操作不方便，易发生故障，工作效率低等，所以在一般情况下不使用它。

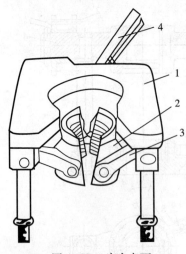

图4-27 安全卡瓦
1—主体;2—卡瓦及其壳体;3—连杆机构;4—手把

(2) 安全使用要求。

①组装后,连杆机构和吊卡键应转动灵活,无卡阻现象。

②两卡瓦牙在收拢位置时,牙片的不同心度允许误差不大于1mm。

③卡瓦牙合卡油管时,压下手柄,两卡瓦能完全合拢,无倾斜、油管无打滑窜动现象。

④抬起手柄,两卡瓦张开距离在80mm以上,并与轴线对称。

4. 安全卡瓦

(1) 结构与工作原理。

安全卡瓦是安装在井口控制器的最上端,依靠卡瓦卡住油管,防止井内油管上顶飞出的不压井起下安全设备。它由主体、手柄、连杆机构和卡瓦等组成,如图4-27所示。当向下按下手把时,连杆机构带动卡瓦牙闭合,将油管卡住,制止油管上顶。向上抬起手把时,两卡瓦就张开,松开被卡住的油管。因为安全卡瓦可以卡住油管体的任何部位,所以,当井内油管自重小于上顶力时,可用于卡住油管,进行加压起下操作。同时也可以做为安全工具,在加压起下油管过程中,随时控制井顶飞出。

(2) 安全使用要求。

①各运动部件应灵活无卡阻。

②油管上顶时,按下手把卡住油管无滑移。

③抬起手把两片卡瓦牙张开直径不小于145mm。

④在ϕ168mm套管内,井口工作压力达到4MPa;在ϕ140mm套管内,井口工作压力达到5.5MPa时不能使用。防止顶坏安全卡瓦,油管失控。

⑤冬季施工使用时,要注意清除卡瓦牙面上的油水冻结物,防止卡瓦失灵造成油管上顶失控。

⑥安装安全卡瓦时,应将操控手把朝着有利于井口操作并且不影响作业机操作人员视线的方向。

(四) 安装井口控制器的安全质量要求

(1) 在地面对井口控制器各部件进行检查。半封封井器和全封封井器丝杠应开关自如,无卡阻现象,闸板上密封胶皮芯要完好无损坏,压圈螺丝紧固到位。检查自封封井器大压盖完好无变形,在壳体上旋转上扣 (11圈) 自如到位,放压丝堵装卸顺利。各部件密封槽、钢圈完好无损伤。

(2) 在地面将各部件进行组装。首先全部打开全封和半封,由下到上按特殊法兰、半封封井器、全封封井器、法兰短节、自封封井器、安全卡瓦的顺序组装井口控制器。各组件中间放入ϕ211mm钢圈,钢圈和钢圈槽要擦拭干净并涂抹黄油,要对角平衡用力上紧螺帽。

(3) 擦净井口四通上平面的钢圈槽,涂好黄油,放入ϕ211mm钢圈。用钢丝绳吊起组装好的井口控制器，缓慢下放，让特殊法兰下部的四条螺栓进入四通的连接孔内，要注意选择控制器丝杠便于开关的方向进行连接。对角平衡用力上紧螺帽。

（4）检查半封封井器和全封封井器的闸板是否处于全开位置。检查法兰短节上的放空闸门和自封封井器上的放空丝堵是否都已关闭和上好。

三、开工前对准备工作的安全检查与验收

各项开工准备工作做好之后，应由施工队上级主管部门安检人员对施工现场进行开工前安全检查和验收，目的是通过检查验收，对存在的各种不符合生产安全标准的问题，提出整改意见，验收合格后，签发开工许可证，方可进行下步施工。

开工前的安全检查验收内容主要包括如下。

（一）井场的安全施工条件

（1）井场道路通畅，能满足各种施工车辆安全出入要求。

（2）井场面积能满足摆放各种施工设备要求。

（3）井场上和井场附近没有影响正常施工的障碍物，如各种电线、电缆、堆积物、积水坑等。

（4）井场内摆放的各种施工设备，如野外锅炉、野营房、工具房、蓄水池、油管桥等，符合有关施工井场布置安全规定要求。

（5）井场架设的临时用电线路、安装的各种用电设备符合施工现场安全用电要求。

（二）对作业机和野外锅炉的安全检查

（1）检查作业机制动部分、滚筒离合器、刹车系统灵活好用，仪器仪表显示正常。

（2）检查作业机各部润滑点，按时进行润滑保养，发动机运转正常。

（3）检查锅炉压力表、水位表、安全阀、油、水泵符合压力容器安全使用要求，无缺失、损坏、失灵等问题。

（4）检查作业机、野外锅炉安全生产运行记录填写齐全、及时。

（三）对井架和绷绳的安全检查

（1）井架的安全载荷符合施工要求，不能有鸡胸、驼背和局部变形，爬梯护圈完好无缺损，连接卡板螺丝螺帽齐全，紧固无松动。

（2）井架天车无损坏，轴承完好，转动无杂音。天车轴座固定螺丝齐全紧固到位，天车轴润滑油道畅通，黄油嘴无堵塞无损坏。

（3）井架底座固定螺丝齐全、紧固到位，承载销、锁销安装符合安全要求。

（4）井架基础稳固，放置基础的地面平整、坚实、无泥水。

（5）绷绳用 ϕ16mm（5/8in）钢丝绳，使用与钢丝绳相符的绳卡子，前绷绳用两个卡子，后绷绳用三个卡子，卡紧度符合安全标准要求。

（6）二道绷绳固定在井架三分之二高度，用三个绳卡子分别卡在地锚上。

（7）各道绷绳受力均匀、松紧度合适、无松弛现象。

（8）花篮螺丝符合安全质量标准，调节螺丝无变形、无损坏、转动灵活，两端系绳环为密封无开口环，丝杆顶端要有止退挡板。使用时要留有调节余量，调节螺母在丝杆的1/4～3/4处。

（9）地锚与井口距离及开裆符合规定要求，地锚绳套用 ϕ16mm 以上钢丝绳，用三个

绳卡子卡牢。

（四）对游动系统的安全检查

（1）游动滑车转动灵活无杂音，吊钩耳环、黄油嘴齐全完好，按时进行润滑保养。

（2）吊卡、吊环符合施工安全承载要求，吊环两只等长，与游动滑车配套。

（3）大绳无打扭、无断股、无锈蚀、润滑良好，断丝数量在安全使用范围之内，大绳直径不小于 ϕ19mm（3/4in）。

（4）大绳的死绳端必须在井架底腿上系猪蹄扣，用四个与大绳相符的绳卡子卡牢，卡距为 0.15 ~ 0.2m，卡子开口方向一反一正。

（5）游动滑车与井口的垂直误差不大于 10cm。

（五）对拉力表和指重表的安全检查

（1）拉力表或指重表应能灵敏、准确地反映游动系统载荷。

（2）拉力表或指重表传感器，应安装在井架角钢拉筋之间的空位，防止起下操作时与井架发生碰撞摩擦，造成损坏失灵。

（3）拉力表和指重表传感器上下拉环要用 ϕ16mm 钢丝绳系好，每端各用三个绳卡子卡牢。

（4）拉力表和指重表传感器都必须装安全保险绳。

（5）拉力表和指重表的表盘都应在作业机操作人员能直接观看到的位置。并保持表面清洁无污物。

（6）施工中使用指重表时，使用中应注意观察，及时进行校正，校正方法如下：

①卸掉大钩负荷。用手压泵向指重表传压器中注入液压油，注油时不要用力过猛、过快。

②当指重表针进入 2/3 量程时停止注入，观察指针是否稳定，如不稳定，说明油路有渗漏，应进行检查处理。

③若指针稳定不动，则缓慢卸松指重表上的排空阀，放出管线内的部分液压油，当表针降到零刻度时，立刻关闭排空阀，此时指重表指针在"零"刻度。

④上提钻具，如悬重与指重表读数相符，即完成校表工作。如发现指重表指针过于灵敏，可向里转动减震阀的阀杆，减小油流通道，直到合适为止。

（六）对井场用电系统的安全检查

（1）井场用电线路布置要整齐，不能横穿井场和妨碍交通，同时要不影响正常施工。

（2）必须使用符合安全用电要求的正规电线，严禁用裸线或照明线代替动力线使用。

（3）用电线路应绝缘良好，用木杆或带有绝缘装置的金属杆架设，高度不低于 2.5m，禁止电线拖地或挂在绷绳、井架或其他铁器上。

（4）井架照明灯必须使用防爆灯，保证线路绝缘，灯具固定可靠。

（5）井场照明应保持足够的亮度，防爆灯架起高度不低于 2m；水银灯距井口不小于 5m，架起高度不小于 4m；探照灯要放置在 1m 高可移动的灯架上。灯线都必须采用绝缘良好的胶皮软线。

（6）夜间施工，井口照明最少要用两个灯具，并放置在井口的不同方向。

（7）电器开关应装在距井口 15m 以外的室内或开关盒内，开关盒如露天放置，应具有防雨雪功能，并在盒内装有触、漏电保护器。

（8）探照灯和防爆灯的闸刀应分开设立，发生井喷时能立即断开电源。

（9）值班房、厨房等室内用电，不许拉接临时明线，应统一从外墙上的接线盒进入室内，室内墙壁上的开关、插座、用电器符合井场安全用电要求。

（10）架设井场用电线路，安装井场用电设备，必须由专业电工进行操作。

（七）对进出口管线和储液池的安全检查

（1）出口管线要用硬管线连接，在距井口 10m 左右安装控制阀，出口前端不能接直角弯头，对井口压力大、含气量高的井，出口管线要有固定措施。

（2）进口管线可采用硬管线或高压水龙带，应保证连接可靠，在正常工作压力下不刺不漏。

（3）各种储液池（洗井液、压井液）规则地摆放在便于靠近送液车的合适位置，池内清洁无杂物，有条件时应按各种施工液分设储液池。

（4）施工配备的专用接液环保池，摆放在距井口合适位置，保证接排液管线连接方便。环保池使用动力电源，接电应符合井场安全用电要求。

（八）对油管桥和控制器的安全检查

（1）油管桥选择位置合适，应便于起下油管和拉排油管操作安全。

（2）搭建油管桥的地面要平整坚实，对低洼和不稳固的地方要进行加固，保证在施工过程中不发生倾倒。

（3）油管桥要求搭三道桥，间距 3.5m，每道 5 个座，离地面高度大于 30cm，第一道桥距井口 3m 左右，桥面呈水平状。

（4）起下作业使用高操作台时，操作台要搭的稳固，高度应以油管自封底部露出操作台面为好。操作台面与油管桥之间必须使用油管滑道（用槽钢或 $\phi 140mm$ 套管焊制），内槽宽度不小于 110mm。以保证拉排油管操作安全。

（5）地面组装好的井口控制器，要各组件上下位置顺序正确，附件齐全。

（6）控制器紧固螺丝上扣均匀，上下螺杆露头一致，一律用死扳手砸紧，保证在正常工作压力下不刺不漏。

（7）连接好的井口控制器各闸板开关灵活到位，且都处于全开状态。油管自封大压盖螺纹完好，能用人工轻松上扣到位。

（8）井口控制器排空闸门，放空丝堵齐全好用。

四、自喷井作业施工操作安全

在自喷生产井进行井下作业施工时，为了防止压井液对油层造成伤害和保持油井正常生产、减少原油产量损失，一般在具备不压井不放喷施工条件时，都要求实行不压井作业施工。但在下述情况时，为保证施工安全，必须采用压井作业。

（1）油井无不压井装置，如井下无工作筒，无顶丝法兰等。

（2）井下情况复杂，堵塞器多次投堵不密封，无法进行起下作业。

（3）施工过程复杂、补孔厚度大、层位多，不易施工。

（4）安全卡瓦负荷不够。即 5in 套管套压大于 5.5MPa；6in 套管套压大于 4.0MPa 时。

由于自喷井作业施工工艺复杂、工序较多，所以在整个施工过程中，每一个施工环节都存在着不安全因素和事故风险，怎样认识和预防这些风险隐患，下面分别按照不压井作业和压井作业施工工序，讲述如何进行安全生产操作和事故预防。

（一）自喷井不压井施工操作安全

1．准备工作

参照本节"对准备工作的安全检查与验收"进行。

2．清蜡洗井安全操作

（1）用地面清蜡设备进行深通清蜡至工作筒上部 10m 处。清除油管内结蜡，确保堵塞器投送密封。

（2）向井内正循环清水洗井两周（水温 70 ~ 80℃），清洗油套管结蜡。

（3）井下为分层配产管柱时，洗井前必须捞出最上一级的分层配产油嘴。

（4）洗井泵压不能高于油层吸水压力。

（5）洗井前应对进口管线进行试压，试验压力为正常工作压力的 1.5 倍，管线无刺漏为合格。

（6）洗井出口必须进生产干线，不具备进干线条件的要用接液罐进行回收处理，严禁露天排放污染环境，影响井场施工安全。

3．投堵塞器安全操作。

（1）投送皮碗式堵塞器安全操作。

①根据原井油管记录上的井下工作筒规范，选择相应的皮碗式堵塞器。

②对堵塞器进行检查和清洗。要求堵塞器外形完好，剪刀支撑卡、弹簧灵活。

③调配堵塞器密封段胶皮过盈 0.4 ~ 0.5mm。配好后，在堵塞器表面涂抹黄油。

④洗井后，将配好的堵塞器投入井内。对于井内压力较大的井，堵塞器必须装入防喷管内，上好防喷堵头后，打开总闸门，使堵塞器进入井内。

⑤对于洗井后油管能暂时停止喷液的井，可卸掉采油树防喷堵头，将堵塞器直接投入井内。但动作要迅速，防止井液将堵塞器顶出。

⑥投入堵塞器后，要注意监听堵塞器是否进入油管并向下运行，防止堵塞器卡在采油树内。

⑦堵塞器投入井内 15min 后，用水泥车慢慢打水压送，待泵压突然上升至 10 ~ 12MPa 时，稳压 5min，如压力不降，可打开放空闸门，观察出口无溢流即可进行下步工序。

（2）投送分层配产堵塞器安全操作。

①井内为分层配产管柱时，在进行逐级投堵过程中，要对照原井油管记录，准确掌握投堵深度和井内配产器油嘴的安装情况，当油管记录不能确切反映井下油嘴数据时，要进行一次试捞，防止误投。

②在井下配产层段较多（三级以上）时，因为需要进行反复长距离投捞，过程比较复杂，且易发生意外造成投堵失败，所以也可以选择先投入皮碗式堵塞器，将工作筒起到井口后，捞出皮碗式堵塞器，再进行近距离投送分层堵塞器的方法。

③对井下多级分层配产管柱进行逐级投堵前，首先要清楚井下配产器的类型和使用方法，选择与之配套的堵塞器和投送工具。偏心式分层堵塞器在投送过程中，要准确掌握投送深度位置，当下放投捞器距撞击筒 100m 时，要控制下放速度，使之缓慢座在撞击筒上，打开投捞爪，防止快速撞击，将堵塞器顿掉在投捞器口袋里，造成投堵返工。

④对多级异径分层配产器进行投堵时，要由下至上逐级进行，因投入下级堵塞器时，

要通过上级配产器中心通道，所以在选择压送头和加重杆时，外径尺寸应保证顺利通过上级中心通道。防止压送不到位，造成投堵不密封。

⑤投送堵塞器时，录井钢丝质量要好，应无锈蚀、无死弯，直径不小于2.4mm，要用锡焊做三个记号（150m、100m、50m各一个）。钢丝要有足够的长度，要求钢丝下放到预定深度后，滚筒上至少要剩余一层半钢丝。

⑥绞车应停在上风头，距井口20～30m为宜，并与井口滑轮对正。

⑦绞车的机动和手动装置系统要灵活无故障，计数表灵敏、准确、无跳字和停走现象。

⑧使用移动式绞车时，要打桩将绞车固定好，防止遇卡后拉翻绞车，发生钢丝折断和人员伤害事故。

⑨起下操作要平稳、正常起下速度不超过100m/min。

⑩起打捞、压送工具距井口200m左右时，应减慢速度。并由井口操作人员用手摸记号，当最后一个记号出来，应改用手摇方式，起出井内打捞工具，防止发生顶钻造成工具落井事故。

⑪打捞井下配产器油嘴时，加重杆和打捞头之间要装震荡器，以便在打捞遇卡时，进行震击解卡。

⑫在关总闸门之前，要确保加重杆、打捞头已全部进入防喷管内，关闸门2/3后一定要试探闸板，以防卡断钢丝。

⑬在卸防喷管丝堵之前，必须将防喷管内压力放空。

⑭关总闸门时，操作人员必须将身体侧于一边，严禁胸部正对手轮操作。

⑮在上提打捞、压送工具时，严禁用棉纱、毛毡等物在防喷堵头与滑轮之间摩擦钢丝，以防夹伤手指或钢丝跳槽。

⑯在高压油井投堵时，为防止顶钻，必须在打捞头或压送头上部加带适当的加重杆，以保证在油管不放喷的情况下顺利下井。

⑰总闸门距防喷管顶端的长度，必须大于加重杆、打捞头和井下配产油嘴的累计长度，防止打捞井下油嘴起到井口时，关不上总闸门。

⑱下井的打捞、压送工具螺纹连接，必须使用专用工具拧紧，严禁用管钳上卸。钢丝绳帽结符合安全质量标准。

⑲机动绞车挂离合器前，必须先将手动摇把拉出，以防伤人。

⑳井口防喷管高度超过1.8m时，必须用绷绳进行加固或采用地滑轮导向，以防负荷过大造成拉断防喷管事故。

㉑对井下多级配产器进行投送堵塞器，应按照原井油管记录数据进行逐级捞投，操作过程中如发现与油管记录深度不符，要认真分析、查找原因，不可盲目操作。

㉒施工现场所有操作人员，都必须戴安全帽，以防高空落物伤人。严禁在井场吸烟、点明火，在油气渗漏的井口施工时，严禁用金属工具击打井口装置，以防产生火花，引起井场火灾事故。

㉓施工现场要有统一指挥，各岗位人员要分工明确、密切配合，听从指挥，避免发生各类机械、人身伤害事故。

㉔严禁在大风或雷雨天气时进行投捞堵塞器作业。

4. 卸井口、装井口控制器、倒油管头安全操作

(1) 卸井口。将采油树吊放在不影响施工的位置，冬季施工要将采油树上所有闸门打开，排除里面积液。

(2) 检查油管头扣型时，要用短节进行上扣试验，以保证确认无误。松油管头顶丝要到位，防止倒油管头时刮坏密封铜套。

(3) 安装井口控制器。检查地面组装好的井口控制器，半封、全封是否全部打开。安装时，紧固螺丝要均匀上紧，保证在正常工作压力下不刺不漏。然后上好油管自封放空堵头，关好控制器排空闸门。

(4) 安装井口操作平台。平台板要齐全、配套无缺损、操作台要稳固。同时要清除操作台四周各种工具器材，防止紧急情况下，井口操作人员撤离井口时，发生跌伤事故。

(5) 倒油管头。将提升短节与油管头连接后，操作人员应暂时离开井口到安全位置，然后低挡缓慢将油管头提离四通，停车检查井架、绷绳、地锚安全无问题，再将油管头提到半封之上，关半封倒出油管头。

5. 封隔器解封安全操作

投堵密封后，进行封隔器解封。目的是使油套环形空间畅通，让井底压力通过油套环形空间排出，防止在起油管时，由于封隔器密封作用，使油管过早上顶，给加压起油管增加难度。

封隔器的类型很多，解封方式也各不相同，但在油井分层配产管柱中，一般使用提放式和液压式两种解封方式的封隔器。不论封隔器属于哪种类型，在进行解封前都要对井下封隔器的技术规范、工作原理和解封方式等了解清楚，严格按照解封方式和技术要求进行操作。封隔器解封时，安全操作要求有：

(1) 采用水泥车打压解封时，所需压力一般都不低于 20MPa，应先对水泥车进口管线进行试压，水泥车的工作性能要符合解封工作要求，试压时现场工作人员要远离高压管线，防止管线破裂发生人身伤害事故。

(2) 采用提放管柱解封时，要派人观察井架、绷绳、地锚承载后是否有异常情况发生，同时作业机操作手要注意观察指重表，保证井架、游动系统在安全承载范围之内，发现问题要及时停车，防止井下管柱有卡阻情况时，发生意外安全事故。

(3) 如井下封隔器解封不彻底，应在起油管前，采取反复提放管柱的方法，破坏封隔器胶皮筒，达到彻底解封目的。但封隔器胶皮掉井后要进行打捞，以免影响下步施工。

(4) 井下封隔器解封后，要通过观察套管喷量和指重表读数进行验证。如套管喷量明显增加，指重表读数与井下管柱重量相符，方可进行下步施工。

6. 起下油管安全操作

(1) 起下油管时，井口操作平台上应铺垫防火布、防火毡（石棉制品）等软质材料，操作过程中禁止用大锤敲击油管，防止各种金属工具撞击发出火星，引起井场火灾事故。

(2) 当油管扣较紧、卸扣困难时，应首先采用加力杠人工卸扣方法，如需采用作业机锚头拉卸油管时，井口操作人员必须站在安全位置，防止锚头拉断或管钳把断裂，造成人身伤害事故。

(3) 操作液压钳起油管时，必须按照液压钳安全操作要求进行操作，液压钳尾绳要按规定卡牢，井口和作业机操作人员要密切配合，防止发生人身伤害事故。

（4）井口人员要注意平稳操作，平台上不能有影响操作的障碍物，防止脚下打滑、动作失衡、发生人员跌落事故。

（5）起下油管过程中，要操作平稳，禁止猛提快放，如发生顿井口现象，极易造成堵塞器解卡（特别是皮碗式堵塞器），发生施工中途井喷和堵塞器飞落事故。

（6）起油管过程中，应注意观察指重表，当施工井含气量大、井口压力高的情况下，应提前装上安全卡瓦，并由专人负责安全卡瓦操控。

（7）当发现油管上顶时，要及时用安全卡瓦将油管卡住。穿上加压绳，用加压方法起出井内剩余管柱。

7. 加压起下安全操作

加压起下油管和井下工具（见图4-28），是自喷井不压井施工中，容易发生事故的重要施工环节，为保证安全顺利施工，除了要按照"起下油管安全操作"要求外，还要求做到：

（1）起油管发现上顶时，应采用加压绳与井控装置配合起出井下管柱。下油管的最初几根或多根，应采用加压方法下入，待接箍靠油管自重能顺利通过自封芯子，再倒入大绳用游动滑车下入。

（2）加压绳、提升绳、加压吊卡、加压支架、分段加压吊卡等加压工具应符合安全起下加压工作要求。

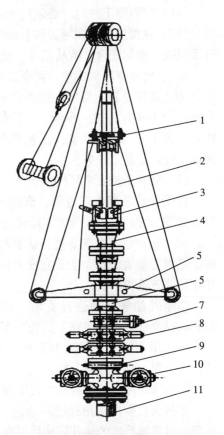

图4-28　加压起下操作井口作业装置
1—分段加压吊卡；2—油管；3—安全卡瓦；4—自封封井器；5—加压支架；6—法兰短节；7—全封封井器；8—半封封井器；9—顶丝法兰；10—四通；11—套管

（3）加压绳、提升绳均用 ϕ16mm 钢丝绳，要求无断股、无死弯，断丝在安全使用范围之内。提升绳在滚筒缠绕 9～10 圈。

（4）加压绳、提升绳与加压吊卡，通过加压支架连接后，加压吊卡应平正，加压绳松紧合适。加压吊卡和加压支架转动部件灵活、配件齐全。

（5）连接滑轮应有安全舌、销轴栓牢固可靠。

（6）加压起下时井口要有专人操控安全卡瓦，井口油管接箍下端与安全卡瓦上平面的距离应在 350～500mm 之间，并要扣上普通吊卡。

（7）加压起下过程中要注意平稳操作，防止压弯油管，起加压时要严格控制起升速度在 1m/s 之内，防止油管失控，发生飞油管事故。

（8）井内压力较大时，应用水泥车平衡压力，有压弯油管可能时，应及时改用分段加压吊卡进行起下。

（9）加压吊卡打不开时，严禁用大锤等工具敲击，以防发生火灾事故。

（10）起加压时，必须对照原井油管纪录，准确掌握起出程度，当起到封隔器或外径大于 ϕ114mm 的井下工具时，必须采用半封倒出的方法。

（11）封隔器下井时，必须用半封倒入，禁止加压通过油管自封。

（12）在加压起下现场，要有经验丰富的工程技术人员做现场指挥，各岗位操作人员要分工明确、密切配合，听从指挥，确保安全顺利地完成加压起下工作。

8. 自喷井作业施工中，配合工序安全操作

为达到作业施工目的，提高作业施工质量，需要采用一些配合工序来作保障，其中主要的配合工序有刮蜡、冲砂、套管刮削、验窜等。这些工序在实行过程中，也都必须严格按照每道工序的施工步骤、工艺要求和安全操作规程进行施工，才能保证安全、快速、优质地完成作业施工任务。

（1）套管刮蜡安全操作。

自喷井经长期生产过程，套管内壁一般都结蜡较多，为保证顺利下入分层配产管柱，要根据施工设计要求和现场实际情况，进行套管刮蜡施工。

①刮蜡管柱下井前要进行认真检查，将弯曲变形、螺纹损坏、管体破裂等不符合下井质量要求的油管去掉，防止在洗井冲砂和投堵过程中发生油管漏失或掉脱，造成施工中途井喷和井下落物事故。

②下井油管必须进行丈量，并做好丈量记录，要求每 1000m 油管丈量误差不大于 0.2m，以便保证各种下井工具的准确深度。

③选用刮蜡器外径应小于套管内径 6～8mm，如果下入困难，应适当缩小刮蜡器外径，由小到大进行逐级刮蜡。

④刮蜡深度一般为射孔井段下界 10m，特殊情况下按设计要求执行。

⑤按设计要求选用标准刮蜡器。对结蜡不严重或投产不久的新井，可选用带侧孔的刮蜡器。对结蜡严重的油井应选用不带侧孔的刮蜡器，以便于刮蜡中途进行循环替蜡。

⑥在下刮蜡管柱过程中，应根据油井结蜡情况，中途进行循环替蜡，如循环不通，应立即停止下入，分析原因，进行处理。

⑦刮蜡到设计深度后，要用不少于井筒容积 2 倍的热水（水温 70～80℃）或用相同的压井液进行循环清蜡。

⑧一般刮蜡管柱结构由下至上为：刮蜡器、单流阀（是否下单流阀，根据具体情况确定）、油管短节、工作筒、油管柱组成。单流阀和工作筒不可直接相连接，防止洗井冲砂后投堵塞器坐不到位。

⑨下刮蜡管柱时操作要平稳，必须掌握悬重变化，控制悬重下降不超过 30kN，刮蜡器进入主要刮蜡井段时，要注意控制下入速度。

⑩应准确掌握下入刮蜡油管根数，起刮蜡管柱时，要防止发生顶钻事故。

⑪作业时必须安装井口控制器和符合要求标准的指重表。

（2）探砂面、冲砂安全操作。

在自喷井施工中，首次作业的井必须进行探砂面、冲砂、核实人工井底。连续生产 1 年以上的井必须探砂面。口袋小于 15m、砂柱高大于 1m，口袋大于 15m、砂柱高大于 2m，则要求进行冲砂作业。

①施工条件允许时，可用原井管柱探砂面，但起出原井管柱后必须进行丈量，核实砂面深度。

②探砂面时必须安装灵敏准确的指重表，观察悬重变化，严禁软探砂面。

③探砂面油管进入射孔井段后，要控制下放速度，管柱遇阻后腰连探三次，拉力计负荷下降 20～30kN，数据一致为砂面深度。

④冲砂管柱下井前要进行丈量，并将不符合下井质量要求的油管甩出，防止冲砂、投堵过程中发生油管漏失或掉脱事故。

⑤冲砂时水龙头必须系保险绳，防止倒扣坠落，发生伤害事故。

⑥严禁使用普通弯头代替冲砂活动弯头进行冲砂作业。

⑦严禁使用带有大直径（封隔器、配产器、通井规等）井下工具的管柱进行正冲砂，防止造成砂卡事故。

⑧冲砂施工必须在压住井的情况下进行，防止发生井喷事故。

⑨冲砂过程中，要根据井下情况缓慢均匀的下放管柱，以免造成砂堵憋泵。

⑩冲砂施工要备有沉砂池，吸入口要装滤网。进出口管线不能放在同一水池内，防止把冲出的砂子又带回井内。

⑪冲砂时要有专人观察出口返砂情况。若发现出口返液不正常，应立即停止冲砂施工，迅速上提管柱至原砂面以上 30m，并活动管柱，防止发生砂卡事故。

⑫因进尺过快造成憋泵，应立即上提管柱，并保持大排量循环，待泵压和出口排量正常以后，方可继续加深管柱冲砂。

⑬冲砂过程中若发生作业机故障，水泥车必须保持正常冲砂循环。若水泥车出现故障，应迅速将冲砂管柱提出原砂面之上 30m，并活动管柱。

⑭使用混气水或泡沫进行冲砂施工时，井口应装高压封井器，出口必须要用硬管线，并要用地锚固定。出口管线前端不能装直角弯头，防止高压气返出时，发生管线甩动伤人事故。

⑮每冲进一根油管后，要循环洗井 15min 以上。换单根时，动作要迅速，防止冲起的砂子回落，造成砂卡事故。

⑯具备条件时，应首先选择反循环方式冲砂。

⑰高压自喷井在冲砂时，要控制出口排量，防止发生井喷事故。

⑱冲砂过程中，作业机、井口、水泥车各岗位要密切配合，根据泵压和出口排量来控制冲进速度。井口接单根时，要注意系牢水龙头保险绳，并检查水龙头转动轴承是否正常，防止发生各种施工质量事故和人身伤害事故。

（3）套管刮削安全操作。

套管刮削的主要作用是清除射孔井段上炮眼毛刺和套管内壁上的死油、蜡，清除封堵化堵施工时，残留在套管内壁上的水泥、堵剂、盐垢等。一般在初次下入封隔器施工井和进行了水泥封堵、化学堵水施工井，或刮坏下井封隔器的施工井，实行套管刮削作业施工。

①根据套管内径，选择合适的刮削器。要求刮刀片自由弹出后的外径大于所刮削套管内径 2～5mm。刮削器主体外径小于套管内径 6～8mm。

②刮削作业必须要安装灵敏准确的指重表。

③下刮削管柱要平稳操作，下入速度应不大于 30m/min，下到距刮削井段 50m 时，下放速度应控制为 5～10m/min。

④接近刮削井段时，开泵循环，缓慢下放，当指重表有下降显示时，要上下提放反复刮削，直到悬重正常为止。

⑤刮削时，最大加压不得超过 30kN，防止损坏刮削器，造成井下事故。

⑥严禁用刮削管柱与冲砂、刮蜡、打印等其他工序合并施工。

（4）封隔器验窜及安全操作。

油水井窜槽的类型有两种：一种是层间窜槽；一种是套外窜槽。

①油水井窜槽的危害。

a. 不能实行分层开采措施。

b. 使油井正常生产受到严重影响，含水上升，产油量下降。

c. 影响油田开发速度和最终采收率。

d. 降低油水井使用寿命，使油水井提前报废。

e. 给井下作业施工带来麻烦，影响油田开发效益。

②油水井窜槽的验证方法。

油水井验窜的方法有声幅测井验窜、同位素测井验窜、封隔器验窜、桥塞验窜等多种方法，窜槽的类型和原因不同，采用的验窜方法也不相同，封隔器验窜是一种既适用于套外窜，又适用于层间窜的一种验窜方法，也是施工现场中比较常用的验窜方法。

③封隔器验窜的工作原理。

封隔器验窜就是将水力扩张式封隔器与节流注水器配合组成验窜管柱下入井内，使封隔器卡点位置处于两个射孔层段的夹层中间，然后往油管内注入高压水，在节流注水器的作用下，油管和油套环空之间形成压差，使水力扩张式封隔器账开，封隔了两个射孔层段。注入的高压水进入了下面的一个层段，通过人为改变注入压力和注入量，观察套管压力和套管溢流量，来判断两个层段之间是否有窜槽。

④封隔器验窜的安全操作步骤。

a. 按照验窜设计，丈量、组配封隔器验窜管柱。要求管柱必须丈量准确，每 1000m 误差小于 0.2m，保证封隔器卡点符合设计要求。

b. 封隔器验窜管柱结构由下至上为：丝堵、节流注水器、水力扩张式封隔器、工作筒、油管柱组成。选择封隔器要适合施工井套管内径。

c. 下入验窜管柱，按照"加压起下安全操作要求"进行操作。下入工具过程中要注意平稳操作，各岗相互配合，防止发生各种生产安全事故。

d. 下完全部验窜管柱，坐油管头，顶上油管头顶丝。要求坐油管头前要检查油管头密封圈完好无损，控制器全封、半封全部打开到位。

e. 安装灵敏可靠的套压表。

f. 注水前要对进口管线进行试压，试验压力为正常工作压力的 1.5 倍，管线无刺漏。

g. 用水泥车向油管内进行高压注水，注入压力采用高—低—高或低—高—低的方式，每一点持续注水 10min，高低压差不小于 2MPa。

h. 注水同时，观察套管压力（套压法）或套管出口（套溢法）是否随着注入压力的变化而变化，收集有关数据。如有变化则说明两层段间可能有窜槽，否则被验两层段间无窜槽。验完一个点后，按设计要求上提管柱，对第二个点进行验窜。

i. 封隔器验窜中，若发现某两层间有窜槽显示，验后必须将封隔器上提至射孔井段上部，验证封隔器的密封性，之后才能确认两层间是否有窜槽。

⑤自喷井封隔器验窜的安全注意事项。

a. 所有下入井内的验窜工具，必须经专业部门进行安全质量检测、并有出厂合格证的正规产品。以免发生施工质量返工事故。

b. 验窜前，要先进行冲砂、热洗、通井等工作，以便了解该井套管完好情况及井下有无落物，以保证验窜施工安全顺利进行。

c. 封隔器必须卡在两层段中间的夹层上，并且要避开套管接箍，防止因封隔器坐封位置不准确，影响验窜数据可靠性。

d. 验窜时应坐上油管头，顶上顶丝，如井口用油管自封封井器，应有可靠的防止油管上顶措施，防止高压注水时油管上顶，发生意外事故。

e. 测完一个点上提封隔器时，要活动卸压后缓慢上提，以防止地层砂子大量外吐，造成卡钻事故。

f. 正常起下和加压起下油管安全操作要求，参照本节"起下油管安全操作"和"加压起下安全操作"内容。

（二）自喷井压井施工生产安全

自喷生产井在作业施工时，为了保证作业施工安全，防止加压起下油管时发生飞油管事故，在 5in 套管套压大于 5.5MPa、6in 套管套压大于 4.0MPa 的情况下，考虑安全卡瓦的安全承载能力不够，必须采用压井施工。

1. 压井液的选择

（1）应根据油层物性，选择对油层损害程度最低的压井液，压井液各项性能指标符合施工技术要求。

（2）在有条件情况下，优先选用无固相压井液。

（3）压井液密度按公式（1）计算。

$$\rho = \frac{p \times 10^2}{H}(1+k) \tag{1}$$

式中　ρ——压井液密度，g/cm³；

　　　　p——油井近三个月内所测静压值，MPa；

　　　　H——油层中部深度，m；

　　　　k——附加量，作业施工取 0～0.15，修井施工取 0.15～0.3。

（4）压井液用量按公式（2）计算。

$$V = \pi r^2 h\ (1+k) \tag{2}$$

式中　V——压井液用量，m³；

　　　　r——套管内半径，半压井时选用油管内半径，m；

　　　　h——压井深度，m；

　　　　k——附加量，取 0.15～0.3。

2. 压井方式的选择

（1）对循环畅通的井，采用正循环全压井。

（2）对没有循环通道的井，采用挤注法压井。挤注前要准确计算压井液用量，防止将压井液挤入油层，造成油层伤害。

3．压井安全操作要求

（1）接好压井管线后，对压井管线进行试压，试验压力为正常工作压力的 1.5 倍，各连接处无刺漏为合格。

（2）缓慢打开套管闸门放套管气，至套管排液为止。禁止放套管气过快，以免发生出口管线甩动伤人事故。

（3）打开进出口闸门，向井内泵入隔离液 2m³。

（4）向井内泵入压井液。泵入过程中不得停泵，排量不低于 0.3m³/min，最高泵压不能超过油层吸水压力。

（5）压井液返至井口之前的返出液要进干线，但要避免压井液返入输油管线，造成沉积堵塞事故。

（6）测量进出口压井液密度差不大于 0.02g/cm³，可停泵。

（7）停泵 15min，观察出口无溢流，方可进行下步施工。

（8）返出的压井液不得随意排放，必须回收处理。避免污染环境，影响井场施工安全。

4．压井后起油管安全操作要求

压井后起油管除参照自喷井不压井施工"起下油管安全操作要求"外，为保证施工安全顺利，还应做到：

（1）起管柱前，必须安装井口控制器。

（2）起油管过程中，要及时向井内灌注压井液，应保持液面在井口。

（3）起油管应平稳操作，防止各种小件工具落井事故。

（4）如发现井口溢流增大或发生井涌现象，应立即停止起油管，并采取相应措施，防止发生井喷和井喷失控。

（5）井下如有分层配产封隔器，起油管前应采取解封措施。

（6）压井后，应争取时间，充分利用现场人力、设备连续作业，无特殊情况不得停工。

5．替喷安全操作要求

（1）下替喷管柱至人工井底 1～2m，如井内有丢手工具或套变等异常情况时，应下至距可下入最深深度 1～2m，进行替喷。

（2）泵入替喷工作液，替喷过程要连续不停泵。

（3）在条件允许情况下，应首先采用正替喷方式。

（4）替喷管柱底部装工作筒、单流阀。

（5）替喷泵压接近或高于油层吸水启动压力时，应采取二次或二次以上替喷。

（6）替喷后，进出口替喷液密度差小于 0.02g/cm³ 为合格。

（7）井内如有丢手封隔器、开关等井下工具，为保证替喷质量，应在替喷前将井下工具捞出，再按规定标准进行替喷。

6．其他施工工序安全操作要求

其他施工工序参照"自喷井不压井施工操作安全"内容。

第四节　气井作业施工安全

一、气井简介

在油气田开发中，以生产天然气为主，并在地面按照天然气集输方式安装调压、分离、计量和保温设备的生产井称为气井。它主要由井口装置、井身及气嘴三部分组成。

（一）井口装置

井口装置部分主要由套管头、油管头和采气树组成。

1. 套管头

套管头在整套井口装置的下端，它主要作用是连接和固定井内各层套管，并密封套管间的环形空间。

2. 油管头

油管头的作用是用来悬挂井内油管和密封油管与套管间的环形空间。

3. 采气树

气井油管头以上的部分称为采气树，由闸阀、针形阀、小四通、油管阀门、测压阀门、压力表缓冲器、套管阀门等组成。采气树主要作用是进行开井、关井、调节生产压力、调节气量、循环压井、下压力计测压和测量井口压力等作业。

采气树与采油树基本相似，但由于天然气和原油的物理性质不同，所以二者在结构上也有差异，这些差异主要表现在以下几点：

（1）所有部件均采用法兰连接。

（2）套管闸门、总闸门均为双配置，一个工作，一个备用。

（3）节流器采用针形阀，而不是固定孔径的油嘴。

（4）所有部件均经抗硫化氢处理。

（二）井身和气嘴

1. 井身

井身是指气井下入套管的层次结构，井身结构各项数据是气井管理中重要的技术文件，主要数据包括：

（1）钻井日期。

（2）套管头至补心高。

（3）产油气层深度。

（4）套管程序，规范。

（5）完钻井深及完井水泥塞深度。

（6）水泥返高及试压情况。

（7）油管规范及下入深度。

（8）油气井完井方法等。

2. 气嘴

气嘴的作用是调节气井的采气量，它分为地面气嘴和井下气嘴两种形式，在气井生产过程中，可以根据井的生产情况进行调整、更换。

（三）采气井的工艺流程

在气井生产过程中，一般都随着天然气的产出，伴随着出液、出砂的问题，出液、出砂会影响气井的正常生产，严重时甚至会导致气井报废，因此针对防砂和排液，设计了不同的井下管柱结构。

1. 气举排水采气工艺流程

在井下管柱的不同深度，设计安装气举阀（见图4-29），当井内液面上升到一定高度时，借助外来高压气源或压缩机排出的天然气注入井内，当注入气进入油套环形空间时，预先调试定压的气举阀在注入气压力的作用下被打开，气体经阀孔进入油管，阀以上的液柱被顶替至地面。这一过程从顶阀开始，由上而下各气举阀依次打开卸载，排出井内积液，直至工作阀露出液面为止。

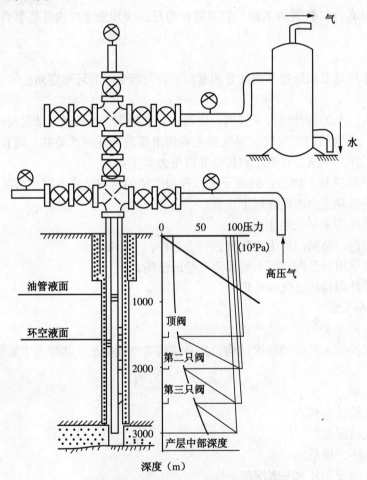

图4-29 气举排水采气工艺流程示意图

2. 柱塞气举排水采气工艺流程

在气田开发中后期，有些气液比高、井底压力低、自喷能力弱的气井，它的产气量不足以带出井筒内的全部积液，产量降低很快，不能维持正常生产。为了排出井底积液，在油管内设计安装了专用柱塞及辅助工具设备（见图4-30）。气井采用间歇生产方式，就是当井底积液达到一定高度时关井。关井后油套当套压回升到可以举升油管内液体时开井，这时油管内的柱塞就如一个活塞，依靠气井自身产出的气作为动力，在油管内的卡定器和防喷管之间作上下运动。柱塞作为液体和举升气体之间的固定界面，起密封和提高举升效率的作用，将柱塞上部的井液排出地面。

3．抽油机排水采气工艺流程

抽油机排液工艺技术是水淹气井开发中后期，减缓气井产量递减的重要手段之一。抽油机排液（见图4-31）就是将深井泵下入到气井内适当深度，通过抽油机装置不停地往复运动将井内液体排出地面，降低了井筒中液体对产气层的回压，实现油管排液，油套环形空间（套管）采气的目的。

二、气井作业施工安全操作

（一）施工准备安全工作

（1）施工现场要配备消防器材，如消防锹、桶、防火砂、灭火机或消防车等。

（2）含硫高的气井作业应配备排风扇、防毒面具、有害有毒气体检测器、警报器等抢救设施。

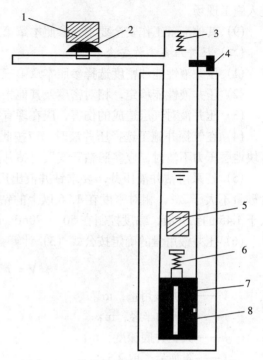

图4-30 柱塞气举排水采气工艺流程示意图
1—时间或压力控制器；2—薄膜阀；3—缓冲器；4—捕捉器；5—柱塞；6—缓冲弹簧；7—卡定器；8—坐放短节

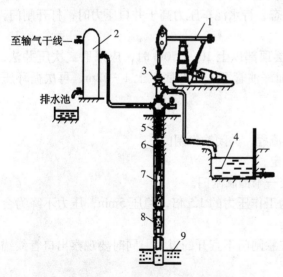

图4-31 抽油机排水采气工艺流程示意图
1—抽油机；2—地面气水分离器；3—气井机抽井口装置；4—卤水计量池；5—抽油杆；6—油管；7—深井泵；8—井下气水分离器；9—产层

（3）施工前应通知气矿调度或主管安全生产人员，并与气站配合做好交接井工作，签定"施工井交接书"。

（4）值班房、工具房、野外锅炉应摆放在上风口，距井口50m以外。

（5）井口周围50m内不得使用明火，如特殊情况需动用明火，必须经上级安全主管部门审批，并采取相应安全防火措施。

（6）气井作业前，应针对特殊工序及工艺，进行安全生产及技术措施交底，每道工序必须制定安全生产措施和防止环境污染措施，确保作业施工人员、气井和井场设备安全。

（7）施工时，现场操作人员必须穿戴劳动保护用品或安全防护用品。

（8）井场应在醒目处摆放安全标志，并保证在夜间清晰可辨，禁止非施工人员进入施工现场。

（9）其他准备工作安全要求，参照本章第三节"对准备工作的安全检查与验收"内容。

（二）压井准备工作安全

（1）压井液性能和密度选择参照本章第三节内容。

（2）压井液性能稳定，相对密度及其他指标符合安全施工技术要求。

（3）压井液对气层造成的伤害，应在现有技术水平上，达到最低。

（4）在气探井施工选择压井液时，应按此区块地层压力附加 1.5 ～ 2.0MPa 来选用。此区块地层压力不清时，应参照钻开气层时钻井液性能来选用压井液进行压井。

（5）若采用钻井液压井，要求钻井液出厂失水量不大于 4mL，泥饼厚度不大于 2mm，含砂量不大于 2%；相对密度在 1.26 以上的钻井液，黏度控制在 30 ～ 45mPa·s；相对密度大于 1.45 的钻井液，黏度控制在 50 ～ 70mPa·s。

（6）压井液用量的确定按公式（3）计算。

$$V = \pi r^2 hk \tag{3}$$

式中　　V——压井液用量，m³；

　　　　r——套管内半径，m；

　　　　h——人工井底深度，m；

　　　　k——附加量，取 2.5；

（三）压井方式的选择

（1）井口压力低于 3MPa、产气量小于 3000m³/d 的气井应采用正循环法压井；井口压力低于 6MPa、产气量小于 10000m³/d 的井应采用反循环法压井；井口压力高于 6MPa、产气量大于 10000m³/d 的井应采用反循环挤压法压井。

（2）采用挤压法压井时，应在井口位置安装一个相应压力等级的闸门，防止高压气体进入水泥车泵体内。所装闸门先处于关闭状态，待水泥车压力高于井口压力时，打开闸门，使压井液顺利挤入井内。

（3）二次压井。当压井深度在被压气层顶部以上 10 ～ 50m 时，应采取二次压井法，即在实际压井深度先进行循环压井，然后加深油管至人工井底以上 1 ～ 2m，再次循环压井，直至将井压住。

（四）压井施工安全操作

（1）由现场安全负责人指挥，倒好井口流程，关闭输气闸门。

（2）连接压井管线，并逐根用双地锚固定。

（3）压井进出口管线距井口 15m 处各装一个控制闸门。

（4）对压井管线进行试压，试验压力为工作压力的 1.5 倍，稳压 5min，压力不降为合格，试压合格后方可执行下步工序。

（5）放套管气。缓慢开启套管闸门，注意闸门不宜开的过大，同时要观察出口管线锚定牢固情况。

（6）先向井内泵入清水，水量为井筒容积的 2 倍，待出口气量明显见小时，替入配制好的压井液进行压井。

（7）压井过程中，泵的排量不低于 0.5m³/min，当进出口压井液密度差不大于 0.02g/cm³

时可停泵。观察 30min，确认井被压住后，方可进行下步施工。

（8）压井过程中不得中途停泵。最高泵压不得超过油气层吸入压力。压井液准备要充足，总量不小于井筒容积 2.5 倍。

（9）压井过程中或压井后，如果出现以下现象：①压井停泵后，井口压力增高；②进口排量小，出口排量大，出口溢流中气泡增多；③进口液密度大，出口液密度小，并有不断下降趋势；④出口喷势逐渐增大。此时应立即采取措施，调配压井液性能，增加压井液密度，提高进口排量，继续进行压井。

（10）当压井出现漏失时（进口液量大，出口液量小或无出口量），应立即停止压井，并采取措施进行处理。

（五）起原井油管操作安全

（1）拆井口倒油管头安全操作，参照本章第三节"卸井口、装控制器、倒油管头"的相关内容。对潜油电泵井口拆卸参照本章第二节"潜油电泵井起电泵管柱操作安全"内容。

（2）按安全技术要求装好井口防喷器。

（3）起原井抽油杆参照本章第一节"起下抽油杆安全操作要求"内容。

（4）起潜油电泵管柱参照本章第二节"起下电泵管柱操作安全"和"起下电泵机组操作安全"内容。

（5）起原井管、杆时要注意平稳操作，防止井口小件落物掉井。

（6）起原井管杆过程要向井内及时灌注压井液，并保持液面在井口。

（7）压井后，应争取时间，充分利用现场人力设备，连续作业，无特殊情况不得停工。以防发生井喷，影响正常施工安全。

（六）下完井管柱操作安全

（1）下井的油管、抽油杆要丈量准确，每 1000m 误差不大于 0.2m。

（2）抽油机排液的气井，下泵安全操作要求参照本章第一节"起下油管安全操作"和"起下抽油杆安全操作"内容。抽油泵在施工现场要进行认真检查、试验和交接，保证下井后试抽憋压合格。

（3）潜油电泵排液的气井，下电泵机组和电泵管柱时，参照本章第二节"下潜油电泵安全操作要求"和"下电泵油管安全操作要求"内容。应选择适合井况条件、耐高温、高压、抗卤水、抗硫化氢和二氧化碳腐蚀、电缆耐气蚀性好、气水分离效率高的电泵机组。

（4）深井抽油泵下井后要进行试抽憋压 3～5MPa，稳压 15min，压降不超过 0.3MPa 为合格。

（5）各种下井工具必须是经专业部门检验合格，有出厂合格证的产品，并保证下井深度位置符合施工设计要求。

（6）所有下井油管、抽油杆必须符合安全使用技术要求，保证螺纹连接牢固、密封，油管要用标准内径规逐根通过。

（7）对压力较高，产能较大的气井，起下作业时必须时刻注意观察井筒情况，发现异常要及时采取措施。

（8）起下管柱过程中，要平稳操作，严禁猛提猛放，防止损坏下井工具和造成井液震荡，引起井喷。

（七）替喷（诱喷）施工操作安全

（1）替喷前应对井口装置、放喷管线等进行检查，要制定好防喷、防火、防硫化氢、防环境污染等具体措施，并做好物资材料的准备工作。高压大气量井放喷时，套管放喷管线应接小四通，并装针形阀。

（2）替喷时，油管一般要求下到油气层顶界上部 5 ～ 10m，替喷过程应连续不停泵，替喷出的井液要回收处理，严禁乱排放。

（3）替喷液量为井筒容积的一倍。

（4）替喷后，进出口工作液密度差应小于 0.02g/m³ 为合格。

（5）对于替喷后不能自喷的气井，需采用气举方式进行诱喷。

（6）气举诱喷时，必须按照施工设计要求使用氮气或天然气进行连续施工。压风机不准超负荷使用。

三、气井施工操作安全注意事项

（1）现场要由安全负责人统一指挥，要在确保施工人员、设备安全前提下，进行各项施工作业。

（2）施工现场要有警示牌、警戒线、严禁非工作人员进入现场。

（3）严格执行各项安全生产管理制度和安全操作规程，要按规定使用劳动保护用品和安全防护用品。

（4）施工现场消防器材要配备齐全，并由专人保管，保证使用有效性。出入井场道路要保持畅通。

（5）井场禁止存放易燃易爆物品。井场照明必须用低压防爆灯，各种用电线路布置应符合井场安全用电要求。

（6）作业机排气筒要安装消防帽。在作业施工过程中如发生井喷，作业机应立即熄火。

（7）起原井油管过程中要用压井管线随时向井内补充压井液。

（8）井控装置和各种防喷装置要准备好，并放在井口附近方便位置，发生井喷等危险情况时，应及时抢装防喷装置。

（9）气举时，压风机应摆放在距井口 20m 以外的合适位置，施工过程中，现场人员要远离高压管线。

（10）气举前，进口管线试验压力要高于压风机最高工作压力，出口管线必须采用高压硬管线，每根管线用双地锚固定好，出口端不许安装小于 120° 的弯头。

（11）当气举启动压力超过压风机工作压力时，应改为油管气举、套管再举，当发现出口窜气时应停止气举。

（12）气举排液必须使用氮气或天然气，气举结束后，应根据地层特点控制放气，严防地层出砂。

（13）施工中发生井喷和火灾的急救措施，参照本书第七章第四节进行抢险扑救。

（14）施工过程中，要注意环境保护，严格执行国家和地方有关环境保护的法律法规。

第五节 注入井作业施工安全

一、采用压井方式施工作业安全

（一）压井施工条件

在注入井进行井下作业施工时，为保障作业施工安全，控制环境污染，避免因井下作业施工造成严重的地层能量损失，在下列各种情况下，应采用压井方式进行井下作业施工。

（1）采用清水洗井后，仍不能控制井口喷溢的各种注气井。

（2）井内有毒有害气体含量超过安全卫生规定标准，可能危及施工操作人员生命安全的注入井。

（3）地层压力大，放喷施工易造成严重环境污染，并且不具备"不压井不放喷"施工条件的注入井。

（4）施工工序复杂、施工周期长、地层压力大的注入井。

（5）其他一些施工设计要求进行压井施工的注入井。

（二）压井液的选择

（1）根据油层的性质选择对油层损害小、配伍性好的压井液。

（2）压井液密度和用量确定参照本章第三节"自喷井压井施工操作安全"相关内容。

（三）其他

采用压井方式作业的其他施工工序的安全操作要求参照本节相关内容。

二、采用不压井不放喷方式施工作业安全

（一）不压井不放喷施工条件

为了控制环境污染，减少施工过程中造成的地层能量损失，实现安全、文明施工，在下列情况下应采用不压井不放喷作业。

（1）关井降压后，放井口溢流稳定在 15 ~ 25m³/h，且溢流中含砂量超过允许标准的注入井。

（2）井口溢流量不大，但溢流中含油、气大，能对环境造成较大污染并影响现场施工安全的注入井。

（3）其他一些具备不压井不放喷施工条件的注入井，在保证施工安全的前提下，也应实行不压井不放喷作业。

（二）注入井不压井不放喷施工安全操作要求

参照本章第三节"自喷井不压井不放喷安全操作"相关内容。

三、采用放溢流方式施工作业安全

（一）施工准备

1．井场及井况调查

（1）调查井场状况是否具备作业施工条件。包括井场面积、电源、井场周边环境等。

（2）调查了解结构是否完好，有无套损及井下落物等影响正常作业施工的问题，以便

提前做好准备。

（3）调查井口装置是否符合作业施工要求。

（4）调查注水系统、配水间流程、压力表、流量计是否完善。

2. 与采油队交接井

注水井一般井场设备虽然比较简单，但交接井时，也应按照其他施工井一样进行逐项交接，并当场填写交接书。具体交接内容参照本章第一节"有杆泵施工交接井"相关内容。

3. 关井降压

关井降压的目的主要是通过关井停注后，使井底的注入压力向井筒周围的油层扩散，防止放溢流抬井口时井底压力骤降，对井身结构和地层产生破坏作用，安全技术操作要求有：

（1）缓慢关闭注水闸门，将注入量降为"零"。关闸门时严禁身体正对闸门丝杠操作。

（2）关闭驻水闸门前，应记录来水压力（油压），注入量和水表底数等相关资料数据。

（3）冬季施工时，关井降压后，要将来水管线进行放溢流，防止发生管线冻结事故。溢流量大小根据室外温度、配水间与井口距离和注水管线的铺设状况决定，对露天铺设的注水管线，应适当提高溢流量。

（4）关井降压时间一般情况下应不少于 4h，当井口压力（油压）趋于稳定下降时，方可进行井口放溢流及下步施工。

4. 喷水降压（放溢流）

在注水井作业时，关井降压后通常采用放喷降压，使井口压力降低为零，这样既可以避免伤害油层，又可以用降压的方法代替洗井，以满足施工的需要。

（1）喷水降压的作用。

①代替洗井。

喷水降压一般用井口闸门控制喷率，随着井内的高压流体的喷出，井内的压力必然不断降低，直至井口压力降低为零，可以将井筒中的水垢、杂质带出到地面，达到顺利作业的目的。

②解堵作用。

对注水井采用放喷措施后，利用地层内的高压流体冲刷，可以携带出岩层孔隙中的杂质及堵塞物，起到解堵作用，从而恢复地层的渗透率。

（2）喷水降压工艺。

喷水降压工艺比较简单，就是打开油管（套管）闸门，使井筒以致地层内的液体不断地喷至地面。喷出量的大小根据井下油层堵塞情况来决定，用调节井口闸门控制。在喷水出口进行流量及水质分析，当井口压力趋于零，喷势变为溢流后，注水井喷水降压的目的已经达到，便可以抬井口进行井下作业施工。

注水井喷水降压一般采用油管放喷，在油管不能放喷时才采用套管放喷。油管放喷较套管放喷有以下优点。

①见水早、易调节。

采用油管放喷时，油管的容积比套管放喷时液流经过的油套环空容积小，液流集中。在同一井口压力和同样的喷率下，采用油管放喷比用套管放喷见水早，观察及时，便于根据水质的变化及时调节井的喷率。

②流速高、携带力强。

在同一喷率下，采用油管放喷流速高，携带力强，能将大量杂质及较大的颗粒砂子带到地面。而套管喷水流速低，会有大量的砂子及杂物沉入井底。

③不磨损套管。

采用套管放喷时，大量水及砂子在油套环形空间流过，容易磨损套管；而用油管放喷时，大量水及砂子在油管内流过，保护了井身。

④不易造成砂卡。

套管喷水携砂能力弱，速度慢，阻力大，砂子可能在环形空间内沉淀，容易造成砂堵，形成砂桥而将油管卡住。而油管喷水则与其相反，不易造成砂卡。

(3) 喷水降压的安全技术要求。

①初喷率的确定。

初喷率是指开始放喷时单位时间内的喷水量，其单位是 L/min 或 m^3/h。初喷率选择得正确与否，不仅影响到喷水降压的成败，还会影响到井况及油层。一般初喷率控制在 $3m^3/h$，含砂量在 0.2% 以下。

②喷出量幅度提高及极限喷率的确定。

一般在初喷率的条件下，喷出总水量大于喷水管（油管或油套环形空间）容积 2 ~ 3 倍后，若含砂量仍不上升，即可以逐渐提高喷率，但每次提高幅度不得超过 $1m^3/h$。如果喷率提高到某一喷率后，发现含砂量突然开始上升呈连续状况，即说明喷率已达到极限喷率（也叫临界喷率）。

在极限喷率下继续喷水 30min 后，若含砂量不降，应立即控制到极限喷率以下喷水，以减缓流体对地层的冲刷，避免造成井底附近地层的坍塌。

③取资料及控制调节喷率。

采用喷水降压时，要求每隔半小时记录一次井口压力、喷水量、含砂量、含泥量、含杂质量等，以便及时控制和调节适当的喷率。

④经过喷水后压力仍然不降，出口排量在 $15m^3/h$ 以上，含砂量大于 0.2% 时，应立即关闭井口阀门，选用适当密度的水基钻井液进行压井作业。

5. 搬迁和设备就位

详见第三章第一节。

6. 立井架、穿大绳、校井架

详见第三章第二节。

7. 搭油管桥

(1) 搭管、杆桥处确保地面平实，不平处要进行平整，土质松软处要用枕木或其他材料垫实。

(2) 油管横三道桥，桥间的距离要达到 3.5m，油管桥高度 30cm。

(3) 每道桥要有 5 个桥座，并且桥座底面要平整，不能有卷边、缺少加固支柱、焊口开焊等现象。

(4) 头道桥距井口垂直距离不能超过 2m。

(5) 油管桥整体要平，以保证受力均衡，防止发生倒油管桥伤人事故。

（二）施工程序及安全注意事项

1. 抬井口

打开井口油管和套管闸门，在无溢流或正常溢流情况下，卸下井口螺丝，拆下管线连接处，用大钩和钢丝绳套把井口采油树吊到方便施工的地方，采油树要放在平稳处，防止歪倒砸伤人。采油树下平面要用防渗布垫好，防止土和脏物进入采油树内。

2. 安装井控装置

注入井放溢流作业施工，井控装置由特殊法兰和油管自封组成，主要作用是清除油管外壁油污和防止小件工具掉入井内。应按照井口控制器安装标准进行安装。

3. 试提油管挂

（1）松开油管挂顶丝，上紧提升短节。

（2）试提。上提拉力不超过井内管柱悬重 200kN。操作台及井口附近严禁站人，同时有专人观察地锚和绷绳受力情况。用一挡车缓慢提起井内管柱，当井内管柱提起 50cm 时，应刹车暂停上提，检查大绳及拉力表各绳卡受力情况，确认正常后再提出油管挂。

4. 解封（原井下有封隔器时）

（1）扩张式封隔器解封。

①打开油、套出口闸门，观察套管溢流情况，如果套管出口有溢流，说明封隔器已解封。

②如果套管出口无溢流，而上提管柱悬重又大于全井管柱正常悬重，则采用上下活动管柱的方式，使封隔器胶筒与套管壁产生摩擦、挤压，直到悬重恢复到全井管柱正常悬重，同时套管溢流逐渐增大，说明解封成功。

（2）压缩式封隔器解封。

①上提管柱解封。上提管柱观察悬重及套管溢流情况，当悬重大于全井管柱自重后又恢复到全井管柱的正常悬重，而且套管溢流逐渐增大，说明封隔器已经解封。如果悬重大于全井管柱正常悬重而不下降，则采用上下活动管柱的方式，使封隔器胶筒与套管壁产生摩擦、挤压，直到悬重恢复到全井管柱正常悬重，同时套管溢流逐渐增大，说明解封成功。

②液压解封。从油管内用水泥车平稳加压至解封压力，观察套管溢流情况，如果套管有溢流并且指重表悬重正常说明封隔器已解封。如果套管无溢流则重复上述过程，并可适当提高泵压，直至封隔器解封。

（3）解封时安全注意事项。

①注意观察指重表变化，防止管柱大力上提时突然卡住或管柱断脱，发生意外事故。

②修井机要用低速挡，大钩上下要匀速、平稳，不能快起猛放，防止突然发生卡阻现象，造成提升系统和井口设备损坏以及人身伤害事故。

③要有专人观察地锚、绷绳、绳卡子受力情况，防止发生地锚抽签、绳卡子松动、绷绳断股造成倒井架事故。

④用水泥车向油管内打高压解封，一般解封压力在 20MPa 以上，施工中操作人员要远离高压管线。并注意观察解封效果。

⑤液压解封时，升压要平稳，达到解封压力后要稳压 10～15min，使封隔器充分解封。

⑥解封完毕后，待管线压力降为零时，再拆除解封管线，绝不允许带压拆除管线，以

免刺伤人。

5．起油管安全操作要求

（1）井场人员要按规定和标准穿戴劳保用品，要戴好安全帽。

（2）液压钳尾绳要用不小于 ϕ 13mm 的钢丝绳卡牢在井架一侧，高度与钳体呈水平。

（3）严格按照液压钳安全操作规程使用液压钳。

（4）油管卸不开时，不许用大锤敲击油管接箍，防止产生火花发生火灾事故。

（5）吊卡销子如果不是磁力销子，需要用保险绳，防止销子在发生刮、卡时，销子弹出伤人。

（6）游动滑车上下移动时，井口操作人员要后退一步，防止高空物体坠落伤人。

（7）拉油管人员不能用脚蹬油管桥，要离开油管桥一定距离，防止桥倒砸伤。

（8）操作人员注意力要高度集中，要互相监督、互相提示、互相纠正违章行为。

（9）作业机操作要平稳，先用一挡车起油管，再分别换挡。作业机各挡位起油管推荐深度见表4-1。

表4-1　作业机各挡位起油管推荐深度

井　深	游动系统（有效绳数）	各挡起下油管深度			
		1挡	2挡	3挡	4挡
2500m 以上	8 股	2500m 以上	1650～2500m	1000～1650m	1000m 以下
1200～2500m	6 股	2000m 以上	1200～2000m	700～1200m	700m 以下
1200m 以下	6 股	900m 以上	700～900m	400～700m	400m 以下

（10）五级以上大风天、雨天、雪天停止施工作业。施工中，井口溢流要排在井场临时溢流坑或污水罐中进行回收处理。

6．配合工序的安全操作要求

注入井作业施工中的配合工序，根据施工现场情况和井况条件不同而各有不同，这部分内容参照本章第三节"自喷井施工中配合工序安全操作要求"。

7．清洗、丈量、组配管柱安全要求

组配管柱是指按照施工设计给出的下井管柱的规范、下井工具的数量和顺序、各工具的下入深度等参数，在地面丈量、计算、组配的过程。其安全技术要求主要有：

（1）用蒸汽刺洗油管，清除油管内外的结蜡、死油、泥砂和杂物。

（2）清洗油管螺纹，检查螺纹是否完好无损坏。

（3）检查管体有裂痕、孔洞、弯曲和腐蚀的油管，要及时甩掉。

（4）用标准内径规逐根通过油管（见表4-2）。

（5）三人三次丈量管柱，累计误差每1000m不大于0.2m。

（6）按设计要求组装下井工具时，要涂密封脂。

（7）封隔器卡点要避开套管接箍和射孔炮眼及管外窜槽井段。

（8）各种井下工具深度、顺序应符合设计要求，误差在允许范围之内。

（9）不要用蒸汽刺工鞋、工服等，以免烫伤。

表 4-2　油管内径规规范表

油管通称直径，mm	油管内径规直径，mm	油管内径规长度，mm
40	37	800
50	47	800
62（普通）	59	800
62（玻璃）	57	800
76	73	1000
88	85	1000

（10）刺油管时，要用木棒把蒸汽胶管绑起来，手不要直接接触胶管，防止烫伤手。

（11）移动蒸汽时，要注意观察周围情况，避开带电设施。

（12）严禁用火烘烤油管的方法进行解堵、除蜡。

（13）内径规通油管时，身体要避让开，防止内径规砸手、砸脚。

（14）组装下井工具时，背钳应打在规定位置，同时要保持下井工具清洁无泥砂。

8．下完井管柱安全操作要求

下完井管柱除了参照起油管安全操作要求外，还应做到：

（1）下油管操作要平稳，防止压缩式封隔器由于下放速度过快受到损坏，影响释放、密封效果。

（2）用液压钳下油管时，要等游动滑车停止摆动后再上扣，防止损坏油管螺纹，造成漏失不密封，油管推荐上紧扭矩见表 4-3。

（3）下井油管及井下工具都应按要求涂密封脂。

（4）提单根时，拉油管人员应注意防止油管接箍窜入油管自封盖子下，造成油管尾部上翻，发生恶性伤人事故。

表 4-3　油管推荐上紧扭矩

油管通称直径 mm	钢级	最佳上紧扭矩，kN·m	
		非加厚油管	加厚油管
50	J—55	1.00	1.78
	N—80	1.41	2.84
	P—105	1.76	3.13
62	J—55	1.45	2.28
	N—80	2.03	3.18
	P—105	2.55	4.02
76	J—55	2.04	3.15
	N—80	2.86	4.42
	P—105	3.62	5.60

9．组装采油树安全操作要求

（1）有专人指挥井口操作人员和作业机操作司机，做到配合协调一致。

（2）吊采油树绳索要用 $\phi 13mm$ 以上的钢丝绳。

（3）井口螺丝对角上紧，再用死扳手砸紧，保证高压注液时不刺不漏。

（三）洗井技术标准及安全要求

注水井作业后洗井是注水井管理的一项重要工作，目的是清除井下腐蚀物和杂质，保持井底清洁，防止污物进入地层，堵塞油层孔隙，影响注水效果。

1．洗井的要求

注水井洗井时，必须坚持"一大，二平衡，二点一致，四不准"的原则。

（1）一大：洗井排量要大，保持 15 ~ 30m³/h。

（2）二平衡：洗井时进、出口排量平衡，或出口排量略高于进口排量 1 ~ 2m³/h。

（3）二点一致：洗井进口、出口水质一致时（根据化验数据），方为洗井合格。

（4）四不准：水量不足、水质不合格不准洗井；出口设备与流程有问题，污水无回收设施不准洗井；仪表不灵、不全不准洗井；洗井措施不全、不清不准洗井。

2．洗井方法

对于不同注水方式的注水井应采取不同的洗井方法。洗井方法一般有正洗井、反洗井两种。

（1）正洗井。

洗井液从油管进入井筒内，从油套环形空间反出井口，此种方式为正洗井。由于油管的面积一般小于油套环形空间截面积，所以洗井液在油管中的流速大于在油套环形空间的流速。因此正洗井对井底的冲力较大，有利于冲净井内管柱中的污物。但是下有封隔器的注水井一般只能用反洗井。

（2）反洗井。

洗井液从油套环形空间进入井筒，从油管中返出井口，此种洗井方式称为反洗井。反洗井时，洗井液携带污物能力较强。

3．洗井前的准备

（1）检查校对流量计或水表误差，流量计误差不大于1%，水表误差不大于5%。

（2）准备出口量水池及化验水质用的仪器药品。

（3）准备出口污水回收装置。

4．洗井的安全操作步骤及技术要求

（1）根据井下工具情况选择合适的洗井方式，选择合适的挡板，接好出口管线。

（2）倒好井口流程。

（3）打开配水间洗井分水器上的分流阀门并控制进口水量，打开井口总阀门和套管阀门。

（4）操作平稳，调整洗井排量，排量由小到大缓慢提高，洗井时一般开始以15m³/h排量洗 1 ~ 2h，然后提高水量到 20 ~ 25m³/h洗井 1 ~ 2h，再提高到 30m³/h，洗井至合格，并保持配水间压力波动不超过 0.2MPa。

（5）定时量出口水量，定时化验水质，按规定排量洗井。

（6）洗井至出口水质分析化验合格后再稳 2h，即可转入正常注水。

（7）洗井不许中断，以保证洗井质量。

（8）洗井时进出口水量要基本相同，最大洗井排量不能超过 30m³/h。洗井时不许发生井漏，要求微喷不漏，喷量要在 2m³/h 左右，绝不允许漏失，若发现漏失应立即停止洗井，以防油层受伤害。洗井过程中每 2h 量一次出口水中含砂量，记录一次压力及排量，出口含砂量不超过 2%。

（9）当洗井不通时，应立即停止洗井并检查分析原因，一般从以下几方面检查分析：地面管线堵塞或冻结；倒错流程；闸阀的闸板脱落；油管底部循环阀关闭；封隔器释放；井底砂子回落，砂堵进液孔等。

（10）洗井总水量不能低于 200m³。

（11）无进出口计量设备不准洗井，洗井时井口不准离人，出口返气时注意防火。

（12）出口无污水回收装置不能洗井，防止污染环境。

（四）坐封安全操作要求

注入井常用扩张式封隔器，该封隔器在正常注入时，会自行扩张密封油套环形空间。当使用压缩式和支撑式封隔器时，需要通过油管打压进行坐封。安全操作要求主要是：

（1）井口安装 25MPa 压力表。

（2）对进口管线进行试压 20～25MPa，要求管线各连接部位不刺不漏。

（3）关闭套管来水方向闸门，打开套管出口方向闸门，用泵车缓慢向油管内灌满水，之后平稳升压。

（4）达到坐封压力后，停泵稳压 30min，观察套管溢流及井口压力。如果压降小于 1MPa，套管出口溢流停止，说明坐封合格。

（5）如果套管出口仍有溢流，则进行适当提压。对于悬挂式管柱最高压力不得超过 20MPa，对于支撑式管柱最高泵压不得超过 25MPa。

（6）泵车管线试压和正常坐封时，操作人员要远离高压管线，防止管线断裂刺伤人。

（7）拆除泵车管线时，一定先关闭井口闸门，再缓慢放掉泵车压力至零。严禁带压拆除泵车管线，防止刺伤人。

（8）井内液体需要外排时，要进入罐车或污油回收装置，防止污染环境。

（9）风天、雨天、雪天停止坐封作业。

（五）捞投井下水嘴安全操作要求

注入井完工坐封后，要捞出井下配水器中死堵水嘴，投入设计要求直径的注水嘴，这项工作由采油生产单位或作业施工队进行。具体安全操作要求参照本章第三节"投送分层配产堵塞器安全操作"相关内容。

（六）转注安全操作要求

（1）正确倒好注水流程。

（2）闸门要缓慢开启，开关闸门时，人员要侧开身位，防止丝杠窜出伤人。

（3）按照施工方案设计要求的注入量，调好注水闸门，进行正常注水。

第五章　油水井大修作业安全

大修工艺的发展，是伴随着油田开发时间的延长、采油工艺的发展而发展的。随着油田开发时间的不断增长，生产井井身结构也将逐渐发生变化，由于油田长期注水开发、地质条件的变化、地质活动加剧、地层滑移、不恰当的井下作业措施以及套管材质与各种微生物的腐蚀等因素，使生产井套管技术状况变得越来越差，出现了套管内凹形、孔洞破裂形漏失、错断等套管损坏以及为数较多的完好井内落物、砂蜡堵卡管柱、电缆脱落卡埋机泵等复杂事故井。为了恢复生产井的正常生产，油水井的大修应运而生，其目的就是解除井下事故，维护井身和改善油井出砂条件及注水井注水条件，恢复单井生产能力，提高生产井利用率，保持生产井正常生产，最终提高油田的采收率，使油田开发获得最大经济效益。

大修的工作内容：井下故障诊断、复杂打捞、查封窜、找堵漏、修套管、套管内侧钻、挤封油水层、油水井报废等。

大修的工作原则：在大修作业中，严格执行技术标准及操作标准，只能解除井下事故，不能增加井下事故；只能保护和改善油层，不能破坏和伤害油层；只能保护井身，不能损坏井身。

第一节　油水井大修地面设备使用安全

一、修井机

修井机是修井施工中最基本、最主要的动力来源，按其运行结构分为履带式和轮胎式两种形式。履带式修井机一般不佩带井架，其动力越野性好，适用于低洼泥泞地带施工。缺点是行走速度慢，横穿公路需保护路面不被压坏，灵活性差，有所限制。轮胎式修井机一般佩带自背式井架，行走速度快，施工效率高，适合快速转运的需要，其缺点是低洼、泥泞地带、雨季翻浆季节行走和进入井场相对受限制。

（一）履带式修井机

履带式修井机一般通称为通井机，其安全操作要求如下：

1. 使用前的检查与准备

（1）检查各部螺栓（母）紧固情况，必须牢固可靠，以防连接部位松动。

（2）检查各润滑部位，加注充满润滑油、润滑脂。

（3）将支撑脚支撑牢固，固定销锁紧，基础用木方垫牢，锁紧支撑脚。

（4）检查各操纵杆，灵活可靠，各种仪表、管路正常可靠，分离正常。

（5）确保制动系统各部灵活完好，刹车自如到位，间隙合理，无异常。

（6）发动机出现高速飞车或不正常运转时按紧急熄火按钮，正常熄火严禁使用。

2. 使用安全操作注意事项

（1）变速箱换向时必须在滚筒主轴完全停转时方可进行。

（2）变速时必须在一个变速杆处于空挡位置时，另一个变速杆方可进行挂挡。

（3）离合器不允许在半离合状态下工作。

（4）为了安全起见，下钻时应使用制动器控制速度，严禁使用离合器做制动用。

（5）起下管柱作业时，应根据负荷情况及时换到相应的挡位，防止意外发生。

（6）在使用和准备使用制动器时，不得切开主离合器，不得使发动机熄火，因为液压泵失去动力将会使制动器失去制动助力作用。

（7）应随时观察、倾听修井机各部运转情况，发现异常及时处理。严禁在制动助力器失灵时起、下作业或悬吊重物。

（8）起、下作业时，滚筒距井架基础最大距离不超过 3m。

（9）清除井架上的泥土和易掉物件。

（10）分离主机离合器和滚筒离合器并将主机变速杆推至空挡位置，踏下主机制动锁。

（11）将主机进退操作杆推至后退位置。发出开车信号，启动发动机。

（12）结合主离合器，检查油、气压升至标准安全范围。

（13）每周排放一次液压油箱冷凝水，在发动机熄火后 2h 排放。

（二）轮胎式修井机

1. 使用规程

（1）所有机械设备在使用中，不准任意割焊，以保持设备机械性能、完整及结构要求，严格控制发动机传动箱的工作温度。各种仪表、安全保险装置必须灵敏可靠。

（2）设备在使用时，零部件必须齐全完整，不允许带病运行。所有机械故障必须及时排除，更换的配件应按原规定装好，达到原标准和要求。

（3）各固定螺孔直径不得大于所穿螺栓直径 2mm 以上，气割孔必须加焊带钻孔的铁板。固定钻机，转盘井架、钻井泵的底座、爬犁必须加垫厚度 5mm 以上的钻孔铁板。

（4）各固定螺栓必须符合设计规格，并加弹簧垫拧紧。护罩、栏杆等保护装置必须齐全可靠。

（5）井架及底座各结构齐全良好，不得有扭曲变形、有严重伤痕、裂纹和严重锈蚀等情况。

（6）气路各进气阀、单双向开关、防碰天车、各操作手柄必须灵活可靠。

（7）各岗位必须按巡回检查路线和检查点的要求对设备、安全防护、保险装置、工作环境等进行检查，在安全可靠的状态下方可启动设备。

（8）启动设备、变换排挡和操作离合器，必须操作平稳，不得产生冲击，换挡时必须推动到规定位置，停止运转后必须换回空挡位置。

（9）各岗位人员必须坚守岗位，在启动设备时，应细心观察，及时发现和处理可能发生的不正常现象。

2. 搬迁前的检查和搬迁中的安全操作规程

（1）搬迁前的安全检查。

①检验液压油箱、转向油箱、分动箱、各润滑杯油面是否在油尺卡度范围内，各桥牙包油面是否在视油孔内位置。给转向系统的 U 形接头、转向臂、横直拉杆、各传动轴伸缩器、十字轴承加注润滑脂。IRI-500 型修井机外形结构示意见图 5-1。

②保证发电机、传动箱、万向轴、万向轴托架螺栓紧固；各连接阀兰紧固，防松装置

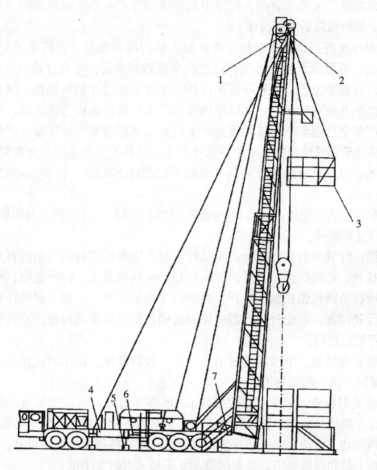

图 5-1 IRI-500 型修井机外形结构示意图
1, 2, 3—去地锚；4—油箱；5—机件脚；6—工具箱；7—反向齿轮箱

齐全；转向系统的 U 形接头、转向横直拉杆、刹车蹄等紧固；轮胎螺母紧固；油路、气路、启动充电电路、各指示灯线理顺，接头、桩头无松动；各润滑油箱体、丝堵、千斤锁帽等紧固。

③检查轮胎胎位及气压，轮胎胎位无明显前后八字，胎压一般 0.7 ～ 0.8MPa。

④工作前确保载车行驶控制的总气阀接通驾驶操作部位：分动手把推向行驶位置，并固定；助力器控制阀推到工作位置；液压油箱阀门处于开位置；变距器（传动箱）处于空挡位置；手刹、脚刹、桥间闭锁、轮间闭锁、前桥驱动阀挂合自如，并处于断开位置。

⑤保证发动机启动后机油压力应在规定范围：发动机温度 65 ～ 85℃；充电电表处于充电位置；传动箱工作油温、油面应在规定范围；传动箱空挡压力应在规定范围；修井机载车起步气压；不低于 0.45MPa；修井机载车起步后各传动部件应无异常响声。

（2）行驶中的操作规程及安全注意事项。

①严格控制发动机传动箱的工作温度：发动机最高温度不应超过 85℃，传动箱最高工作温度不应超过 121℃，否则应降低转速或停车检查，排除故障后方可行驶，以保证安全行驶。

②注意异常响动、发热、冒烟。行驶中载车各部件若有不正常的响声、发热、冒烟应立即停车检查，排除故障后方可行驶。

③排挡起步时先将挡位挂入低挡，慢慢加大油门即可起步；在传动箱处于低挡位时，车速未跑起之前，不要急于换高挡位，只能在车速跑起来后，才允许逐一地换上高挡位；处于高挡位时，若需要降挡，要先降低油门使车速降下来后才能换低挡，禁止在高速行驶中，用突然降挡的办法降低车速；从前进挡换倒挡或从倒挡换前进挡之前，应使载车完全静止后进行；严禁空挡溜车，这样操作会严重损坏变速箱造成失控事故；严禁在没有分开传动系统或使驱动轮离开地面时，牵引或顶推载车，这样做会严重损坏变速箱。

④行车时速。载车在公路上行驶最高时速不应超过 50km/h，行驶前应做出载车超高、超宽、超长等标志。

⑤浮动桥和前加力的使用。在沙地、泥泞、松软等道路上行驶困难时应使用前桥驱动，超过困难地段应立即解除。

⑥轮间封锁。行驶中若某桥有一边轮胎打滑时，应将轮间封锁控制阀打开，指示灯亮表明轮间封锁挂合，轮间封锁挂合后，方向机处于中间位置上。桥间封锁：行驶中若两桥有一桥打滑时应将桥间封锁控制阀打开，桥间封锁指示灯亮了，表示封锁挂合，这时方向机应处于中间行驶位置。不论桥间封锁或轮间封锁，都只能直线行驶，不许转弯行驶，解除封锁要使车停稳后进行。

⑦下坡减速器的使用。下坡减速器用于下较大坡时使用。操作时应注意间隔使用，即使用约 30s 后解除一次，然后再用。

⑧长途中的定时检查。长途行驶应每隔 60km 停车检查，传动部分有无松动，轮胎气压是否充足，有无漏油、漏水、漏气现象。车上紧固物有无松动以及检查其他不安全因素。

⑨保证车辆制动、传动方向、后视镜、刮雨器、喇叭各指示灯灵敏可靠。

⑩修井车在上修和回撤当中，必须携带 8kg 干粉灭火器 2 个以上。

3. 修井机的安装标准及安全操作规程

(1) 地基的选择和绷绳坑的确定。

在修井作业中，由于上提负荷较大，对修井机的基础等方面要求较高，基础的牢固与否将直接关系着施工作业的安全，为此显得尤为重要，具体要求如下：

①要求井架底座基础最小承受压力 0.15 ～ 0.2MPa，若所须承载力达不到安装标准，应采取相应措施加固基础，井架基础周围井场应平整。

②修井机及钻台基础应略高于地平面且要求平整以便排除液体，绷绳坑的位置应避开管沟、水坑、泥浆池等处。绷绳应离开电力线 5 ～ 10m。

③在井场建筑物和地形受到限制时，可用加长绷绳的办法处理，不能缩短绷绳或改变绷绳坑的方位。

④绷绳坑及地脚绳的要求。

a. 绷绳坑应按标准进行确定，深度要求在 2.2m 以上，横杆洞穴靠近井口端，且垂直于坑长方向，一般洞穴深度不小于 250 ～ 300mm。横杆两端离地面不小于 2.2m，横杆采用 ϕ89mm 的钢管。

b. 特殊情况下经有关部门同意采用水泥墩子固定，墩子的摆放位置与绷绳坑位置要求一样，每个墩子的拉力，两层井架不小于 70kN，单层井架不小于 50kN。水泥墩子基坑深度必须达到 1m 以上。

c. 地脚绳应采用 ϕ19mm 的双股钢丝绳，钢丝绳不应断丝、断股或有腐蚀，不能打死结。马蹄扣套应位于横杆中央，接头用 4 个卡子，卡口在受力端方向，卡距为 120mm，绳卡应露出地面，便于检查。

d. 绷绳的每端使用与绷绳规格相同的绳卡不小于 3 个，每个绳卡之间距离为 150 ~ 200mm，U 形卡的开口方向均朝向绷绳受力侧方向。

（2）井架起升前的检查。

在以往的施工作业中，井架起升前的检查在施工过程中有时重视程度不够，容易发生液压系统漏压、气路系统连接不严等事故，为此起升前的检查必不可少。

①液压系统检查。

a. 检查液压油箱的油面是否在规定范围内，液压油是否有变质、乳化现象。

b. 在使用液压油泵前打开油泵吸入管线的所有阀，检查高压油管应不老化，自封接头应连接牢靠。

c. 检查所有液压设备控制阀、阀件，使之处于非工作状态。

d. 启动液压泵前，检查二节井架安全锁钩，应挂牢二节井架。

②气控系统检查。

a. 各部压力表齐全、准确，各阀件完好无损，各管线连接正确，固定可靠。

b. 放尽气瓶积水，润滑杯中加够规定标号的润滑油。

c. 系统供气前，所有控制阀处于非工作状态。

d. 气控系统的工作压力不低于额定值，当气压不足时不能接合液压泵、离合器。

e. 试运行前，各机件、阀件、仪表、安全阀工作应稳定可靠，不憋、不跳、不磨、不卡、不漏等，对不正常现象及时排除。

③钻台的定位和调平。

修井机就位前先将钻台座落在钻台地基上，使方补心对中井口，偏差在 20mm 以内，用水平尺在钻盘面纵横方向上将钻台调平，然后吊入井架底座，同样，用水平尺调平。钻台和井架底座调平后，用销钉使它们连为一体，复查井口中心到井架两丝杠的中心。

④井架起升前的准备。

a. 载车与井口对中后，利用载车的四个液压调平千斤和水平尺把载车找平。找平后，将千斤用锁紧螺帽锁住，并将载车两只机械调平千斤顶好，使六只千斤受力均匀。

b. 将 Y 形支腿上的两只机械千斤撑住，并与座托对准，然后检查 Y 形支腿上的角度水平尺，调整 Y 形支腿的前后倾角不超过 3.5°，Y 形支腿下的螺旋机械千斤的伸出部分长度不得超过 180mm。

c. 在井架起升途中，不准调节 Y 形支腿，也不允许调节载车的水平度，若发现问题应将井架放平后重新调节，调好后再进行井架起升。

d. 穿大绳、固定活绳头，在滚筒上缠够规定数量的钢丝绳，并排列整齐，将游车大钩在托架上固定好。

e. 理顺井架上的各绷绳和其他吊绳，绷绳的各绳卡卡紧可靠。

f. 按润滑要求，给井架与天车各润滑点加注润滑脂。

g. 启动液压油泵，打开针形阀，循环 8 ~ 12min，卸松起升液缸顶部放气螺丝，同时操作手柄使液缸在低压下充液排除缸内气体，直至排除油无气泡为止。

h. 井架在水平位置时，打开伸缩长液缸顶部的放气螺丝，排尽液缸中的空气。

i. 检查井架回转固定螺丝，二节井架锁紧装置，使其灵活可靠。

（3）井架的起升和安装。

①井架起升操作程序。

a. 二层井架起升操作程序：关闭针形阀，抬起起升液缸控制手柄，开始起升井架；起升过程液压油压力控制在额定范围；当起升至液缸直径变化，产生增压时，操作应保持平稳。当井架升到垂直位置时，要减慢起升速度，使井架缓慢落在 Y 形支腿上，不能产生任何冲击；井架起升完毕，先把下节井架与 Y 形支腿锁紧，再打开针形阀。

b. 单层井架起升操作规程：将多路换向阀的溢流阀压力调到额定范围，并向各油缸充油；操作多路换向阀起升井架，当井架起升到垂直位置后，应减慢起升速度，不能产生任何冲击；井架起升完毕，将井架与后支架前腿用连接销连接好。

②上部井架的伸出操作程序。

a. 将固定二节井架的安全锁钩打开。

b. 打开伸缩油缸顶部的放气螺丝，循环液压系统约 3min 左右，排除油缸上部空气，见无气体油流出为止，拧紧伸缩油缸顶部放气螺丝。检查液路，发现漏失应处理完后再起升井架上体。

c. 安装好刹把与刹车连杆，并松开固定的游车大钩。对新换的钢丝绳要确定好长度，固定好死绳头。

d. 抬起伸缩油缸的控制阀手柄，开始伸出第二节井架。伸出井架时液缸压力控制在额定范围。若压力超过规定范围值时，上节井架仍不能马上伸出，应全面检查钢丝绳是否缠绕，井架下体之间的构件是否有卡住现象。

e. 二层台也随吊绳拉紧而逐渐开启栏杆并抬起到水平位置。在井架上体伸出过程中应特别注意扶正器是否到位及有无损坏。井架上体伸出到扶正器以上 200～300mm 时观察扶正器是否到位，否则应停止起升。若无异常，井架上体可继续伸出。注意：井架上体在不断的伸出过程中，如果扶正器不能包住伸缩油缸，可能会造成井架上体倒塌，严重损坏设备，造成人员伤亡等事故。

f. 井架升到位时，拉下井架背面的杠杆手柄，使井架链锁装置转到锁合位置，然后把上节井架慢慢下放，坐在链锁装置的托座上。继续压下伸缩液缸的控制手柄，使之处于缩回井架的位置上，打开针形阀使液缸泄压。

③井架固定要求。

a. 将上节井架链锁装置的安全定位锁销插牢，二层台挂钩处的固定连接件扣合，穿销固定，并连接两节井架间的电路插头。

b. 安装好全部绷绳，绷绳未绷好前井架上不许上人。

c. 全部液压控制阀处于非工作状态位置，阀组箱应关闭，换位阀应换位。

d. 放井架前的准备：将滑车大钩提升到两层台位置，捆扎牢水龙带，拆除液压油管钳管线接头，解除吊钳及其他绳索，认真检查、清除或固定全部井架附件、绳索等；取下千斤护罩清理柱塞杆和千斤杆上的脏物，检查扶正器轴承是否灵活和水平扶正情况；解除二层台固定连接件，拔掉两节井架间的电路插头，松开井架天车、二层台稳定绷绳、载荷绷绳等；起动液压泵，打开针形阀，循环 8 ~ 12min；卸松伸缩油缸顶部的放气螺丝，提起伸缩油缸操纵手柄，排除油缸上部空气，见无气体油流出为止。拧紧伸缩油缸顶部放气螺丝，检查油路，如发现漏失应处理完后再下放井架。

（4）放井架操作方法程序。

①上部井架缩回操作。

a. 操作伸缩长液缸举升手柄，使上节井架慢行上升至离开链锁装置托座，停止井架伸出，上推井架背面的杠杆手柄，使链锁装置回位。认定回位后，再慢慢下压控制阀手柄或打开针形阀，使上节井架平稳下降。

b. 缓慢平稳地下放井架，最高压力不超过额定值，同时二层台也随着下降，倒垂，收起栏杆，直到滑杆完全进入滑套为止。

c. 在收回井架上体过程中，扶正器必须抱住伸缩油缸柱塞杆，游车大钩始终处于合适位置。

d. 上部井架下放快到位时，应放慢速度以防冲击。

e. 打开针形阀。

②井架放倒操作。

a. 二层井架放倒操作。

（a）将游动滑车大钩在托架上固定牢，松开刹把与载车间的刹车连杆，拆掉下节井架与 Y 形支腿的定位销或搭扣螺栓。

（b）打开起升油缸针形阀，提起起升油缸操纵手柄，循环液压系统 3min 左右，以释放油路中及起升油缸底部空气。关闭针形阀，卸松起升油缸顶部排气塞，然后按下操作手柄，排放起升油缸三级有杆腔空气，直至排出油无气泡为止。

注意：液压泵运转时才能排放液压油缸里的气体，如果不排完这些气体，当井架放倒时会自行翻倒，损坏设备，伤亡人员。

（c）小心按下起升油缸操纵手柄，缓慢放倒井架，注意观察起升油缸动作顺序，上部第三级小油缸必须先缩回，下部第一级大油缸必须最后缩回。

注意：如果油缸按错误的顺序缩回，应重新让油缸伸出，再按正确顺序缩回，否则将会造成设备损坏，井架自由下落，人员伤亡等重大事故。在放倒井架过程中，当上部第三级小油缸回收到位后，井架靠自重回落，井架回落速度由油缸内的安全节流孔控制。不得打开起升油缸针形阀操纵井架下落。

（d）在放倒井架过程中，随着油缸直径变化将引起压力变化，应平稳操作。当井架快接触支架时，应减慢速度，平稳地把井架托在支架上。井架放倒完毕，及时打开针形阀。

（e）退回 Y 形支腿的两只载荷千斤及附加在载车上的支撑千斤，退回找平千斤，并把绷绳和其他绳索牢固地圈捆在井架上。

（f）关闭液压箱或及时将换位阀转向安全位，停止液泵工作。

b. 单层井架放倒操作。

（a）将井架与后支架前腿的连接销取下。

（b）打开多路换向阀，使液缸上腔冲油。打开起升油缸顶部放气螺丝，提起起升油缸操纵手柄，循环液压系统 3min 左右，以释放油路中及起升油缸空气。见无气体油流出为止，拧紧起升油缸顶部放气螺丝。检查液路，如发现漏失应处理完后再下放井架。逐渐关闭多路换气阀,使井架平稳放下。

(c) 打开千斤锁帽,使千斤收回,然后收回液压找平千斤,关闭各液压控制阀,停止液压泵工作。

(5) 井架安装质量和安全要求。

① 井架安装质量要求。

a. 天车、游车上下活动正常,天车、游车、井口在同一垂直线上,井架的倾斜度不超过 3.5℃。

b. 井架各连接部位锁销到位,固定牢靠,基础受力均匀,车身前后左右调整达到水平。

c. 二层台及栏杆到位,安全锁销固定可靠,绷绳受力均匀。

d. 绷绳坑应符合地基的选择和绷绳坑确定中的规定,所有绳卡应符合地基的选择和绷绳坑确定中的规定。

e. 所有千斤都应坐稳,各千斤板应与载车中轴线呈十字摆放。

② 立井架的安全要求。

a. 立、放井架必须由专人指挥、专人操作、专人观察,操作人员必须经培训合格后上岗。

b. 立、放井架期间,非工作人员应远离井架,工作人员不得站立在井架下面,必须连续作业,不得中途停顿。

c. 立、放井架作业不能在夜间或五级风以上的天气进行。风季期间,必须先挂好抗风绷绳。

d. 在上部井架上伸但没有锁销前,需派人上井架工作时(系安全带),在此期间不得举升或下放井架,并指派专人在操作台监护。

e. 扶正器到位方可继续举升井架。在伸出井架过程中,同组扶正器的瓦片必须对齐,扶正器臂最大转过水平位置应为 40mm,井架相对于载车大梁的倾斜度不得超过举升液缸的行程。

f. 在井架起升过程中,不能再次紧固 Y 形支腿的支撑螺栓。井架起升后,不得动支腿阀。

g. 在立、放井架过程中操作要平稳,不得有碰、挂及异常响声。若发生异常现象,排除故障后方可继续立、放井架。

h. 作业过程中,若发生井架失去水平的现象,应将井架放倒重新校平后,再立井架。严禁采用调整绷绳的方法校正井口中心。

i. 在放井架回缩过程中,应将大绳整齐排列在滚筒上,并注意大钩所处的位置。

j. 上部井架回缩完毕后,应将上下井架之间的安全钩挂牢,并固定游动滑车,每次立、放井架前后,应对井架进行全面调查,发现开焊、断裂等问题及时处理。

4. 修井机作业的安全操作规程

(1) 修井机作业人员必须持证上岗,培训学习人员操作时,司钻必须在场指导监护。

(2) 操作者(必须持有上岗证)应具备下列条件。

① 熟悉修井机的一般性能,正确选择排挡,熟知各排挡位置的变换方法、气路流程、气控开关的作用及操作方法等。

② 会校对指重表,会计算指重表吨位。

③能根据柴油机的声音、泵压变化等情况判断修井机负荷及井下情况是否正常。

④能正确检查大绳的断丝及磨损情况，懂得死、活绳的固定要求及检查方法。

⑤防碰天车必须调整至最佳位置，灵活可靠。

⑥能正确无误、动作熟练地进行司钻岗位的各项操作，能应变处理在操作过程上可能出现的不正常现象。

（3）操作修井机时，必须遵守钻进和提下钻操作规程中的各项要求。

（4）清洁、保养、检修必须在停机状态下进行，关闭气开关及三通旋钮阀（刹住刹把，刹把和气开关必须有人看管），以防发生人身恶性事故。作业完毕，必须及时清除工具杂物，装好护罩，经仔细检查无误后方准启动。

（5）提升游动系统时，无论空车或重车，高速或低速都严禁司钻离开刹把位置，严禁用大钩载人上下井架二层平台。

（6）刹车毂、离合器钢毂严禁在高温时用冷水或蒸汽冷却。调整刹车时必须停车并将游动滑车放至钻台。

（7）必须严格按照钻机各排挡负荷和技术要求操作，严禁违章和超负荷运行。

（8）液压设备的压力表必须灵敏，工作时压力必须达到设计要求。操作时应先检查各个开关是否都处在关闭状态，机器附近是否有人，以防操作时出现事故。

（9）滚筒钢丝绳在游动滑车放至地面时，滚筒上至少留有 15 圈以上。滚筒刹车钢带有伤痕、裂纹时要及时更换，刹车毂磨损 8 ～ 9mm 或龟裂较严重时应更换。

（10）刹车带固定保险螺帽，必须装双帽，与绞车底座之间的间隙调节到 3 ～ 5mm 为宜。刹车下不准支垫撬杠等异物，防止进入曲拐下面卡死曲轴，造成刹车失灵事故。

（11）刹把的高低位置应便于操作并具备固定刹把的链或绳。刹车钢带两端的销子是保险销，刹车系统的销子与保险销必须齐全可靠。

（12）刹车片磨损剩余厚度小于 18mm 时应更换，刹车片不准更换单片，以防接触面不均失灵。刹车片的螺钉、弹簧垫必须齐全。

5．猫头安全操作规程

（1）猫头必须光滑无毛刺凹槽，否则应加焊，加焊后应用砂轮磨光。并要装好猫头挡绳柱，以免绳子缠乱。

（2）用猫头吊重物时，应按规定进行。

（3）操作猫头时，应站在猫头前侧面 0.6m 左右，斜对猫头成 45°角，两角成丁字步，身体站直，一手绕绳，当第一边拉紧后再绕下一道，绕绳时应看猫头，拉时看井口或被拉吊的物体。

（4）猫头绕绳圈数应视情况而定，一般 2 ～ 3 圈为宜，不得超过 4 圈。

（5）严禁使用钢丝绳拉猫头。

（6）猫头绳长度要适中，不要过长或过短。不得使用打结的、有毛刺的、绳股散乱的、腐蚀的棕绳拉猫头，以防缠乱或拉断伤人。

（7）禁止使用猫头下放管材，不允许在大钩或转盘工作的同时使用猫头。严禁用猫头上下吊人。

（8）在任何情况下拉猫头，猫头绳与猫头的夹角必须大于 100°，以防缠乱造成事故。

6．井架系统的安全技术要求

（1）井架。

①井架上的连接螺栓和螺母应齐全、紧固，架身无断筋、变形等缺陷。

②天车轮轴润滑，油嘴完好无损。滑轮转动灵活，无损伤。

③井架护栏、梯子应齐全完好。

④天车中垂线与井口中心前后偏差应小于60mm，左右偏差应小于20mm。

⑤井架及二层台上不应摆放和悬挂与生产无关的物品。

（2）井架基础。

①活动底座基础应符合设计图纸要求。

②井架基础的底角螺栓、大腿销子垫片和开口销子应齐全完好。

③活动底座基础应平整、坚固，基础平面应用水平尺找平。

④井架基础中心距井口中心距离应符合规定。

（3）井架地锚。

①地锚桩长度应不小于1.8m，直径应不小于89mm。地锚桩露出地面应小于10mm。

②钢筋混凝土地锚的外形尺寸宜采用 $L \times B \times H$，1000mm × 1000mm × 1300mm。

③地锚销宜用螺母固定。

④在虚土、泥土中埋置锚桩应采取安全措施。

⑤井架与地锚桩距离应符合规定。

（4）井架绷绳。

①井架负荷绷绳和防风绷绳直径应不小于16mm，绳无打结、锈蚀、夹扁等缺陷，每捻距断丝应少于12丝。

②绷绳受力应均匀，固定牢靠。正常作业时应设置6道绷绳，前2道后4道，特殊作业时应设置8～10道绷绳。

③绷绳用滑栏螺栓或紧绳器调节松紧度。

④每道绷绳不少于3个绳卡，绳卡与钢丝绳应相应配套，绳卡间距为150～200mm，并卡牢固。

⑤修井机四个绷绳以井口为中心，距井口34～40m，左右误差不大于1m，其夹角为45°，安装符合要求。

7. 提升系统的安全技术要求

（1）游车、大钩。

①游车应符合SY/T 5208—2000中的要求，游车滑轮应灵活完好，无损伤、变形并等长。

②游车护罩完好，应刷红色漆，边盖固定螺杆必须有保险销。

③大钩应符合SY/T 5208—2000中的要求，无损伤、变形并等长。

④大钩保险销完好，耳环螺栓应紧固。

（2）吊环、吊卡。

①吊环应符合SY/T 5113—1999中的要求，无损伤、变形并等长。

②吊卡应符合SY/T 5042中的要求，手柄操纵灵活，吊卡销与吊卡规格相匹配并拴有保险绳。

（3）提升钢丝绳。

①提升钢丝绳应符合 SY/T 5170—2008 中的要求，技术参数见表 5-1。根据所用设备按标准配备提升钢丝绳，要求钢丝绳无打结、锈蚀、夹扁等缺陷，每捻距断丝应少于 6 丝。

②作业施工时，指重表传压器应可靠完好，指重表表盘面应清洁，定期校验指重表。传压器卡盘应牢固可靠，卡盘上不能少于 6 个固定螺丝，并在死绳头上紧固 1 个以上配套绳卡。

③游车放到井口时，滚筒上钢丝绳余绳不少于 15 圈，活绳头固定牢靠。

表 5-1　提升钢丝绳技术参数

直　　径		每米质量，kg/m	公称破断拉力，kN		
mm	in		P	G	T
16	⁵⁄₈	0.98	129	149	170.5
19	³⁄₄	1.41	184	212	242.5
22	⁷⁄₈	1.92	249	286	327.2
26	1	2.50	324	372	425.3

（4）提升短节、抽油杆吊钩、抽油杆吊卡。

①完好、无变形。

②吊钩应符合 SY/T 5236—2000 中的要求，保险销灵活好用，绳套用直径为 19mm 钢丝绳，不少于 2 圈，用绳卡卡牢。

③吊卡应符合 SY/T 5235—2008 中的要求，灵活好用。

二、水龙头

（1）各润滑部位的钙基润滑脂应充分，定期检查，避免卡死。

（2）鹅颈管螺纹与下端螺纹完好无损、清洁，防止脱落。

（3）开始使用时应逐步旋转，缓慢加压，避免憋压造成事故。各密封部位无渗漏，如有渗漏应先松开压紧块，适当左旋调整圈，然后将两个压紧螺栓（母）压紧。

（4）严禁超载、超压使用，使用时必须在额定载荷和额定压力内。

（5）提环必须放入游车大钩开口内，下端连接螺纹与方钻杆连接时，中间需加保护接头。

（6）与水龙头连接的油壬应砸紧，并加保险绳，防止高空落下。

（7）搬迁时严禁直接在地面拖曳。

（8）每连续使用 8h 以上应加注润滑脂一次，并加满。

三、转盘

（一）船形底座转盘安全要求

（1）使用时应在其底座下衬垫木方，木方垫平垫稳，结构示意如图 5-2。

（2）四角用钢丝绳不低于 ϕ18.5mm 固定在四个专用绳坑内，不得将钢丝绳系在井架角上。

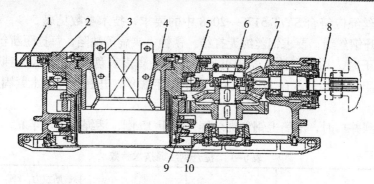

图 5-2　船形底座转盘示意图

1—护罩；2—转盘台；3—补心；4—方瓦，5、9—轴承，6、8—轴，
7—齿轮门；10—油底壳

(3) 各润滑部位加注充满润滑脂，定期检查各部位润滑情况，保证灵活完好。

(4) 转盘平面应平、正、倾角度不超过 1°。

(5) 转盘补心与井口中心偏差不超过 2mm。

(6) 方瓦应安放平稳、牢固可靠。

(7) 方补心就位后应用螺栓对穿并上紧。

(8) 重载荷时应先慢转，后逐步加速。

(9) 转盘停稳后才允许上人操作上卸扣。

(10) 严禁超负荷、超载旋转。

(11) 技术参数。

开口直径：520mm；最大静载荷：2000kN；额定功率：350kW；最高转数：300r/min；齿轮传动比：3.22；外形尺寸：长 × 宽 × 高，2250mm×1440mm×695mm。

(二) 法兰底座转盘安全要求

(1) 在链轮的相反方向，用钢丝绳固定在专用绳坑内，以免链条拉紧时拉歪拉坏井口，结构示意如图 5-3。

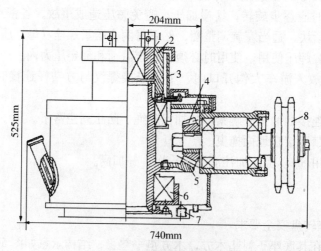

图 5-3　法兰底座转盘

1—方补心；2—方瓦；3—护罩；4—主动齿轮；5—驱动齿轮；
6—轴承；7—固定螺孔；8—链轮

（2）技术参数。

最大扭矩：4000N·m；开口直径：180～292mm；工作负荷：350kN；适应方钻杆：$2^7/_8$～$3^1/_2$in；最高转数：280～300r/min；长×宽×高，810mm×462m×525mm；1720mm×890mm×378mm；总质量：263kN，348kN。

（3）其他要求同船形底座转盘。

四、钻杆动力钳

（1）液压动力钳灵活好用，安全可靠，液压管线连紧上牢，保证不刺不漏，满足生产安全的需要。

（2）悬吊的液压动力钳钢丝绳直径应不小于9.5mm，两端用2个绳卡固定牢靠并在使用前检查，保证完好，尾绳长度不大于液压管线长度，不同压力下扭矩见表5-2。

（3）现场维修或更换牙板时必须切断液压源，需要动作时，维修人员的手不得在动力钳内，非操作人员严禁维修，在非施工时应将动力源全部关闭。

表5-2　动力钳技术参数

液压，MPa	扭矩，N·m	
	高挡	低挡
16	3300	20000
15	3100	19300
13	3600	16200
11	2200	13700
9	1800	11200

（4）操作者切不可将衣物、身体的任何部分以及钢丝绳等其他东西夹到钳子中，操作者及其他物件必须离开钳子的尾绳和钳子的摆动空间。

（5）在腭板夹紧管子前，应先使转子齿轮转动150mm（逆止销转动20°左右），使转子上的插销转离坡道板然后再施加扭矩，否则将会造成重大事故。

（6）每次使用前应彻底检查悬吊绳及背绳并保证完好，卡子牢固可靠，钳牙完好，咬合紧密，否则容易使动力钳咬合不住油管或钻杆出现打滑现象，造成动力钳旋转碰伤人，非施工人员严禁使用动力钳。

五、液压小绞车

（1）滚筒上钢丝绳必须排列整齐，使用前必须进行检查，保证钢丝绳完好，钢丝绳直径应不小于9.5mm。

（2）可用控制阀的开关来控制重物升降速度。

（3）重物过重，弹簧刹车打滑时，可通过控制阀对液压电动机反向加压，以增强弹簧刹车的力量。

（4）液压小绞车不可载人，重物下严禁站人。

（5）严禁用小绞车悬吊过重的物品。

六、钻井泵

（1）保证安全阀灵活好用，保险阀销钉的耐压强度不得大于水龙带允许安全压力，要有护罩，放喷管要接近地面，钻井泵排量与压力数据见表5-3。

表5-3　钻井泵技术参数

钻井泵型号	发动机转数 r/min	变速箱挡次	排量压力 MPa	排量 m³/min
NBQ50-13	2100	1	40	0.30
	2100	2	21	0.63
	2100	3	10	1.20

（2）泵的皮带或传动轴护罩必须完整、紧固。各种仪表完好灵活。

（3）操作人员相互配合好后方可挂泵，钻井泵性能见表5-4，启动泵时高压部位附近及水龙带下面严禁站人。

表5-4　钻井泵性能参数表

缸套直径 mm	排量 L/s	额定压力 MPa	缸套直径 mm	排量 L/s	额定压力 MPa
190	47.14	7.35	150	28.33	12.25
180	42.02	8.24	140	24.32	14.31
170	37.18	9.41	130	20.58	16.95
160	32.61	10.68	120	17.12	20.38

（4）钻井泵在工作时应特别注意压力表变化，应有专人看管，不得超压操作，时刻倾听各部运转情况，定时巡检，不得离开岗位。

（5）倒换闸门时需先开后关，人员不得正对闸门，停泵后操作杆在空挡位置并打开回水闸门。

（6）冬季操作停泵后立即拆泵，放净管线内的液体，并用低速挡转2～3圈，防止冻坏设备。

第二节　主要修井工具的用途、原理和安全使用注意事项

一、检测类工具

（一）铅模

1. 用途

铅模主要用于检测落鱼鱼顶几何形状、深度和套损井套损程度、深度位置等，为选择

修井工具和工艺提供依据，结构示意见图5-4。

2．原理

利用铅模底部铅的物理性质较软的特性，将井下鱼顶几何形状、尺寸利用一定的钻压印到铅模的底面。

3．安全使用注意事项

地面检查铅模形状及尺寸并测量铅模外形尺寸，螺纹涂油后入井，下放时应平稳，距鱼顶或套管变形深度以上5～10m时，开始冲洗鱼顶，钻压不得超过10～20kN，否则易将铅模墩坏造成卡阻，不得两次下击。鱼顶以上套管有问题时应修理套管后打捞。鱼顶破坏时，先修鱼后打印。砂埋落物先冲砂，严重的应采取防砂措施，运输时严禁磕碰，铅模水眼小易堵塞，故每下钻300～400m循环一次。

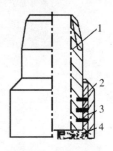

图5-4　带护罩铅模结构示意图

1—接头；2—骨架；3—铅体；4—护罩

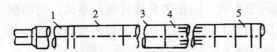

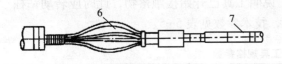

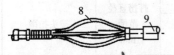

图5-5　测卡仪

1—电缆头；2—磁性定位；3—加重杆；4—滑动接头；5—震荡器；6—h弹簧锚；7—传感器；8—下弹簧锚；9—底部短节

（二）测卡仪

1．用途

测卡仪主要用于钻井、修井、井下作业中被卡管柱的卡阻点（卡阻位置）测定，为制定处理措施提供准确依据，结构示意见图5-5。

2．原理

卡点以下部分因为力传递不到无应变，而卡点则位于无应变到有应变的显著变化位置，测卡仪能精确的测出 2.54×10^{-3}mm 的应变值，二次仪表能准确地接受、放大并显示在地面仪表上。

3．安全使用注意事项

保证测卡仪完好，测井前应先确定管柱内畅通，保证管柱内腔畅通无刮阻，如遇阻应先用小直径管柱进行冲洗其内腔，保证测卡仪顺利通过，试提估算卡点大约位置，然后确定测卡管柱不同的3次上提力，慢提，可施加扭转力，据不同扭转力可测得卡点深度，加重杆重量应适当。

二、打捞类工具

（一）锥类打捞工具

1．作用原理

工具进入鱼腔或落物进入工具打捞腔内后，适当增加钻压并转动钻具，迫使打捞螺纹挤压落物内壁或外壁进行造扣，当所造扣能承受一定提拉力或扭矩时，则上提钻具，继续造扣，造扣达8～10扣后，打捞螺纹与所捞落物已基本连为一体，造扣即可结束。基本结构见图5-6。

2．安全使用注意事项

（1）锥类工具与钻杆之间应加安全接头，以备必要时退出安全接头以上钻柱，防止事故的扩大化。

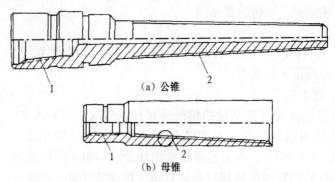

图 5-6　锥类打捞工具基本结构
1—接头；2—打捞造扣螺纹

（2）工具下至鱼顶以上 1 ～ 2m 时开泵循环工作液，防止憋泵造成其他事故，同时缓慢下放工具，使公锥或母锥插入鱼腔或落物引入母锥打捞腔内。严禁下放速度过快或超负荷上提，工具与落物间拔脱，造成游车大钩、钢丝绳及吊卡等游动系统反弹碰伤员工。

（3）泵压升高明显、钻柱悬重下降较快，说明工具已开始接触落物，此时应转动钻柱开始造扣，同时可停泵，严禁中途打捞时停泵，技术参数见表 5-5。

表 5-5　锥类工具规格参数

类型	外径 × 长度 mm	性能参数			打捞直径范围 mm	接头扣型
		打捞螺纹表面硬度 HRC	抗拉极限 MPa	冲击韧性 J/cm²		
公锥	86×30×（560）	60 ～ 65	≥ 932	≥ 58.8	39 ～ 67	NC26（2A210）
	86×45×（535）	60 ～ 65	≥ 932	≥ 58.8	54 ～ 77	NC26（2A210）
	105×45×（535）	60 ～ 65	≥ 932	≥ 58.8	54 ～ 77	NC31（210）
	105×55×（535）	60 ～ 65	≥ 932	≥ 58.8	72 ～ 90	NC31（210）
	121×60×（475）	60 ～ 65	≥ 932	≥ 58.8	88 ～ 103	NC38（310）
母锥	95×280	60 ～ 65	≥ 932	≥ 58.8	50 ～ 65	NC26（2A210）
	95×340	60 ～ 65	≥ 932	≥ 58.8	65 ～ 75	NC26（2A210）
	114×390	60 ～ 65	≥ 932	≥ 58.8	70 ～ 80	NC31（210）
	115×440	60 ～ 65	≥ 932	≥ 58.8	80 ～ 90	NC31（210）
	194×750	60 ～ 65	≥ 932	≥ 58.8	141	51/2FH（520）

（4）造扣时最大钻压为 30kN，造扣 3～4 圈后，指重表悬重应有上升变化，此时应上提钻柱造扣，上提负荷一般应比原悬重多 2～3kN，禁止上提速度过快，使工具与落鱼脱开，施工时应有专人指挥操作。

（5）上提造扣 8～10 扣后，造扣结束，任何情况下不得用人力转圈造扣，防止工具脱手反弹伤人，禁止顿击鱼顶，避免破坏螺纹，切记在落鱼外壁与套管内壁的环行空间造扣破坏套管。

（二）矛类

1. 滑块捞矛

（1）原理：当捞矛滑块卡瓦牙进入鱼腔一定深度后，卡瓦牙快在自重作用下，沿牙快滑道下滑与鱼腔内壁接触，上提钻具，卡瓦牙与鱼腔内壁的接触摩擦力增大，斜面向上运动所产生的径向分力迫使卡瓦牙咬入鱼腔内壁，随上提负荷的增大而咬入，深度越深咬紧力也越大。技术参数见表 5-6。

（2）用途：在落鱼鱼腔内打捞的不可退式工具，用于打捞油管钻杆、带通孔的下井工具，即可捞又可倒扣，还可配合震击器进行震击解卡，结构见图 5-7。

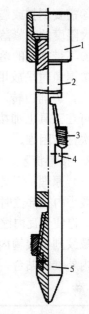

图 5-7　双滑块卡瓦捞矛
1—上接头；2—矛杆；3—滑块卡瓦；4—锁块；5—螺钉

表 5-6　滑块捞矛技术参数表

型号规格	矛体外径 mm	接头螺纹形式	许用拉力 kN	工具长度 mm	打捞内径范围 mm
—	—	210	—	—	偏心配产（水）器
HLM-D（S）44	445	230	496	500	工作筒通道
HLM-D（S）50	50	210	781	650	52～55
HLM-D（S）56	56	210	1093	1800	58～62
HLM-D（S）58	58	210	1147	1800	60～65
HLM-D（S）70	70	210	1480	1800	72～78

（3）使用安全注意事项：

①测量卡瓦牙块到最下端时，最大自由外径是否与被捞落物鱼腔相适应，一般情况下，最大自由外径应比鱼腔内径大 4mm 以上。

②保证卡瓦牙块灵活好用，滑道干净无杂物。

③钻柱至鱼顶以上 1～2m 时，记录钻柱悬重，悬重不得过大。引入鱼腔内，注意悬重有明显下降，打捞矛下入鱼腔内预定深度即可，切务过快或钻压过高，造成事故的复杂化，避免伤人。

④带水眼的捞矛在工具进入鱼腔之前，必须先开泵冲洗鱼腔，同时下放钻具，当泵压有所升高时，说明工具已引入到鱼腔，可慢慢上提钻柱，悬重增加，说明以抓获落物，避免快速上提。

⑤需要倒扣或震击时，应将打捞上提负荷加大（但不应超过许用上提负荷），将卡瓦牙快最大限度的咬紧落鱼。

⑥不带接箍的落物不采取内捞，确需的应下至鱼顶1.2m以下上提负荷不可过大。

⑦退鱼时平放用锤头敲击捞矛接头，使之进入鱼腔，斜面下行松开卡瓦，然后用手摇动接头，边摇边转，退出捞矛，对落鱼管柱质量较大，鱼顶为油管外螺纹或落鱼管柱遇卡时，可在工具上加接合适尺寸的引鞋，从外部包着鱼顶，以防止滑块胀破或撕裂鱼顶，造成下次打捞困难。

2．接箍捞矛

（1）原理：工具入井进入接箍前，卡瓦自由外径小于接箍最大内径，当卡瓦进入接箍并抵住最小内径部位时，在钻柱继续下放的重力作用下，卡瓦则相对上行，压缩弹簧，抵住上接头，迫使卡瓦内缩，此时，上提钻柱及钻具，芯轴下端的大径球棒体将卡瓦胀开，卡瓦下端的螺纹则与接箍内螺纹对扣，此时，继续上提钻柱，对扣则更加紧密，打捞咬紧力增大，卡瓦内外锥面贴合，阻止了对扣后的螺纹牙退出，从而实现抓牢，技术参数见表5-7。

表5-7　接箍捞矛技术参数表

型号规格	外径×长度 mm	接头螺纹	打捞范围	许用拉力 kN	适应井眼
JGLM-38	38×260	$^3/_4$in 抽油杆母螺纹	$^5/_8$in、$^3/_4$in 抽油杆接箍	70	$2^1/_2$in 油管内
JGLM-46	46×265	1in 抽油杆母螺纹	$^7/_8$in、1in 抽油杆接箍	90	$2^1/_2$in 油管内
JGLM-90	95×380	$2^1/_2$in 平式油管母螺纹	$2^1/_2$in 平式油管接箍	550	$5^1/_2$in 套管
JGLM-95	100×380	$2^1/_2$in 平式油管母螺纹	$2^1/_2$in 外加厚油管接箍	600	$5^1/_2$in 套管
JGLM-107	112×480	$2^1/_2$in 平式油管母螺纹	3in 油管接箍	700	$5^1/_2$in、$6^5/_8$in 套管
JGLM-105	105×380	$2^7/_8$in 钻杆母螺纹	$2^7/_8$in 钻杆接箍	850	$5^1/_2$in 套管

（2）用途：用于管杆类带接箍的打捞，如油管、钻杆、抽油杆接箍及各种下井工具接头等，结构见图5-8。

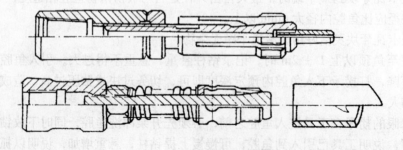

图5-8　接箍捞矛结构示意图

（3）安全使用注意事项：

①工具各部连接紧固，卡瓦活动自如。

②有水眼的工具下至鱼顶 1 ～ 2m 时开泵循环，冲洗鱼顶干净后停泵，引工具入鱼，悬重下降不超过钻柱悬重三分之一。

③慢提钻柱及钻具，严禁快速上提，防止拔脱后反弹伤人。

④此工具不能用于造扣，在落鱼卡阻力较大时不宜使用，应根据井内落物的实际情况选用相应的工具，上提负荷控制在许用负荷内。

3．可退式卡瓦捞矛

（1）原理：自然状态下圆卡瓦外径略大于落物内径，当工具入鱼时，圆卡瓦被压缩，产生一定的外胀力，使卡瓦贴紧落物内壁，随芯轴上行和提拉力的逐渐增加，芯轴、卡瓦上的锯齿形牙相互吻合，卡瓦产生径向力，使其咬住落鱼实现打捞。需退出时给芯轴一定的下击力，就能使圆卡瓦与芯轴的内外锯齿形牙脱开，再正转钻具 2 ～ 3 圈，圆卡瓦与芯轴产生相对位移，促使圆卡瓦沿芯轴锯齿形向下运动，直至圆卡瓦与释放环上端面接触为止，上提钻具即可退出捞矛，技术参数见表 5-8。

表 5-8　可退式捞矛技术参数表

型号规格	外径 × 长度 mm×mm	接头螺纹	打捞管柱内径范围 mm	许用拉力 kN	卡瓦窜 动量，mm
LM-T60	86×618	2A10，2TBG	46.1 ～ 450.3	340	7.7
LM-T73	95×651	230，$2^7/_8$ TBG	54.6 ～ 462	535	7.7
LM-T89	105×670	210，$2^7/_8$ TBG	66.1 ～ 77.9	814	10
LM-T140	(120 ～ 130) ×80%	210，$2^7/_8$ TBG	117.7 ～ 127.7	1632	13

（2）用途：用于管类落物的打捞，光管类落物无接箍且卡阻力较大时应限制使用，避免拔劈落物，结构见图 5-9。

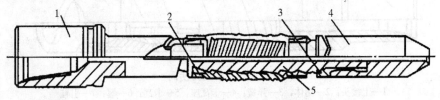

图 5-9　可退式卡瓦捞矛
1—上接头浮；2—圆卡瓦；3—释放环；4—引鞋；5—芯轴

（3）安全使用注意事项：

①根据落鱼内径尺寸地面选择相应的工具。

②各处涂抹润滑油，将卡瓦转动靠近释放环，使卡瓦处于自由状态。

③工具下至鱼顶以上 1 ～ 2m 循环慢放工具入鱼，记悬重，悬重不得过大。悬重下降时（5kN）反转钻柱 2 ～ 3 周，使芯轴对卡瓦产生径向推力然后上提钻柱，使卡瓦胀开而抓住鱼腔实现打捞。

④上提钻柱悬重上升说明抓获落物，否则重复上述动作。直至抓获落物。

⑤若上提负荷过大，则用钻柱下击捞矛芯轴，正转钻柱 2～3 圈，即可松开卡瓦，退出捞矛，上提负荷不得超过设计负荷。

（三）筒类打捞工具

1. 卡瓦打捞筒

（1）原理：落物经工具下端引鞋引入卡瓦打捞腔内，继续下放钻具，落物推动卡瓦压缩弹簧，卡瓦脱开筒体沿锥面上行分开，使落物进入卡瓦内，此时，卡瓦在弹簧压缩力作用下被压下，将落物外壁抱咬住，此时上提钻具，卡瓦在弹簧力作用下沿锥面向内收缩紧紧咬住落物，从而实现打捞，此工具可倒扣作业，但扭矩较小，技术规格参数见表 5-9。

表 5-9　卡瓦打捞筒技术参数表

规格型号	外形尺寸 mm	接头螺纹代号	打捞管柱外径范围 mm	许用拉力 kN
DLT-95	$\phi\,95\times610$	NC-26 (2A10)	32～60	400
DLT-108	$\phi\,108\times610$	NC-31 (210)	45～65	650
DLT-114	$\phi\,114\times660$	NC-31 (210)	48～73	950
DLT-118	$\phi\,118\times780$	NC-31 (210)	70～90	1100

（2）用途：用于井内管、杆类落物的打捞，如油管、钻杆本体、抽油杆、下井工具中心管等，可用来倒扣，结构见图 5-10。

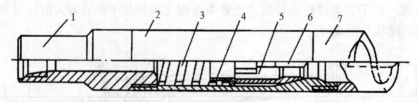

图 5-10　卡瓦打捞筒
1—上接头；2—筒体；3—弹簧；4—卡瓦座；5—卡瓦；6—键；7—引鞋

（3）使用安全注意事项。

①使用前弹簧压紧力适中，地面检查卡瓦尺寸，其长轴尺寸应小于落鱼外径 1～2mm，卡瓦涂润滑油。

②下放速度要慢，防破坏鱼顶，下放至鱼顶以上 1～2m 时开泵循环。并转动钻柱同时下放引入落物，悬重下降 5～8kN 后上提管柱，悬重增加说明捞住落物，可上提钻柱，否则重复上述过程。

③需倒扣时将上提负荷加大然后下放到所需负荷进行倒扣，倒扣扭矩不得超过工具的设计扭矩。

2．可退式卡瓦捞筒

（1）原理：引鞋引落物到卡瓦时，卡瓦外锥面与筒体内锥面脱开，卡瓦被迫胀开，落物进入卡瓦中，上提钻具，卡瓦外螺纹锯齿形锥面与筒体内相应的齿面有相对位移，使卡瓦收缩卡咬住落物，实现打捞，技术规格参数见表5-10。

表 5-10 可退式捞筒技术参数表

规格型号	外形尺寸 mm	接头螺纹代号	打捞管柱外径范围 mm	许用提拉负荷 kN
KTLT-LS01	φ95×795	NC-26 (2A10)	不带台肩 47～49.5 带台肩 52～55.7	100 620
KTLT-LS02	φ105×875	NC-31 (210)	不带台肩 59～61 带台肩 63～65 65.4～68	850 600
KTLT-LS03	φ114×846	NC-31 (210)	不带台肩 72～74.5 带台肩 77～79	900 450
KTLT-LS04	φ185×950	NC-38 (310)	不带台肩 126～129 139～142 带台肩 145～148	1800 1280
KTLT-L×01	φ95×795	NC-26 (2A10)	53～62	1200
KTLT-L×02	φ105×815	NC-31 (210)	63～79	1200
KTLT-L×03	φ114×846	NC-31 (210)	81～90	100
KTLT-L×04	φ185×950	NC-38 (310)	139～156	213

（2）用途：用于管杆类落鱼的外部打捞。与上击器配套使用进行打捞，震击解卡效果更加理想，结构见图5-11。

（3）安全使用注意事项。

①工具入井前需先通井，保证井筒清洁，卡瓦灵活，选好工具尺寸，键槽合格，各部

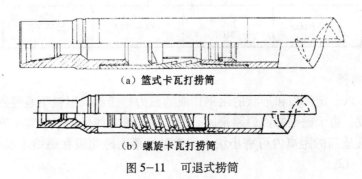

（a）篮式卡瓦打捞筒

（b）螺旋卡瓦打捞筒

图 5-11 可退式捞筒

位连紧上牢。

②篮式卡瓦捞筒修磨鱼顶时，钻压不超过10kN，注意泵压变化，防止憋泵。

③下放时正转引入落物，泵压升高说明捞住。

④上提提不动时可用钻柱自身重力下击捞筒，然后正转管柱，同时上提退出工具。

3．可退式短鱼顶捞筒

（1）原理：可退式短鱼顶捞筒作用与原理同可退式卡瓦捞筒，其打捞动作、工具退出动作同可退式捞筒，技术规格参数见表5—11。

（2）用途：用来打捞鱼头露出300mm以上的油管、钻杆、抽油杆本体的打捞，结构见图5—12。

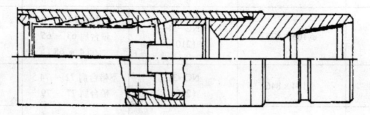

图5—12　短鱼顶捞筒

（3）安全使用注意事项。

①打捞前清楚鱼顶情况，如鱼顶大小、距接箍距离、鱼顶形状、井眼尺寸等，选好打捞工具。

②对不规则鱼顶，如劈裂、椭圆长轴超出打捞尺寸1.3倍时，需修整鱼顶。

③其他同可退式卡瓦打捞筒。

表5—11　可退式短鱼顶打捞筒技术参数表

规格型号	外形尺寸 mm	接头螺纹代号	打捞管柱外径范围 mm	卡瓦内表面 硬度，HRC	许用提拉力 kN
LT—01DY	φ95×540	NC—26 (210)	47～49.7	55～60	100
LT—02DY	φ105×540	NC—31 (210)	59.7～61.3	55～60	850
LT—03DY	φ114×560	NC—31 (210)	72～74.5	55～60	900
LT—04DY	φ185×600	NC—38 (310)	139～142	55～60	1800

4．强磁打捞器

（1）原理：以一定体积和形状的磁钢作成的磁力打捞器，引鞋下端经磁场作用会产生很大的磁场强度，由于磁钢的磁通路是同心的，因此磁力线呈辐射状集中在靠近打捞器下端的中心处，在适当的距离内可将小块小型铁磁性落物磁化吸在磁钢下端面，完成打捞。技术参数见表5—12。

表 5-12　强磁打捞器技术参数表

规格型号	外形尺寸 mm	接头螺纹代号	吸力，N		适应井温，℃	适应井眼内径，mm
			A	B		
QCLT-F86A QCLT-F86A	86	NC-26 (2A10)	3600	1000	≤ 210	95 ~ 108
QCLT-F100A QCLT-F100A	100	NC-31 (210)	5500	1700	≤ 210	108 ~ 137
QCLT-F114A QCLT-F114A	114	NC-31 (210)	6500	200	≤ 210	120 ~ 140
QCLT-F175A QCLT-F175A	175	NC-38 (310)	18000	500	≤ 210	184 ~ 2126

（2）用途：打捞井底磁性小件如钢球、螺母、钳牙、碎铁块等，结构见图 5-13。

（3）安全使用注意事项：入井至打捞鱼顶 2 ~ 4m 开泵循环冲洗落物，边循环边慢放，接触落物，注意悬重下降不超过 10kN，后上提钻柱 0.5 ~ 1m，转工具 90° 再重复打捞动作，起钻。返循环捞蓝循环洗井且投入钢球到位后，大排量冲洗 10 ~ 15min，根据引鞋形状采取不同的打捞方法，然后起钻。

5．测井仪器打捞篮

（1）原理：筒内焊接的多组钢丝环纵

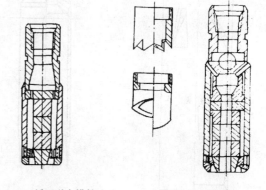

（a）正循环磁力捞筒　　（b）局部反循环捞筒

图 5-13　强磁打捞器

相互交叉，在钻压下落物进入筒体分开钢丝环纵上行，由于多组钢丝环纵的弹力较大，与被捞落物有很大的摩擦阻力和夹持力，可将较轻的仪器、加重杆等夹持卡住而实现抓捞。技术参数见表 5-13。

表 5-13　测井仪器打捞篮技术参数表

规格型号	外形尺寸 mm	接头螺纹代号	适应套管 in	备　注
CYLT-92	92	NC-26 (2A10)	$4\frac{1}{2}$	工具长度视落物长度而定，可参考下列标准选用：700，900，1100，1300
CYLT-100	100	$2\frac{7}{8}$in REG (230)	5	
CYLT-114	114	NC-31 (210)	$5\frac{1}{2}$	
CYLT-140	140	NC-31 (210)	$6\frac{5}{8}$	
CYLT-148	148	NC-31, 38 (210, 310)	7	

（2）用途：打捞井内无卡阻的各种测井仪器、加重杆等落物，结构见图 5-14。

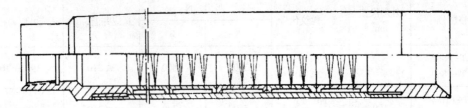

图 5-14　测井仪器打捞篮

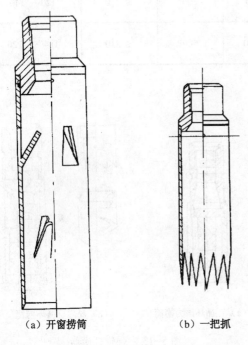

（a）开窗捞筒　　　（b）一把抓

图 5-15　开窗捞筒与一把抓

（3）安全使用注意事项：工具完好，入井至落鱼 1 ~ 2m 开泵循环冲洗，慢放，悬重下降不超过 10kN，转动钻具 90°再重复打捞动作一次，起钻，严禁大负荷下压，将捞筒压坏。

6．开窗捞筒与一把抓

（1）原理：靠钻柱自身重力将筒体本身的开窗或下端的开齿与落物接触，使窗面张开或开齿收拢，落物进入筒体而被卡住台肩，或小物件被收拢的开齿包住而实现打捞。技术参数见表 5-14。

（2）用途：开窗捞筒是打捞井内落物带台肩（接箍）的无卡阻的管杆类落物。一把抓是打捞井底以上的小件落物，如钢球、螺母、钳牙、碎铁块等，结构见图 5-15。

（3）安全使用注意事项：井况清楚，工具入井至落物以上 1 ~ 2m 开泵循环正常后慢放钻柱并同时旋转下放，悬重下降不超过 20kN，若未抓牢或未抓到，可上提 0.5m 快放钻具，但悬重不超过钻具悬重的 1/2。

表 5-14　开窗捞筒与一把抓技术参数表

规格型号	外形尺寸 mm	接头螺纹 代号	窗口 排数	窗口数	一把抓 齿数	打捞接箍 范围, mm	备注
KCLT-114-A	114	NC-26 (210)	2	6	—	38, 42 46, 55	抽油杆
KCLT-114-B	114	NC-31 (210)	2 ~ 3	6 ~ 12	—	89.5	2½in 油管
KCLT-92-A	92	NC-26 (2A10)	2 ~ 3	6 ~ 12	—	73	2in 油管
YB2-114	114	NC-31 (210)	—	—	6 ~ 8	小物件	5½in 套管内

7．可退式抽油杆打捞筒

（1）原理：靠筒内斜锥面与螺旋卡瓦的配合，落鱼入腔后，推动螺旋卡瓦上行并胀开螺旋卡瓦，使其在自身弹力作用下初步咬住落鱼，上提钻柱，螺旋卡瓦沿斜面下行，压缩卡瓦缩径，使螺旋卡瓦紧紧咬住落鱼而实现打捞。技术参数见表5-15。

表5-15　可退式抽油杆打捞筒技术参数表

规格型号	外形尺寸 mm	接头螺纹	打捞尺寸 mm	许用拉力负荷，kN	工作井眼名义尺寸
CLT01-TB	55×350	$5/8$in 抽油杆螺纹	15～16.7	350	$2^1/_2$in 套管
CLT02-TB	55×350	$3/4$in 抽油杆螺纹	18～19.7	350	$2^1/_2$in 套管
CLT03-TB	55×350	$7/8$in 抽油杆螺纹	21～22.7	350	$2^1/_2$in 套管
CLT04-TB	55×350	1in 抽油杆螺纹	24～25.7	350	$2^1/_2$in 套管

（2）用途：打捞井内抽油杆，优点是即可打捞又可退鱼，结构见图5-16、图5-17。

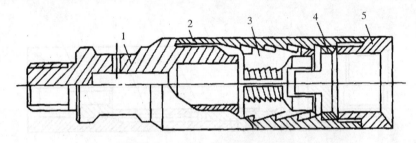

图5-16　篮式卡瓦抽油杆打捞筒
1—上接头；2—筒体；3—篮式卡瓦；4—控制环；5—引鞋

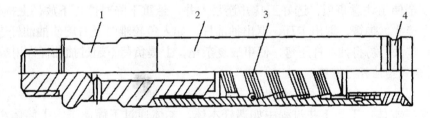

图5-17　螺旋卡瓦抽油杆打捞筒
1—上接头；2—筒体；3—螺旋卡瓦；4—引鞋

（3）安全使用注意事项：选好工具，连紧入井，当工具接近鱼顶时慢放慢旋工具至悬重有减轻显示时停止，上提工具悬重增加打捞成功，抓鱼后一旦遇卡，上提力不超过抽油杆许用载荷，否则先下击，然后慢右旋并上提工具，即可退出工具。下击力不可过大，应根据井内落物而定。

8．不可退式抽油杆打捞筒

（1）原理：抽油杆经筒体大锥面进入筒体，推动两瓣卡瓦沿筒体内锥面上行，并随卡瓦内孔逐渐增大，弹簧被压缩。当内孔达到一定值后，在弹簧力的作用下将卡瓦下推，使筒体、卡瓦内外锥面贴合，卡瓦内孔贴紧抽油杆，此时上提工具，由于卡瓦锯齿形牙齿与抽油杆的磨擦力使卡瓦保持不动，筒体随之上升，内外锥面贴合的更紧，在上提负荷作用下，内外锥面间产生径向夹紧力，使两块卡瓦内缩，咬住抽油杆，随着上提负荷的增加夹紧力也越大，从而实现打捞。技术参数见表5-16。

表5-16　不可退式抽油杆打捞筒技术参数表

规格型号	外形尺寸 mm	接头螺纹	打捞尺寸 mm	许用拉力负荷 kN	工作井眼名义尺寸	备注
CLT01	55×346	$5/8$in 抽油杆公螺纹	15 ～ 16.7	392	$2\frac{1}{2}$in 套管	在套管内打捞时可加大引鞋直径
CLT02	55×346	$3/4$in 抽油杆公螺纹	18 ～ 19.7	392	$2\frac{1}{2}$in 套管	
CLT03	55×346	$7/8$in 抽油杆公螺纹	21 ～ 22.7	392	$2\frac{1}{2}$in 套管	
CLT04	55×346	1in 抽油杆公螺纹	24 ～ 25.7	392	$2\frac{1}{2}$in 套管	

(2) 用途：用于打捞抽油杆，结构见图5-18。

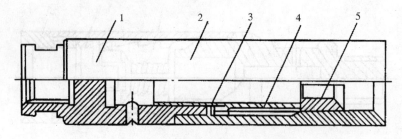

图 5-18　不可退式抽油杆捞筒
1—上接头；2—筒体；3—内套；4—弹簧；5—卡瓦

(3) 安全使用注意事项：选好工具并连紧入井，悬重下降时停止下放，上提管柱，出井后卸去上接头、弹簧，取出卡瓦，退出抽油杆，如入鱼较难时慢右旋使抽油杆进入筒体，下压力不可过大，易将抽油杆压弯，使事故复杂化，上提负荷不超过抽油杆许用载荷。

9. 组合式抽油杆打捞筒

(1) 原理。

①打捞杆本体：工具下井过程中如遇杆本体，本体通过下筒体进入上筒体小卡瓦内，在弹簧力的作用下，卡瓦外锥面与筒体的内锥面相吻合，并使卡瓦牙始终贴紧落鱼外表面，当提拉捞筒时，在摩擦力的作用下，落鱼带着卡瓦相对筒体下移，筒体内锥面迫使部分式双瓣卡瓦产生径向夹紧力，咬住落鱼。

②打捞杆台肩或接箍：落鱼通过下筒体引入并抵住卡瓦前倒角，随着工具下放，落鱼顶开双瓣卡瓦进入并穿过卡瓦，上提捞筒后落鱼带着卡瓦与筒体产生相对运动形成径向夹紧力，落鱼部分弧面被卡瓦咬住或卡在台肩上。技术参数见表5-17。

(2) 用途：在不换卡瓦的情况下，在油管内打捞抽油杆本体或打捞抽油杆台肩及接箍，是一种多用途、高效率打捞抽油杆的组合工具，结构见图5-19。

(3) 安全使用注意事项：根据井内落物形状及尺寸选择相应的打捞工具尺寸。连紧入

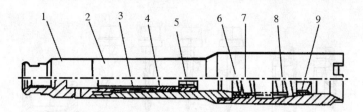

图 5-19　组合式抽油杆打捞筒

1—上接头；2—上筒体；3—弹簧座；4—弹簧清；5—小卡瓦；6—下筒
体；7—弹簧座；8—弹簧；9—大卡瓦

井至鱼顶时慢放并旋转 3 ~ 5 圈，用以引进落鱼，悬重下降后停止下放并慢提，若悬重增加，则说明捞筒抓住落鱼，上提力不得超过工具许用拉力。

表 5-17　组合式抽油杆打捞筒技术参数表

规格型号	外形尺寸 mm	接头螺纹	使用规范及性能参数
ZLT-3/4in	φ 59 × 540	3/4in 抽油杆螺纹	3/4in 油管内打捞 5/8in，3/4in 抽油杆接箍，台肩
ZLT-1in	φ 72 × 542	3/4in 抽油杆螺纹	3in 油管内打捞 1in，3/4in 抽油杆接箍，台肩

（四）钩类打捞工具

1．原理

内钩、外钩、内外组合钩靠钩体插入绳、缆内，钩子刮捞绳、缆，转动钻柱，形成缠绕，实现打捞。技术参数见表 5-18。

表 5-18　钩类打捞工具技术参数表

规格	外径，mm	接头螺纹代号	钩体长度及钩数，mm × 个
NG-114	114	NC-31 (210)	1000×2，1000×3，1000×4
WG-114	114	NC-31 (210)	1000×1，1200×2
NWG-114	114	NC-31 (210)	1000×1×2，1000×2×4

2．用途

打捞井内脱落的电缆、落入井内的钢丝绳等绳缆类落物，结构见图 5-20。

3．安全使用注意事项

（1）钩子应牢固、可靠。

（2）慢放钻柱，悬重不超过 20kN，使钩体插入落鱼并转动钻柱，上提速度应慢，不得过快、过猛。

（3）捞钩以上必须加装安全接头，钩体上部加焊挡环，防止绳、缆落物窜至捞钩工具以上，卡死工具，否则一旦上提不动，可易使打捞复杂化，旋转扭矩不可过大，应视实际落物而定。

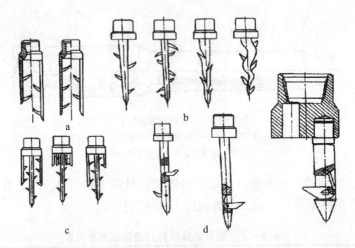

图 5-20　钩类工具图

a—内钩；b—固定齿外钩；c—内外组合钩；d—活动齿外钩

（五）篮类打捞工具

1．反循环打捞篮

（1）原理：靠大排量、高压力反洗的洗井液冲击井底，井底落物悬浮运动推动篮爪，使篮爪绕销轴转动竖起，篮筐开口加大，落物进入筒体，然后篮爪恢复原状，阻止了进入筒体内的落物出筐，实现打捞。技术参数见表 5-19。

表 5-19　反循环打捞篮技术参数表

规格型号	外形尺寸 mm	接头螺纹代号	使用规范及性能参数	
			落物最大直径，mm	工作井眼尺寸 in
FLL-01	$\phi 90 \times 940$	NC26（$2^7/_8$IF）	55	$4^1/_2$
FLL-02	$\phi 100 \times 1150$	$2^7/_8$REC	65	5
FLL-03	$\phi 110 \times 1153$	NC31（$2^7/_8$IF）	75	$5^1/_2$
FLL-04	$\phi 115 \times 1153$	NC31（$2^7/_8$IF）	80	$5^3/_4$
FLL-05	$\phi 140 \times 1153$	NC38（$3^1/_2$IF）	105	$6^5/_8$
FLL-06	$\phi 147 \times 1161$	NC38（$3^1/_2$IF）	110	7

（2）用途：打捞井内钢球、钳牙、井口螺丝、胶皮碎片等小件落物，结构见图 5-21。

（3）安全使用注意事项：检查并确保打捞工具各部件灵活完好，连紧入井至井底以上 3～5m 开泵反循环洗井正常后慢放，边冲边放，当工具遇阻或泵压升高时可提钻 0.5～1m 并作记号，以较快的速度下放钻具距井底 0.3m 时突然刹车，使井底工具快速下行，造成井底液体紊流，迫使落物运动进入筒体，增强打捞效果，循环 10min 左右停泵起钻。在使用时井口要有能造成反循环的封井设备。

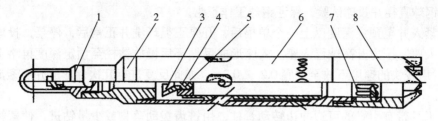

图 5-21 反循环打捞篮
1—提升接头；2—上接头；3—单向阀罩；4—钢环；5—单向阀座；
6—筒体总成；7—篮框总成；8—铣鞋总成

2. 局部反循环打捞篮

（1）原理：下至鱼顶洗井投球后，钢球入座堵死正循环通道迫使液流改变方向，经环形空间穿过 20 个向下倾斜的小孔进入工具与套管环形空间而向下喷射，液流经过井底折回篮筐，再从筒体上部的四个连通孔返回，形成工具与套管环形空间的局部反循环水流通道。技术参数见表 5-20。

表 5-20 局部反循环打捞篮技术参数表

规格型号	工具尺寸 $D \times L$ mm×mm	接头螺纹代号	使用规范及性能参数	
			落物最大直径，mm	工作井眼尺寸 in
DL01-00	88×940	NC25	52	$4\frac{1}{2}$
DL02-00	100×1050	$2\frac{7}{8}$REC	64	5
DL03-00	110×1153	NC31	74	$5\frac{1}{2}$
DL04-00	115×1155	NC31	79	$5\frac{3}{4}$
DL05-00	135×1155	NC3	99	$6\frac{5}{8}$
DL06-00	147×1161	NC38	104	7

（2）用途：除与反循环打捞篮有相同功能外，还可抓获柔性落物，如钢丝绳等，结构见图 5-22。

（3）安全使用注意事项。

①地面检查工具完好灵活好用，水眼畅通，篮爪转动灵活。

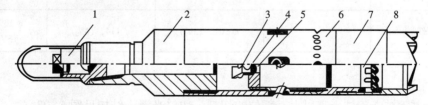

图 5-22 局部反循环打捞篮
1—提升接头；2—上接头；3—阀罩；4—钢球；5—阀座；6—筒体；7—铣鞋总成；8—篮筐总成

②测钢球直径并投球试验，保证钢球工作正常。

③连紧入井至预定深度以上一个单根后，开泵正循环洗井正常后，停泵，投球并开泵洗井送球入座，压力升高球已入座。入座形成反循环后慢放钻柱至预定深度再略上提钻柱 1～2m 后用较快的速度下放至井底 0.2～0.3m，如此反复进行几次，形成井底紊流，提高打捞效果。

④若工具带有引鞋的可边冲边转动管柱，用铣齿拨动落物或少量钻进，使落物随洗井液冲入篮筐。

⑤一把抓篮筐总成只能投球打捞操作不能钻进，在投球形成局部反循环冲洗打捞完毕后收拢一把抓。用常用型篮筐总成时，如在套管内使用严禁铣鞋底部焊接的 YD 合金有径向凸出刀刃存在，用以保护套管，同时洗井液必须过滤，防止堵塞小水眼。

三、切割类工具

(一) 机械式割刀

1. 原理

机械式内割刀与钻杆或油管连接下井，下至设计深度后，正转管柱，因工具下端的锚定机构中摩擦块紧贴套管，有一定的摩擦力，转动管柱，滑牙块与滑牙套相对运动，推动卡瓦上行胀开，咬住套管完成座卡锚定。继续旋转管柱并下放管柱，刀片沿刀枕下行，刀片前端开始切割管柱，随着不断的下放、旋转切割，刀片切割深度不断增加，直至完成切割。上提管柱，芯轴上行，带动刀枕、刀片收回，同时，锚定卡瓦收回，即可起出切割管柱。技术参数见表 5-21。

表 5-21　机械式内割刀技术参数表

规格型号	JNGD-73	JNGD-89	JNGD-101	JNGD-140
外形尺寸，mm	$\phi 55 \times 584$	$\phi 83 \times 600$	$\phi 90 \times 784$	$\phi 101 \times 956$
接头螺纹	$1\frac{1}{2}$ TBG	$1\frac{1}{2}$ TBG	NC-26 (2A10)	NC-31 (210)
切割外径范围，mm	57～62	70～78	97～105	107～115
锚定座卡范围，mm	54～56	67～81	92～108	104～118
切割转数，r/min	40～50	20～30	10～20	10～20
进刀量，mm	1.2～2.0	1.5～3.0	1.5～3.0	1.5～3.0
钻压，kN	3	4	5	5
换件后可切割，mm	—	$\phi 101$, $(3\frac{1}{2})$	$\phi 114$, $(4\frac{1}{2})$	$\phi 139$, $\phi 146$ $(5\frac{1}{2}, 5\frac{3}{4})$

2. 用途

用于井下被卡管柱卡点以上某部位的切割，切口光滑，结构见图 5-23。

3. 安全使用注意事项

(1) 各连接部位应牢固可靠，灵活好用。

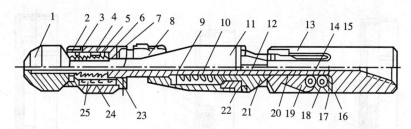

图 5-23　机械内割刀

1—底部螺帽；2—螺钉；3—带牙内套；4—扶正块壳体；5—弹簧片；6—滑牙套；7—滑
牙板；8—卡瓦；9—垫圈；10—大弹簧；11—卡瓦锥体；12—限位环；13—芯轴；14—
丝堵；15—圆柱销；16—刀片座；17—螺钉；18—内六角螺钉；19—弹簧片；20—刀片；
21—刀枕；22—卡瓦锥体座；23—螺钉；24—小弹簧；25—扶正块

（2）工具下至鱼顶以上 1m 左右时开泵冲洗鱼头，水利外割刀冲洗压力不超过 0.5MPa。

（3）工具下至预定深度后，正转管柱座卡内割刀，水利外割刀开泵打开放泄阀增大排量使外割刀活塞产生 1 ~ 1.2MPa 压差剪断销钉，然后放掉余压，防止切割时产生不安全因素。

（4）切割，内割刀坐卡后，以不超过规定钻压、转数进行切割，一般 5 ~ 12min 可割断。水力外割刀以 15 ~ 25r/min 和不超过规定钻压切割，进刀速度适中，进刀 3min 左右即可切割。

（5）起切割管柱，内割刀上提钻柱，即可退回刀片，解除锚定坐卡，水力外割刀应上提 25 ~ 50mm，旋转钻柱，如无卡阻，即可起钻，否则重复上述内容。

（二）机械式外割刀

1．原理

用卡爪装置固定割刀来实现定位切割的工具管柱旋转运动是切割的主运动，刀片绕销轴缓慢地转动是切削的进给运动。技术参数见表 5-22。结构见图 5-24。

表 5-22　机械式外割刀技术参数表

规格型号	割刀尺寸，mm		允许通过尺寸，mm	切割范围，mm	双剪销强度，N	剪断滑动卡瓦销负荷，N	井眼最小尺寸，mm
	外径	内径					
JWGD01	120	98.4	95.3	48.3 ~ 73	2530	1871	125.4
JWGD02	143	111.1	108	52.4 ~ 88.9	5660	3758	149.2
JWGD03	149	117.1	114.3	60.3 ~ 88.9	5660	3758	155.6
JWGD04	154	123.8	120.7	60.3 ~ 101.6	5660	3758	158.8
JWGD05	194	161.9	128.8	88.9 ~ 114.3	5660	3758	209.6
JWGD06	206	168.3	139.7	101.6 ~ 146.1	5660	3758	219.1

2．用途

同机械式内割刀。

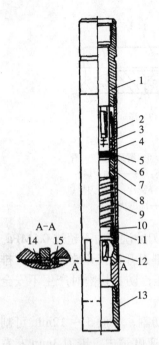

图 5-24a　机械式外割刀
（弹簧爪式卡爪装置）

1—上接头；2—卡簧爪；3—铆
钉；4—卡簧套；5—止推环；
6—承载圈；7—隔套；8—筒
体；9—主弹簧；10—进给套；
11—剪销；12—刀片；13—引
鞋；14—销轴；15—顶丝

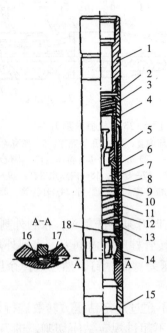

图 5-24b　机械式外割刀
（棘爪式卡爪装置）

1—上接头；2—套；3—卡爪；4—
扭力弹簧；5—销轴；6—座体；
7—止推环；8—承载圈；9—隔套；
10—筒体；11—主弹簧；12—进给
套；13—剪销；14—刀片；15—引
鞋；16—轴销；17—顶丝

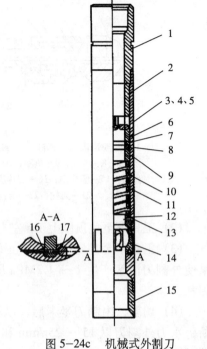

图 5-24c　机械式外割刀
（卡瓦式卡爪装置）

1—上接头；2—中间接头；3—弹簧；
4—卡瓦锥体；5—卡瓦；6—卡瓦锥体
座；7—剪销；8—止推环；9—承载
圈；10—隔套；11—筒体；12—弹簧；
13—剪销；14—刀片；15—下接头；
16—轴销；17—顶丝；18—进给套

3．安全使用注意事项

（1）根据井况选择割刀，同时根据被切管柱的连接接箍或台肩选定卡爪装置。

（2）连紧各部入井至预切深度。

（3）校深后开泵循环正常后上提工具管柱，卡爪装置卡住接箍，固定割刀，继续上提管柱，进给套上销钉剪断，进给套下压刀片，慢旋工具管柱，开始切割，指重表有明显摆动时切割完成。

（4）在切割过程中要保持剪断剪销时的上提负荷，否则易出现其他情况。

（5）必须在循环正常后停泵，之后转动工具管柱使刀片不接触落鱼。

（6）开始切割时应慢转小扭矩至转动自如后再上提工具管柱左右 6mm 进行切割，否则应调整转数和钻压，在裸眼井中切割长度不超过 140mm。

（三）化学喷射切割工具

（1）原理：用于切割井下遇卡工具。在炸药的爆炸冲击作用下，两药混合产生强烈的高温高压高腐蚀气体，由工具下端排液孔（约 0.5mm 小孔数十个）喷向被切割管壁，在数秒中之内将管壁腐蚀喷割断，余下的残余气流与环空中的压井液接触衰减，高温、高压消失，伤不到套管，断口平整光滑，不用修整断口，用药量应根据实际情况而定，不可过多，也不可过少。

（2）安全使用注意事项：因其属于高危险、剧毒品，配合施工用的炸药也是危险品，易出现中途引爆、哑炮等危险事故，所以现阶段基本不采用此项技术，故不再详细说明。

（四）聚能切割（爆炸）工具

（1）原理：爆炸切割弹下至设计深度后，地面接通电源引爆雷管，雷管引爆炸药。炸药产生的高温高压气体沿下端的喷射孔急速喷出，因喷射孔是沿圆周方向均布且为紫铜制成的，孔小且数量多，高温气体则喷出，将被切割管壁融化，高温气体则进一步将其吹断，之后，高温高压气体在环空与修井液等液体相遇受阻而降温，切割完成。结构见图5-25。

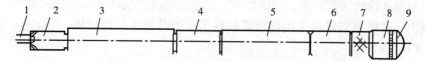

图5-25　爆炸切割工具示意图

1—电缆；2—电缆头；3—加重杆；4—磁性定位仪；5—电雷管室及雷管；6—炸药柱；7—炸药燃烧室；8—切割喷射孔；9—导向头及脱离头

（2）用途：主要用于井下被卡管柱和取换套管时被套铣套管的切割。

（3）安全使用操作注意事项：正确选择切割弹，各部件连好无误后入井，地面电源在工具未到位时严禁接通，入井工具校对深度无误后接通地面电源，非操作人员距井口30m以外。通电引爆雷管、切割弹，数秒后井口、地面能听到爆炸声，或能看到井口压井液上涌，5min后断电。引爆30min后起出电缆及其他工具。如出现哑炮，应由专业人员处理，其他人员严禁操作，应远离井口30m，另外在运输时应将雷管与切割弹分开运输，以防意外。

四、倒扣类工具

（一）倒扣器及其配套打捞工具

1. 原理

当倒扣器下部的抓牢工具抓落物并上提一定负荷确已抓牢时，正旋转管柱，倒扣器的锚定板张开，与套管壁咬合，此时继续旋转管柱，倒扣器中的一组行星齿轮工作，除自转（随钻杆）外，还带动支撑套公转，由于外筒上有内齿，故将钻杆的转向变为左旋，倒扣开始发生，随着钻柱的不断转动，倒扣则不断进行，直至将螺纹倒开。此时旋转扭矩消失，钻柱悬重有所增加，倒扣完成后，锚定板收拢，可以起出倒扣管柱及倒开抓获的管柱。技术参数见表5-23。

表5-23　倒扣器技术参数表

规格型号	外径 mm	内径 mm	长度 mm	锚定套管内径 mm	抗拉极限，kN	扭矩值，N·m		锚定工具压力，MPa
						输入	输出	
DKQ—95	95	16	1829	99.6 ~ 127	400	5423	9653	4.1
DKQ—103	103	25	2642	108.6 ~ 150.4	660	13558	24133	3.4
DKQ—148	148	29	3073	152.5 ~ 205 216.8 ~ 228.7	890 890	18982	33787	3.4

2．用途

它是一种变向传动装置，没有专门的抓牢机构，必须同特殊型的打捞筒、打捞矛、公锥或母锥等工具联合使用，以便倒扣和打捞。

3．安全使用注意事项

（1）使用前检查钢球尺寸。

（2）按落鱼尺寸连好打捞工具及管柱。

（3）上提钻柱时严禁盲目上提，应计算上提负荷并作好第一个记号。

（4）在保持上提负荷的情况下，慢慢正转工具后继续正转工具管柱。

（5）发现工具管柱转速加快，扭矩减少，说明已倒开，反转工具管柱，提钻。

（6）退出工具时返转管柱关闭锚定翼板后下压工具管柱至井口第一个记号，使倒扣器正转 0.5 ~ 1.0 圈起钻。

（7）倒扣前井况清楚，不规则鱼顶先修整或整形，对于倾斜落鱼加引鞋。倒扣器不能锚定在裸眼内或破损套管内，反之必须在倒扣器与下击器间加接反扣钻杆，使倒扣器锚定在完好套管内。切忌转动工具，否则可解除锚定。倒扣器入井前需先洗井，至循环正常方能进行倒扣作业，倒扣扭矩不应超过工具设计扭矩。

（二）倒扣捞筒

1．原理

倒扣捞筒的工作原理与其他打捞工具一样，靠卡瓦和限位度两个零件在锥面或斜面上的相对运动夹紧或松开落鱼，靠键和键槽传递扭矩，技术参数见表 5-24，结构见图 5-26。

表 5-24　倒扣捞筒技术参数表

规格型号	外径 × 长度，mm	接头螺纹代号	打捞范围 ϕ，mm	打捞许用提拉力，kN	倒扣许用拉力 kN	扭矩，N·m
DKLT-95	95 × 650	REG (230)	47 ~ 49.3	300	117	275.4
DKLT-105	105 × 720	NC-31 (210)	59.7 ~ 61.3	400	147	305.9
DKLT-114	114 × 735	NC-31 (210)	72 ~ 74.5	450	147	346.7
DKLT-134	134 × 750	NC-31 (210)	88 ~ 91	550	166	407.9
DKLT-200	200 × 850	NC-31, 46 (210, 410)	139 ~ 142	1800	196	815.8

2．用途

既可打捞、倒扣，又可释放落鱼，还能进行洗井液循环。

3．安全使用注意事项

（1）被捞落物应与捞筒尺寸相等。

（2）各部件连接牢固可靠，保证拉伸强度。

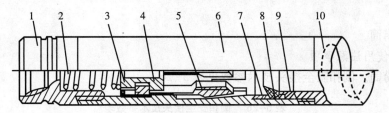

图 5-26　倒扣捞筒

1—上接头；2—弹簧；3—螺钉；4—限位座；5—卡瓦；6—筒体；7—上
隔套；8—密封圈；9—下隔套；10—引鞋

（3）距鱼顶 1 ～ 2m 时开泵冲洗鱼顶，循环 3 ～ 5min，记悬重。

（4）慢右旋并下放工具，禁止下放速度过快。待悬重回降后，停止旋转及下放。

（5）按规定负荷上提并倒扣，严禁上提负荷过大。当左旋扭力减少时，说明倒扣完成，起钻。

（6）需退鱼时，钻具下击，下击力量适中。工具右旋 $\frac{1}{4}$ ～ $\frac{1}{2}$ 圈并上提钻具，即可退鱼。

（三）倒扣捞矛

1. 原理

靠两个零件在斜面或锥面上相对移动胀紧或松开落鱼，靠键和键槽传递扭矩，或正转或倒扣。技术参数见表 5-25，结构见图 5-27。

表 5-25　倒扣捞矛技术参数表

规格型号	外径 × 长度，mm	接头螺纹	打捞范围 mm	打捞许用提拉力 kN	扭矩，N·m
DKLM-95	95×600	NC-26 (2A10)	39.7 ～ 41.9	250	3304
DKLM-100	100×620	$2\frac{7}{8}$REG (230)	49.7 ～ 51.9	392	5761
DKLM-114	114×670	NC-31 (210)	61.5 ～ 77.9	600	7732
DKLM-160	160×820	NC-31，38 (210，310)	117 ～ 128	931	21221

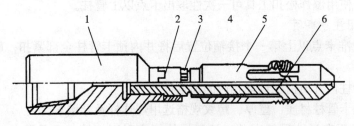

图 5-27　倒扣捞矛

1—上接头；2—矛杆；3—花键套；4—限位块；5—定位螺钉；6—卡瓦

2．用途

同倒扣捞筒。

3．安全使用注意事项

同倒扣捞筒。倒扣安全接头技术参数见表5-26。

表5-26　倒扣安全接头技术参数表

规格型号	外径×长度，mm	接头螺纹代号	传递扭矩 kN·m	配套倒扣器规格 mm	退出工具方式
DAJT-95	95×762	2⁷⁄₈REG (230)	11	φ95	右旋、上提
DAJT-105	105×762	NC-31 (210)	21	φ105	右旋、上提
DAJT-148	148×813	NC-31 (310)	48	φ148	右旋、上提

（四）爆炸松扣工具系列

1．原理

遇卡管柱经测准卡点后用电缆连接工具入井至预定接箍深度无误后，引爆雷管、导爆索，爆炸后产生的高速压力波使螺纹牙间的摩擦和自锁性瞬间消失或者大量减弱，迫使接箍处的两连接螺纹在预先施加的反扭矩及上提力作用下松扣，爆炸后即可旋转管柱，继续完成倒扣。爆炸松扣产生的关键是测准卡点并将卡点以上管柱螺纹旋紧，然后施以预提力和反向扭矩，爆炸才能达到预想效果。工具结构示意见图5-28。

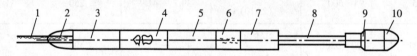

图5-28　爆炸松扣工具系列示意图

1—电缆；2—提环；3—电缆头；4—磁定位仪；5—加重杆；6—接线盒；7—雷管；
8—爆炸杆；9—导爆索；10—导向头

2．用途

用于遇卡管柱的倒扣旋转，在无反扣钻具的情况下且遇卡管柱经最大上提负荷处理仍无解卡可能时，使用爆炸松扣工具可一次性取出卡点以上管柱。

3．安全使用注意事项

（1）必须找准卡点以上第一个接箍位置后将井内预卡管柱全部紧扣，旋紧上扣圈数与反弹圈数相符。

（2）根据管柱内介质情况选择相应的加重杆。

（3）根据预卡管柱材质、壁厚、螺纹规格选用爆炸杆及导爆索。

（4）连紧经天车过地滑轮入井，注意爆炸杆应对正接箍，工具下井时地面电源不得接通。

（5）上提管柱至其悬重加 10% 左右并施以反扭矩，反向扭矩为 $2^1/_2$in 油管 3 ～ 4 圈 /1000m，$2^7/_8$in 钻杆 8 ～ 10 圈 /2000m。

（6）接通地面电源，引爆雷管、导爆索，爆炸时管柱微微上跳或沿反方向扭矩旋转数圈，然后继续反转，直至全部松倒开，管柱悬重应下降至预计倒开扣以上管柱悬重。引爆前井口及周围人员撤离 50m 以外，爆炸 30min 后方可起工具及管柱，哑炮要由专业人员负责。

五、套管刮削类工具

（一）原理

两种刮削器装配后，刀片、刀板自由伸出外径比所刮削套管内径大 2 ～ 5mm 左右。入井时刀片向内收拢压缩胶筒或弹簧筒体（包括刀片、刀板），最大外径则小于套管内径，可以顺利入井，入井后在胶筒弹簧的弹力作用下，刀片、刀板紧贴套管内壁下行，因刀片、刀板外前端为凸起并带有一定前倾角，对套管内壁进行切刮。刀片、刀板在 360° 方向上互为 360°，三组刀片、刀板圆周与套管内壁圆周相同，故可均匀地进行刮削。同时胶筒式刮削器在液压冲击下，弹力有所增加。弹簧式刮削器的弹簧弹力足够将刀板推出并保持很大弹力，因此，每一往返动作，都对套管内壁切刮一次，每次都在增大刮削直径。这样往复数次，即可达到目的。技术参数见表 5-27，结构见图 5-29。

表 5-27　胶筒式和弹簧式套管刮削器技术参数表

胶筒式套管刮削器技术规范				
规格型号	外形尺寸，mm	接头螺纹代号	使用规范及性能参数	
			刮削套管，in	刀片伸出量，mm
GX-G114	ϕ 112×1119	NC26（2A10）	$4^1/_2$	13.5
GX-G127	ϕ 119×1340	NC26（2A10）	5	12
GX-G140	ϕ 129×1443	NC31（210）	$5^1/_2$	9
弹簧式套管刮削器技术规范				
规格型号	外形尺寸，mm	接头螺纹代号	使用规范及性能参数	
			刮削套管，in	刮削套管，in
GX-T114	ϕ 112×1119	NC26（2A10）	$4^1/_2$	13.5
GX-T127	ϕ 119×1340	NC26（2A10）	5	12
GX-T140	ϕ 129×1443	NC31（210）	$5^1/_2$	9
GX-T146	ϕ 133×1443	NC31（210）	$5^3/_4$	11
GX-T168	ϕ 156×1604	330	$6^5/_8$	15.5
GX-T178	ϕ 166×1604	330	7	20.5

（二）用途

用于对套管内壁上的死油、死蜡、射孔孔眼毛刺、封堵及化堵残留的水泥、堵剂等的

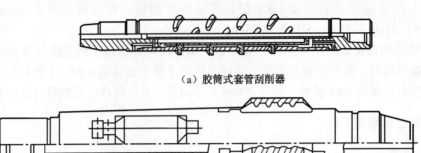

（a）胶筒式套管刮削器

（b）弹簧式套管刮削器

图 5-29　刮削器

刮削、清除。

（三）安全使用注意事项

（1）根据井况正确选择好刮削器的尺寸后连紧入井。

（2）入井后下放速度不超过 2m/s，上提应控制速度，到刮削井段后开泵冲洗，泵压不超过 10MPa，循环冲洗并上、下反复刮削。

（3）上提负荷增加时，下放，负荷下降应继续刮削直至悬重无异常。

（4）工具遇阻后反复上提、慢放至平稳。

六、补贴类工具

（一）原理

补贴工具系列组装后与波纹管一同下至预计深度，在液压作用下，双液缸将液体的压力变成机械上提力，带动液缸下部的活塞拉杆下行，而活塞拉杆下部接有钢性、弹性胀头一同上行。钢性胀头上部呈锥状，初步将波纹管胀开，为弹性胀头进入波纹管创造一定条件。弹性胀头呈圆球状，进一步将波纹管胀圆胀大，紧紧地贴补在套管内壁上。活塞拉杆外部为波纹管，由液缸下部的止动环限位，液缸又在水力锚作用下相对不动。所以在钢性、弹性胀头作用下，波纹管相对位置不动，得以被初步胀开 1.6m 长范围，上提管柱再次拉开拉杆，此时虽然水力锚已不再对波纹管起定位作用，但已被胀开 1.5m 长的波纹管与套管补贴严密，已有足够的摩擦阻力和胀紧力阻止波纹管上窜，故补贴可在液压或上提管柱作用下继续使用，直至全部完成设计的补贴长度。技术参数见表 5-28，结构见图 5-30。

（二）安全使用注意事项

（1）补贴前通井，避免遇阻，井段套管尺寸清楚。

（2）连接正确，下至预定深度上提管柱 1.5m，关闭滑阀。

（3）管内灌满工作液，憋压补贴，升压程序为 4 ~ 6MPa 使水力锚工作，然后升压15MPa-20MPa-25MPa-30MPa，最高不超过 32MPa，每个压力点稳压 5min，地面管线各连接部位牢固可靠，不刺不漏，使用前必须试压合格后方可使用，否则易造成人身伤害。

（4）放掉管柱内压力，上提管柱不超过 1.5m 行程，此时管柱悬重应稍有增加。

（5）按上述升压程序补贴，上提 1.5m 行程，升压，直至完成全部补贴。

表 5-28　波纹管规格参数表

规格型号	适应套管尺寸及厚度，in，mm		波纹管波峰数个	质量 kg/m	玻璃丝厚度	外径（mm）		内径		气密试压 MPa	成品长度 m
						基本尺寸	允许偏差	基础尺寸	允许偏差		
QJ-I BWG	5¹/₂	6	8	9.11	0.4	112	±0.7	77	+1.0 -0.4	≤0.5	6.0±0.1 可按需要制作任意长度
		7		8.96		112		77			
		8		8.82		108.8		70.7			
	5³/₄	7		9.42		113.5		78.3			
		8		9.26		112		77			
QJ-I BWG	6⁵/₈	9	10	10.75	0.5	137.1		95.2			

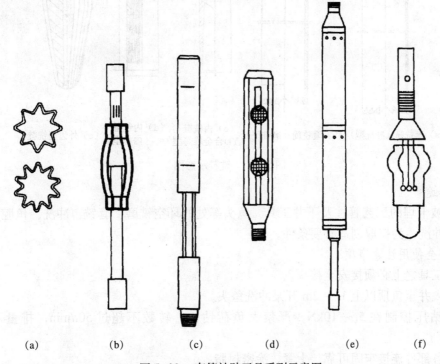

(a)　　　　(b)　　　　(c)　　　　(d)　　　　(e)　　　　(f)

图 5-30　套管补贴工具系列示意图

a—波纹管横截面（上为 8 峰，下为 10 峰）；b—滑阀；c—下击器；d—水力锚；e—双液压缸，上为液缸，下为止动环与拉杆；f—胀头部分（上为安全接头，中为刚性胀头，下为弹性胀头）

（6）第一行程 1.5m 憋压补贴后，可用连续缓慢上提法完成补贴。完成后候凝 24h。

（7）对补贴井段试压，压力为 10MPa 左右，稳压 5min，压降不超过 0.5MPa 为合格。人员离开管线等施工区域。

（8）工程测井，核对补贴深度。

（9）压井时补贴，含砂量低于 2%，pH 值应在 7～8 之间，所有管柱必须上紧牢固可靠，采用硬管线连接。

七、铣、磨、钻工具

(一) 铣鞋类

1. 原理

YD合金及内齿、外齿铣鞋或硬质合金块、钨钢粉堆焊的硬性，在钻柱转动旋转及钻压下，切削、刮削、钻磨，逐步将落鱼与套管环空的卡阻鱼腔内的卡阻套铣、刮铣、钻铣干净，并在一定排量下被冲洗带至地面，从而解除卡阻，打通通道。结构见图5-31。

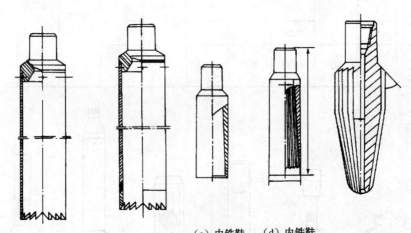

(a) 套铣筒（冲洗型）　(b) 套铣筒（磨铣型）　(c) 内铣鞋　　(d) 内铁鞋　　(e) 外齿型铣鞋
　　　　　　　　　　　　　　　　　　　　（YD合金堆焊型）　（内齿型）

图 5-31　铣鞋示意图

2. 用途

用于被卡埋的工艺管柱及下井工具、鱼头等处的环空铣磨、套铣、冲洗、鱼腔内堵塞物的钻铣冲洗，为捞取创造必要条件。

3. 安全使用注意事项

(1) 工具之上必须接安全接头。

(2) 入井至鱼顶以上1～2m开泵冲洗鱼头。

(3) 钻压控制在5～10kN，严禁大负荷钻铣，转数不超过50r/min，排量不低于1m³/min。

(4) 各部件连接牢固可靠、上紧，涂密封脂。

(二) 磨鞋类

1. 原理

磨鞋低端及外侧堆焊YD硬质合金粉或颗粒不规则的合金块，有利于切削磨铣。在钻压转动及钻压下，磨鞋旋转对落鱼进行切削或对断口套管切削，随钻压增大，YD型硬质合金或其他硬性材料将吃入并磨碎落鱼或断口，磨屑被洗井工作液冲出。

2. 用途

用于落鱼鱼顶的修整、铣磨，被卡埋管杆类及下井工具等的磨削铣进，以磨铣掉被卡阻的落鱼或卡阻物。示意图见图5-32。

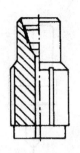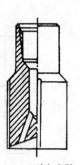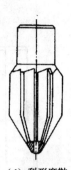

（a）旁通式水眼型平底磨鞋 （b）直通式水眼型平底磨鞋 （c）凹型底磨鞋 （d）梨形磨鞋

图 5-32 磨鞋示意图

3．安全使用注意事项

（1）方法同铣鞋、套铣筒相同，应保持水眼畅通，但钻压不超过 15kN。

（2）无进尺或缓慢可上提工具 0.5～1m 后快速下放顿击工具，使 YD 硬质合金颗粒块被击碎，重新露出锋齿，磨铣切削速度可加快。

（3）凹面磨鞋在切削较长落物时易出现固定部位磨削，当 YD 硬质合金或其他型耐磨材料全部磨损后，落物进入工具本体，形成落物与本体摩擦，使泵压上升无进尺，扭矩下降，此时应上提钻具再轻压或改变磨削位置。

（4）下端连接铣锥工具的管柱，下钻速度在 1～2m/min 之内，切忌快速下放，易损伤套管或发生卡钻。保证水槽畅通，洗井液清洁。下至磨铣井段以上 2～3m 开泵洗井，地面返出或泵压正常，才能磨削，洗井液上返速度不低于 3.2m³/min。钻压 10kN，低转数，如扭矩增加应上提钻具。焊接 YD 硬质合金或其他型耐磨材料时必须在同一圆周方向逐步推进，焊接前预热 300℃ 以上，保证焊接牢固可靠。

（三）钻头类

1．原理

新型钻头尖端部的切削部位有 YD 硬质合金或其他型耐磨材料，在管柱旋转和钻压作用下，如同钻床的钻头钻孔一样，使吃入部分在圆周方向进行切削，逐步将被钻物钻去。示意图见图 5-33。

2．用途

用于钻磨水泥塞、死蜡死油、砂桥，特殊情况下可用来钻磨绳缆类的堆积卡阻，对于套管内开窗后侧钻，三刮刀型钻头尤为适用。

3．安全使用注意事项

（1）选好尺寸，接好安全接头，保持水眼畅通，YD 硬质合金或其他型耐磨材料不得超过本体直径。

（2）钻压不超过 15kN，转数 80r/min，排量不低于 0.8m³/min，泵压在错断井施工时应控制在 15MPa 以下。

（3）中途不得停泵，确需停泵必须上提钻柱 20m 以上。

（4）最好加装下击器，以提供钻压地面管线连紧、上牢。

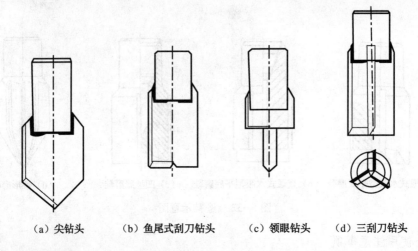

（a）尖钻头　　（b）鱼尾式刮刀钻头　　（c）领眼钻头　　（d）三刮刀钻头

图 5-33　钻头结构示意

八、补接类工具

（一）铅封注水泥式套管补接器

1. 原理

新套管柱下接补接器，在引鞋作用下，井内旧套管（端部无接箍）被补接器抓住，螺旋卡瓦将套管卡紧，当串窜继续下放并旋转，卡瓦内径扩大，套管（鱼顶）顺利通过卡瓦座上台肩直至顶住补接器上接头。此时上提管串，卡瓦则紧紧咬住套管，上提负荷达一定值时，卡瓦座不再随外筒一起上行。引鞋则给内套管上推力，使铅封总成被压缩而变形，挤压到环空而实现密封之后，下放管串一定负荷和距离（不超过 15mm），卡瓦座与外筒之间通道被打开，可以由此注入水泥固井。之后再次上提密封孔道，补接固井完成。技术参数见表 5-29，结构见图 5-34。

表 5-29　铅封注水泥式套管补接器技术参数表

规格型号	外形尺寸 mm	接头螺纹	许用拉力，kN	压缩铅 封负荷，kN	补接套管 in
BJQ-114QF	$\phi\,165 \times 1420$	$4^1/_2$in 套管螺纹	610	80	$4^1/_2$
BJQ-127QF	$\phi\,175 \times 1440$	5in 套管螺纹	640	97	5
BJQ-140	$\phi\,189 \times 1483$	$5^1/_2$in 套管螺纹	590	100	$5^1/_2$
BJQ-146	$\phi\,197 \times 1445$	$5^3/_4$in 套管螺纹	620	110	$5^3/_4$
BJQ-168	$\phi\,219 \times 1473$	$6^5/_8$in 套管螺纹	650	120	$6^5/_8$
BJQ-178	$\phi\,232 \times 1473$	7in 套管螺纹	720	150	7

2. 安全使用注意事项

（1）选择相应的补接器规格，连接牢固可靠，润滑，工具入井前需先通井或刮削套管内壁，保证井壁畅通无毛刺，套管接箍深度清楚，切割位置应在损坏套管下面的一根完好

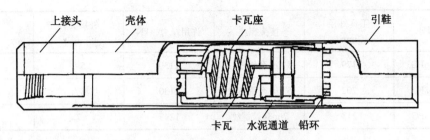

图 5-34　铅封注水泥式套管补接器

套管上部为宜，以保留出充分的补接长度。

（2）下在套管底部连紧入井，下桥塞封隔器或打水泥塞，其深度应在切割位置以下 10m。工具下至套管端面以上 2 ～ 3m 以上时开泵冲洗鱼顶，记悬重。

（3）慢放并正转，引入套管进入引鞋工具内，直至套管通过卡瓦顶至上接头，此时应使工具内承受一定压力（不超过 8MPa），悬重下降不超过管窜的 ⅓。

（4）缓慢上提管串使工具处于中和点状态，消除扭矩，卡瓦抓咬套管，上提管串压缩铅封，上提负荷不超过 100kN。

（5）补接试压，将压缩铅封的上提负荷下放至四分之一，试压 10 ～ 20MPa，5min 压降不超过 0.5MPa 为合格。

（6）打开注水泥通道，下放管串，使补接器承受上部套管串 70 ～ 90kN 的下压负荷，以打开注水泥通道。

（7）注水泥固井，上提管串至 100kN（不包括套管串悬重），使卡瓦咬紧套管并保持压缩铅封负荷，候凝，48 ～ 72h 后卸载。

（8）如发生意外，可按可退式捞筒的操作要求方法退出补接器。

（二）封隔器形套管补接器

1．原理

被补接套管由引鞋引入卡瓦内，卡瓦被胀开，套管继续上行推动密封圈，保护套被顶至上接头，密封圈双唇胀开，此时则完成抓牢。上提管串卡瓦则咬住套管不动，筒体相对上行使卡瓦与筒体螺旋锥面贴合，上提负荷越大，卡瓦咬紧套管越紧，同时双唇式密封圈内面则封紧套管外壁，密封圈外壁则封紧筒体内壁，从而密封了套管与补接器的内外空间，补接完成。需退出补接器时则下击工具，给补接器以向下的冲击力，慢右旋上提管串即可收回补接器。技术参数见表 5-30，结构见图 5-35。

表 5-30　封隔器形套管补接器技术参数表

规格型号	工具外径 mm	接头螺纹	许用拉力，kN	补接套管 in	试压 MPa
BJQ-114FG	146	$4\frac{1}{2}$in 套管螺纹	1281	$4\frac{1}{2}$	15
BJQ-127FG	159	5in 套管螺纹	1281	5	15
BJQ-140FG	173	$5\frac{1}{2}$in 套管螺纹	1417	$5\frac{1}{2}$	14

续表

规格型号	工具外径 mm	接头螺纹	许用拉力，kN	补接套管 in	试压 MPa
BJQ–146FG	179	$5^3/_4$in 套管螺纹	1130	$5^3/_4$	13.5
BJQ–168FG	202	$6^5/_8$in 套管螺纹	1130	$6^5/_8$	12
BJQ–178FG	213	7in 套管螺纹	1243	7	10

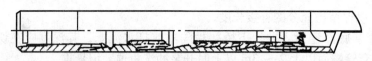

图 5-35　封隔器形套管补接器

2．安全使用注意事项

（1）核实工具尺寸及规格与被补接套管匹配，被补接套管端面应平整、光滑无毛刺，端面以下 2m 完好，地面管线试压合格，采用硬管线连接。

（2）连紧入井至鱼顶 1～2m 开泵循环冲洗鱼顶并记悬重，开泵升压要缓慢，慢放右旋管串引入套管至顶住保护套上接头台阶时，悬重不得超过原悬重的 $1/_3$。

（3）上提管柱使补接管柱及补接器承受 90～100kN 的拉力，卡瓦工作，密封圈张开完成抓牢密封，上提速度要慢且匀速，以防消除补接后套管柱的扭力。

（4）上提力不得超过补接器承受 80%，补接管柱试压 10～15kN，稳压 5min，压降不超过 0.5MPa 为合格。

（5）需退出补接器则下击管柱右旋上提管柱即可。

九、震击类工具

（一）开式下击器

1．原理

打捞工具抓获落鱼后上提钻具，震击器被拉开一个冲程的高度（600～1500mm），储集了势能，继续上提钻柱至一定负荷，钻柱被拉伸，储备了变形能。此时急速下放钻柱，在重力和弹性收缩力的作用下，钻柱向下作加速运动，势能和变形能转变为动能。当下击器达到关闭位置时，势能和变形能完全转变为动能，达到最大值，产生向下的震击作用。如此反复迫使落鱼解卡。技术参数见表 5-31，结构见图 5-36。

2．用途

与打捞工具配合使用，抓获落鱼后可下击解除卡阻，可配合倒扣作业，还可与打捞工具或安全接头等工具连接，中间有循环水眼，撞击套安装在芯轴上端外螺纹上，芯轴外套为内六方孔套在芯轴六方杆上，可上、下自由滑动并能传递扭矩。

3．安全使用注意事项

（1）连紧，下部接安全接头，先将落鱼管柱卡点以上部分倒出，靠近卡点，核定打捞、震击深度。

表 5-31　开式下击器参数表

规格型号	外径 × 长度 mm	接头螺纹 代号	许用拉力 kN	冲程 mm	水眼直径 mm	许用扭矩 N·m
XJQ-K95	95 × 1413	REG (230)	1250	508	38	11700
XJQ-K108	108 × 1606	NC-31 (210)	1550	508	49	29800
XJQ-K121	121 × 1606	NC-31 (210)	1960	508	51	29900
XJQ-K140	140 × 1850	NC-31, 38 (210, 310)	2100	508	51	43766

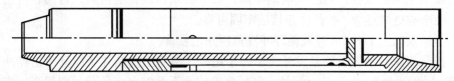

图 5-36　开式下击器结构示意图

（2）上提钻柱受拉力 200 ~ 400kN，拉开冲程，迅速下放钻柱，下击器接近关闭位置前约 100 ~ 150mm 时刹车，停止下放，钻柱由于弹性收缩，下击器迅速关闭，芯轴外套下端面与芯轴台肩发生连续撞击，向下连续震击随即产生。

（3）如此反复，下击 15 ~ 20 次紧扣一次，直至解卡。

（4）须退出时，给工具以下击力，下击力不可过大，旋转钻柱并上提即可。

（5）机械切割管柱、钻磨铣管柱、倒扣管柱等使用开式下击器时，应使其处于半开半闭状态，则可提供一恒定的进给钻压和倒扣后被卸开螺纹的上升量。

（6）组合：钻杆柱、配重钻铤、开式下击器或润滑式下击器、可退式打捞工具。

（二）润滑式下击器

1. 原理

拉开震击器行程、拉伸钻柱，使工具储备势能，钻柱储备弹性收缩能。一旦卸荷，钻具则产生高速向下的冲击力。工具的接头芯轴台肩将猛烈撞击上钢体和鱼头，产生下击。由于钻柱的拉伸、收缩，在弹性、惯性力作用下，对物体还可产生向上的冲击力。如同一根弹簧，当提拉力足够时被拉伸，突然卸掉拉力，弹簧收缩一次，上弹一次，收缩一次，上弹一次，逐渐减轻减弱。技术参数见表 5-32，结构见图 5-37。

表 5-32　润滑式下击器参数表

规格型号	接头螺纹代号	外径，mm	内径，mm	冲程 mm	许用拉力，kN	许用扭矩 N·m
XJQ-VH95	NC-26 (2A10) REG (230)	95	32	394	170	11630
XJQ-VH108	NC-31 (210) REG (230)	108	50	394	186	21150
XJQ-VH117	NC-31 (210)	117	50.8	394	227	23455
XJQ-VH146	NC-38 (310)	146	71	457	292	52930

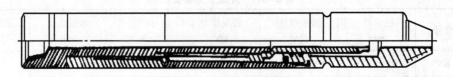

图 5-37　润滑式下击器

2．用途

向落物施以突然下击解卡，也可产生向上的冲击，实现活动解卡。

3．安全使用注意事项

(1) 使用前地面试验，内腔充满润滑油，其下必须加装安全接头，否则在打捞无效的情况下，使事故更加复杂。各部件连接应牢固可靠。

(2) 至鱼顶以上 1 ~ 2m 开泵循环冲洗鱼顶并记悬重。

(3) 抓获落鱼后上提至原悬重并作第一个记号。然后上提钻柱至拉开下击器冲程距离 S（约 350 ~ 400mm），作第二个记号。之后再提拉至工具的允许负荷后刹稳车，作第三个记号并测量钻柱伸长量 L。

(4) 突然松开刹把，钻柱全重下放，距离不小于 $S+L$。如超过第一个记号，下击发生且有效。重复上述动作直至解卡。

(三) 液压上击器与液体加速器

1．原理

液压式上击器是利用液体的不可压缩性和缝隙的溢流延时作用，拉伸钻柱储存了变形能，瞬时释放，在极短（数秒钟）的时间内转变为向上的冲击动能，传至落鱼解除卡阻。其工作过程大致可分成拉伸钻柱储能阶段、活塞腔活塞环缝隙卸油释放能量阶段、撞击阶段、复位阶段四个阶段。结构见图 5-38 和图 5-39。

2．用途

两者配合使用，用于遇卡阻管柱的上击解卡，对于砂蜡卡阻、小物件卡阻、井下工具失灵卡阻、套损卡阻等有很好的上击解卡效果。

3．安全使用注意事项

(1) 地面检查加注润滑油和硅机油并试验，测所需提拉力和允许提拉力，下接安全接头。

(2) 工具入井后下放速度在 2.5m/s 以内，至鱼顶 1 ~ 2m 开泵循环冲洗鱼头，记悬重。

(3) 抓鱼后提紧，缓慢上提，悬重提高 100 ~ 150kN 即可。按规定提钻，刹车，等候震击发生。

(4) 震击后下放钻柱关闭上击器行程，然后再次上提钻柱至规定负荷，刹车等候震击发生，如此反复，直至震击解卡。

(5) 钻柱组合：钻杆柱、液体加速器、配重钻铤、液压上击器、可退式打捞工具。

十、整形类工具

(一) 梨形胀管器

1．原理

工作面分为锥体大端，当钻柱施加给胀管器工作面大端以纵向力 p 时，其锥体大端与

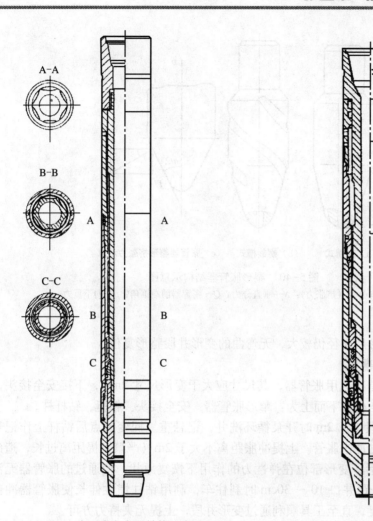

图 5-38　液压式上击器结构示意图　　　图 5-39　液体加速器结构示意图

套管变形部位接触的瞬间所产生的侧向分力 F 直接作用挤胀、冲胀变形部位。技术参数见表 5-33，结构见图 5-40。

表 5-33　犁形胀管器参数表

规格型号	外形尺寸 mm	接头螺纹代号	整形尺寸分段 mm	适应套管 in	整形率 %
ZQ-114	D×250	NC26（2A10）	92，94，96，98，100	$4\frac{1}{2}$	98～99
ZQ-127	D×300	NC31（210） $2\frac{7}{8}$ REG	102，104，106，108，110，112	5	98～99
ZQ-140	D×300	NC31（210）	114，116，118，120，122，124	$5\frac{1}{2}$	98～99
ZQ-168	D×350	NC31（210） NC38（310）	140，142，144，146，148，150，152	$6\frac{5}{8}$	98～99
ZQ-178	D×400	NC38（310）	154，156，158，160，162	7	98～99

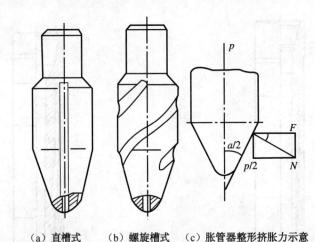

（a）直槽式　　（b）螺旋槽式　　（c）胀管器整形挤胀力示意

图 5-40　梨形胀管器结构示意图

F—侧向分力（挤胀力）；N—垂直分力；Q—胀管器前端锥角；p—向下重力

2. 用途

主要用于套管变形后通径仍较大，无弯曲的变形井段整形复位。

3. 安全使用注意事项

（1）井况清楚，首次选用胀管器，其尺寸应大于变形尺寸 2mm，下接安全接头，各部必须连接牢固，管柱结构自下而上为：型形胀管器、安全接头、钻挺、钻杆柱。

（2）下至变形井段 1～2m 时开泵循环洗井，记悬重。探变形点后钻杆上作记号，算出冲胀高度，下放钻柱冲击胀管。上提冲胀距离不大于 2m（严禁上提距离过长，造成胀管器瞬间通过变形部位后，变形部位在弹性力的作用下恢复原状，使通过的胀管器无法提至变形部位以上）。记号距井口 10～30cm 时刹住车，利用钻柱惯性伸长使胀管器冲击、挤胀变形井段，如此反复，直至工具顺利通过变形井段，上提无夹持力方可。

（3）逐级整胀，每次整胀级差 2mm，同一级差未能通过时，更换小一级的工具，不得越级整胀。

（4）每冲胀 10～15 次必须停下紧螺纹，避免胀管器脱落，造成设备损坏及威胁人员的安全。

（二）旋转震击式整形器

1. 原理

旋转式震击整形器在钻柱旋转带动下，整形器的锤体同整形头间的凸轮面产生相对运动，锤体带动钢球沿环行槽抬起。经旋转一定角度后，凸轮曲面出现陡降，砸在整形头上，给变形部位以挤胀力。由于锤体、整形头端面的凸轮轮廓面为三个等分的螺旋面，所以钻柱每旋转一周可发生震击三次，震击力的大小由钻柱本身质量、凸轮螺旋曲面高度决定。技术参数见表 5-34，结构见图 5-41。

2. 用途

同梨形胀管器，但该工具不用上提钻柱，只需旋转钻柱即可产生向下的震击力。

3. 安全使用注意事项

（1）根据套管变形尺寸选好相应的整形工具尺寸，各部件灵活完好，水眼通畅。自下而上：整形器、钻挺、开式下击器、钻柱。

表 5−34　旋转式震击整形器参数表

规格型号	接头螺纹代号	工作外径 水眼，mm	整形尺寸分级，mm
XZQ−114	NC26（2A10）	100×25	85，87，90，92，94，96，98，99，100
XZQ−122	NC31（210）REG（230）	122×30	102，104，106，108，110，112，114
XZQ−140	NC31（210）	128×40	114，116～126，128

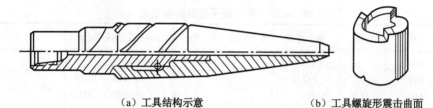

（a）工具结构示意　　　　（b）工具螺旋形震击曲面

图 5−41　旋转震击式整形器结构示意图

（2）工具下至变点以上 1～2m 开泵循环，记悬重。

（3）下放钻柱，使工具接触变形部位，钻压稍大于钻挺重量。

（4）上提钻柱，使悬重处于钻柱悬重减去钻挺重量，再稍上提 100～150mm，稍拉开下击器即可，此动作非常关键，必须完成。

（5）旋转钻柱，整形器开始旋转震击整形，转数不超过 20r/min。

（6）当旋转扭矩降低或无扭矩时，整形器通过变形井段，此级别整形完毕，上下划眼 3 或 4 次。更换下一级差整形器，重复上述动作。

（7）若变形长度大于下击器拉开行程，钻柱扭矩降低或无扭矩不应停转，继续接触变形部位，整形，钻柱旋转前上提拉开下击器非常必要，否则旋转时将会使工具磨损出现意外。

（三）偏心辊子整形器

1．原理

钻柱沿自身轴线旋转时，上下辊绕自身轴线作圆周运动，而中辊轴线由于与上下轴线有一偏心距 e（见图 5−42），必绕钻柱中心线以 $1/2 D$ 中 $+e$ 为半径作圆周运动，从而形成一

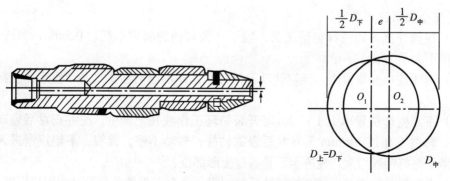

图 5−42　偏心辊子整形器示意及原理

组曲线凸轮机构，形成以上下辊为支点，中辊为旋转挤压的形式对变形部位套管进行碾压整形，除此之外，当工具在变形复杂的井段内工作时，由于变形量的不同，上下辊与中辊又可以互为支点，而各支点的阻力各不相同，因此具有偏心距e的偏心轴旋转时，在变形量小阻力小的支点处，辊子边滚动边外挤。在变形量大阻力大的支点处，偏心轴与辊子间产生滑动摩擦阻力，对变形部位向外挤胀，因而偏心辊子整形器具有滚动碾压功能，在钻压下对变形部位有向下挤胀作用。技术参数见表5-35。

2. 用途

对于变形通径较大的套损井，一次可恢复径向尺寸98%以上，与冲胀类工具相比其优点是起下钻柱次数少，工序简单，安全稳定。

表5-35　偏心辊子整形器参数表

上辊	中辊	下辊	最大直径	接头螺纹代号	整形量，mm	整形范围，mm	备注
105	104 107 110 — 119	105	110.5 112.0 113.5 — 118.0	REG (230) NC-31 (210)	5.5 7 8.5 — 13	105～110.5 105～112 105～118	偏心距e=6mm 使用上、下辊4种8只，中辊6种6只合计14只，可以配出21种整形尺寸，整形范围105～125mm
110	104 107 — 119	110	113 114.5 -120.5	REG (230) NC-31 (210)	3 4.5 6 — 10.5	110～113 110～114.5 -120.5	
115	104 107 — 119	115	115.5 117 -123	REG (230) NC-31 (210)	0.5 2.0 3.5 — 8	115～115.5 115～117 — 123	
119	104 107 — 119	119	120.5 122 -125	REG (230) NC-31 (210)	1.5 3 4.5 — 6	119～120.5 119～122 — 125	

3. 安全使用注意事项

(1) 根据井况正确选择整形工具，辊子孔径与轴的间隙不超过0.5mm，灵活无卡阻，其窜动量不大于1mm。

(2) 钢球装口丝堵紧固，锥辊转动灵活并充满润滑脂后连紧入井，整形器上接安全接头。

(3) 下至变形位置以上1～2m时开泵循环工作液并记悬重。洗井正常后启动转盘空转钻柱，转数不超过20r/min无异常后慢放钻柱，转动不停。锥辊、下辊逐渐进入变形部位，转盘扭矩将明显增大，慢放至工具通过变形部位。

(4) 上下提放钻柱并用较高的转数反复划眼，直至工具能顺利通过变形点无夹持力。

（5）特殊时整形器上可加配重钻铤和开式下击器，恒定进给钻压，旋转转数一般不超过40r/min。

（四）三锥辊套管整形器

1. 原理

随钻柱旋转和所施加的钻压进入套管变形部位，锥辊随芯轴转动并绕销轴转动，对变形部位套管进行挤胀、碾压，在钻压和钻柱转动作用下，套管变形部位不断被挤胀、碾压而逐渐恢复通径。因套管材质原因，套管变形段对工具有弹性反力，锥辊最大直径通过变形段后，对长锥面反弹作用力因距离大而不起作用，而对短锥面有反弹力，但钻柱不断转动和锥辊的自转，对恢复段继续碾压，在工作液的循环冷却下，弹性反力逐渐消失，被整形复位的通径则保持不变，钻柱、工具不断转动和下压，整形效果越来越明显。通径不断扩大至设计通径。技术参数见表5-36，结构见图5-43。

表5-36　三锥辊套管整形器参数表

规格型号	接头螺纹代号	工作直径，mm	适应套管，in
ZGQ-114	NC-26（2A10），REG（230）	92，94，96 ~ 114	$4\frac{1}{2}$
ZGQ-122	NC-31（230），REG（230）	102，104，106 ~ 122	$5\frac{1}{2}$
ZGQ-126	NC-31（210），REG（230）	114，116，118 ~ 126	$5\frac{3}{4}$

2. 用途

该工具适合变形通径较小的套管整形施工，能最大限度地保护套管内壁及管外水泥环，整形级差在6mm以上。

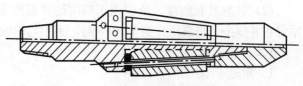

图5-43　三锥辊套管整形器结构示意图

3. 安全使用注意事项

（1）各部连接紧固，加注润滑脂后入井至变形部位以上1 ~ 2m开泵循环工作液并记悬重。

（2）旋转下放钻柱整形器开始工作，此时加钻压20 ~ 50kN，转数20 ~ 40r/min。

（3）悬重下降，扭矩减少工具已通过变形部位，划眼3 ~ 5次至工具无夹持力后，更换下一级别的整形器继续整形至设计要求。

（五）铣锥

1. 原理

在扶正器的作用下，利用铣锥强制磨铣套管弯曲变形和错断的井段，使套损段井眼轴线与全井的井眼轴线重合，为下一步各种工艺技术的实施提供必要的条件。

2. 安全使用注意事项

（1）打印核实套损情况和状况。

（2）根据套损情况选择磨铣工具。

（3）钻柱下至套损点以上2m开泵循环并旋转下放，遇阻后磨铣，钻压5 ~ 10kN，根据进尺情况判断是否开窗，如在套管内则正常磨铣，反之一起钻，重新打印，决定下部措施。

十一、侧钻类工具

套管内侧钻是针对套管损坏部位较深（80m 以下）、损坏情况严重，用整形加固、补贴等工艺无法实施，用取换套工艺修复则周期较长、费用较高而发展起来的一项大修工艺技术。在套管断口以上某处开窗侧钻，然后钻一斜直井眼（或水平），钻开油气层下入套管固井完井。优点是对地面设施和井眼进行了充分的利用，成本低，不足之处通径小。

（一）斜向器

1. 用途

它起到套管开窗的定向导斜作用。将开窗铣锥引导向一个方向并按一定角度钻开套管，并完成窗口的修整以及引导以后的裸眼钻进、套管下入等。结构见图 5-44。

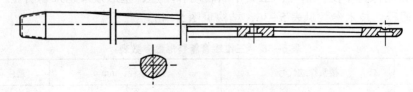

图 5-44　斜向器结构示意图

2. 安全使用注意事项

（1）据井况选择相应的斜向器，包括断面形状；斜面硬度；斜面长度、角度、厚度；尾部结构等，从而确保一次成功。

（2）注意装置角度，角度调正后用钻井泵憋压，当泵压升到 4MPa 时，锚定体上的锚锚定在井壁上，当泵压升到 11MPa 时，丢手与斜面脱离，斜面留在井底。

（二）送斜器

1. 用途

将斜向器送入井内某深度位置的专用工具。结构见图 5-45。

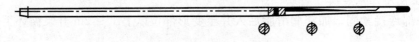

图 5-45　送斜器结构示意图

2. 安全使用注意事项

通井、测井，地面连好，斜口接头与开口接头焊接要牢固，不得有气孔、砂眼等现象，要与斜向器的尺寸相符、配合使用，斜面相同，用销钉相互锚定，下至预定深度后注水泥浆，初凝后，顿断销钉，起出送斜器，注水泥浆时间应准确。

（三）开窗铣锥

1. 原理

开窗铣锥主要工作面是侧面硬质合金刀刃，有单式和复式两种，将被铣的工作面用铣锥的刀刃通过钻柱旋转研磨，用一定的泵压，采取循环方法将碎块循环到地面，并加以适当的钻压，将工作面按照设计要求钻开窗口，便于下一步施工。结构见图 5-46。

2. 安全使用注意事项

注意钻压、转数、排量的配合，侧钻深度不超过 800m 时钻压控制在 40kN 以下，转数

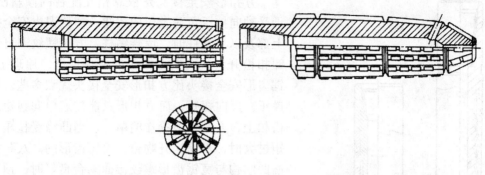

（a）单式铣锥　　　　　　　　（b）复式铣锥

图 5-46　开窗铣锥

80r/min，排量 1m³/min，在无异常时，低转速可提起钻具一次，向下猛顿一次，使刀刃顿击破碎，重新露出尖齿。

（四）裸眼钻进钻头

1. 用途

侧钻是在套管内进行的，侧钻开窗深度一般不超过 1200m，裸眼井段钻进不超过 400m，多数在 200m 以内，所以常用 PDC 钻井常规钻头和三刮刀钻头，PDC 钻头较轻，头部仰角较大，所钻井眼不太规则，易卡钻，刮刀钻头可加长加重加大，顶部切削刀刃角度为吃入形，外侧部为刮削形，钻进速度理想，井眼较规则，不易发生卡钻事故，侧钻井常用刮刀钻头。结构见图 5-47。

2. 安全使用注意事项

三个刀片互为 120°角，底部刀片斜度 5°～10°，侧向夹角不大于 30°，刀片用硬质合金堆焊而成，焊前预热 500℃以上，焊后保温逐渐自然降温至常温，钻压、排量配合得当时可提高钻速，达到 2～3m/h。

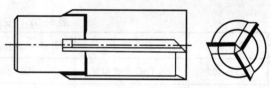

图 5-47　刮刀钻头结构示意图

十二、辅助类工具

（一）安全接头类

1. 作用原理

锯齿形安全接头的上、下配合宽锯齿形螺纹面，在外拉力作用下，内外锥面相吻合并扭紧，可承受拉力、传递扭矩。上下配合的"八"字形凸凹结构则产生预拉力并保持恒定的锁紧力。当其吻合良好时，则保证上下接头宽螺纹面吻合而不松动，传递正反扭矩均可。因接头宽锯齿形螺纹比钻杆扣的螺距大 6～10 倍。所以当"八"字形凸凹结构的上下配合面在预紧力适当、吻合面良好时，工作状态最佳，即可传递很大正、反扭矩，又可受很大提拉负荷。在需要松开退出接头以上部分时，反向旋转工具 1～3 圈，下放钻柱并保持 5～10kN 悬重，反转钻柱即可卸开上接头与下接头的锯齿形螺纹，退出工具。结构见图 5-48。

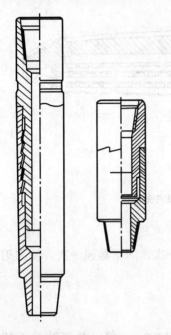

（a）锯齿形安全接头　（b）方扣形安全接头

图 5-48　安全接头结构示意图

方扣形安全接头是依靠相互配合的倾斜凸缘，承受轴向拉压负荷及单向扭矩，需要退出安全接头上部及以上管柱时，反转钻柱，方扣螺纹即可最先卸扣松开。从两安全接头的使用性能、原理上看，锯齿形安全接头比方扣形安全接头优点多些，可传递正、反向扭矩，而方扣形只能传递单向扭矩。在松扣上，方扣形虽操作简单，但当凸缘受拉压、扭矩过大时，不易松开吻合，而锯齿形的"八"字形凸凹结构与宽锯齿形螺纹锥面吻合良好时，预紧力最佳，受提拉力、压力和正反扭矩最大而又不粘连。下放钻柱下击工具，即可脱开吻合，反转钻柱即可较容易退出工具。技术参数见表 5-37。

2. 安全使用注意事项

（1）用于作业管柱，将安全接头接在其他工具之下，用于打捞、修井时接在工具之上。

（2）螺纹涂密封脂并上紧，吻合良好。连好入井。

（3）需退出时，锯齿形安全接头反转钻具 1 ~ 3 圈，使悬重达 5 ~ 10kN，然后反转即可松开接头，退出上接头及以上管柱。方扣形安全接头应上提钻柱至接头以上管柱悬重，反转钻柱即可松开接头退出上接头及以上管柱。

表 5-37　安全接头参数表

规格型号	接头螺纹	外径 × 内径, mm	松脱钻压, kN	备注
JCJT-105	$2^7/_8$ TBG 平式油管	105×58	5 ~ 10	压裂、作业管柱系列
JCJT-115	$2^7/_8$ TBG	115×72	5 ~ 12	压裂等作业管柱
JCJT-108	NC31（210）	108×50	5 ~ 15	修井、打捞管柱
FKJT-108	NC31（210）	108×62	5 ~ 10	修井、打捞管柱
FKJT-95	NC26（2A10）	95×51	5 ~ 10	修井、打捞管柱

（二）活动肘节

1. 作用原理

活动肘节与打捞工具连接入井到位后，开泵循环，因尚未投入限流塞，肘节垂直向下无任何动作。投塞继续循环，液体进入上接头水眼，受到限流塞水眼节流作用产生压差，活塞下移压迫凸轮上端面，凸轮绕悬挂中心摆动，活动肘节则反向摆动。摆动角度与液压有关，液压越大摆动角度越大。当液压保持在某一值时，活动短节的角度也相应地在一定角度值上。液压增加的同时，活塞下移量也增大，摆动角度也增大。自然压差为零时，活动短节无任何动作而垂直向下，慢慢转动管柱摆动一角度的活动肘节也随之作圆周运动。

安装在活动短节上捞筒前端的引鞋就像弯曲的臂肘一样寻抓落鱼并引导进入捞筒内。如钻柱在短行程上、下活动，前端捞筒已引入抓获落鱼，则可停泵，活动肘节则恢复垂直状态。技术参数见表5—38，结构见图5—49。

表5—38　活动肘节参数表

规格型号	接头螺纹		外径 mm	活塞内径 mm	许用拉力 kN	许用扭矩 kN·m	弯曲角度 （°）
	上	下					
HDZJ—102	NC31（210）	NC31（211）	102	35	905	8.64	7
HDZJ—108	NC31（210）	NC31（211）	108	40	1131	12.06	7
HDZJ—120	NC31（210）	NC31（211）	120	50	1282	17.48	7
HDZJ—184	EF	NC50（411）	184	75	2110	21.36	7

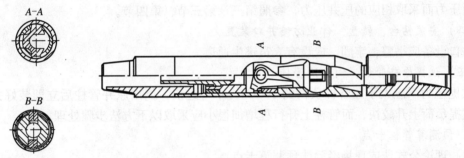

图5—49　活动肘节结构示意图

2．安全使用注意事项

（1）选取相应的工具，摆角、拐角应与捞筒引鞋缺口方向一致。

（2）工具入井至打捞深度记悬重，开泵循环正常后投入限流塞，坐入后，提高泵压，慢转钻具并下放钻柱进行抓获落鱼。

（3）上提钻具，悬重增加则抓获落鱼，停泵起钻，如提不动，应将限流阀捞出，可循环工作液，仍提不动，可用震击器震击解卡。

第三节　解卡打捞安全

解卡打捞工艺技术是一项综合性工艺技术。目前多指井内的落物不易打捞，常规打捞措施较难完成，如工具失灵卡阻、电潜泵井的电缆脱落堆积卡阻、套管损坏的套管卡阻，需采取切割、倒扣、震击、套铣、钻磨等综合措施处理。这种复杂井况的综合处理方法统称为解卡打捞工艺技术。

一、工艺管柱中下井工具失灵及套损卡阻

工艺管柱中的下井工具失灵、失效卡阻，是常见的复杂井况之一，下井工具失效多指封隔器密封件失灵、变形而使整个工艺管柱受卡阻拔不动，再加上套损卡阻，则更加复杂。

下面介绍施工方法，同时介绍其安全注意事项。

（一）立井架，搬家就位

根据预先调查得到的井况准备大负荷的井架，原则上使用配套的修井机井架，承载提升负荷不小于 900kN，按立井架操作规程立好井架。参照第三章第一节、第二节。

（二）施工准备

（1）井史及历次修井、作业施工情况调查，了解清楚对采取下步措施很重要。

（2）设计编写。包括施工步骤、质量要求、技术要求、安全环保要求及井控方面的有关要求。

（3）配套设施准备。设施准备不齐既耽误生产又对安全有影响。设施摆放合理。

（4）工具用具准备。选择性能优良的工具用具，保证工、用具的安全要求。

（5）专用管材及原材料准备。

（三）洗、压井

各部位连接牢固，无渗漏，严禁人在管线上跨越，在洗压井时，无关人员应远离管线，视井内压力而采取相应的压井压力，参照第三章第三节、第四节。

（四）安装钻台、转盘、作业防喷井口装置

井口设备应平整、牢固，应设有人员逃生通道。

（五）试提原井管柱、倒出油管挂

试提拉力不应大于原管柱负荷的 100kN，不可过快，倒出原井管柱后立即装好井控设备。试提负荷上升较快，而管柱上升行程增加很小应采取以下方法步骤处理。

1. 预测算管柱卡点

（1）理论公式法或现场经验法预测算卡点。

（2）测卡仪器测出卡点，要求被测管柱内壁干净，无泥饼、硬蜡。

2. 活动管柱解卡

在管柱许用拉力负荷下（严禁超过上提负荷）活动管柱，操作时应快提快放，以疲劳法解除卡阻。

3. 取出卡点以上管柱

（1）切割法：聚能切割弹爆炸切割、化学喷射切割和机械式切割。

（2）爆炸松扣法倒扣取出。

（3）倒扣器倒扣取出。

（4）机械倒扣取出。

（六）原井管柱断脱的处理

（1）测算断脱管柱长度或取拉力表显示的大约长度。

（2）对扣或将断口处对接，然后下入聚能切割弹切割卡点以上管柱。

（3）起出断脱点以上管柱，下打捞倒扣管柱。打捞倒扣无效后，可采用倒扣法倒出卡点以上管柱，严禁用人力进行倒扣，防止管柱反弹伤人。

（七）打捞活动管柱解卡

卡点以上管柱取出后，根据相关尺寸选择相应的打捞工具，还可用铅模判断。在打捞时应以大力上提管柱法解卡，但不应超出工具或管柱的许用拉力。同时还应注意井架负荷、设备能力、绷绳、滑轮，要有专人指挥，保证安全，否则，必须更换钻杆、井架等设备和具备条件后才能大力上提。

（八）震击解卡

大力上提无效后，应改用震击解卡法。

（1）向上震击：地面调整好震击器，管柱中加上击器和液体加速器，抓捞稳牢后，向上震击。方法参考本章第三节里的震击器。

（2）向下震击：在上述无效后，人工井底有较大余地（10m左右）时可向下震击。方法参考本章第二节里的震击器相同。

（九）倒扣解卡

以上无效后，采取倒扣法将卡阻部位的被卡工具倒开捞出，让出卡阻点。倒扣前应对落鱼进行检测。入井钻柱及工具螺纹应与被卡管柱相反，严禁用人力倒扣。

（十）憋压恢复循环法解卡

用于砂卡，一旦发现砂卡争取时间开泵循环，如循环不起来可用憋压的方法同时上下活动管柱，如能憋开则解卡，憋压时应注意安全，管线连接部分的油壬、螺纹应上紧，施工前应对地面管线进行试压，合格后方可憋压，操作人员要站在安全地带处，以防管柱断脱或管线飞起伤人。

（十一）喷钻法

用于油管偏靠套管壁又被水泥凝固卡钻的情况使用。喷射器采用两根$3/4$in的无缝钢管，长度等于或稍长于被卡油管，下部各接一朝下的喷嘴，两根管子并排焊接，下钻距鱼顶3～5m处慢放，遇鱼顶上提转动从环空放入，探明水泥后开泵循环，正常后加砂喷钻，再套铣倒扣捞出落物。

（十二）冲管解卡

借助小直径的冲管在油管内进行循环冲洗，以解除砂卡。冲管直径选择与油管直径有关。当冲管下至距砂面5～10m处时开泵冲洗，排量12～15m³/min，井口压力不超过0.04MPa，冲出4～5m后停止下钻，一直循环冲洗，直至堵在油管外的砂子掉下来被冲至地面，砂卡解除。

（十三）长时间悬吊解卡

卡钻后判明卡钻原因类型，如属胶皮类的可在井口给管柱一合适拉力，使胶皮卡点处受拉，在较长的时间内产生蠕动，而逐渐解卡。在施工中应有专人观察指重表的变化，如悬重下降则胶皮蠕动，继续补充拉力，迫使蠕变继续，直至解卡。

（十四）套损卡阻的处理

取出卡点管柱后，如可检测卡阻套管技术状况，用铅模打印检测，否则，下击落鱼，让出卡阻部位，然后铅模打印，检测套损情况，根据情况采取相应的修复、整形措施，具体操作步骤及安全注意事项如下：

（1）取出套损卡阻点以上管柱（切割、倒扣等）。

（2）下击落鱼、让出卡阻部位。

（3）铅模打印检测套损情况（变形、错断形状、尺寸、深度等）。

（4）修复套损部位（整形、扩径复位）。

（5）捞出以下落鱼。

（十五）铣磨钻套法解卡

（1）打印落实鱼顶状况。

（2）选取相应的铣磨钻套工具、组配连接管柱。

（3）对井下失灵失效卡阻，应选用铣锥或平底磨鞋冲洗钻磨。钻磨时控制钻压（20～40kN）、转数（80r/min）和排量（1.0～1.2m³/min）及泵压（15MPa），保证不伤害套管，选用高强度的铣磨工具。

（4）出现跳钻憋钻或无进尺时，起出管柱，更换工具。

（5）过卡阻点深度后停止钻磨，冲洗循环干净。

（6）打印落实鱼顶状况。

（7）选择相应的工具及管柱结构捞出落鱼，直至全部捞出。

二、绳、缆、钢丝类落物卡阻

除电潜泵井、电缆清蜡井外，在油管内落入的钢丝、钢丝绳可起管柱带出这类绳类落鱼。其他复杂情况可参照电潜泵故障井处理方法。在套管内脱落的不测井电缆及仪器处理方法如下：

（1）选用内钩捞电缆、钢丝绳，安全操作方法参照本章第二节。

（2）选用活齿外钩打捞，安全操作方法参照本章第二节。

（3）选用内、外组合钩打捞，工具上加接安全接头，插入后旋转管柱使落鱼缠绕在捞钩上，直至捞净，注意旋转扭矩不应过大，安全操作方法参照本章第二节。

（4）打印落实绳类的捞尽程度，如还剩较少落鱼，钩类无法实施时，改用一把抓筒类抓牢，无效后，用强磁打捞器捞剩余落物。如还无效，则采用套铣筒套铣打捞，直至处理干净。

三、小物件卡阻及小物件的打捞

（一）上下反复活动管柱

管柱遇卡后，可保持此管柱稍大一些的上提负荷，同时慢慢转动管柱，使卡阻等小物件改变方位，离开卡阻部位，跟随管柱同时上行，可能又会在下一个接箍处再次卡阻，重复上提转动管柱直到将小落鱼提出井口。注意上提负荷不应过大，否则可能引起更大的事故，同时应根据现场的实际情况来选择相应的上提负荷。示意图见图5-50。

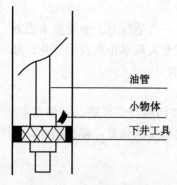

油管
小物体
下井工具

图5-50　小物件卡阻示意图

（二）震击法

活动管柱无效后，测卡点，取出卡点以上管柱，然后抓捞震击，对于小物件卡阻向上、向下震击效果非常有效，安全操作程序执行本章第二节震击操作程序。

（三）套铣法解卡

震击无效后，落实鱼顶及卡阻情况，选用套铣筒套铣磨掉小物件卡阻，套铣前将卡阻的小物件以最大负荷提紧，套铣时悬重突然下降，说明解卡。其余执行本章第二节套铣安全操作程序。

四、砂蜡卡阻

砂蜡卡阻工艺管柱较简单,单纯蜡卡可采用管柱升温。既在管柱内下小直径油管或胶皮管,或用小直径连接油管入井至结蜡点以下,通入蒸气或空气,使温度达到100℃以上化蜡、化死油效果非常理想。如不具备以上条件,可取出卡点以上管柱,刮削套铣死蜡,或挤入热火油(加温到60~70℃),浸泡效果也很好。非操作人员严禁操作,注油、气管线应有警示标志,管线连接牢固无渗漏,防止烫伤。砂卡管柱采用震击法,原理同本章第二节震击法相同,示意图见图5-51。

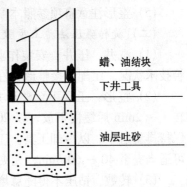

图 5-51 砂、蜡、死油卡阻示意图

蜡、油结块
下井工具
油层吐砂

五、无卡阻的管、杆类落鱼打捞

无卡阻的管、杆类落鱼打捞的主要原则是根据落鱼形状及尺寸选择相应的打捞工具,外螺纹选择筒类、母锥类,内螺纹选择矛类、公锥类,杆类选择筒类打捞工具。注意悬重变化,抓捞时不可全悬重抓捞,悬重增加,抓获落物,悬重无显示,应重新抓牢直至抓获。

第四节 套管整形及加固安全

套管变形是套损井中最多见的一种损坏形式。套管整形与加固工艺技术就是针对套管变形、轻微错断井而发展完善起来的一项综合修复工艺技术。

整形是利用机械方法或化学方法对套管变形部位、错断部位进行冲击挤胀、碾压挤胀、高能气体扩胀复位修复,使变形部位的套管或错断部位的套管得以恢复原来径向尺寸和通径,这种修复方法称为整形。

加固是在整形复位后,对变形、错断的恢复部位套管进行的钢管内衬式加固,使套损部位保持一较大的井眼通道,既起防止再次损坏又可维持生产的作用。这种钢管内衬式修复方法称为加固。

一、机械整形

(一)冲胀法施工步骤及安全注意事项

(1)洗井、压井、安装井口、试提管柱、起出原井管柱参照第三章第二节。

(2)检测套管状况:井内条件允许时用测井仪器测井,检查套管技术状况。不允许时采用铅模打印,不得硬行压下,一次打成,钻压不应超过2~3kN。

(3)选择整形方式与工具:根据铅模印痕选择整形方式及整形工具,参照本章第二节整形方法。

(4)下整形工艺管柱:各部位连接牢固,无刺漏,扭矩不低于3200N·m。下放速度不超过3m/s,至整形复位井段以上2m左右时停止下放,记悬重,开泵循环1~2周后整形。上提钻柱2m后快速下放钻柱,利用钻柱产生的冲击力,挤胀变形、错断部位套管,直至胀管器顺利通过套损点、无夹持力为止。后更换大一级差胀管器。

（5）整形注意事项参照本章第二节。

（二）旋转碾压法施工步骤及安全操作注意事项

（1）洗井、压井、安装作业井口及钻具转盘、试提原井管柱、起出原井管柱、检查套管技术状况、组配连接整形管柱及工具、下整形管柱参照冲胀法操作规程。

（2）整形：工具下至整形井段以上 1～2m 记悬重，开泵循环 1～2 周。启动转盘空转 1～2min 后缓慢下放，以 20～40r/min 转数，20～40kN 钻压，对套损井段进行碾压，保持排量适中，以冷却工具。工具通过整形井断后，上下反复划眼 5～10 次，划眼时转数可适当提至 40～60r/min，无夹持力时起出钻柱。

（3）转数、钻压不得随意增加、增大，注意观察悬重变化，始终保持循环状态。

（三）旋转震击整形法

它是冲击胀管法与旋转碾压挤胀法的结合，克服冲胀法每次提放管柱带来的顿击井口、大绳跳槽等危险现象。该工具不离开变形井段，像楔子一样楔在变形井段，靠钻柱转动使工具产生震击作用而逐渐完成整形，其方法及安全注意事项如下：

（1）地面试验，连好钻柱及工具后入井至变形井段以上 1～2m 记悬重，开泵循环 1～2 周无异常后，启动转盘空转 1～2min 后停止。

（2）慢放钻具，使工具接触变形井段顶部，钻压略大于所加钻铤重量，上提钻柱，使工具处于钻柱悬重与所加钻铤重量之差，然后上提 200～300mm，使开式下击器处于半开半关闭状态，靠钻铤施加钻压给工具。

（3）以 10～30r/min 的低转数旋转钻柱工具，开始整形，旋转扭矩减少，钻柱悬重增加，工具通过变形井段，之后反复上下划眼 5～10 次，确保工具通过无夹持力。

（4）换大一级差的工具继续整形直至正常。

（5）中途不得停泵，转数严禁超过 30r/min，整形时保持一恒定的钻压。

二、燃爆整形

1. 燃爆整形适用条件

燃爆整形尺寸较小，其他方法无法实施，必须符合下述条件：

（1）变形最小通径在 95mm 以下。

（2）错断断口通径在 70mm 以下。

（3）井内压井液相对密度小于 $1.8g/cm^3$。

（4）井内压力低于 36MPa。

（5）井内温度低于 80℃。

（6）变形错段点以下 2～3m 无落物。错段点上、下位移低于 0.3m，以上套管无弯曲。

2. 引爆方式

根据变形、错断部位的形态、尺寸、断口包容情况确定。

（1）错断部位一端引爆。

（2）错断部位药盒上端引爆。

（3）错断部位药盒下端引爆。

（4）错断部位上、下端同时引爆。

（5）错断部位或变形部位药盒中间引爆。

3．爆炸整形扩径工具

使用综合性能良好的炸药，炸药要制成一定形状，能顺利下至整形井段，靠专用工具携带入井。这种携带炸药入井的专用装置即为整形扩径工具。结构见图 5-52、5-53。

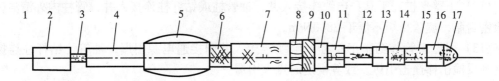

图 5-52　整形扩径工具示意图（电缆携带）

1—电缆头；2—磁定位器；3—安全电缆；4—加重杆；5—扶正器；6—胶塞；7—雷管室及雷管；8—压帽；9—胶圈；10—接头；11—变扣接头；12—药柱；13—短节；14—炸药；15—药柱；16—短节；17—导向丝堵

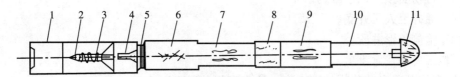

图 5-53　撞击点火整形扩径工具示意图

1—上接头（油、钻杆螺纹）；2—撞击帽；3—弹簧；4—磁引火头；5—密封圈；6—雷管室及雷管；7—药柱；8—炸药；9—药柱；10—短节；11—丝堵

（1）电缆通电点火引爆式整形扩径工具。

①测深定位部分：由磁性定位器、安全电缆、加重杆、扶正器等部件组成。

②整形扩径部分：由上接头、密封胶塞、雷管室及雷管压帽、密封胶圈、$\phi 20mm$ 接头、变扣接头、$\phi 20mm$ 炸药药柱、$\phi 20mm$ 短节、丝堵等组成。

（2）撞击式点火引爆整形扩径工具。

在复杂井整形时用此方法，由上接头、撞击帽、弹簧、磁性引火头、密封圈、雷管室及雷管密封圈、药柱、炸药、药柱密封圈、短节、丝堵等组成。

4．施工方法

（1）洗井：工作液温度 ≥ 70℃。水井放溢流降压，放溢流排量 ≤ 0.5m³/min。

（2）压井。执行第三章第三节压井操作规程。

（3）安装井口、钻台、转盘。

（4）起原井管柱参照第三章第三节。

（5）打印核对落物结构、鱼顶状况。

（6）打捞落物。

（7）打印核对套损状况及深度：落物处在套损部位时可将落物下击让出套损点 2 ~ 3m，下击无效时可钻磨落鱼，务必使套损井段让至少 2 ~ 3m。

（8）修整套损井段：印痕不清或套损井段通径不利工具通过则修整套损井段。使整形工具能顺利通过。

（9）检测核实套损井段的变形、错断情况：用仪器检测套损井段状况，为布药方式、引爆方式选择提供依据。

（10）药性、药量及引爆方式选择：根据实际情况合理选择炸药药性，用公式计算药量，后选择布药方式及装药结构，最后选择引爆方式。

（11）组装整形扩径工具。

（12）下整形扩径工具：电缆连接入井，油管柱或钻杆柱连接入井，管柱内外清洁，螺纹涂密封脂，旋紧扭矩不低于 2800N·m。

（13）引爆雷管炸药整形扩径：电缆连接入井则接通电源引爆，油管、钻杆柱连接入井，则投撞击棒撞击引爆，或等候定时点火引爆。

（14）起出引爆用连接电缆或油管、钻杆柱。

（15）检测整形、扩径效果：用彩色超声波成像仪检测；用井径仪检测；用铅模检测。

（16）通井：用铅模或通井规通井。

（17）冲洗碎弹片：如通井顺利则进行打捞，否则冲洗碎弹片，直至通井顺利。

（18）打捞套损点以下落物。

（19）通井至人工井底。

（20）检测整形井段。

5．施工安全注意事项

（1）套损井段以下落物处理干净，让出套损井段 2 ～ 3m。

（2）药性、药量、布药方式、引爆方式选择合理。

（3）错断井的扩径炸药应使药盒中点与错断口中间对正。

（4）引爆时井口周围 50m 范围内无非操作人员。

（5）引爆 30min 无异常，起电缆、钻柱。

（6）引爆无显示或出现哑炮应由专业人员处理，非操作人员严禁靠近，离井口 50m 以外。

三、磨铣整形

1．原理

在一定转数和钻压下，利用磨鞋、铣锥的硬质合金切削掉套管变形或错断部位通径较小的部分，使套管畅通，达到整形扩径的目的。

2．安全使用注意事项

（1）打印核实套损情况，便于选择磨铣工具，应首选长锥面或笔尖铣锥，选好连接入井至变点以上 1m 开泵循环，钻压 10 ～ 20kN，否则钻压过大容易丢失断口，转数 50 ～ 80r/min，排量 1 ～ 1.5m³/min，先开泵循环后磨铣。

（2）管柱在断点或异常井段时要缓慢下放，否则容易造成卡阻管柱。

（3）铣锥不能顿击，易将铣锥底部合金部位顿掉，造成卡阻，不易处理。

四、加固工艺技术

无论采取何种加固方式和使用何种加固器，首要的都是把加固钢衬管下入到加固井段。因此在加固管完成加固目的之前的施工工序大体相同，雷同的不再叙述。

1．吊管加固

利用完井管柱将加固钢衬管连接在管柱尾部，入井，加固钢衬管穿过整形复位或扩径复位的恢复井段，加固管中部对正整形复位或扩径的套管恢复井段中部。

2. 不密封式丢手加固

加固用钢衬管上部为丢手悬挂装置，与完井管柱连接或用专门投送管柱连接，下到复位或扩径复位井断后，即加固管中部与复位井段中部对正误差小于 0.2m。管柱内憋压或投专用钢球，使悬挂装置中的防掉防顶卡瓦张开，紧紧咬住套管内壁，丢手接头在压力作用下脱开，上提管柱或起出专门投送管柱，加固钢衬管则留在需加固的井段中，加固完成。技术参数见表 5-39，结构见图 5-54。

表 5-39　不密封式丢手加固管性能参数

适应套管 in	最大外径 mm	最小通径 mm	丢手部分长度 mm	丢手压力 MPa	卡瓦张开压力 MPa	丢手拉力 kN	卡瓦悬挂力 kN	连接形式	下端加固管规格 $\phi \times L$, mm
$5^1/_2 \sim 5^3/_4$	114	80	970	15	—	—	—	$5^7/_8$in 平式油管	一般不低于
$5^1/_2 \sim 5^3/_4$	117	99	1015	17	4	$2 \sim 4$	200	$2^7/_8$in 平式油管	114×1500

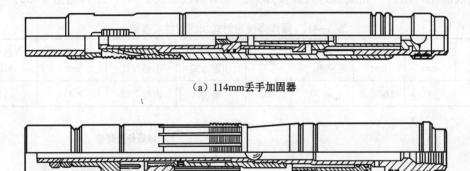

（a）114mm丢手加固器

（b）117mm丢手加固器

图 5-54

3. 密封式爆炸补贴加固

将具有一定形状、规格尺寸的补贴钢管及其上下密封辅助装置用专用爆炸工具连接管柱入井，或用电缆连接入井的预加固井段，然后引爆雷管炸药。在爆炸的高压作用下，补贴加固钢管上下的软金属环被压缩到钢衬管与套管间的环空密封钢衬管上下两端，并使两端牢牢地贴在套管内壁上。爆炸后，专用工具则从钢衬管中脱开，可顺利起出，加固完成。技术参数见表 5-40。

表 5-40　密封式爆炸焊接补贴加固管性能参数

适应套管 in	最大外径 mm	动力座封工具外径 mm	最大加固长度 mm	加固后内径 mm	释放丢手拉力 kN	动力座封工具长度 mm	座封工具工作压力 MPa	加固后承压 MPa 内	外
$5^1/_2$	119	88	75	100	330	3103	70	$10 \sim 16$	13

4. 爆炸焊接密封式加固

在高压下，两金属管材在高速相撞下的重新结合、组合。爆炸焊接是在同类或不同类金属的结合过程，可使绝大多数金属材料相互复合在一起形成一种多种金属性能的复合材料。

（1）原理。

利用适合油水井套管内介质使用的微型火箭发动机及火药、炸药及其辅助工具用具等与焊管用管柱送入井内的预焊接加固井段，校深无误后，撞击点火或定时点火，引燃火药，微型火箭发动机工作，排除高温高压气体，使预焊接加固井段的介质排除，一部分向上压缩介质向井口方向流动，一部分向错断口外挤出，使加固井段上下形成气体断塞，此时火箭发动机工作完成，火药燃烧完成。而此时焊管内的雷管炸药在点火时间延迟元件作用下，引爆雷管、炸药而爆炸，爆炸产生的强大爆速、爆压，使焊管径向以 5 ~ 7km/s 的速度扩展，与套管产生斜碰撞，使两金属管材之间产生形成一股速度高达 5 ~ 7m/s 的金属射流，可使金属管材内外侧表面有 5% ~ 7% 的金属层从表面被剥离。从而使两金属重新获得清洁的表面，在高压下相互组合结合，形成新的有机整体，从而使焊管上下两端很大外表面与套管内表面结合组合，完成密封式焊接加固。技术参数见表 5-41，结构见图 5-55。

表 5-41　爆炸焊接密封式加固管性能参数

内径 mm	壁厚 mm	长度 mm	径向延伸率，%	材质	排气发动机引爆方式	焊接爆炸引爆方式	焊后直径 mm	焊后承压 MPa
100	7	根据需要	≥30	45	撞击	定时引爆	≥110	15

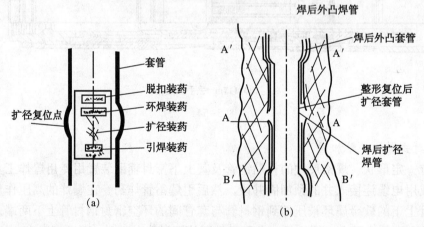

图 5-55　环焊装药示意图

（2）焊接条件与焊接炸弹。

焊管与预加固套管之间必须是气体段塞；焊材表面清洁；两金属有一定的碰撞角度；焊接速度应低于被焊材料的声速。

（3）引爆点火控制系统。

它是关键系统，是控制整形扩径的爆炸、环焊的爆炸和焊管中间扩径的爆炸时间，必须考虑其安全性和可靠性。

五、加固施工方法及安全注意事项

（一）通井

加固前必须先通井，无阻后方可将工具入井，否则容易造成加固工具卡阻。

（二）下加固器

用油管连接加固器入井，具体操作步骤及安全注意事项如下：

1. 吊管加固

工具入井后下放速度不超过 3m/s，至加固井段以上 1～2m 记悬重，慢放直至加固管通过加固井段一半，既加固管中间对正加固井段中部。

2. 不密封式丢手加固

工具连接油管尾部入井至加固井段以上 1～2m 时记悬重，慢放，使加固器下端的加固管通过加固井段，然后按加固器的规格尺寸不同及使用要求分别憋压，投钢球，完成丢手动作，后起出上部投送管柱，完井。

3. 密封式加固

将工具连接在油管尾端或用电缆连接入井，必须使加固管下入加固井段，然后投铁棒，要由专业人员操作，其他人员撤离。撞击点火引爆雷管、炸药，或地面接通电源，电流接引雷管炸药，爆炸后 30min，可起出管柱，完井。

4. 爆炸焊接加固

将工具连接油管尾端入井至加固井段以上 1～2m 记悬重，慢放，工具对准加固井段中部。要由专业人员操作，其他人员撤离。投铁棒，撞击点火，接通电源、电池，引燃火箭发动机火药，排气，最后引爆雷管、炸药，进行焊接加固。爆炸后 30min 无异常，起管柱，完井替喷。

（三）爆炸补贴加固

焊接加固在点火引爆前，非操作人员撤离井口 50m 外。出现哑炮或其他电路、炸药等安全问题时，应由专业人员处理，其他人员远离井口 50m 之外，以确保安全。

第五节　取换套管的安全注意事项

取换套管的修复工艺技术，即取换套管工艺技术，是针对严重错断井、变形井、破裂外漏井而发展完善起来的一项修井工艺技术。

取换套管修复工艺技术具有其他任何修井工艺技术无可比拟的优点，其工艺原理是：利用套铣钻头、套铣筒、套铣方钻杆等配套钻具，在钻压、转数、循环排量三个参数合理匹配的情况下，以优质取套工作液造壁防坍塌、防喷、防卡、防断脱、防丢以及组合切割、适时取套、示踪保鱼、修鱼找正等措施技术，完成对套管外水泥帽、水泥环、岩壁及管外封隔器等的分级套铣、钻扩、磨铣，取出被套铣管柱，下入新套管串补接或对扣，最后固井完井。

一、套铣工具

取换套管的修井施工，关键是套铣管外水泥帽和以下的水泥环，而套铣的关键又在套铣工具，套铣工具的安全性能能否保证，将直接关系着施工的安全，因此套铣工具的安全性能至关重要。

（一）套铣钻头

套铣钻头是用来破碎套管外水泥环以及水泥环外的岩石专用的套铣工具。技术参数见表 5-42，结构见图 5-56。

表 5-42　套铣钻头性能参数表

用　　途	接头扣型	接头外径 mm	最大外径 mm	最小通径 mm	下端面铣齿数，个
套铣断口以上水泥帽、水泥环、岩壁	8⅝in 钻杆扣	275	300	190	6 ~ 8
套铣管外封隔器引如下断口	8⅝in 钻杆扣	275	290	260	18

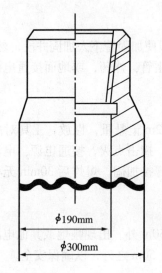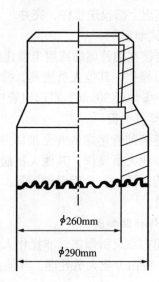

图 5-56　套铣钻头

（1）复合片套铣钻头：它是铣齿镶焊硬质合金柱，齿形如刮刀钻头的刀片，一般布有八齿。

（2）圆弧齿套铣钻头：齿形为圆弧状，铣齿铺焊乌金钢，耐磨性好，有布二齿、三齿、八齿的。

（3）喇叭口套铣钻头：内径到外径通过倒角过度，倒角有 30°、45°、60° 之分，主要用来收引下断口。

（4）套铣放气管及管外封隔器扶正器钻头：直径较小，便于完成对防气管和管外封隔器的磨铣。

（二）套铣筒

套铣筒由 8⅝in 套管改制而成，上下端配装钻杆接头，其强度高，工作负荷达 3120kN，性能优良，可将套管完全装在套铣筒内。技术参数见表 5-43，结构见图 5-57。

（三）套铣方钻杆

套铣方钻杆是传递扭矩的直接专用工具，也是初始套铣第一根井下套管的直接套铣筒，在套铣过程中起承上启下的关键作用。技术参数见表 5—44，结构见图 5—58。

表 5—43　套铣筒性能参数

外径 mm	内径 mm	有效长度 m	钢级	接头最大外径，mm	接头扣型
219	195	≥ 9.0	D55	259	8⅝in 正规钻杆扣

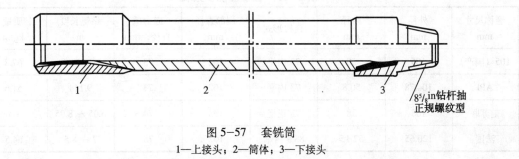

图 5—57　套铣筒
1—上接头；2—筒体；3—下接头

表 5—44　套铣方钻杆性能参数表

对边外径，mm	内径，mm	有效长度，m	上下接头形式
219	190	11 ~ 12	8⅝in 正规钻杆扣

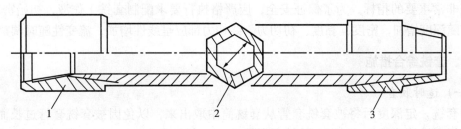

图 5—58　套铣方钻杆
1—上接头；2—六方本体；3—下接头

（四）连续方钻杆

连续方钻杆就是短方钻杆或称方钻杆短节。当套铣通过断口或外裸眼封隔器以后，不起方钻杆更换单根套铣筒，可用连续方钻杆直接接在长方钻杆以上，与水龙头连接，连续套铣钻进，以保证下断口或套损部位套管始终含在套铣筒内，不致因更换接单根而丢掉下断口。当套铣完成后，可在连续方钻杆内、长方钻杆内、套铣筒内直接打捞管外封隔器，修整下断口，下新套管串，对接等。

（五）套管切割工具

适时割取套铣套管，以免因套铣筒内套管过长造成弯曲后增大摩擦力，影响循环而堵塞套铣筒，使套铣筒被卡阻而扭断，或套铣筒内堵塞而无进尺。所以适时割取套管是非常重要的。

（六）套管补接工具

套管补接工具是套铣完成后，新旧套管串之间的连接专用工具。目前有两种，一是铅封注水泥式和封隔器套管补接器。

（七）钻铤

钻铤不直度不超过 2mm/ 全长，不圆度不大于基本直径 5mm；钻铤本身完好；入井钻铤重量或长度不应超过设计要求的 400 ~ 800kg 或 8 ~ 16m；入井钻铤螺纹涂密封脂，旋紧扭矩不低于 3800N·m。技术参数见表 5-45。

表 5-45　钻铤性能参数表

通称尺寸 mm	外径 mm	内径 mm	连接形式	端部直径 mm	应力槽直径，mm	钻铤长度 m	质量 kg/m
105（国产）	105	50	73 内平	102	73	8 ~ 8.5	67.8
API	104.78	50.8	73 内平	102	73	9.144	51.6
前苏联	108	38	73 正规	103	74	6.05 ~ 8.05	63
法国	120.65	57.15	88.9 内平	102	75	7 ~ 8.5	64.5

二、套铣工作液

套铣工作液性能的好坏将直接关系着其工作质量和安全保障，防坍塌、抗钙浸是首选条件，同时密度的大小、失水的控制程度、黏度的大小及初切力和终切力的大小等常规性能都是非常重要的指标。为了保证安全，应严格执行要求配制套铣工作液，初始密度相对较小，随深度增加，密度、黏度、初切力、终切力都应呈线性增加，流变性随时调整。

三、套铣综合措施

（一）适时取套

每套铣一定深度后将被套铣套管从套铣筒中取出来，以免因被套铣套管过长而弯曲，严重磨损套铣筒造成循环不畅、内卡钻的发生，一般每套铣 80 ~ 120m 取套一次。一是内割刀，二是打捞倒扣。

（1）切割打捞取套法：利用机械式内割刀与套管打捞矛组成的标准组合管柱，对被套铣完成一定深度的套管进行切割并同时取出。

（2）倒扣取套法：套铣一定深度后，套管内下入 $2\frac{7}{8}$in 钻杆带套管捞矛（左旋）抓住套管后，上提一定负荷，比被捞套管悬重多 30 ~ 50kN，使捞矛紧紧抓咬住套管，然后启动转盘，以较低转数倒扣，上提负荷不可过大，避免管柱反弹，也不可低于被捞套管悬重，以免倒散。

（二）示踪保鱼

在套铣过程中始终保证被套铣套管、鱼头（下断口）不被丢掉。要么含在套铣筒内，要么用管柱示踪。管柱示踪是在断口上部套管被全部取出前进行，即断口以上还剩有 30 ~ 50m 套管时，在套铣筒内对断口处进行修整，使断口尽量复位、扩径。然后用两级压缩式封隔器直接相连，接在油管柱或钻杆柱尾端，封隔器尾部接尾管、丝堵，将管柱下入被套铣套管内，封隔器通过断口使上封隔器距离断口 3 ~ 5m，上封隔器以上管柱长度应小于井内套管长度 2 ~ 3m，以便为套铣过断口后打捞套管有一定的余量。封隔器过断口到位后，管柱内憋压释放坐封封隔器，使示踪管柱稳定。如用套管捞矛，则应将捞矛通过断口以下2～3m，然后抓牢套管，使捞矛处于抓咬紧状态，完成打捞。

（三）修鱼找正措施

在套铣到断口附近2～4m，将断口以下不甚规则的部分割掉，然后修理好切口，以确保补接的顺利进行。应根据原井状况而定。

（1）断口通径较大无落物的修鱼找正措施：断口通径较大的井况，采取修鱼找正措施应在套铣钻头套铣到断口前4～6m时进行，先修整下断口，然后找正，使断口复位，断口平整光滑。

（2）断口通径较小且有原井落物的修鱼找正措施：通径大时修正找鱼措施尤为重要。套铣钻头套过下断口2～3m后，循环2～3周，处理断口以上套管并将套管全部取出。处理断口前应处理干净落物，如处理不净，则应继续套铣到下断口以下10～20m，打捞套管并倒出这部分套管，带出套管内落物，断口应平整光滑。

四、钻压、转数及排量配合

（1）水泥帽及水泥返高以上的岩层井段：开始应以方钻杆全重套铣，钻压40kN，转数100～120r/min以内，排量1.5m³/min；过水泥帽后，钻压50～80kN，转数、排量相同，过水泥帽、空井段，最大钻压不得超过120kN，转数不超过100r/min。排量不低于1.2m³/min。

（2）水泥封固井段及岩层井段：在500m以下，钻压100～130kN，转数80～100r/min，排量1.5～1.7m³/min，泵压15MPa以下。

（3）断口部位或管外裸眼封隔器：钻压不超过50kN，转数控制在70r/min，排量1.5m³/min，泵压12MPa。

五、施工方法及安全注意事项

（一）套铣前的准备工作

1. 压井、起原井管柱、核实套损点形状

在套铣之前的施工工序与其他雷同的不再叙述。

2. 下示踪管柱、丢手、填砂

丢手、填砂管柱的重要作用是确保以后套铣、取套、新套管串入井等重要工序施工时不发生井喷等严重事故而采取的强化安全措施，同时也是为新套管串入井提供示踪引导作用，确保套铣完成，取出套管后，井眼、下断口不丢失。另外也可避免套铣时的破碎水泥块、岩屑等卡埋下断口。封隔器下至下断口以下10～20m管柱内憋压释放坐封封隔器，后反转管柱，由丢手接头处卸开以上管柱，上提管柱2～4m。由油管正循环填入工程砂，砂柱高度一般1～2m。如断口通径较大（ϕ100mm以上）小直径压缩式封隔器可以通过断口，则应将封隔器下至断口以下10～20m处直接打水泥塞，水泥塞返高可适当增高至2m，并在水泥塞中及水泥塞以上留20～40m油管示踪。

3. 打导管、安装钻台

井内丢手、填砂、打水泥塞等工作完成后，打井口导管，井口导管的作用是保证井口稳定、牢固、不坍塌，便于大方钻杆、套铣筒的起下。导管打入后，周围2～4m范围内打水泥封固，以增加导管的稳固性。导管直径应大于入井工具最大直径20cm以上，长度不低于2.5m，以确保循环出的工作液返出地面。安装钻台时，其上的转盘中心应对正导管及导管内的原井套管中心，偏差不超过2mm。否则易造成方钻杆磨断引发事故。

4. 选配套铣钻具、配制套铣工作液

(1) 选配钻具：据井况选择套铣工具。

①套铣钻头、套铣筒：套铣水泥帽、水泥环及以上空井筒段用Ⅰ型钻头。套铣断口、管外封隔器用Ⅱ型大通径快速切削钻头。

②套铣筒：完好无弯曲、裂痕、无损伤。

③方钻杆：完好，连接牢固可靠无损伤。套铣钻头之上、方钻杆与水龙头之间，与套铣筒之间应加接保护接头。

(2) 套铣工作液技术参数见表5-46。

表5-46　套铣工作液性能参数表

常 规 性 能						流 变 性				
密度 g/cm³	黏度 S	失水 mL/30L	泥饼 mL/30L	初切 Pa	终切 Pa	表观黏度 mPa·s	塑性黏度 mPa·s	J Pa	流态指数 n	稠度系数 K mPa·s^n
1.12	36.15	7.0	2～3	1.00	24.0	19.25	13.0	6.25	0.592	3.179*10
1.31	41.78	6.4	2～3	3.50	27.0	23.3	19.0	6.25	0.681	2.237*10
1.39	44.80	7.0	2～3	3.75	21.0	27.5	18.5	9.00	0.592	4.606*10
1.47	45.65	7.6	2～3	12.5	30.5	34.5	24.0	10.50	0.617	4.863*10
1.475	51.29	8.2	2～3	4.50	43.5	33.0	24.5	4.25	0.669	3.246*10

(二) 套铣

只要开钻，中途不能停止。

1. 套铣管外水泥帽

初始套铣大排量、高转数，不得全钻压，但套铣水泥帽过程中，只要不发生跳钻、别钻现象可全钻压。每接一单根划眼2～4次，平稳操作，快速接换并大排量冲洗。套铣超过20m后保持钻压20～30kN，100～120r/min，排量1.5m³/min，套铣完成后彻底冲洗2～3周，洗净井筒。

2. 加深套铣

此时是对空井段岩壁刮扩阶段，钻压、排量、转数可以较高水平。在换单根时保持排量不变并上下划眼3～5次，但随着套铣深度的增加，钻压控制在80kN，转数100～120r/min，排量1.5m³/min，应有专人看护压力、排量等参数。

3. 适时取套

套铣时一般每80～120m取套一次，特殊情况每50～80m取套一次最好用切割法取套，用组合打捞切割管柱进行切割取套。

(1) 计算深度。

$$L_p = D_{tv} - L_e - L_m - L_s - L_d - L_{bx}$$

式中　L_p——入井所需钻杆长度，m；

D_{tv}——设计切割深度，m；

L_e——配重钻铤长度，m；

L_m——开式下击器拉开的总长度，m；

L_s——套管捞矛长度，m；

L_d——内割刀长度，m；

L_{bx}——新旧补心高度，为 m。

（2）管柱连接要求。

工具对正入井缓慢，速度 2m/s，不得转动管柱，各部件连接牢固，扭矩不低于 3200N·m。

（3）切割操作。

至设计切割深度 1m，核对管柱深度。误差在正负 0.2m 记悬重。开泵冲洗切割点 1～2 周，旋转并慢放管柱，当悬重下降超过割刀上部震击器和配重钻铤悬重 1～2kN，割刀坐卡。启动转盘，初始时转数 10～20r/min，正常后 20～30r/min，保持排量 1～1.2m³/min。

注意：因使用开式下击器及配重钻铤，下放管柱不超过 30mm，要求每次切割多转 3～5min。

（4）验证切割结果。

上提管柱行程 30～50cm，悬重无变化，工具未工作或刀片损坏，应起出管柱，重下。如行程达到要求，悬重稍有增加，说明割刀工作正常，应转动管柱并上提使割刀收拢。此切割打捞法每 80～120m 或 50～80m 取套一次，直至全部取完，工作液的泥饼厚度不超过 3mm，失水应控制在 6～7mL/cm³，黏度在 40～45s，排量在 1.3m³/min 以上。

4. 套铣水泥封固井段

即管外水泥环，此时已接近油层部位，所以是钻铣水泥又刮扩岩层井壁，钻压、转数、排量配合好，钻压随深度增加而减少，转数应增加。排量在 1.3～1.5m³/min，平稳钻进，每换单根划眼 3～5 次，循环正常，再继续套铣。工作液防钙浸，应加柴油。钻压 80～120kN，转数 80～100r/min，排量 1.5m³/min。泵压 12～15MPa，套铣断口以上 3～5m 或管外封隔器以上 1～2m，之后冲洗 2～4 周，排量 1m³/min。

5. 套铣断口或管外封隔器

起套铣筒或更换钻头前，应调整工作液，使造壁能力提高，保持泥饼厚度。

（1）更换Ⅱ型套铣钻头、套铣断口。

下放速度要慢，接近示踪管柱上端部时，引入示踪管柱到套铣头内，开泵循环，启动转盘，以转数 20～40r/min 边转边下放，钻压有明显增大时，说明接触到断口以上水泥环或管外封隔器，这时应保持钻压 90～120kN，转数 60～80r/min，排量 1.5m³/min，平稳套铣完断口以上 3～5 根套管或套铣完管外封隔器。然后使用连续方钻杆将套铣钻头套铣通过断口 2～5m，管外封隔器 2～4m。

（2）取出断口以上套管。

上述完成后，加深套铣 2～5m，上下划眼 3～5 次，以 1～1.2m³/min 排量循环 2～

3周，然后取出剩余套管。

（3）捞出断口以下原井管柱。

过断口2～5m，取出断口以上套管，打捞原井落物，落物如在断口以下被卡阻，则加深套铣到断口以下20～30m，再取出上部套管，打捞原井落物，如难于打捞，则可打捞断口，倒掉断口以下被卡套铣套管，带出套管内的原井落物。

6．修整鱼头

（1）划眼3～5次，以1～1.2m³/min排量造壁2～4周。

（2）套铣筒内下入修整鱼头。

（3）修整鱼头。用锥形铣鞋修整断口内周边，用平底磨鞋修整断口顶端，用凹形铣磨鞋修整断口外侧边。要求鱼头务必光滑、平整。

（三）补接、固井、完井

1．核探断口

断口经修整后，应下入大直径平底铅模，核实检测断口的平整、光滑程度及深度，为新套管串的深度计算、补接器的选择等提供依据。如断口经检测不平整，补接不利，则应采取切割法使断口光滑平整。即在断口以下避开套管接箍2～3m处切割套管并取出，可使断口光滑平整，以利补接器抓牢。如不采取切割法，则采用倒扣法，将断口以下1～2根套管倒出，使井内留有一完好接箍，以便下部新套管入井对扣完井。

2．补接

根据断口修整程度及原套管规格，选择补接器型号规格，原则是需固井完成的选择铅封注水泥式套管补接器，不需固井完成的选择封隔器形套管补接器或采用对扣法完成。

（1）补接套管串结构。

自上至下：新套管串、补接器。螺栓完好，涂密封脂。补接管柱深度公式：

$$L_{cz}=D_c-L_{bj}-L_{bx}$$

式中　　L_{cz}——上部套管串长度，m；

　　　　D_c——补接深度，m；

　　　　L_{bj}——补接器长度，m；

　　　　L_{bx}——新旧钻台补心高度，m。

（2）补接管柱入井。入井后对正套铣筒中间，缓慢入井，速度不超过2m/s，至断口以上1～2m记悬重，开泵循环正常后，缓慢下放。

（3）补接。保持循环，慢转下放，悬重3～5kN，停止，确认断口完全进入补接器引鞋及尾管内时，继续慢放管柱，使断口部位套管完全进入补接器抓牢卡瓦内，悬重最多下降不能超过补接套管串悬重的30%～50%。

①铅封注水泥式套管补接器补接确认断口处进入抓牢卡瓦内，慢提管柱使补接器处于中和点状态，以消除管柱的弹性扭矩，即暂停1～2min，后上提管柱，压缩铅封，上提负荷不超过补接器铅封压缩的许用负荷。铅封被压缩后，下放管柱，悬重为压缩铅封时负荷的25%，开泵试压工具状况，压力3.5～7.5MPa稳压5min，压降不超过0.5MPa，补接器工作状况良好时即可慢放管柱，使补接器承受70～90kN的下压负荷，以打开注水泥的循环通道。

②封隔器形套管补接器补接。慢放并转动管柱，至断口进入补接器内顶出密封圈保护套为止，此时管柱悬重应保留 90 ～ 100kN，当确认断口完全进入补接器内并顶出密封圈保护套后，上提管柱使补接器内卡瓦卡紧并抓获断口部位。

③起套铣筒。补接试压合格后，起套铣筒，当套铣钻头提至补接器时，应注意需慢提通过补接器，如有悬重变化或卡阻应正转管柱。上提时应用 1.5m³/min 排量冲洗井壁。

3. 固井

（1）连地面管线并试压（20MPa）合格，稳压 5min，压降不超过 0.1MPa。

（2）水泥浆量不超过 10m³，采用人工配制，水泥车泵入，时间不超过 40min，相对密度 1.85 ～ 1.95。

（3）水泥浆量超过 10m³，应用下灰车、水泥车泵入固井。

（4）300m 内的取换套管，水泥返至地面，否则水泥返至补接器以上 100 ～ 150m。

（5）先泵入 4 ～ 6m³ 清水，后泵入水泥浆，泵压不超过 15MPa，排量不低于 0.5m³/min。

（6）注完后用清水顶替。

（7）关闭补接器注水泥通道。顶替完后上提管柱，悬重达补接器许用提拉负荷，关闭补接器的注水泥循环通道，使套管外的水泥浆不能返到套管内，候凝 72h。

4. 测井

候凝时间达 24h 后应进行声幅测井、声波变密度测井，检查固井质量。

5. 钻水泥塞、冲砂、捞封隔器

钻进时钻压 10 ～ 15kN，转数 60r/min，排量 0.5m³/min。直接用钻塞管柱冲砂，排量不低于 1m³/min。冲洗 3 ～ 5 周，冲净砂子后下专用打捞工具捞丢手封隔器，上提负荷不超过 200kN（钻柱重量除外），捞出后通井至人工井底，通井规直径小于套管内径 6 ～ 8mm，试压时人员离开工作区域，有专人指挥，严禁跨越管线。

6. 全井或补接井段试压

压力 15MPa，管柱结构自上而下为：油管柱、扩张式封隔器、油管及短节、节流器、扩张式封隔器、尾管、丝堵。封隔器的上下卡点应距补接井段上下各 2m，避开套管接箍。

第六节　套管补贴的安全注意事项

套管补贴就是利用特制钢管，对破漏部位的套管进行补贴，采用机械力使特制钢管紧紧贴在套管内壁上，封堵漏点。

一、补贴波纹管、固化剂及补贴工具

（一）波纹管

波纹管是具有一定抗拉、抗弯曲、抗压强度和较大延伸率、收缩率的钢板，经轧压、焊接而成型。外部经除锈等处理后，缠粘一层 0.4 ～ 0.5mm 的玻璃丝布，内表面处理光滑无疤痕后，涂防腐漆及润滑脂，然后用硬纸筒包装入库。波纹管补贴后承压能力技术参数见表 5-47。

表 5-47　波纹管性能参数表

套管尺寸，in	套管破损程度 mm	波纹管厚度 mm	承压能力，MPa	
			内压	外压
5$\frac{1}{2}$	洞径 ≤ 25.4	3.2	与原套管一致	13.4
	洞径 ≤ 50.8		与原套管一致	7.65
	洞径 ≤ 76.2		27.5	5.099
	洞径 ≤ 600×127		17.3	5.5

（二）固化剂

固化剂是在补贴后与玻璃丝布反应变成玻璃钢样坚固耐老化的物质，充填在波纹管与套管间的极小间隙内，起密封环空作用。粘接剂起玻璃丝布与波纹管之间的贴合作用。需在波纹管入井前 30min 内进行混合配制，配比 2∶1（粘接剂∶固化剂，体积比），其反应时间：常温下（18℃）小于 8h；−5℃ 以下不反应固化；高于 300℃ 固化效果极差；使用前 15～30min 开始混合搅匀，未用净时应盖严，用以隔绝空气。

（三）补贴工具

补贴工具即波纹管补贴器或套管补贴器，使波纹管胀开、胀圆并紧紧贴补在套管内壁上的重要工具，是关键工具。

1．滑阀

（1）原理：滑阀上扶正器的弹片与套管内壁紧密贴合，下井工作时滑阀上端与油管柱相连，下端与补贴工具的震击器相连，由于套管壁与扶正器的摩擦作用，在上提或下放管柱时，滑阀分别处于关闭或打开状态，起切断或连通油管与套管间环空的作用，以利于起下管柱作业。技术参数见表 5-48。

表 5-48　补贴工具基本参数表

工具全长 m	工具最大外径，mm	最高工作压力，MPa	最大承载拉力，kN	活塞拉杆最大行程，mm	上端连接方式	工具下端安全接头操作方式
10.0	115	35	550	1500	2$\frac{7}{8}$in 平式油管螺纹	右旋管柱

（2）使用安全注意事项：连接时滑阀不得接反，带孔端为下端，扶正器的弹簧片与本体螺钉应紧固，弹簧片完好，滑阀与滑杆间润滑。

2．震击器

参考本章第三节震击器使用注意事项。

3．水力锚

（1）原理：在补贴波纹管入井到补贴井段后，在补贴工具开始工作时，固定波纹管在某一位置保持相对不动，使波纹管定位，以便保证补贴位置的准确。水力锚基本参数表5-49，结构见图 5-59。

（2）使用安全注意事项：上下均为 2$\frac{7}{8}$in 平式油管螺纹，与上部震击器和下部液缸连接

—220—

时，需加变扣接头，应保证水力锚爪齿无断裂、缺齿缺陷，弹簧片完整，紧固螺钉齐全并紧固，锚爪侧圆周向无变形，密封胶件齐全完好，连接螺纹涂抹密封脂。

表5-49 水力锚性能参数表

最大外径（锚爪未伸出），mm						使锚爪伸出的最低工作压力 MPa	连接方式（上下端）	内径 mm
114	126	140	127	136	156	4	$2^7/_8$in 平式油管螺纹	60

4. 双作用液压缸

(1) 原理：将液压力转变成活塞拉杆的机械上提力，实现胀头上行胀开胀圆波纹管，完成补贴动作，其原理是当液压从油管柱内传递到达液压缸中时，液体的压力则转变为液压缸内活塞的上行力。由于活塞与缸体下端外的活塞拉杆连成一体，液压缸内活塞在液压作用

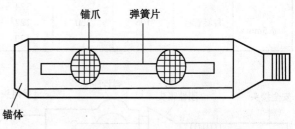

图5-59 水力锚示意图

下上行并带动活塞拉杆急速上行，拉杆又带动连接在其下的刚性胀头和弹性胀头上行，从而使刚性胀头和弹性胀头将被相对定位的波纹管胀开胀圆并紧紧地贴补在套管内壁上完成补贴。参数见表5-50，结构见图5-60。

表5-50 双作用缸性能参数表

工具全长（拉杆收回）mm	工具外径，mm	最高工作压力，MPa	活塞拉杆最大上提负荷，kN	活塞拉杆上升行程，mm	内径	上下端连接螺纹形式	
						上端外螺纹	下端内螺纹
8070	114	35	410	1500	60	$2^7/_8$in 平式钻杆	$2^3/_8$in 平式钻杆螺纹

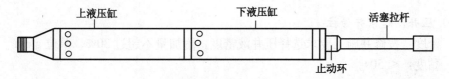

图5-60 双作用液缸示意图

(2) 使用注意事项：工具入井前应保证液压缸内外清洁无杂物、无弯曲、裂缝等缺陷，拉杆全部拉出无弯曲、扭曲，旋紧扭矩不低于3800N·m，工作液干净。

5. 胀头部分

(1) 原理：作用是将液压缸活塞及活塞拉杆的上提变成刚性胀头和弹性胀头的上提力，对相对定位的波纹管做功。刚性胀头呈锥状，首先进入波纹管并将其初步胀圆胀大成喇叭口状，随后进入的弹性胀头呈瓣球状的工作面再次接触被胀开成喇叭口状的波纹管，

使其被充分彻底胀圆胀大，紧紧地贴补在套管内壁上，完成补贴。由于活塞上升行程只有 1500mm，所以一次只完成 1500mm 的波纹管补贴，因此需一个形成完成后上提 1500mm 行程，再次拉开拉杆，在完成第二个行程补贴，直至全部完成。参数见表 5-51，结构见图 5-61。

表 5-51　胀头部分技术性能参数表

安全接头销钉	安全接头退出方式	刚性胀头外径 mm		刚性胀头最大外径 mm			导向头外径 mm	
		$5^1/_2 \sim 5^3/_4$in 套管内	$6^5/_8$in 套管内	$5^1/_2$in 套管内	$5^3/_4$in 套管内	$6^5/_8$in 套管内	$5^1/_2 \sim 5^3/_4$in 套管内	$6^5/_8$in 套管内
钢质 ϕ5mm	右旋管柱	106	130	124 122 120	128 126	146 144	ϕ115	146

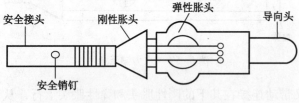

图 5-61　胀头部分示意图

（2）使用安全注意事项：

①由于下端为左旋螺纹与上端接头连紧后，插入钢质销钉销紧，故在退出时右旋管柱即可剪断销钉。

②波纹管穿过时应留出 80～100mm 咬管钳的余地，安全接头上下两部分左右旋螺纹均匀上紧之后（约 320N·m）再穿入销钉锁紧。

③弹性胀头入井困难时，可用专用卡盘收拢球瓣，使端部卡爪收拢后插入钢性胀头下端孔内，用以减少弹性胀头外径尺寸约 5～7mm。

④由于补贴工具长度在 15m 左右，入井困难，需在井口用专用卡盘先将波纹管下入井内，再将补贴工具下端的拉杆、加长杆插入波纹管内，同时悬吊连接安全接头及胀头等部件。

⑤入井工具必须连紧并涂抹密封脂，旋紧扭矩不得低于 3800N·m。

二、施工安全注意事项

（一）压井、起原井管柱

（1）密度：按修井施工要求选择压井液密度，附加量不超过 30%，单位 g/cm³。

（2）黏度：≤ 50s。

（3）含砂等杂质：≤ 1%。

（4）其他机械杂质，水不溶物等颗粒 ≤ 0.5mm。

（5）pH 值：7～8。

（6）泥饼：无或不形成泥饼。

（7）起原井管柱参照第三章第三节相同。

（二）找验窜、漏

（1）调整类补贴，工程测井法、机械法找验窜。窜通深度，窜通压力，窜通量验证准确并清楚，记录备案。

（2）修井类补贴，工程测井或封隔器法找验漏、漏失井段，漏点准确，深度误差 ±0.05m，漏失量准确，记录备案。

（3）堵水补贴时，高含水层位准确，封堵射孔孔眼准确、清楚。

（三）模拟通井

模拟通井目的是验证补贴井段及补贴井段以上套管完好程度，为波纹管、补贴工具能否顺利下至补贴井段提供可靠依据，模拟管比补贴工具外径大 1mm，长度应大于补贴工具 1m。通井深度下至补贴井段以下 10 ~ 20m。

（四）补贴井段预处理

（1）刮削补贴井段：用套管刮削器反复上、下刮削套管内壁，清除死油、死蜡、锈蚀、射孔毛刺等。

（2）补贴井段酸浸处理：用酸浸泡补贴井段 1 ~ 2h，可使补贴井段套管内壁更加清洁，有利补贴。

（3）补贴井段堵封串：调整补贴、堵水补贴，油层间封堵串漏、高含水层封堵时，根据串通量、串通压力、含水百分比数等综合情况，适当采取封堵串工艺方法处理，常用水泥浆加添加剂或化学堵剂进行封堵串，堵高含水层位。层间封堵串，堵高含水层堵水后，侯凝48 ~ 72h，试压压力低于挤堵剂压力 1 ~ 1.5MPa。

（五）补贴井段测井

核实补贴井段套管径向尺寸，为波纹管外径尺寸和弹性胀头工作面尺寸的选择提供依据，常选用井径仪测井。

（六）计算补贴管柱深度

连接补贴工具，深度误差 ±0.2m。连好上紧补贴工具，防脱落，补贴井段长度超过 10m 时加长波纹管，两端倒角 2×40°。

（七）配制固化剂

工具入井前 15min 配制固化剂，粘接剂与固化剂配制比为 2∶1，充分搅拌均匀，涂抹固化剂于玻璃丝上，无漏涂。固化剂涂完后 6h 必须完成补贴，否则固化剂将固化，从而影响密封性或者造成卡阻，应起出处理后重下。

（八）下补贴管柱

将连好工具上紧慢放入井，扭矩不低于 3200N·m，下放速度不超过 1m/s，遇阻后右旋管柱，不得猛顿猛放，4h 应下完管柱。注意加重杆、拉杆不得弯曲。

（九）补贴

（1）波纹管下到补贴井段后，核对补贴深度，中部对正补贴井段中部，误差不超过 ±0.2m。记悬重并备案，悬重不超过 0.05%。井口最后一根油管不超过 1.5m。参照表 5-47。

（2）加深油管 1.5m，连井口及地面硬管线，管线应砸紧上牢，保证不刺不漏，管线试压压力为补贴工具最高压力，稳压 5min，压降不超过 0.5MPa。

（3）开泵循环 1 ~ 2 周正常后上提管柱 1.5m，关闭滑阀。

（4）补贴：

①连续憋压补贴。管内憋压 10、15、25、28、32MPa，最高不超过 35MPa，在 25、28MPa 各稳压 2 ~ 5min。32MPa，最少稳压 5min，活塞拉开第一个行程，后放净管柱内压力，慢提管柱，悬重与补前相同或略重 2 ~ 3kN 的再次拉开活塞拉杆的悬重增加，上提行

程不超过 1.5m，正常后即可开泵憋压按上述升压程序完成第二行程的补贴，重复上述动作直至将波纹管完全张开胀圆，完成补贴。

②憋压连续上提补贴。第一行程需经水力锚定波纹管，靠液缸将压力转变为胀头的机械上提动作，实现对波纹管的挤胀，之后上提管柱 1.5m 行程，水利锚已对波纹管失去定位作用，胀开的波纹管已具有相当的摩擦阻力，使波纹管相对稳定不动，此时即可用连续憋压法完成以后长度波纹管的补贴，也可使用连续上提法完成对余下的波纹管的胀挤补贴。连续憋压法相对麻烦，需放空、上提、憋压，稳压，胀头上升快，挤胀时间短，效果不理想，而采用连续缓慢上提完成补贴，可避免出现上述问题。波纹管下到补贴井断后，用憋压法完成第一行程的补贴后放净管柱压力，慢提管柱，在 1.5m 的空载行程内，管柱悬重无明显变化，只稍微增加 2～3kN 的活塞拉杆拉开的摩擦阻力。当行程达 1.5m 时，管柱悬重已开始增加，超过管柱净悬重 10kN 以上时补贴发生，上提补贴已开始，此时保持 100kN 以内的上提负荷完成补贴。上提补贴必须憋压完成 1.5m 的补贴后才可使用，上提速度不超过 0.1m/s，至波纹管上端口 1m 时，速度控制在 0.05m/s 以内，到端口时停止上提，使胀头稳定挤压波纹管断口，时间不少于 10min，上提时注意悬重变化，有异常停止，处理后可继续补贴。

（十）候凝固化

候凝时间不少于 48h。

（十一）检测补贴深度位置

候凝 12h 后，用井径仪检测核对补贴深度，测井深度为补贴井段上、下 20m，并重复一次测井。

（十二）补贴井段试压

地面管线连接牢固无渗漏，非操作人员严禁站在施工区域内，不得跨越管线，严格控制压力，要有专人看护压力表。封隔器应避开套管接箍，距波纹管上下端 1.5～3m，稳压 30min，压降不超过 0.5MPa。参照表 5-47 波纹管补贴后承压能力。

（十三）替喷完井

第七节　侧钻的安全注意事项

侧钻工艺技术就是在选定的套损井的套损点以上某一合适深度位置固定一专用斜向器，利用斜向器的导斜和造斜作用，使专用工具如铣锥等在套管侧面开窗，形成通向油层的通道，然后由侧钻钻具斜直向钻开油层至设计深度，下入小套管固井射孔完成。

一、原井报废

（1）套管技术状况检测。

①利用工程测井法或铅模打印法检测，核实套管技术状况、套损程度、几何形状、深度位置；落物状况、鱼顶形状、深度等，为下步施工提供依据。

②通径规通井：用模拟送斜器、斜向器长度和直径的通井管通井至套损部位以上 1～2m，检查核实套管有无弯曲，模拟通井管长度应大于斜向器直径 1～2mm，长度不低于送斜器与斜向器的总长。

（2）打捞原井内落物。

（3）修整套损部位。

（4）对原井眼套损部位以下及以上 20～30m 及油层间封堵报废。

①油层间验窜、堵封窜。用水泥浆或其中添加剂封堵，必要时可用水玻璃加氯化钙与水泥浆综合封堵。

②套损部位以上 20～30m 至人工井底用水泥浆循环挤注封固，水泥浆应上返至套损部位以上 20～30m，为套管开窗位置的选定打好基础。

③封堵半径不超过 2m，压力应低于油层破裂压力。

（5）上部套管试压：对未封套管试压，压力 15MPa，稳压 30min，压降不超过 0.5MPa，否则查明原因，验漏，使漏失井段控制在开窗位置以下，同时用水泥封固。原井报废原则应达到井下无落物，层间无窜通，套损部位无窜流，上部套管基本完好。

二、固定斜向器

（一）水泥浆固定法

（1）开窗位置选在完好套管并避开接箍，距套损部位在 30m 以上。

（2）检查送斜器与斜向器，各部件连接完好，扭矩不少于 2800N·m，斜向器尾部不少于 8m，两者间有水泥浆循环通道。

（3）将管柱慢放入井到位后，核实深度无误后，斜向器尾部支座于封堵水泥面上，开泵循环 1～2 周正常后，泵入前置液，水泥浆注完后，用工作液顶替水泥浆至斜向器以上 2～3m。

（4）剪断销钉，提起送斜器。提送斜器管柱 1～2m 向下顿击，剪断送斜器与斜向器销钉，上提送斜器 0.5～1m，冲洗斜向器及多余水泥浆。

（5）候凝固化。注意在水泥初凝时间内不能完成的应在水泥浆中加缓凝剂。斜向器下入速度不得过快，避免中途顿断销钉。

（二）卡瓦锚定固定法

利用锚式密封封隔器封胶件挤胀卡住套管壁，利用卡瓦锚定斜向器尾部，使斜向器既不能上下窜动，也不能左右窜动。将两工具连紧上牢，检查各部件完好，送斜管柱（自上而下）：油管柱、送斜器、斜向器与尾部装置。地面检查完好后缓慢入井，速度控制在 2m/s 以内，到达深度后记悬重，慢转管柱并下压坐卡，卡瓦胀开后，试提管柱 150～200mm，悬重明显增加，说明已坐卡，继续上提管柱剪断销钉，起出送斜器。

三、套管开窗

它利用铣锥沿着斜向器斜面磨铣套管，在套管壁上开出一个斜长面圆滑的窗口，以便进行斜直向裸眼钻进与完井钻后测井、完井套管的顺利下入。

（一）套管开窗三阶段

1. 铣锥与套管接箍段

磨铣伊始，钻压不超过 10kN，转数不超过 40r/min，当铣锥与套管接触面增加，磨出一较深且长的斜面后，钻压提至 15～30kN，转数提至 60～80r/min，排量保持 0.5m³/min。

2. 铣锥中部直径圆磨出套管段

这段磨铣易造成铣锥提前外滑出套管，使窗口与套管轴线夹角增大，所以此段应保持钻压在 10kN，转数控制在 60～80r/min 以内，使铣锥磨出套管后沿套管外壁均匀斜直向下钻进，保持窗口的长度。

3. 铣锥底部最大直径段全部铣出套管

此段是窗口最后形成段，不可加压，应悬吊快速铣磨，钻压在 3kN，转数在 80～120r/min。

（二）开窗操作步骤和要求

（1）各连接部位牢固上紧，涂好密封脂，速度不超过 3m/s。

（2）铣锥至斜向器 1～2m 时开泵循环记悬重。

（3）慢放至铣锥接触斜向器斜面后悬重下降不超过 5kN，启动转盘，转数控制在 40r/min 以内，磨铣开窗至结束。

（三）安全注意事项

（1）工具满足设计要求，开窗前保证工具完好，灵活好用。

（2）更换铣锥直径应相同，最大直径应大于所下套管接箍 8mm 以上，保持套管串顺利入井。

（3）修整窗口时铣锥易悬空锥进，易脱扣，故应上紧。

（4）开窗三阶段及加长、修整窗口时，必须保证措施的有效实施，且应有预防措施。

四、裸眼钻进

（一）步骤要求

（1）窗口达到圆滑后，起出开窗、修窗钻具，组配连接钻具，合理。扭矩不低于 3200N·m，涂密封脂。

（2）下至斜向器以上 0.5～1.0m 时开泵循环慢放并同时转动管柱，使钻头沿斜向器斜面引滑出窗口至遇阻，此时记悬重，悬重下降不超过 2kN。

（3）继续保持 0.5m³/min 排量，转数保持 60～80r/min，钻压控制在 10～20kN，以较轻悬重钻进 1～2 个单根。

（4）换单根时上下划眼 3～5 次后，以钻压 30～50kN，转数 80～120r/min，排量 0.5～0.8 m³/min，快速钻进。钻达设计深度后上下反复划眼 3～5 次，并循环工作液。

（二）安全注意事项

（1）起下大直径钻具应缓提慢放，防顿击，划破窗口。

（2）及时调换钻柱位置，预防长期的定位磨损。

（3）保证工作液最佳性能。

（4）合理匹配钻压、转数、排量，已利快速钻进。保证钻进的连续性，否则将钻头提出窗口。

（5）随时做好防掉、防卡、防脱工作，防喷工作严格执行井下作业防喷标准。

五、测井

测井主要是测横向面、油水层位、完钻前磁遇阻深度等曲线，为下套管、固井完井射孔等提供依据。

（1）划眼循环后起出裸眼钻具，地面连好仪器，必须安装防喷器。

（2）对正井口，慢提入井，速度不超过 3m/s，仪器入窗口时速度在 0.5m/s 以内后测井。

六、下套管

（一）安全操作要求

（1）连接组装完井套管串，入井结构（自上而下）油管丢手接头、正反扣接头、喇叭口接头或套管（尾管）悬挂器、内装复式胶塞上段、完井套管、套管鞋及阻流环、导向引鞋。

（2）入井工具连紧上牢，扭矩不低于 2800N·m，套管串不低于 3200N·m。

（3）对正井口慢放，速度不超过 3m/s。

（4）最后一根套管入井后坐入井口吊卡，用送入油管的第一根下接丢手、正反扣喇叭口接头或套管悬挂器，与最上一根套管连接紧固。

（5）提起送入管柱，去掉吊卡，缓慢入井，速度不超过 0.5m/s。

（二）安全注意事项

（1）丢手接头、喇叭口接头地面试压合格，螺纹无损伤，其套管串在管内小直径套管长度不少于 20m。

（2）用套管悬挂器完成悬挂的完井套管，留在斜向器以上的套管不小于 10m，入井的套管不得转动，遇阻时应轻提慢放，中途坐卡应上题解卡，不得顿击。

七、固井

（一）套管悬挂器复式胶塞顶替固井

（1）至预定深度后，大排量冲洗井壁，破坏泥饼。

（2）正循环水泥浆。

（3）顶替挤注完水泥浆后由油管内投入复式胶塞的上段，用侧钻工作液憋顶胶塞。当胶塞上段坐于正反扣接头或悬挂器内的复式胶塞下端时，泵压将上升，此时继续憋压，剪断下端胶塞与丢手接头的销钉，上下段胶塞复合在一起下行，顶推套管内的水泥浆至阻流环处，胶塞将碰顶阻流环，压力上升，即可停泵，碰顶压力不可超过阻流环的许用压力。之后活动套管串，坐卡悬挂器，脱开丢手，提起送入管柱 1～2m，反循环冲洗多余水泥浆，上提管柱 50m，关井候凝 24～48h。

（二）丢手接头和正反扣喇叭口接头完井的固井、顶替

（1）大排量冲洗井壁，破坏泥饼。

（2）泵入清水前垫 1～2 m³。

（3）调整密度 1.6～1.75g/cm³。

（4）活动管柱后顶替。

（5）下放套管至裸眼井底，正转管柱，倒开丢手接头，上提送入管柱 1～3m，反循环冲洗多余水泥浆后上提管柱 50m，关井候凝。

八、侧钻施工注意事项

(1) 原则上不宜采用自由式侧钻，选用较大倾角侧钻，避开复杂井段，水平位移在5～10m以内。

(2) 对高含水、易出砂层段，先将窗口修整光滑，在不发生井喷的前提下采取快速钻进，尽快完成钻进、下套管、固井。

(3) 开、修窗避免形成死台阶。严防加压造成死台阶。

(4) 修窗时应使钻挺或大钻杆位于窗口之上，修窗井段超过斜向器底部以下5m。

(5) 对测井仪器下不去的井段，采用偏心钻头反复慢放划眼。原井眼套损部位以下及油层的报废处理应达到四无要求。

第八节　电潜泵解卡打捞的安全注意事项

在起下泵组的作业中或刚刚开始活动管柱起电缆时，由于管柱的砂卡、蜡油卡、小物件卡、电缆卡子脱落卡、电缆断脱堆积卡、套管损坏卡阻机泵组等原因，造成工艺管柱包括机泵组在内的卡阻而拔不动或管柱行程小而将电缆拔断造成电缆脱落堆积，严重卡阻工艺管柱，这种情况称为电潜泵故障井。处理这种复杂井况而逐渐积累起来的经验、技术的总结和重复利用，可称为电潜泵故障井处理技术。电潜泵解卡打捞工艺技术因此而产生并迅速发展、配套和完善起来。目的是为了使电潜泵井恢复正常生产。

一、综合处理措施

(一) 电缆脱落堆积的安全处理措施

(1) 有油管柱时的电缆堆积：将油管尽量由泵组以上卸油阀处割开或倒开，正转管柱10～20圈使上部上紧。

(2) 无油管柱时的电缆堆积：选用专用电缆捞钩打捞，注意打捞工具尺寸。打捞松散的电缆时，首选活齿外钩。打捞压实的电缆时，先用螺杆锥钻一长孔，钻出直径应与活齿外钩相近或稍大于外钩2mm，最好加工一种钻铣时活齿外钩。

(二) 电缆、油管未断脱的安全处理措施

(1) 卡点测量：参照本章第二节内容。

(2) 取出卡点以上管柱、电缆：用爆炸切割弹或机械式切割刀取出卡点以上管柱，方式参照本章第二节内容。

(3) 震击解除砂、蜡、小物件卡阻：上击解卡；下击解卡；方法参照本章第二节内容。

(4) 修整套损部位：按照井况实际，选择相应的修整措施，保证打捞工具能够顺利通过套损部位，并且使落物能顺利通过套损点。

(三) 机泵组安全打捞处理措施

以捞为主，铣磨为辅，捞磨结合，解体处理。上部处理干净后，用震击解卡有效，否则采用套磨铣，钻掉砂、蜡、小物件。套损卡阻型，先让出套损点2～4m，修整后下入薄壁高强度捞筒，将机泵组捞出。

(四) 铣磨钻安全措施

上述无效后采用钻磨铣套方法，将机泵组磨铣掉，操作要求参照本章第二节内容。

二、施工方法及安全要求

（一）压井液密度要求

$$\rho_{wk} = \frac{p_{ws} \times 10^2}{D_o}(1+50\%)$$

式中　ρ_{wk}——压井液密度，g/cm^3 或 t/m^3；

p_{ws}——施工井近三个月内所测静压，MPa；

D_o——油层中部深度，m。

（二）安装作业井口

卸掉原井采油树，安装作业井口，安装钻台及转盘，在井口 3～5m 处安装电缆缠绕滚筒，并将地面电缆缠绕在滚筒上。

（三）试提

松开顶丝用提升短节试提原井管柱，最高负荷不超过油管许用拉力，不得拔脱油管。试提负荷不超过 300kN，行程达 1～1.5m 悬重无变化，可停止试提，倒出油管挂，行程较短，悬重上升较快，说明管柱有卡阻，此时应停止试提放回管柱，卸掉油管挂。

（四）测试卡点

用公式法和测卡仪测卡法，参照本章第二节内容。

（五）卡点以上管柱与电缆处理

参照本章第三节内容。

（六）卡阻点井段的处理

卡阻点以上管柱电缆切割后，砂卡、套损卡、小物件卡阻型可同步起出管柱与电缆，死油死蜡卡阻型可用热洗方法化蜡，注意地面管线，防止烫伤。同步起出被切割的管柱和电缆，之后做如下处理：冲砂、打捞残余电缆，打捞机泵组以上部位下井工具、油管及残余电缆，打印核实鱼顶状况、套损状况。

（七）机泵组卡阻处理

（1）冲砂。卡阻点上部打捞处理干净后，大排量正循环冲砂干净。

（2）打捞机泵组以上下井工具、油管。打捞时在其上部留 1～2 件下井工具，便于下部使用。

（3）大力活动、震击解卡管柱组合参照本章第二节。

（八）小物件卡阻型处理

参照本章第三节。

（九）套损型卡阻的处理

套管变形、破裂、错断的卡阻机泵组应采取如下措施：

（1）在打捞机泵组前必须捞净卡阻点以上电缆、油管、下井工具。

（2）打捞机泵组，让出套损部位，便于下部施工。

（3）打印核实套损情况，并根据套损状况选择相应的修整措施及工具对套损部位进行修整扩径。

①变形采用犁形胀管器进行修整扩径。

②破裂采用胀管器顿击或选用锥形铣鞋修整破裂口。

③错断应根据实际选用整形器复位或锥形铣鞋修磨复位，还可用燃爆整形打通卡阻点通道，以上无效后，最后采用磨铣钻套的方法磨铣机泵组解除卡阻。

第九节　生产井报废的安全注意事项

对于目前无法修复的严重套损井，以及其他原因不能满足生产的井，往往采取工程报废处理。一般对严重套损的注水井采取水泥封固永久报废处理，然后钻更新井以替代报废井。

一、水泥浆封固永久报废工艺

（一）原理

利用固井水泥在对油层间验证窜槽的基础上，对窜漏层段、层间进行水泥浆封堵窜后，再对错断、破裂部位的套管井眼循环挤注水泥浆，使错断、破裂部位以上 50 ~ 100m 至人工井底充满水泥浆，固化后即可永久封固所有油层井段，达到永久封固报废的目的。

（二）安全注意事项

封固前保证井内无杂物、断口修复整齐、层间无窜通。具体安全操作步骤如下：

（1）压井。先放溢流，排量不超过 0.1m³/min，热洗井温度 60 ~ 70℃，洗井 2 ~ 3 周，泵压不超过 10MPa，排量不低于 0.2m³/min，中深井泵压不超过 15MPa，排量不低于 0.3m³/min，期间不得随意停泵。

（2）起出原井管柱，悬重不超过原井管柱悬重 100kN。

（3）打印核实井内状况，选择相应的工具打捞处理卡阻部位的落物。

（4）修整套损部位。用爆炸整形、胀管器整形或铣磨鞋磨铣套损部位。

（5）检测套损部位后打捞套损部位以下落物，并对修整井段加固处理。

（6）通井至人工井底或油层以下 5m，其外径比下井工具大 1 ~ 2mm。

（7）油层间验窜。以高、低、高或低、高、低三个不同压力下来验证结果，压力差 1.5 ~ 2.0 MPa，地面管线试压合格后方可使用。

（8）封堵。据实际情况选择封堵方式、管柱结构及堵剂。挤水泥浆后用重修井液顶替堵剂，候凝 72h。效果检验，双封试压，压力为挤堵剂时最低压力，封堵半径不少于 2m，泵压不超过验窜压力，排量不超过 0.3m³/min，中途不得随意停泵。人工配制水泥浆时，从水泥加水到泵注完成应在 1h 内完成，较多时应加缓凝剂。

（9）水泥封固报废。下管至人工井底以上 1 ~ 2m，井内有落物时至少应下至油层底界以下 5 ~ 10m。错断口较小时可下小油管通过断口。

①井内循环工作液 1 ~ 2 周正常后配制水泥浆，密度 1.85 ~ 1.95 g/cm³，向错断口外油层及水泥环残破处挤注水泥浆。

②提管至水泥面高度以上 2 ~ 3m，反洗出多余水泥浆，候凝 48h，期间每 2 ~ 4h 反洗井 1 次。

（10）探水泥面。候凝 36h 后，用油管探水泥面，悬重下降不超过 5kN，连探三次，数据吻合为合格，对灰塞试压，压力 15MPa，稳压 30min，压降不超过 0.5MPa 为合格。

二、重钻井液压井暂时报废工艺技术

（一）原理

利用特殊配制的优质重钻井液，将压井管柱下入最深处，将井内的液体完全置换出来，并将重钻井液向错断口、破裂口外的油层及管外残破水泥环空隙处挤注一定数量，使井内优质重钻井液的静液柱压力相对高于油层的静压力，并保持相当长期的稳定，使井内错断、破裂部位无窜流、井口无溢流，从而达到压井暂时报废的目的。

（二）使用安全注意事项

（1）前几道工序同水泥封固（1）～（6）工序。重钻井液性能参数见表 5-52。

表 5-52　重钻井液性能参数表

密度，t/m³	漏斗黏度，s	初切 Pa	终切 Pa	失水 mL/30L	含砂重量比，%	pH 值	泥饼 mm	稳定性能 (720h/45℃)
≥1.8	≤75	≥25	≥60	≤4	<2	7～8	3～4	前 8 项指标无变化

（2）重钻井液压井报废。油管通过错断口至油层以下底界处挤注水泥，用量 5～10m³。井筒内循环钻井液，用量为套管容积的 1.15 倍。

（3）压井管柱应下至井底以上 1～2m，特殊情况下小直径油管通过错断口至少下至油层底界以下 2～5m。排量不低于 0.5m³/min，压力不超过 15MPa，中途不得停泵，保持泵注钻井液的连续，出口见重钻井液后，循环挤注 1～2 周，起管柱，每起 20～40 根油管，向油套管环空灌重钻井液一次，保持井内钻井液液柱高度至全部起出压井管柱。

第十节　油水井查窜与封窜的安全注意事项

所谓油水井窜通，是指由于固井质量、射孔因素、地质构造、修井作业和油水井管理不当造成套管外水泥环破坏，或是水泥环与套管失去密封胶结，层与层之间互相窜通的现象。

一、查窜

（一）声幅测井查窜

1. 原理

声源振动发出声波，在套管中传播速度大于其他介质中的传播速度，而声波幅度的衰减与水泥环和套管、水泥环和地层的胶结程度有关，声波幅度的衰减反比于套管的壁厚，正比于水泥环的密度。

2. 使用安全注意事项

清洗井底，通井至预测井段以下。若套管变形、破损或井下落物，应先处理，保证测井仪器顺利入井。

（二）放射性同位素查窜

1. 原理

往地层内挤入含放射性的液体，然后测得放射性曲线，并将测得的曲线与油井的自然放射性曲线作对比后可鉴别地层的窜通情况。

2. 使用安全注意事项

因其放射物质的特殊性，所以放射源应妥善保管，保存在专用箱内，应有专人看护，防止人员受到放射性同位素的损伤及意外事故的发生。

（三）封隔器找窜

1. 原理

将封隔器下入预测井内适当位置，封隔开预测可能窜通井段与其他油层，用测得的资料判断窜通情况。

2. 使用安全注意事项

(1) 采用方式有单水力扩张式封隔器找窜、双水力扩张式封隔器找窜和低压井找窜。封隔器找窜前先通井、热洗、冲砂，验证窜通后将管柱提至射孔井段以上检查封隔器的密封性。

(2) 地面管线连接牢固，保证不渗不漏，压力平稳适中。

（四）桥塞找窜

1. 原理

将桥塞下至井段夹层中部，坐封桥塞，丢手后起出丢手接头，桥塞的自锁胶筒在上下卡瓦的作用下仍处于压缩状态保持密封，插管接头插入桥塞内腔，在允许压力范围内进行试挤验窜，通过套溢法和套压法来判断其上下层是否窜通。

2. 使用安全注意事项

(1) 测套管接箍，连紧工具和电缆并平稳入井，防止工具掉入井内，确定桥塞位置后坐封桥塞，验证桥塞坐封效果，提出电缆，试挤验窜，判断窜通情况。

(2) 通井彻底，保证井筒干净，防止卡阻。将地面工具等连紧，试挤压力不可过高，其他人员不得在施工区域内。

二、封窜

（一）循环法封窜

1. 原理

在不憋压的情况下将水泥浆替入窜通井段，使水泥浆凝固，以达到封窜的目的。

2. 使用安全注意事项

封隔器应坐于夹层位置，冲洗彻底且泵压平稳后泵入相符的水泥浆，替液至节流器以上 10～20m 处待水泥浆稠化后解封封隔器上提管柱，使管脚提至射孔井段以上反洗井，洗出多余的水泥浆，起出 20～40m 管柱，关井候凝48h。

（二）挤入法封窜

1. 原理

通过封窜管柱在压力允许的情况下将水泥浆泵入井内使水泥浆充满所有窜通部位，窜通层充分吸附水泥浆，达到封窜的目的。分为封隔器法封窜、油管封窜和桥塞封窜。

2．使用安全注意事项

管柱上部应加安全接头，便于遇卡后倒开洗井；泵压不正常无法施工时应停止挤注并用清水将水泥浆替出，防止卡钻；保证设备正常运行并确保挤水泥浆时间不超过水泥初凝时间的 70%；油管封窜要保证挤封层以上套管完好，顶替水量准确无误，施工前应保证地面管线试压合格，不渗不漏，非操作人员应撤离施工区域。

（三）循环挤入法封窜

利用循环与挤入法的联合使用。它先使水泥浆在不憋压的方式下进入窜槽，再用挤入的方法使水泥浆充填好。

（四）填料水泥浆封窜

为了防止水泥浆由于重力的作用而下沉，在水泥浆挤入并充满窜槽后，接着挤入填料水泥浆堵死窜槽的进口，避免水泥浆反吐，以达到封窜的目的。

（五）验窜

井眼干净，工具完好，深度准确，投球坐封封隔器，验窜试挤，挤注量准确，验窜压力为 10MPa-8MPa-10MPa 或 8MPa-10MPa-8MPa 三个压力点下注清水 10 ~ 30min，观察记录套管压力或溢流的变化来判断是否窜通，保证下井封隔器和管柱的密封性完好，管线不刺不漏，牢固可靠。

第十一节　找漏与堵漏的安全注意事项

油层套管的破漏将直接影响着油、水井的正常生产，为此必须采取有效的措施来修补，使之能够满足正常生产的需要。其发生的原因主要有以下三种情况。

（1）腐蚀性破漏。原因是管外硫化氢水等腐蚀性物质引起，其破漏段长，程度严重，且有腐蚀性穿孔和管外出油、气、水。

（2）裂缝性破漏。由于受压裂的高压作用产生破漏，破漏段长，试压时压力越高漏失量越大。

（3）套损破漏。主要受地层应力作用形成的外挤力所造成的破漏，都是向内破。

一、找漏

（一）测流体电阻法找漏

利用井内两种不同电阻的流体，测出不同液面电阻差值的界面决定其漏失位置。

（二）木塞法找漏

用一个小于套管内径 6 ~ 8mm 木塞，两端胶皮比套管内径大 4 ~ 6mm 的组合体投入套管内，坐井口替挤清水，木塞被推至破口位置以下时，泵压下降，流体从破口处排出管外，不再推动木塞，停泵后测得的木塞深度即为套管破漏位置。

（三）井径仪测井找漏

用井径仪测井检查油层井段以上套管内径变化而确定破漏深度。

（四）封隔器试压找漏

用单封隔器或双封隔器卡住井段分别试压并确定破漏深度，注意压力应适中，地面管线连接牢固，不渗不漏。

（五）FD 找漏法

将油层以上套管作为液缸，堵塞器或皮碗封隔器作为活塞，防喷器或封井器密封环空，根据液体不可压缩的原理，通过堵塞器在套管内的往复运动，从油、套管压力表产生的变化来判断漏失深度。

（六）井下视像找漏

利用摄像机在井内成像后通过电缆转变信号到地面接收复原为模拟视像信号，最终复原成像。

二、堵漏

（一）挤堵方法

1．套管平推法

适用于浅井，坐好井口后直接将堵剂挤入井筒，顶替到破漏位置以上 30 ~ 50m，不可过深，关井候凝，注意挤入深度，不得挤过破漏深度。

2．钻具挤入法

将钻具下到挤封井段设计深度，利用钻具作用挤入通道的一种挤入方法。

3．循环挤入法

对于漏失段多的井可采用循环法，将钻具下至破漏位置以下 20 ~ 30m，先循环部分水泥浆或堵剂，然后上提钻具至候凝深度，坐井口再挤堵、顶替完成作业，注意循环时间不得过长，防止水泥浆凝固。

4．单封隔器法

对两处以上的破漏且相距较长，封堵一处漏失后封另一漏失时则需要用工具封隔器保护已封段以避免损坏已封层，压力不可过高，地面管线应试压并保证牢固不渗不漏。

5．双封隔器挤水泥法

利用双封隔器挤水泥针对施工作业需要可分层作业，有利于保护非挤封层，适用于油水井封窜及油层中部挤封作业。

6．控制挤入法

在井口采用井控装置与井下结构配套，使挤水泥前后即使活动钻具的情况下，井口、环形空间均处于受控状态下的一种挤水泥工艺。

（二）堵剂

1．油井水泥浆加速凝剂堵漏

对漏失量在 200 ~ 400L/min、试挤压力在 2 ~ 4MPa、破漏深度超过 150m 的井，效果较好，水泥用量 8 ~ 10t，密度在 1.85 ~ 1.9g/cm³。

2．综合堵剂堵漏

（1）水泥浆加水玻璃堵漏。水玻璃遇水泥浆后，对水泥浆凝固有急剧的加速作用，部分水泥浆与水玻璃在破漏管外混合后快速凝固，以堵塞漏失量大的裂缝和溶洞，从而改变水泥浆在破漏管外的运动状态，使后续的水泥浆能进入漏失量小的裂缝和溶洞而较好地均布在破漏管外的周围，以防止水泥浆窜流，提高封堵效果。分两种方法：

①分段合成法。将一定量的水玻璃在试挤正常后按顺序挤入 1 ~ 2m³ 水泥浆→隔离液→水玻璃→隔离液→水泥浆→顶替液→关井候凝。注意严禁水泥浆与水玻璃在泵内直接掺

混反应，容易造成地面管线及设备堵塞，泵压升高出现意外。

②井口合成法。将水泥浆与水玻璃分别由泵同时挤入井内，加快凝固速度。

（2）填砂堵漏。以密度为 1.2g/cm³、黏度 25 ~ 35s 的轻泥浆作为携砂液，砾石选用直径 0.5 ~ 0.8mm 的石英砂，排砂排量要求大于 500L/min。

第六章 压裂酸化作业安全

第一节 压裂酸化作业安全要求

压裂酸化是石油天然气开采中的一项重要增产工艺，属于多工种的联合作业。其特点是动用机动设备多、压力高、施工人员多、时间短。施工所用液体绝大部分是用各种化学药剂配制而成，对人体都有不同程度的毒性、刺激性等。施工中任何一个环节发生问题，都有可能造成安全事故。因此，压裂酸化过程中必须重视安全问题。

一、施工设计的安全要求

（1）施工设计原则与内容应执行 SY/T 5836—1996 中深井压裂设计施工做法。

（2）应标明添加剂、酸液及酸化反应物的有害因素。

（3）应有井口及管线试压、风向及设备摆放位置的要求。

（4）应提出劳动防护用品以及预防事故的措施。

（5）施工作业的最高压力应小于承压最低部件的额定工作压力。

（6）使用封隔器时，套管平衡压力应低于套管抗内压强度，同时应使封隔器所承压差低于封隔器的额定工作压差。

（7）井口装置或加保护器后的井口装置的额定压力必须大于或等于施工设计的最高压力。

（8）应提出井口装置的固定措施。

（9）酸化、酸压裂设计应按照 SY/T 5405 酸化用缓蚀剂性能试验方法及评价指标的要求，对酸液缓蚀剂进行选择。

二、施工作业前的安全要求

1. 施工作业设备、设施的安全要求

（1）高压管汇无裂缝、无变形、无腐蚀，壁厚符合要求。

（2）压裂泵头、泵头内径外表不应有裂纹，阀、阀座不应有沟、槽、点蚀、坑蚀及变形缺陷，若有应及时更换。

（3）压裂酸化地面高压管汇中对应的压裂车出口管线都应配有单流（向）阀。

（4）压裂机组的压力仪表应每年标定一次，以保证其灵敏、准确。

（5）应保证压裂机组发动机紧急熄火装置性能良好。

（6）压裂车泵头保险阀应清洗涂油，安全销子的切断压力应超过额定工作压力。

（7）应设专人检查所有进出口阀门开关是否灵活、控制有效，并按工作流程开启或关闭。

（8）井口装置应进行整体试压，合格后方能使用。

2. 施工作业现场的安全要求

（1）施工场地要坚实、平整、不存积水，便于车辆出入。

（2）在气井或有特殊要求的油井施工作业时，压裂机组发动机或其他进入施工现场车辆、设备的排气管均应装有阻火器。

（3）施工作业应有安全照明措施，要有专人连接。作业车辆和液罐的摆放位置应与各类电力线路保持安全距离。

（4）施工作业车辆和液罐应摆放在井口上风方向，各种车辆设备摆放合理、整齐，保持间距，便于撤离。其他车辆应停放在上风方向距井口 20m 以外。

（5）井口装置应按设计要求用钢丝绷绳、地锚等措施固定。

（6）连接井口的弯头应使用活动弯头。

（7）井口放喷管线应使用硬管线连接，分段用地锚固定牢固，两固定点间距不大于 10m，管线末端处弯头的角度应不小于 120°，且不得有变形。

（8）气井防喷管线与井口出气流程管线应分开，避开车辆设备摆放位置和通过区域。

（9）天然气出口点火位置应在下风方向，距井口 50m 以外。

（10）排污池应设在下风方向，距井口 20m 以外。

（11）油基压裂液罐应摆放在距井口 50m 以外。罐与混砂车应保持 5m 以上的距离，罐的四周有高度不低于 0.5m 的防护堤与设备隔开。

（12）施工作业现场应设有明显的安全标志，严禁烟火，严禁非工作人员入内。

（13）对高压油气井除按常规配备灭火器材外，现场应配备 2 台以上的消防车。

3．施工作业人员的安全要求

（1）现场施工负责人应召开所有施工作业人员参加的安全会，进行安全教育。

（2）施工作业人员进入施工作业现场应穿戴相应的劳动安全防护用品。

（3）压裂施工作业时，所有操作人员应坚守岗位，注意力集中，高压作业区内不允许人员来往。非施工人员应远离施工现场。

（4）施工作业应有可能出现的异常情况应急预案以及人员的救护和撤离措施。应明确现场施工负责人及消防人员、救护人员的责任。

三、施工作业中的安全要求

（1）严格按设计程序进行施工，未经现场施工负责人的许可不得变更。

（2）进行循环试运转，检查管线是否畅通，仪表是否正常。

（3）对管汇、活动接头进行试压。

（4）低压管汇应连接可靠，不刺、不漏。

（5）起泵应平稳操作，逐台启动，排量逐步达到设计要求。

（6）现场有关人员应佩戴无绳耳机、送话器，及时传递信息。

（7）操作人员应密切注意设备运行情况，发现问题及时向现场施工负责人汇报，服从指挥。

（8）若泵不上水，应采取措施，若措施无效，应立即停泵。

（9）高压管汇、管线、井口装置等部位发生刺漏，应在停泵、关井、泄压后处理，不应带压作业。

（10）混砂车、液罐供液低压管线发生刺漏，应采取措施，并做好安全防护。

（11）出现砂堵，应反循环替出混砂液，不应超过套管抗内压强度硬憋。

（12）酸化、酸压施工作业应密闭施工，注酸完后用替置液将高、低压管汇及泵中残液注入井内。

（13）计量液位的人员到罐口应有安全防护措施，其他人员不宜到罐口。

四、施工作业后的安全要求

（1）按设计要求装好油嘴，观察油管、套管压力，控制放喷。

（2）查看出口喷势和喷出物时，施工人员应位于上风处。通风条件较差或无风时，应选择地势较高的位置。

（3）作业完毕应用清水清洗泵头内腔，防止被酸、碱、盐等残留物腐蚀。

（4）禁止乱排乱放施工液体，从井口返出的酸液应放入预先准备好的池内。

第二节 压裂设备及管柱安全

一、地面设备

（一）压裂井口

压裂井口一般可分为两类。

（1）用采油树压裂。采油树型号可分为 250 型、350 型、600 型、700 型、1050 型。250 型工作压力 25MPa，主要用于浅井，其他型号分别用于中深井、深井和超深井。如果单位以大气压计算，工作压力基本与型号命名相同。气井压裂主要选择这类井口，为防止压后产气量大，施工困难，可以直接关闭井口阀门，用压裂管柱生产，所有施工用的管线及压力设备必须在使用前地面进行相应的试压，合格后方可投入使用。

（2）采用大弯管、投球器、井口球阀与井口控制器的专用压裂井口。完成压裂施工，大弯管、投球器及井口球阀工作压力 70MPa，最大过砂量 $150m^3$。

（二）压裂管汇

目前压裂管汇种类很多，承压和最大过砂能力也不相同。常用的有压裂管汇车和专用的地面管汇。专用的地面管汇有 8 个连接头，压裂车可任选一个连接。高压管线外径 76mm，内径 60mm，最高压力可达 100MPa。

（三）投球器

投球器有两种，一种是前面井口装置中用于分层压裂管柱中投钢球的投球器，另一种是选压或多裂缝压裂封堵炮眼用投球器。美国进口投球器，最大工作压力 100MPa，一次装 $\phi 22mm$ 的堵球 200 个，电动旋转投球每分钟 12 圈，每圈投 4 个球。

二、压裂车组

压裂设备主要包括压裂车、混砂车、仪表车、管汇车等。

（一）压裂车

压裂车是压裂的主要动力设备，它的作用是产生高压，大排量的向地层注入压裂液，压开地层，并将支撑剂注入裂缝。它是压裂施工中的关键设备，主要由运载汽车、驱泵动力、传动装置、压裂泵等四部分组成。压裂泵是压裂车的关键部分。对压裂车技术性能要求大部分是对压裂泵提出的。目前各油田压裂车组在产地、品牌和型号上有很多不同种类。几种常见的压裂车性能参数见表6-1。

表6-1　压裂车性能参数

型号	NOWSCO/STP 2000	W1500/K184	LTJ5290TYL105	SJX5321TYL105	FC-2251	SJX5180 TJC13C/T815
生产厂家	加 NOWSCO 公司	美西方公司	甘兰通厂	鄂四机厂	美 SS 公司	鄂四机厂
最高工作压力, MPa	97.3	99	69	100	100	49
最大工作排量, m³/min	2.1	1.8	1.4	1.8	2.064	1.24
最大水马力, hp	2000	1500	886	1469	2000	299
底盘型号	肯沃斯 C-500B	K-184E	BENZ3538	BENZ3538K	BENZ3538K	T815
底盘发动机型号	CAT3406C	CAT3406B	OM423A	OM402LA	OM442LA	太脱拉 3-929-30
底盘发动机功率, kW	343	257	—	280	280	208
车台发动机型号	CAT3512DITA	CAT3512DITA	CAT3508DITA	CAT3512DITA	CAT3512DITA	MWM TBD234V8
车台发动机额定功率, hp	2250	1800	1045	1800	2250	499
车台传动箱	A1 lison CLT9884	A1 lison CLT9884	A1 lison DP8962	A1 lison CLT9884	A1 lison S9800	CDQ500
压裂泵型号	TWS-2000	OPI1800CWS	—	—	—	PG03（动） TL06（液）

注：1hp=745.7W。

（二）混砂车

混砂车的作用是将支撑剂、压裂液及各种添加剂按一定比例混合起来，并将混好的携砂液供给压裂车，压入井内。目前混砂车有双筒机械混砂车、风吸式混砂车和仿美新型混砂车。混砂车主要由供液、输砂、传动三个系统组成。目前常用的几种混砂车性能参数见表6-2。

（三）其他设备

除了压裂车、混砂车主要设备外，还有仪表车、液罐车、运砂车等。其中仪表车是用于施工时记录压裂过程各种参数，控制其他压裂设备的中枢系统，又称作压裂指挥车。

三、压裂管柱

压裂管柱主要由压裂油管、封隔器、喷砂器、水力锚等组成。目前井下管柱可分为笼统压裂管柱和分层压裂管柱。

表 6-2　常用混砂车性能参数表

型号	NOWSCO/ SIL-70	100BPM/K184	SJX5240THS210	LTJ5190THSL60	MC-70	HSC-60B
生产厂家	加 NOWSCO 公司	美西方公司	鄂四机厂	甘兰通厂	美 SS 公司	甘兰通厂
最大排量	70bbl/min	100bbl/min	12m³/min	7m³/min/9.5m³/min	70bbl/min	60bbl/min
最大压力，kPa	419 (60psi)	—	500	500/600	698.5 (100psi)	—
最大输砂量	—	8165kg/min	3.5m³/min	3.5m³/min	7000kg/min (约 4m³/min)	—
底盘型号	C500B	K-184	北方奔驰 2629	奔驰 2631/2628	奔驰 3538AK	奔驰 2628
底盘发动机 型号	CAT3406C	K19/KTA60	—	OM441/OM442	OM442LA	OM442
底盘发动机 功率，kW	343	441	—	230/206	280	204
车台发动机 型号	—	—	CAT3408B	CAT3408B	CAT3406C	NTTA-84-P450
车台发动机 功率，kW	—	—	375	377	—	441
供液泵，in	MISSION8× 10×14	MISSION8× 10×140	MISSION8× 10×14	MISSION8× 10×14	MISSION8× 10×14	—
砂泵，in	—	MISSION8×10× 140	兰州砂泵	兰州砂泵	MISSION8× 10×14	—
干粉添加剂 kg/min	0-50/0-100	0-32/0-90	1 个干粉添加系统	1 个干粉添加系统	2.8-27/5.6- 54L/min	—
砂比计	20/200mci	20mci	200mci	20mci	200mci	—
液添泵，L/min	173/322/ 1014	0-19/0-76/ 0-500	113/492	800	5-50/20-200/ 40-400	—

（一）压裂油管

压裂应使用专用油管，抗压强度应满足设计要求。浅井、低压可用 J55 钢级，内径 62mm 油管（外径 73mm）；中深井和深井使用 N80P105 的内径 62mm 或 76mm 外加厚油管，最高限压分别是 70MPa 和 90MPa。

（二）封隔器

目前压裂用封隔器种类较多，浅井使用扩张式或压缩式 50℃ 低温胶筒封隔器，深井使用扩张式、压缩式或机械式 90℃ 以上胶筒封隔器。深井大通径 CS-1 封隔器，工作压力 105MPa，工作温度可达 177℃。

（三）喷砂器

喷砂器的主要作用一是节流，造成压裂管柱内外压差，保证封隔器密封；二是通往地层的通道口，使压裂液进入油层，三是避免压裂砂直接冲击套管内壁造成伤害。

（四）压裂管柱

压裂管柱一般分为笼统压裂管柱和分层压裂管柱。

笼统压裂管柱结构为：油管＋水力锚＋封隔器＋喷嘴。

分层压裂管柱包括：

（1）双封卡单层：ϕ73 mm 或 ϕ88.9mm 外加厚油管＋水力锚＋封隔器＋喷砂器＋封隔器＋丝堵。压裂之后可以用上提的方法压裂其他卡距相同层段。

（2）三封卡双层：ϕ73 mm 或 ϕ88.9mm 油管＋水力锚＋封隔器十喷砂器（带套）＋封隔器＋喷砂器（无套）＋封隔器＋丝堵，可以不动管柱压裂两层。

（3）四封卡三层：ϕ73 mm 或 ϕ88.9mm 油管＋封隔器＋喷砂器（甲套）＋封隔器＋喷砂器（乙套）＋封隔器＋喷砂器（丙无套）＋封隔器＋丝堵。可以不动管柱压裂三层。

所有入井管柱及工具的连接必须上紧，螺纹涂密封脂，同时在压裂管柱的丈量和组配过程中要考虑到油管由于温度效应、活塞效应、膨胀效应、弯曲效应引起的油管长度变化。

第三节　压裂现场施工安全

压裂现场施工包括压前准备、压前作业、压裂施工和压后作业等。

一、压前准备

1. 配置压裂设备及辅助设施

各种压裂设备安全性能良好，满足压裂施工设计要求，所用计量仪表齐全配套，在有效使用期内。高压管汇、压裂井口装置等有检验合格证，质量符合相关产品标准要求。

2. 压裂用原材料

压裂液、支撑剂、预处理液及各种添加剂的技术性能和数量符合压裂设计要求。

3. 组配压裂管柱

按压裂设计选择压裂施工管材和下井工具，计算卡点深度，组配好压裂管柱。压裂管柱最下一级封隔器以下的尾管长度不小于 8m，压裂管柱底端距井底砂面或人工井底的距离不能少于 15m。

严禁用压裂管柱进行替喷、冲砂、压井、打捞等其他作业施工。

4. 地面压裂流程

（1）连接好地面压裂流程。地面压裂流程的连接顺序一般为：井口油管→井口阀门→井口投球器→井口 120°三通（三通直的一端接丝堵）→120°管→油管短节→高压活动弯头→循环三通（一端接循环放空阀门、油管到废液容器）→油管→酸化三通（一端接阀门、油管到酸化车，不单层挤酸预处理时不接酸化三通）→油管→高压管汇→蜡球管汇（不投暂堵剂时不用接）→压裂车组。

（2）连接地面压裂流程管线使用 N80 以上钢级的油管和 N80 以上钢级的油管短节，禁止使用玻璃油管、涂料油管和软管线。

（3）地面压裂流程管线承压达到设计要求，做到不刺不漏。

二、压前作业

（1）探砂面、冲砂。为了了解井筒内的砂柱高度，防止下压裂管柱时插旗杆，压前应探砂面，若砂面距射孔井段底界小于 15m 则必须冲砂。

（2）起原井管柱。

（3）压井替喷。

① 压裂施工前严格控制压井作业，如确需压井作业，应按规定履行审批手续。

② 对新井射孔前、已压井作业的井及确定井内有污染物的井压裂前要进行替喷作业，替净井内的压井液及污染物。替喷所用清水量要求大于井筒容积的 2.5 倍以上，替喷时要一次完成，不得间断。

（4）压裂层段预处理。按压裂施工设计要求准备预处理液并进行施工，如需排液，应准备回收废液的装置对排出的废液进行回收，不得污染环境。

（5）下压裂管柱。

下入压裂专用管柱，压裂管柱承压达到设计要求。

三、压裂施工

压裂施工一般包括以下工序：循环、试压、试挤、压裂、加砂、替挤和活动管柱。特殊情况下需要加入酸预处理、小型压裂测试、压后压降监测等工序。

1．循环

逐台启动压裂车，用清水做循环液，循环地面压裂流程管线。循环路线从储液罐出来，入混砂池，经泵送进压裂车，再经压裂泵的作用从高压管汇进入回收罐。循环时单车泵的排量不低于 $1m^3/min$，时间不少于 30s。循环的目的是检查压裂车组设备性能，保证地面压裂流程管线畅通。

循环前一定关闭井口阀门，防止地面管线中的脏物进入压裂管柱伤害油层或造成工程事故。

2．试压

缓慢平稳启动压裂车高压泵，对井口阀门以上的设备和地面压裂流程管线进行承高压性能试验，试验压力为预测泵压的 1.2 ~ 1.5 倍，稳压 5min，不刺不漏，压力不降为合格。

3．试挤

打开井口阀门，关闭循环放空阀门，逐台启动压裂车，按压裂施工设计规定的试挤排量，将压裂液试挤入油层，压力由低到高压至稳定为止。目的是检查井下管柱及井下工具情况，检查欲压裂层位的吸水能力。如实际试挤压力和排量能够稳定在压裂施工设计规定的试挤压力和排量范围内，证明欲压裂层位的吸水能力能够满足压裂施工要求。

4．压裂

试挤正常后，逐台启动压裂车，以高压大排量向井内持续挤入前置液，使压裂层位形成裂缝并向前延伸。判断裂缝是否形成主要根据压裂施工曲线。该曲线是压裂时试挤、压裂、加砂和替挤四个主要过程中的泵压、排量、混砂比随时间的变化曲线。油层破裂的瞬时，破裂压力与该地层的深度的比值，反映了油层破裂的难易程度，称为压裂破裂梯度。

当工作压力达到管柱最高承压还不能压开欲压裂层位时，应停泵，打开循环放空阀门放空，进行原因分析，确定下步措施。压裂过程中严禁施工人员或无关人员站在施工区域内，严禁跨越压裂管线，施工现场要有安全警示标志。

5. 加砂

油层裂缝已形成，泵压及排量稳定后便可加砂。按照压裂施工要求分段控制好混砂比，混砂比要逐渐增大，且加砂要均匀。加砂过程要保持压裂设备的性能始终处于良好的工作状态，不能中途停泵，要保持加砂的连续性，加砂压力要平稳，最高工作压力不超过管柱的最高承压，加砂排量按设计要求进行，保持稳定，不准随意升降，为了保证安全生产，可多配1或2台设备，以防意外。

6. 替挤

完成加砂后，打开混砂车的替挤旁通流程，向井内注入替挤液，将携砂液替挤到油层裂缝中去。替挤液量严格执行施工设计，严禁超量替挤。

7. 关井扩散压力

压裂施工完后，应关闭井口所有进出口阀门，等待压裂液的破胶、滤失及裂缝的闭合，防止支撑剂随高黏液体返出裂缝，造成裂缝口铺砂浓度过低。扩散压力时间不少于压裂液破胶时间。在使用快速破胶压裂液时，可以在压裂液破胶之后，使用小喷嘴防喷，促进裂缝闭合，提高返排，减少二次伤害，提高导流能力。

8. 活动管柱

活动管柱时，负荷不超过井内管柱悬重 200kN，上提速度控制在 0.5m /min 以内，最终活动行程不小于 5m。要达到管柱提放自如，拉力表显示的管柱悬重完全正常。

四、施工中常见问题及处理办法

压裂施工过程中经常出现压不开、压窜、砂堵、砂卡、刺漏等事故。在压裂过程中可以利用井口泵注压力、套管压力、注入排量、砂液密度的变化以及压裂液排量的记录曲线，做出准确的判断，正确地指导下步施工。

1. 压不开

压不开主要表现为压力随注入量的增加急速上升，并且很快达到施工压力上限，这时应立即停车，放弃压裂。压不开的原因主要有以下几点：

（1）井筒与地层连通性不好。如射孔质量有问题，射孔弹没有穿透套管或水泥环，孔眼被污染等。

（2）压裂管柱堵塞、井下工具质量有问题或管柱深度下错。

（3）地层致密或堵塞严重，吸液能力差。

2. 压窜

压窜主要发生在油管泵注压裂施工过程中。在排量不变的情况下，泵压突然大幅下降，套压升高，说明裂缝延伸过程中有窜槽迹象发生。产生的主要原因有：

（1）隔层较薄，强度不足以承担油层压裂时高压作用下与隔层产生的巨大压差，裂缝窜，劈开隔层。

（2）固井质量差，水泥环胶结不好，压裂时窜。

（3）封隔器胶筒质量差，压裂过程中破损，导致套压升高或油管上顶。

发生压窜时，应立即停砂，用液量为井筒容积的 2.5 倍循环洗井，并进行验窜。比较简单的验窜方法有套压法和套溢法，另外还有井温法、示踪剂测量法等。应注意有时泵车抽空也会导致压力下降，此时排量线波动幅度增大，应该注意加以区分。有时气井或含气量较大的油井压裂时也能造成窜槽假象，例如泵注压力不变时套管喷溢，说明是上部油层气窜所至，并非隔层窜槽，可以正常施工。

3．砂堵

加砂过程中，压力大幅度上升说明有砂堵迹象，应立刻停砂或降低砂比，待压力平稳再逐渐提高砂比。若压力继续上升则可能发生端部脱砂或砂堵，应立即停泵放喷或关井（视具体加砂情况和管柱结构而定）。砂堵原因有以下几种：

(1) 压裂液携砂性差或抗剪切性能差。

(2) 混砂比过高或提升速度过快。

(3) 地层滤失性较大，裂缝发育，压裂液滤失严重，没有采取有效措施。

(4) 压裂液破胶速度过快，在加砂量大的情况下可能造成砂堵。

(5) 前置液量太少可能引起砂堵。

(6) 加砂过程中意外停止施工（井口设备、地面管汇破裂）可能造成砂堵。

发生砂堵后应立即进行放喷、返排，在管柱允许条件下应进行反洗。处理事故时，可以使用小直径油管，下入压裂管柱内进行冲砂，再结合倒扣、套铣、打捞的方法加以处理。

4．砂卡

砂卡是压裂后发生的比较常见而且危险的故障，较轻的砂卡可以采取活动管柱解卡、下击解卡等措施，严重时需要修井作业处理事故。导致砂卡的主要原因有：施工过程中砂堵、地层吐砂严重、施工故障沉砂、冲砂不彻底或违章使用大直径工具冲砂等。

5．管柱断脱

管柱断脱有两种情况，包括卡距以上断脱和卡距内断脱。原因有以下几种：螺纹磨损严重、螺纹没上紧、施工超压、下井工具加工质量差。井口表现为：泵压迅速下降、套压瞬间上升、井口伴随较大震动声，同时油管上蹿。另外，如果发生在卡距内，可能泵压、套压没有大的变化，不容易判断，继续加砂可能导致事故更难处理。因此需要现场技术人员做出准确判断，妥善处理。

五、压裂施工安全措施

(1) 压裂过程中要执行国家标准、行业标准及企业技术标准的要求，确保各道工序施工质量和安全。

(2) 压裂施工中，要有完整的压裂施工曲线，实时监测压裂施工中压力、排量、砂比等各项施工参数。对于问题井及时调整施工方案。

(3) 压裂后替挤量及扩散压力时间执行设计要求。要严格控制替挤量，不能超量替挤。压后放喷、泄压、动管柱应在压裂液破胶之后进行，避免支撑剂随未破胶压裂液大量返出，影响裂缝导流能力和第二层压裂的正常施工。

(4) 压裂后，压裂液的返排要求定时取样观察，了解压裂液破胶水化情况。

(5) 压裂后起压裂管柱、下完井管柱过程中，严禁使用钻井液压井。特殊情况应履行审批手续。

（6）在整个施工的全过程中，要严格执行 HSE 的有关规定，严禁在井场附近排放残酸、废液。

第四节　酸化作业施工安全

酸化施工是一项工序繁多的系统工程，当施工设计确定之后，应严格按照设计要求组织施工，确保酸化施工的效果。

一、施工准备

施工准备包括井场、井口装置、施工装备、井下管柱及工具、工作液体及地面流程管线的准备过程。

1．井场

（1）必须平整、坚实，能容纳并承受所有设备（包括车装设备和罐类设备）的摆放和正常工作，要有专人指挥或负责酸化施工现场车辆及设备的摆放。

（2）入口必须宽敞，能保证施工装备自由出入。

（3）车载设备摆放位置至少应离井口 15m 以上。

（4）有容积足够的废液池。废液池应能容纳所有排出井口的洗井液和地层返排的工作液废液。如没有废液池，应准备罐车等设备，把洗井液和废液运到指定位置排放、处理。

（5）进入井场的公路应平整坚固，满足施工作业车辆通行。

2．井口装置

（1）主要包括采油（气）井口的套管四通、油管挂和总闸门等，必须与设计的施工压力（或平衡压力）相适应，试泵检查，不允许超压作业。

（2）应进行仔细检查，如发现套管四通偏磨，应测量剩余厚度并按最薄部位进行强度校核，必要时应进行超声测厚或 X 射线探伤。

（3）对高压施工的井口（井口施工压力大于 50MPa），建议将原采油（气）井口的锥管式油管挂改为法兰式油管挂，以免密封圈处承受高压而引起刺漏。

3．洗井、压井、起下管柱

（1）高压井动井口前必须先压井。压井液必须经室内实验证实不对油气层产生伤害。

（2）压井作业前应完成必要的测试工作，如压力测试、液面、砂面测试和井下取样等。

（3）起出原井管柱。

（4）施工前必须探人工井底，并按设计要求冲砂、填砂或打灰面。

（5）通井。为了避免套管变形或破裂造成井下工具阻卡、刮坏封隔器胶筒等事故发生，必须用通井规通井。

（6）酸化前必须彻底洗井，洗井至返出水质合格。

（7）施工管柱入井前必须进行地面丈量并记录。顺序丈量、交叉丈量和复合丈量之间的误差不超过 0.2%。

（8）施工用油管入井前必须通过试压检查，压力至少为施工承受工作压差的 1.1 ～ 1.2 倍，30min 无压降为合格。油管接箍螺纹应用生胶带缠绕，保证高压下不刺、不漏。下井工具必须经检测合格，方可入井。

（9）下入井工具管柱的操作要求。

①"慢"：管柱入井速度小，应控制在 2.5m /min 。

②"稳"：平稳下入，不准猛提猛放。

③"不转"：下入和上螺纹过程均不得转动已入井的油管柱。

④"净"：油管内无落物，油管外无脏物。

（10）封隔器坐放位置要求：胶皮筒高于射孔孔眼顶界 15 ～ 20m，胶皮筒、卡瓦和水力锚爪应避开套管接箍和上次施工时的坐放位置。

4．试泵

施工管柱下入完毕，安装井口装置。按图 6-1 连接泵车、罐车管线，安装连接好后，还应进行试泵检验。试泵的压力要求如下：

（1）高压管线。设计工作压力的 1 ～ 1.2 倍；

（2）平衡管线。平衡压力的 1.2 ～ 1.5 倍；

（3）低压管线。0.4 ～ 0.5MPa 。

所有管线不刺、不漏为合格。

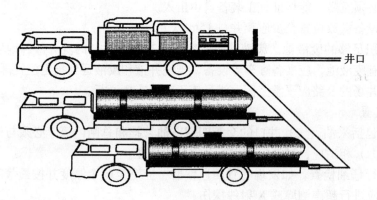

图 6-1 泵车、罐车连接图

5．配液、配酸

一般要到准备工作基本就绪，施工条件已具备之时，才正式开展配液、配酸工作，以尽可能地缩短酸液配成后在储罐中的存放时间，配酸过程中要严格按照操作程序进行，穿戴好劳保用品，防止酸液损伤员工，要有专业人员配酸，其他人员撤离配酸区域。

（1）配液和配酸的用水必须清洁且满足设计要求（特别是对低渗透储层的供水质量更应讲究），机械杂质含量低于 0.1%，取样化验证明水矿化度和 pH 值均能符合要求。

（2）配酸、储酸容器必须耐酸腐蚀，配酸、储酸前必须清洗干净。

（3）按设计任务书逐项检查所有化学药品。要求品种全，数量足，质量符合要求，包装无破损。

（4）按设计要求计算各种药品的加入量，配酸应严格按照设计要求的方法和程序逐罐配置各种酸液。每配置完一罐液体，都应分别从罐的上部、中部、底部取样，并检查质量指标。对酸液，必须测定酸液浓度和密度指标。如果某种工作液分几罐配置，还应分别从每罐中取一定数量的液体组成混合样，并现场测定混合样的质量指标。

（5）填写现场配液质量报告单。报告单上应填写每种液体配成数量和实测质量指标，经施工方技术人员和甲方代表签字认可后，方可入井。

二、施工过程

在进行正式施工之前，应对照设计逐一检查各项准备工作是否落实，必须待全部准备工作就绪后，方可开始正式施工。施工一般分以下几步。

1．替酸

用酸液或前置液（设计的前冲洗液）充满井筒油管和封隔器以下套管环空的替置过程俗称为替酸。

在此过程中，井内油管中原充满的液体（一般为清水）应通过油套环形空间排出地面。因此，在整个低压替酸过程中封隔器不能启动。如施工使用的封隔器为水力扩张或水力压缩式时，应严格控制替液排量，以井口泵压表不起压为准。

2．坐封封隔器

替酸完成后，应及时使封隔器正常工作，密封油套环形空间。否则，油管内的酸液会因密度差产生的压差而流入环形空间，并腐蚀套管，或进入其他不酸化层位，影响酸化效果。

3．挤酸

当判明井下封隔器已工作正常后，就应将泵注排量快速安全地提高到设计水平，并调节好同时泵入的添加剂（如交联剂、气体、降滤剂等）的加入速度，使之达到设计要求。施工中应注意以下几个问题。

（1）注入排量。

注入排量一定要尽可能控制在设计规定的范围内，并保持稳定。

（2）液体的交替。

当一次施工须注入几种工作液（前置液、酸液和后冲洗液等）或几罐工作液时，在连续注入的前提下，切换注入液体应注意控制好两点：一是不可使两种液体混合太多，而使液体切换失去意义；二是避免供液不足引起的排量下降，甚至可能的"走空泵"现象。

4．顶替

注完酸液后，应当严格按设计要求注入顶替液。一般酸化施工的顶替液量都会超过井筒体积（某些解堵、清垢型酸化例外，具体的顶替液量以地层和工艺方法的不同，在设计时经计算和经验确定），其目的是将井内所有的酸性液体都顶入地层直至反应完毕。

在进行上述步骤时，如设计中有混氮、投球、加暂堵剂等工序时，应按设计要求顺序进行。

5．关井反应

关井反应是保证施工效果的重要步骤。关井反应是为保证酸液同地层堵塞物和地层矿物进行充分反应，最大程度发挥酸液的活性。关井反应时间是依据酸液的不同和地层温度确定的。

6．酸液返排

（1）关井反应后应尽快换装成排液井口或直接接通排液管线。关井反应完毕后，应立刻进行酸液返排。只要施工设计无特殊要求、地层不出砂、不存在坍塌等危险，开井速度可适当加快，以利用快速放喷形成的抽汲效应把尽可能多的残酸排出地层。

（2）作好排液计量和残液分析工作，保证残酸能够及时、彻底地排出地层。

（3）特别注意酸液返排位置和液量，尽可能地直接把残酸排入井场废液池或专用排污池。如井场没有排酸条件，可用罐车把残酸拉走，处理后排放到指定位置，以保护周围的环境不受污染。

（4）如地层压力不足，也可采取洗井排酸方法，利用洗井液带出残酸。

（5）设计中如要求进行气举排酸，气举进出口管线必须用油管连接，不得使用软管线连接，出口不得接弯头。出口应有一定的空地或连接一个缓冲器，打好地猫，保证返排液不污染其他地方。

（6）可采用抽汲方法进行排液。

第七章　井下作业井控安全

第一节　井控安全基本知识

一、井控安全基本概念

井控就是指采取一定的方法，控制井内压力，基本保持井内压力平衡，以保证井下作业的顺利进行。总而言之，井控就是实施油、气井压力的控制。

井下作业井控内容主要包括井控设计、井控装备、作业过程的井控、防火防爆防污染防硫化氢措施和井喷失控的处理，井控技术培训和井控管理制度等。

井下作业井控技术是保证井下作业安全的关键技术，主要工作是执行设计，利用井控装备、工具，采取相应的措施，快速安装控制井口，防止发生井涌、井喷失控和火灾事故。

根据井涌的规模和采取的控制方法不同，把井控作业分为三级，即初级井控、二级井控、三级井控。

初级井控：依靠井内液柱压力来控制平衡地层压力，使得没有地层液流体侵入井筒内，无溢流产生。

二级井控：依靠井内正在在使用的压井液不足以控制地层压力，井内压力失衡，地层流体侵入井筒内，出现溢流和井涌，需要及时关闭井口防喷设备，并用合理的压井液恢复井内压力平衡，使之重新达到初级井控状态。

三级井控：发生井喷，失去控制，使用一定的技术和设备恢复对井喷的控制，也就是平常所说的井喷抢险。

一般来说，在井下作业时要力求使一口井经常处于初级井控状态，同时做好一切应急准备，一旦发生溢流、井涌、井喷。能迅速做出反应，加以解决，恢复正常修井作业。

二、井喷失控的原因及危害

（一）井喷失控的原因

井喷失控的主要原因是：

（1）井控意识不强，违章操作。

①井口不安装防喷器。井口不安装防喷器主要是认识上的片面性：其一，片面追求节省修井作业成本，想尽量少地投入修井作业设备，少占用折旧；其二，认为是老油田（或者地层压力低），不会发生井喷，用不着安装防喷器；其三，井控设备不足，只能保证重点井和特殊工艺井；其四，认为修井作业工艺简单，用不着安装防喷器。

②井控设备的安装及试压不符合要求。

③空井时间过长，无人观察井口。空井时间过长一般来说是由于起完管修理设备或是等技术措施。由于长时间空井不能循环修井液，造成气体有足够的时间向上滑脱运移。当运移到井口时已来不及下油管，这时候闸板防喷器不起作用，环型防喷器又没有安装或虽

安装但胶芯失效，往往造成井喷。

④洗井不彻底。

⑤不能及时发现溢流或发现溢流后不能及时正确的关井。

(2) 起管柱产生过大的抽汲力。起管柱速度过高产生的抽汲力过大，尤其是带大直径的工具（如封隔器等）时必须控制上提速度。

(3) 起管柱不灌或没有灌满修井液。

(4) 施工设计方案中片面强调保护油气层而使用的修井液密度偏小，导致井筒液柱压力不能平衡地层压力。

(5) 井身结构设计不合理及完好程度差。有些部位套管腐蚀严重或其他原因导致抗压强度大大下降等。如浅气层部位的套管腐蚀致使浅层气由腐蚀产生的裂缝处侵入井内，因气侵部位距井口近，液柱压力小，浅层的油气上窜速度很快，时间很短就能到达井口，很容易让人措手不及。所以，对于生产时间长的井或腐蚀严重的井且有浅气层的井要特殊对待。

(6) 地质设计方案未能提供准确的地层压力资料，造成使用的修井液密度低，致使井筒液柱压力不能平衡地层压力，导致地层流体侵入井内。

(7) 注水井不停注或未减压。由于油田经过多年的开发注水，地层压力已不是原始地层压力，尤其是遇到高压封闭区块，其压力往往大大高于原始的地层压力。如果采油厂考虑原油产量，不愿意停掉相邻的注水井，或是停注但不泄压，往往造成井喷等修井作业的复杂事故。

（二）井喷失控的危害

由于客观或主观原因，井喷事故屡有发生。大量的事实告诉我们，井喷失控是井下作业中性质严重、损失巨大的灾难性事故，其造成的危害可概括为以下几方面：

(1) 损坏设备，极易造成整套设备陷入地层中或被大火烧毁。

(2) 造成人员伤亡，会因井喷失控着火或喷出有毒气体而伤亡人员。

(3) 浪费油、气资源，无控制的井喷不仅喷出大量的油、气，而且对油、气藏的能量损失是难以计算的，可以说是对油、气藏的灾难性破坏。

(4) 污染环境，喷出的油、气对周围的环境造成严重的污染，特别是喷出物含有硫化氢的时候，搅得四邻不安，人心惶惶。

(5) 油、气井报废，井喷失控到了无法处理的时候，最后不得不把井眼报废。

(6) 处理井喷事故将造成重大经济损失，将投入大量的人力、物力、财力来灭火、压井等，还要赔偿因井喷而造成的其他一切损失。

三、井喷的预防

井下作业的井控工作不同于钻井井控工作，在井下作业施工过程中既要保证作业施工人员的安全和施工顺利，又要避免采用大密度压井液压井造成油气层伤害，这就需要从人们的意识上和井控工作具体实施上进行落实。采取重点是以预防井喷为主，制喷为辅的工作思路搞好井控工作。要搞好井下作业方面的井控工作，必须做好以下五个方面工作。

(1) 各级管理者必须高度重视井控工作，要充分认识井下作业中发生井喷是一个严重的安全生产事故，其损失是巨大而无法挽回的。

目前钻井的井控工作已得到了充分的重视，而对井下作业中的井控工作重视不够。实际上井下作业中的井控工作也是非常重要的，在井下作业技术中占有非常重要的位置。在井下作业过程中采取积极措施搞好井控工作，既能做到不伤害油气层又防止井喷和井喷失控，又能保证安全顺利施工。在井下作业施工中一旦发生井喷或井喷失控，将会造成机毁人亡的惨剧，自然资源严重受到破坏。对此，各级管理者必须在思想上统一认识，高度重视井控工作，只有这样，才能保证井控工作有计划、有组织地沿着正确的轨道健康发展。

（2）紧紧抓住思想重视、措施正确、严格管理、技术培训和装备配套五个环节。

①思想重视是指各级管理者要高度重视井控工作，不要把井控工作和油气层保护工作对立起来，井控技术是安全顺利生产的保证。

②措施正确主要是指及时发现溢流显示后按正确的关井程序有效控制井并及时组织压井，尽快地恢复正常井下作业。

③严格管理指在整个过程中，必须认真贯彻《石油与天然气井控技术规定》，建立和健全井控管理系统。要认真执行岗位责任制度。

④井控技术培训是指凡直接指挥作业生产的现场领导干部和技术人员、井队基层干部和正、副司钻必须经过井控技术培训考核，取得井控操作证。对具体操作工人要进行井控知识的专业培训，使其掌握基本的井控技术本领，一旦出现井喷预兆，都能按岗位要求正确地实施井控操作，确保安全生产。

⑤装备配套指按照有关配套标准，加大井控方面的资金投入，逐步配齐相应压力等级防喷器及控制系统。

（3）井控工作要各部门密切配合，常抓不懈。

井控工作是多方面组成的系统工程，需要各部门鼎力合作，密切配合，互相协调，才能发挥整体作用。同时井控工作是一项十分细致的工作，需要坚持不懈，毫不放松的严格管理来保证。

（4）严格执行《石油与天然气井下作业井控技术规定》。

在严格执行此规定的同时，各油田要根据各自区域油气压力的特点，制定具体的实施细则和各项行之有效的制度，一丝不苟地执行，并不断地注意收集新情况，总结经验，一定会把井控工作提高到一个新水平。

（5）编制科学合理的施工设计，着重做好井喷的具体防范工作。

在施工前认真了解施工区域的压力情况、含气量、井身质量等必要的参数，编制科学合理的施工设计的同时，要依据该井的地层压力、井口压力和含气量多少等资料，结合油层的地质情况，选择确定与地层配伍性能好又能控制住井喷的压井液。根据井下作业施工的不同内容和不同阶段对可能出现井喷时所需的方案及工具超前准备。需要在施工前连接的必须做好，以便在出现井喷显示时快速安装控制。在压力较高的井施工过程中要避免快速起下操作，一定要平稳起下；在起管过程中要不间断地向井内注入液体，保持液面在井口，以保证井筒内液柱产生的压力与地层压力平衡。

第二节 井控安全的技术要求

一、井下作业施工前井控安全准备

（1）施工设计应在48h前送到施工单位，施工设计部门负责向施工单位进行技术交底，施工单位必须向施工人员交底。没有施工设计不允许施工。

（2）施工单位按施工设计要求备齐防喷装置、制喷材料及工具。

（3）施工单位应按施工设计要求，选择相适应的防喷器，检查并安装井口防喷装置组合，确保防喷装置开关灵活好用，经试压合格后方可应用。防喷装置组合承压能力要大于观测井口的1.5倍。若不符合压力要求则不能施工。

作业施工过程中井口防喷装置（井控装置）的准备由以下几部分组成：

①以半封和全封防喷器为主体的作业井口（又称防喷井口）包括高压闸门、自封、四通、套管头、过渡法兰等。

②以节流管汇为主体的井控管汇，包括放喷管线、压井管线等。

③井下管柱防喷工具，包括钻具、放喷单流阀等。

④压井液储备系统要具有净化、加大密度、原料储各及自动调配、自动灌装等功能。

⑤能适用于特殊作业和失控后处理事故的专用设备、工具，包括高压自封、不压井起下管柱装置、消防灭火设施等。

⑥施工现场必须配有通讯联系工具。当发生井喷事故时，能迅速报警和及时向有关部门联系汇报，不失时机地采取措施，控制井喷事故的继续发展。

⑦大队级施工单位应配备抢险工程车，配齐各种井控设备、工具，有专人负责，按时检查保养，保证灵活好用。

（4）施工作业前，应在套管闸门一侧接放喷管线至储油池或储油罐，管线用地锚固定。

（5）放喷管线、压井管线及其所有的管线、闸门、法兰等配件的额定工作压力必须与防喷装置的额定工作压力相匹配。所有管线要使用合格管材或专用管线，不允许使用焊接管线或软管线。

（6）作业井施工现场的井场电路布置、设备安装、井场周围的预防设施的摆放，都要确保作业正常施工，特种车辆有回转余地。具体要求如下：

①放喷管线布局要考虑当地风向、居民区、道路、各种设施等情况，并接出距井口30m。管线尽量是直管线，如遇特殊情况管线需要转弯时，要采用耐压高的铸钢弯头，其角度大于120°，转弯处用地锚固定。放喷管线通径不得小于井口或闸门的最小通径。

②井场平整无积水，锅炉房、发电房、工具房、值班房、爬犁等摆放整齐，间隔合理，距井口和易燃物的距离不得小于25m。

③井场电线架设应采用正规绝缘胶皮软线，禁止用裸线，保证绝缘胶皮完好无损，无老化裂纹；线杆高度一致（不低于1.8m），杆距4～5m均布，走向与值班房垂直或平行；线路布置整齐，不能横穿井场，妨碍交通及施工；电线禁止拖地回系在绷绳、井架、抽油机等导体上。照明灯具采用防爆低压安全探照灯或防爆探照灯，距井口不少于5m；电源通过总闸门经防触电保护器后，方可连接其他用电设施；电器总闸门应安装在值班房内专用

配电盘上，分闸应距井口 15m 以外。

④井场周围要有明显的防火、防爆标志。按规定配置齐全消防器材，并安放在季节风的上风口方向。所有上岗人员要会使用、会保养消防器材。

（7）含硫化氢油气井的放喷管线要采用抗硫专用管材，不得焊接。

（8）对含有硫化氢的油气井施工要给施工人员配备专用的防毒面具。

（9）施工井场周围要设置安全警示牌，划定安全区域，非施工人员不得入内。

（10）施工井场设备的布局要考虑安全防火要求，值班房、工具房等设备要摆放在上风头并且距井口 30m 以外。

（11）井场电器设备、照明器具及输电线路的安装应符合安全规定和防火防爆要求，井场必须按消防规定配齐消防器材。

二、施工作业的井控安全

（一）射孔施工注意事项

射（补）孔是油井完成和改善地层供液状况的重要工序。通过射孔，使油层和井筒通过孔眼连通起来，达到投产和增产的目的。但是，射孔时也最易发生井喷。具体注意事项是：

（1）射（补）孔前要做好以下防喷准备工作。

①井筒内必须灌满压井液，并保持合理的液面高度。有漏失层的井要不断灌入压井液，否则不能射孔。

②井口装好防喷装置，试压合格后再射孔。

③放喷管线应接出距井口 20m 以外，禁止用软管线和接弯头，固定好后将放喷闸门打开。

④做好抢下油管和抢装井口的准备工作，并保证机具配件清洁、灵活好用。现场施工人员做好组织分工，保证各项防喷措施落实到每个环节。

（2）高压油气层在射孔前应接好压井管线，并准备井筒容积 1.5 倍以上密度适宜的压井液。

（3）动力设备应运转正常，中途不得熄火。排气管装好防火帽。井场 50m 范围内严禁烟火。配齐配全消防工具和设施，保证灵活好用。

（4）射孔时施工单位地质技术员、安全员必须到现场配合工作，校对好射（补）孔层位和井段数据，以便发现问题及时处理。

（5）射孔时各个岗位要落实专人负责，并做好防喷、抢关、抢装操作的准备工作。要选派责任心强、经验丰富的工程技术人员观察井口显示情况，发现有井喷预兆应根据实际情况采取果断措施，防止井喷。

射孔应连续进行，但发现外溢或有井喷先兆时，应停止射孔，起出射孔枪，抢下油管和抢装井口，关闭防喷装置，重建压力平衡后再进行射孔。

如果在电缆射孔过程中发生井喷，根据井喷情况采取相应措施。若电缆上提速度大于井筒液柱上顶速度，则起出电缆，关防喷装置；若电缆上提速度小于井筒液柱上顶速度，则剪断电缆，关防喷装置，并在防喷装置上装好采油井口装置。

（6）射孔结束后，应迅速下入生产管柱，替喷生产，不能无故终止施工。

（二）起下作业注意事项

起下管柱操作是作业施工中的重要工序。如果操作不当，也是诱发井喷的原因之一。因此该工序的防喷工作极为重要，具体防范措施是：

（1）作业施工时，井口必须装好防喷装置（高压自封、全封、防喷闸门等），上齐上紧螺栓，提前做好井喷准备，如中途停工必须装好井口或关闭防喷装置，严防井下落物。

（2）起下作业时应备有封堵油管的防喷装置（如油管控制阀、油管旋塞阀、井口密封装置等）。起下抽油杆时就将密封盒、胶皮闸门等井口密封装置连接好放置适当位置，一旦发生井喷则迅速与抽油杆连接坐上井口。

（3）起下抽油泵前应按 SY/T 5587.3 的要求压井后再进行施工。

（4）起下抽油泵若采取不压井作业，应按 SY/T 5587.2 的要求执行。

（5）起下作业过程中要进行压井则按 SY/T 5587.3 的要求进行。仔细观察进出口平衡，无溢流显示时方可进行下步施工。

（6）起下作业时，井筒内液体就保持常满状态，起管时每起 10 ~ 15 根向井筒内补一次密度适宜的压井液，不允许边喷边作业，起完管后应立即关闭防喷装置。

（7）起下钻具时，如果发生井筒液体上顶管柱，在保证管柱畅通的情况下，关闭井口防喷装置组合，再采取下步措施。

（8）起下带有大直径工具的管柱时，不得猛提猛放，避免造成抽汲现象诱喷。在防喷装置上加装防顶卡瓦，作业过程中应保持油套连通并及时向井内灌注压井液。起带封隔器的管柱前，应先解封，如解封不好，应在射孔井段位置进行多次活动试提，严禁强行上起。

（9）高压油气层替喷应采用二次替喷的方法，即先用低密度的压井液替出油层顶部 100m 至人工井底的压井液，将管柱完成于完井深度，再用低密度的压井液替出井筒全部压井液。

（10）起下作业过程中发生冲砂施工作业时，要先用适宜的压井液，冲开被砂埋的地层时应保持循环正常，当出口液量大于进口液量时采取压井措施。

（11）当进行钻水泥塞、桥塞、封隔器等时，完钻后要充分循环，停泵观察井口返液情况，无溢流时方可进行下步施工。

（12）施工时各道工序应衔接紧凑，尽量缩短施工时间，防止因停、等造成井喷和对油层的伤害。

（三）不压井、不放喷作业过程中的防喷措施

为最大限度减少由于压井对地层的伤害，通常采用不压井工艺技术。常用的不压井工艺包括高压不压井和低压不压井两种。因此，该环节的防喷应视具体情况来实施。

高压井施工时，井口必须装好井控装置（高压旋转自封、全封、半封及高压伸缩补偿装置等）及加压装置。全套装置的安全系数应不小于 2。同时井内管柱须连接相应的井底开关，并确保其灵活好用、开关自如。

低压井施工时，井口应安装中、低压自封，下井管柱底部须连接相应的泄油器，井口应接好平衡液回灌管线，防止因起、下造成井底压力失衡所导致的井喷。

同时还必须做到：

（1）作业井的井口装置、井下管柱结构及地面设施必须具备不压井、不放喷、不停产及应变抢救的各种条件。

（2）作业施工前应接好放喷平衡管线。

（3）不压井井口控制装置要求动作灵活、密封性能好、连接牢固、试压合格，并有性能可靠的安全卡瓦。

（4）起下油管过程中，随时观察井口压力及管柱变化。当超过安全工作压力或发现管柱自动上顶时，应及时采取加压及其他有效措施。

（5）低压井不压井作业过程中，要谨防落物及井口无控制操作。

（四）替喷、抽汲时的注意事项

替喷就是把地层内的流体诱导出来，以达到试采生产的目的。其途径是降低井筒的液面高度，或减少井内压井液的密度。具体方法包括气举和液氮替喷、抽汲替喷等。

1．液体替喷注意事项

（1）替喷前应按设计要求，选用规定密度的替喷液体。

（2）井口管线及井口装置应试压合格，出口管线必须接钢质直管线，有固定措施。

（3）选用可燃性液体做替喷剂时，在50m范围内严禁烟火。

（4）高压油、气井及井下带封隔器工具的井应采用二次替喷。

（5）替喷过程中，要注意观察、记录返出流体的性质和数量。当油、气被诱流至井内后，如果井口压力逐渐升高，出口排量逐渐增大，并有油、气显示，停泵后井口有溢流，喷势逐渐增大，说明替喷成功。

（6）应采用正循环替喷方法，以降低井底回压，减少对油层的伤害。替喷过程中，要采用连续大排量，中途不得停泵，套管出口放喷正常后，再改用油管装油嘴控制生产。

2．抽汲诱喷注意事项

（1）抽汲诱喷前要认真检查抽汲工具，防止松扣脱落，并装好防喷盒、放喷管。放喷管长度必须大于抽子、加重杆、绳帽总长度0.5m以上，其内径不小于油管内径。

（2）地滑车必须有牢固固定措施，禁止将地滑车拴在井口采油树或井架大腿座上。

（3）下入井内的钢丝绳，必须丈量清楚，并有明显的标记。要确保其下至最大深度后，滚筒上余绳不小于30圈。

（4）抽子沉没深度，一般不得超过150m，对高压或高气油比的井不能连续抽汲，每抽2或3次及时观察动液面上升情况。

（5）抽汲过程中，操作人员要集中精力，井口有专人负责看好标记。停抽时，抽子应起至防喷管内，不准在井内停留。

（6）抽汲中若发现井喷，则应迅速将抽子起入防喷管内。

3．高压气举及注氮替喷注意事项

如采用液体替喷和抽汲诱喷无效时可采用气举和注液氮诱喷。其注意事项是：

（1）进口管线应全部用高压钢管线，试泵压力为最高工作压力的1.5倍，不刺不漏。出口管线禁用软管线和弯头，并有固定措施。

（2）压风机及施工车辆距井口不得小于20m，排气管上装消声器和防火帽。

（3）气举时，操作人员要离开高压管线区。气举中途因故障停举维修时，要放压后进行。

（4）气举后应根据油层结构及设计要求确定放空油嘴的大小，禁用闸门控制放气。必要时装双翼采油树控制放气量，严防出砂。

(5) 气举施工必须有严密可靠的防爆措施，否则不得采用气举诱喷。尤其对天然气较大的井，应先排放净井内天然气后再气举，以防爆炸。

(6) 利用注液氮诱喷时，要谨慎泄漏。施工人员应穿戴好劳保用品，以防灼伤。

（五）特殊工艺施工过程中的防喷措施

特殊工艺施工作业主要包括：压裂、酸化、化学堵水、防砂、试油、试气及油水井大修等工艺。这些特殊工艺大部分工序复杂，施工难度大，技术要求高，所以更应该切实加强和落实好防喷措施。

1. 压裂、酸化、化学堵水、防砂施工中的防喷

(1) 施工现场应按设计和有关规定，配备好防火、防爆及防喷的专用工具及器材，并保证灵活好用。

(2) 地面与井口连接管线和高压管汇，必须试压合格，有可靠的加固措施。

(3) 超高压（25MPa）施工时，要对井身、油层套管等采取保护措施，并设有高压平衡管汇，各分支都要用高压闸门控制。同时应适当加密固定管汇的地锚。

(4) 所有高压泵安全销子的切断压力不准超过泵的额定最高压力，同时不低于设计施工压力的1.5倍。处理设备故障和管线泄漏时，必须停泵，放空后方可进行。高压泵车所配的高压管线、弯头、闸门等，要按规定按时进行探伤、测厚检查。

2. 试油、试气施工中的防喷

由于试油、试气作业工艺施工一般是在新探区进行，对地层认识还不够，具有一定程度的风险，防喷措施要求高于一般作业施工井。

(1) 井口采油树、防喷装置、管线流程均要选用适合特殊情况的高压装置，并经试压合格后再使用。

(2) 井场备足合格的压井液，压井液密度应参考钻井钻穿油层的资料，储备数量为井筒容积的1.5～2.0倍。

(3) 高压流程、分离器及其他高压设施应有牢靠的固定措施。

(4) 取样操作人员应熟悉流程，平稳操作。严禁违章操作。

3. 油、水井大修施工中的防喷

由于油、水井大修工艺是处理井下复杂事故的大型作业施工，一般施工周期较长，压井液易被气侵后密度下降；或因井内事故憋住地层压力，解除事故后压力易突然释放；以及上提管柱时的活塞效应等，都易发生井喷，为此必须注意：

(1) 严格按设计要求选配压井液，备足用量。安全系数应为1.2～1.3。

(2) 按标准装好井控装置，并试压合格。

(3) 有漏失层的井要连续灌注压井液，保持井筒液柱压力与地层平衡。

(4) 对封隔器胶皮卡的井和大直径落物打捞的井，捞获后的上提速度应慢，切勿使用高速挡。同时要加强保护套管措施。

三、井下作业过程中发生井喷的安全处理

当作业过程中发生井喷时，为减少地下资源的损失和环境污染，保护国家财产和人民群众的生命安全，迅速控制住井喷是一切工作的当务之急。现场各级指挥人员和施工抢救人员要沉着冷静，采取各种手段和有效措施。首先是利用现场所具备的井控和防喷设施关

闭井口，及时加强安全防范措施，确保抢救工作的顺利进行。

（一）对各种异常情况的处理办法

施工中当出现各种井喷异常情况时（如地层严重漏失，井口外溢量增大，气体增强或油管自动上顶等），当班人员的主要处理方法是：

（1）坚守工作岗位，服从现场指挥，沉着果断地采取各种有效措施，防止井喷的继续发展和扩大。

（2）迅速查明井喷的原因，及时准确地向有关部门汇报，并做好记录。

（3）当井下钻具出现自动上顶时，要尽快坐上悬挂器，对角上紧全部顶丝，快速装上井口或防喷装置，做好下步措施的准备工作，泵入适当密度的压井液，提高井筒内液柱压力，待压力平衡稳定后再继续施工。

（4）当发现井筒内压井液被气侵、密度降低时，要及时替入适当密度的压井液，用清水循环脱气。

（二）发生井喷后的安全措施

（1）在发生井喷初始，应停止一切施工，抢装井口或关闭防喷井控装置。抢装过程中应不断向井内注水，并且向井口油气柱喷水。

（2）一旦井喷失控，应立即切断危险区电源、火源、动力熄火。不准用铁器敲击，以防引起火花。同时布置警戒，严禁将一切火种带入危险区。

（3）立即向有关部门报警，消防部门要迅速到井喷现场值班，准备好各种消防器材，严阵以待。

（4）在人烟稠密区或生活区要迅速熄灭火种。必要时一切非抢救人员尽快疏散，撤离危险区域。由公安保卫部门组织好警卫、警戒；交通安全部门组织好一切抢险车辆，保证抢险道路车辆畅通，维护好治安和交通秩序。

（5）当井喷失控，短时间内又无有效的抢救措施时，要迅速关闭附近同层位的注水、注蒸汽井。在注入井有控制地放压，降低地层压力，或采取钻救援井的方法控制事故井，以达到尽快制服井喷的目的。迅速做好储水和供水工作，并将油罐、氧气瓶等易燃易爆物品拖离危险区。

（6）井喷后未着火井可用水力切割严防着火；着火井要带火清障，同时准备好新的井口装置、专用设备及器材。

（7）不得在夜间进行井喷失控处理施工。在处理井喷失控工作时，不要在施工现场同时进行可能干扰施工的其他作业。

（三）井喷后抢险过程中人身安全防护措施

由于抢险工作是在高含油、气危险区进行，随时会发生爆炸、火灾及人员中毒事故。地层大量油、水、砂的喷出会造成地面下塌等多种危险因素，抢险人员的安全防护措施至关重要。

（1）全体抢险人员要穿戴好各种劳保用品，必要时戴上防毒面具、口罩、防震安全帽，系好安全带、安全绳。

（2）消防车及消防设施要严阵以待，随时应付突发事故的发生。

（3）医务抢险人员到现场守候，做好救护工作的一切准备。

（4）全体抢险人员要服从现场的统一指挥，随时准备好。一旦发生爆炸、火灾、坍塌等意外事故时，人员、设备能迅速撤离现场。

（5）在高含油、气区区域抢救时间不宜太长，组织救护队随时观察因中毒等受伤人员，及时转移到安全区域进行救护。

第三节　防　喷　器

防喷器是井下作业井控必须配备的防喷装置，对预防和处理井喷有非常重要的作用。此节重点介绍防喷器的分类、技术参数、结构、工作原理及维护保养等。

一、防喷器的分类与命名

1. 分类

防喷器分环形防喷器、闸板防喷器、旋转防喷器和电缆井口防喷器。环形防喷器可分为单环形防喷器和双环形防喷器，其中分别装有一个环形胶芯和两个环形胶芯，而按胶芯类型环形防喷器又可分为锥型胶芯、球型胶芯和筒型胶芯防喷器。闸板防喷器按闸板数量分为单闸板防喷器、双闸板防喷器、三闸板防喷器，其中分别装有一副、两副、三副闸板，以密封不同管柱和空井；按控制方式分为液压闸板防喷器和手动防喷器。

2. 代号

防喷器代号由防喷器名称主要汉字汉语拼音的第一个字母组成，见表7-1。

表7-1　防喷器代号

类型	名称	代号
环形防喷器	单环形防喷器	FH①或FHZ②
	双环形防喷器	2FH或2FHZ
闸板防喷器	单闸板防喷器	FZ
	双闸板防喷器	2FZ
	三闸板防喷器	3FZ

① FH表示胶芯为半球状的环形防喷器；

② FHZ表示胶芯为锥台状的环形防喷器。

3. 基本参数

防喷器的公称通径和最大工作压力应符合表7-2的规定。

4. 命名

型号表示方法：

$$\underset{\text{产品代号}}{\times\times\times} \quad \underset{\text{通径代号}}{\times\times\times} - \underset{\text{最大工作压力}}{\times\times}$$

示例：通径为346.1mm，最大工作压力为70MPa，其型号表示为：2FZ35-70。

表7-2 防喷器的公称通径和最大工作压力

通径代号	公称通径 mm（in）	通径规直径 mm	最大工作压力 MPa					
18	179.4（7¹/₁₆）	178.6	14	21	35	70	105	140
23	228.6（9）	227.8	14	21	35	70	105	—
28	279.4（11）	278.6	14	21	35	70	105	140
35	346.1（13⁵/₈）	345.3	14	21	35	70	105	—
43	425.5（16³/₄）	424.7	14	21	35	70	—	—
48	476.3（18³/₄）	475.5	—	—	35	70	105	—
53	527.1（20³/₄）	526.3	—	21	—	—	—	—
54	539.4（21¹/₄）	539.0	14	—	35	70	—	—
68	679.5（26³/₄）	678.7	14	21	—	—	—	—
76	762.0（30）	761.2	14	21	—	—	—	—

二、环型防喷器

环形防喷器又称为多效能防喷器。封井时，环形胶芯被均匀挤向井眼中心，具有承压高、密封可靠、操作方便、开关迅速等优点。特别适用于密封各种形式和不同尺寸的管柱，也可全封闭井口。

（一）锥型胶芯环形防喷器

1．结构

锥型胶芯环形防喷器主要由壳体、承托胶芯的支持筒、活塞、胶芯、顶盖、防尘圈、螺栓、盖板、吊环、挡圈、上接头、下接头组成。锥型胶芯环形防喷器结构如图7-1所示。

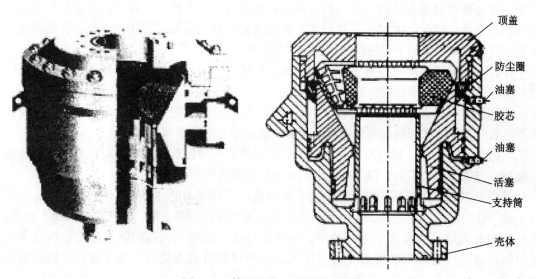

图7-1 锥型胶芯环形防喷器结构

2．工作原理

在使用时是靠液压操作的，液压系统的压力油通过壳体上的下接头进入液缸，推动活塞向上移动，由于活塞锥面的推动而挤压胶芯，胶芯顶面有顶盖限制，使胶芯径向收缩紧抱钻具，或当井内无管柱时完全将空间封死。当需要打开时，操纵液压系统，使压力油从上面的接头进入上液缸，同时下液缸回油，活塞下行，胶芯在弹性作用下逐渐恢复原形，井口打开。此防喷器一般完成关井动作的时间不大于 30s，打开时间稍长。

（二）球型胶芯环形防喷器

1．结构

球型胶芯环形防喷器主要由顶盖、胶芯、活塞、壳体、接合环及密封圈组成。球型胶芯环形防喷器结构如图 7-2 所示。

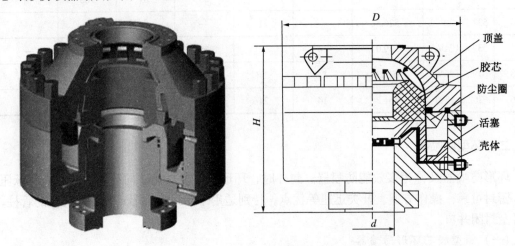

图 7-2　球型胶芯环形防喷器结构

2．工作原理

球型胶芯环形防喷器关井动作时，下油腔（关井油腔）里的压力液推动活塞迅速向上移动，胶芯被迫沿顶盖球面内腔，自下而上；自外缘向中心挤压、收拢、变形，从而实现封井。开井动作时，上油腔（开井油腔）里的压力油推动活塞向下移动，胶芯所受挤压力消失，在橡胶弹力作用下迅速恢复原状，井口打开。

井口高压流体作用在活塞上部的环槽里，形成上举力，有助于活塞推举胶芯封井。因此井压对球型胶芯环形防喷器亦有助封作用。

球型胶芯直径大；高度相对较低；支承筋 12～20 块；橡胶储备量多；使用寿命较锥型胶芯长。支承筋底部制成圆弧曲面，保证胶芯底部与活塞顶部良好接触。

与锥型胶芯一样，球型胶芯在井场也可以更换，当井内有管柱时也可以采取切割法拆旧换新。与锥型胶芯不同，球型胶芯的寿命不能在现场进行检测。

球型胶芯环形防喷器的整体结构为高度略低，直径稍大的"矮胖"形。活塞的上下密封支承部位间距小，导向扶正作用差，尤其是关井动作接近终了时，活塞的支承间距更小，因此活塞易偏磨。如果液压油不洁净，固体颗粒进入活塞与壳体间隙极易引起活塞卡死或拉缸。球型胶芯环形防喷器对液控压力油的净化质量要求较高，液压油应按期滤清与更换。

（三）筒型胶芯环形防喷器

筒型胶芯环形防喷器主要由上壳体、胶芯、密封圈、护圈、下壳体等组成。壳体与胶筒之间为高压油，用胶筒封油管柱等，只有一个油口，采用三位四通换向阀进出油。筒型胶芯环形防喷器的结构如图7-3所示。

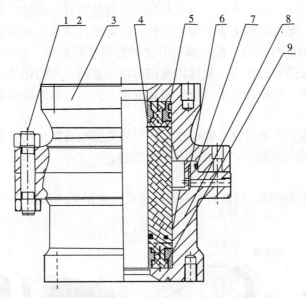

图7-3 筒型胶芯环形防喷器结构

1—M30×3螺母；2—M30×3×190双头螺栓；3—上壳体；4—胶芯；5—孔用密封圈；
6—护圈；7—O形密封圈；8—下壳体；9—胶芯骨架

筒型胶芯环形防喷器结构简单、体积小、重量轻、油压要求高。适用于刮蜡、冲砂、封小油管、封电缆等低压带压作业。

日常维护与保养：主要易损件为胶筒及胶筒密封圈，每次作业完一井口后，应及时检查胶筒磨损情况，当胶筒已磨损厚度量的2/3以上时，应及时更换。

三、闸板防喷器

闸板防喷器是井控装置的关键部分，主要用途是在修井、试油、维护作业等过程中控制井口压力，有效地防止井喷事故发生，实现安全施工。具体可完成以下作业：

当井内有管柱时，配上相应规格闸板能封闭套管与油管柱间的环形空间；当井内无管柱时，配上全封闸板可全封闭井筒；在封井情况下，通过与四通旁侧出口相连的压井、节流管汇进行井筒内液体循环、节流放喷、压井、洗井等；与节流、压井管汇配合使用，可控制井底压力，实现近平衡修井。

（一）液压闸板防喷器

液压闸板防喷器不论是单闸板防喷器、双闸板防喷器还是三闸板防喷器，均为解决相同的技术问题，因此，在结构上具有共同的特点，工作原理具有一致性。为保证液压闸板防喷器各项功能的实现，在技术上必须合理解决关、开井液压传动控制问题；与闸板相关的四处密封问题；井压助封问题；自动清砂与管柱自动对中问题；关井后闸板的手动或液动锁紧问题；与井口、环形防喷器或溢流管的安装连接问题等。

1. 液压闸板防喷器的基本结构组成

液压闸板防喷器在结构上都由壳体、闸板总成、油缸与活塞总成、侧门总成、锁紧装置等组成。

(1) 壳体。

壳体由合金钢铸成，有上下垂直通孔与侧孔。壳体内有闸板腔。壳体闸板腔采用长圆形，减少应力集中。闸板腔的上表面为密封面，因此要注意保护此面不要损坏。壳体闸板腔底部有朝井眼倾斜的沉砂槽，能在闸板开关时自动清除泥砂，减小闸板运动摩擦阻力，还有利于井压对闸板的助封作用。壳体内埋藏有液压油路，即简化了闸板式防喷器的外部结构，又避免在安装、运输及使用过程中碰坏油道。大压力等级防喷器在壳体上装有铰链座，用于固定侧门。

闸板防喷器壳体上方是用双头螺栓连接环形防喷器或直接连接防溢管的法兰盘（或栽丝孔），壳体下方是用双头螺栓与四通连接的法兰盘。

(2) 闸板总成。

闸板总成主要由顶密封、前密封和闸板体组成，见图 7-4 和图 7-5 所示。

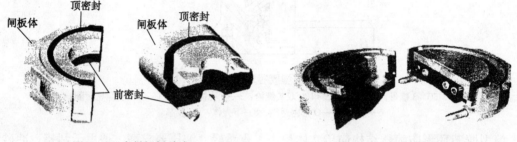

图 7-4 半封闸板总成   图 7-5 剪切闸板体

闸板采用长圆形整体式，其密封胶芯采用前密封和顶密封组装结构，前密封和顶密封可根据损坏情况不同单独更换，拆装简单省力。闸板前密封和顶密封胶芯的结构见图 7-6 所示。

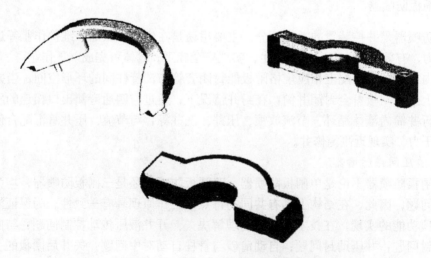

图 7-6 闸板前密封和顶密封胶芯

　　闸板胶芯磨损后可以更换。当井下管柱尺寸改变时半封闸板亦应更换。更换半封闸板尺寸时，双面闸板可以只换压块与胶芯，闸板体继续留用；单面闸板则需更换全套闸板总成。双面闸板的胶芯其上下面是对称的，在使用中当上平面磨损后，其下平面也必将擦伤，因此双面闸板的胶芯并不能上下翻面，重复安装使用。

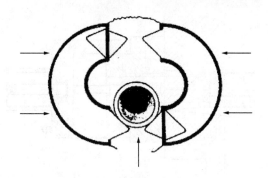

图7-7　闸板自动对中示意图

　　闸板采用浮动式密封。闸板总成与壳体放置闸板的体腔有一定的间隙，允许闸板在壳体腔内有上下浮动。闸板上部胶芯不接触室顶部密封面。在闸板关闭时，闸板室底部高的支承筋和顶部密封面均有一渐缓的斜坡，能保证在达到密封位置之前，闸板与壳体之间有充分间隙。实现密封时闸板前端橡胶首先接触井内管柱，在活塞推力下，封紧管柱。当闸板开启时，顶部密封橡胶脱离壳体凸台面，缩回闸板平面内，闸板沿支承筋斜面退至全开位置。闸板这种浮动特点，既保证了密封可靠，减小了闸板开关阻力和胶芯磨损，延长了闸板使用寿命，还防止了壳体与闸板锈死在一起，易于拆卸。

　　在井筒内有管柱的情况下，使用闸板防喷器关井时，由于管柱通常并不处于井眼正中心，常偏于一方，因此管柱有可能被闸板卡住而无法实现封井。为解决井内管子的对中问题，在闸板压块的前方制有突出的导向块与相应的凹槽。当闸板向井眼中心运动时，导向块可迫使偏心管子移向井眼中心，顺利实现封井。关井后，导向块进入另一压块的凹槽内，如图7-7所示。

　　（3）油缸与活塞总成。

　　由油缸、活塞、活塞杆、缸盖等组成。

　　（4）侧门总成。

　　闸板防喷器有可拆卸或可转动的侧门，平时侧门靠螺栓紧固在壳体上。侧门上装有活塞杆密封圈和侧门与壳体间密封圈。当拆换闸板、拆换活塞杆密封、检查闸板以及清洗闸板室时，需要打开侧门进行操作。

　　（5）锁紧装置。

　　锁紧装置的作用有两个：其一，当液控失灵时，可用手动关闭闸板；其二，防喷器液压关井后，采用机械方法将闸板固定住，然后将液控压力油的高压卸掉，以免长期关井憋漏液压油管并防止误操作事故。

　　闸板锁紧装置分为闸板手动锁紧装置和液压锁紧装置（也叫自动锁紧装置）两种。

　　①手动锁紧装置。

　　当液控系统发生故障，可以手动操作实现闸板关井动作。闸板手动锁紧装置见图7-8所示。

　　闸板手动锁紧装置由锁紧轴、活塞轴、手控总成组成。

　　手动锁紧装置是靠人力旋转手轮，带动锁紧轴旋转，锁紧闸板。其作用是需要长时间封井时，在液压关闭闸板后将闸板锁定在关闭位置，此时液压可泄掉。液压关闭闸板后进行手动锁紧时，向右旋转手轮，通过操纵杆带动锁紧轴旋转，由于闸板轴不能转动，也不

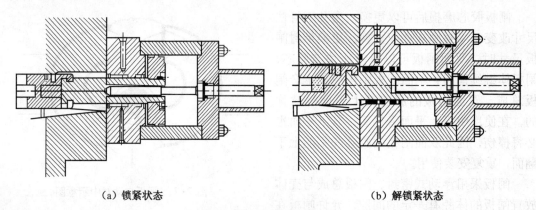

（a）锁紧状态　　　　　　　　　　　（b）解锁紧状态

图 7-8　闸板手动锁紧装置

能前进，所以锁紧轴后退直到锁紧轴台阶顶在缸盖上，锁紧闸板。

手动锁紧装置只能关闭闸板而不能打开闸板，若要打开已被手动锁紧的闸板，必须先使手动锁紧装置复位解锁，再用液压打开闸板，这是唯一方法。具体操作方法是：首先向左旋转手轮直至终点，再向回转 1/8 ～ 1/4 圈，以防温度变化时锁紧轴在解锁位置被卡住，然后用液压打开闸板。

②自动锁紧装置。

闸板防喷器的自动锁紧装置仍然是一种机械锁紧机构，只不过闸板锁紧与解锁动作都是利用液压完成，因此这种机构常称为液压锁紧装置。

液压锁紧装置的操作特点是：当闸板防喷器利用液压实现关井后，随即在液控油压的作用下自动完成闸板锁紧动作；反之当闸板防喷器利用液压开井时，在液控油压作用下首先自动完成闸板解锁动作，然后再实现液压开井。

液压锁紧装置不能手动关井，在液控失效情况下闸板防喷器是不能进行关井动作的。

带有液压锁紧装置的闸板防喷器常用于海洋作业中。在海洋作业中，防喷器常安置在海底，闸板锁紧与解锁无法使用人工操作，只能采取液压遥控的办法。

2. 液压闸板防喷器的密封

闸板防喷器密封的实质就是利用橡胶制品受力后变形大，能均匀贴在被密封的表面，阻止漏失，外力去掉后可复原的特点，根据密封位置、密封主体的形状，制成不同形状的橡胶密封件，安装其上，实现密封。

为了使闸板防喷器实现可靠的封井效果，必须保证其四处有良好的密封。这四处密封是：

（1）闸板前密封与油管（或小钻杆）的密封。

闸板前部装有前部橡胶胶芯，依靠活塞推力，前部橡胶抱紧管子实现密封。当前部橡胶严重磨损或撕裂时，高压井液会于此处刺漏而使封井失效。全封闸板则为闸板前部橡胶的相互密封。

（2）闸板顶部与壳体的密封。

闸板上平面装有顶部橡胶胶芯，在井口高压井液作用下，顶部橡胶紧压壳体凸缘，压井液不致从顶部通孔溢出。闸板密封的完成，一是在液压油作用下闸板轴推动闸板前密封胶芯挤压变形密封前部，顶密封胶芯与壳体间过盈压缩密封顶部，从而形成初始密封；二是在井内有压力时，井筒内的液体从闸板后部推动闸板前密封进一步挤压变形，同时还从下部推动闸板上浮贴紧壳体上密封面，从而形成可靠的密封，此密封作用称为井压助封（包括井筒液体对闸板前部的助封和对闸板顶部的助封两部分），井压助封原理见图 7-9 所示。

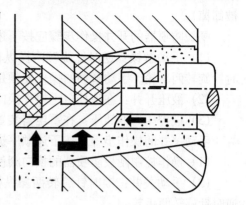

显然，井液压力愈高闸板顶部与壳体的密封效果愈好。当井液压力很低时，闸板顶部的密封效果并不十分可靠，可能有井液溢漏。为此，在现场对闸板防喷器进行试压检查时，常需进行低压试验，检查闸板顶部与壳体凸缘的接触情况，在井压力为 2MPa 条件下，闸板顶部应基本不漏。

图 7-9　井压助封原理示意图

压井液压力也作用在闸板后部，向井眼中心推挤闸板，使前部橡胶紧抱井内管子，当闸板关井后，井口井压愈高，井压对闸板前部的助封作用愈强，闸板前部橡胶对管子封得愈紧。由于井压对闸板前部的助封作用，关井油腔里液压油的油压值并不需要太高。

（3）侧门与壳体的密封。

侧门与壳体的接合面上装有密封圈。侧门紧固螺栓将密封圈压紧，使压井液不致从此处泄漏。该密封圈并不磨损，但在长期使用中将老化变质，故应按规定使用期限，定期更换。

（4）侧门腔与活塞杆间的密封。

侧门腔与活塞杆之间的环形空间装有密封圈，防止井筒内高压油气水或压井液与液压油窜漏。一旦井筒内高压油气水或压井液冲破橡胶密封圈，它们将进入油缸与液控管路，使液压油遭到污染并损伤液控阀件。闸板防喷器工作时，活塞杆做往复运动，密封圈不可避免地会受到磨损，久之易导致密封失效，所以要经常更换受损的密封件，而对于 35MPa 以上的防喷器一般在此处设有二次密封装置。

3．闸板开关动作原理

当液控系统高压油进入左右液缸闸板关闭腔时，推动活塞带动闸板轴及左右闸板总成沿壳体闸板腔分别向井口中心移动，实现封井。当高压油进入左右液缸闸板开启腔时，推动活塞带动闸板轴及左右闸板总成向离开井口中心方向运动，打开井口。闸板开关由液控系统换向阀控制。一般在 3～5s 内即可完成开、关动作。

4．闸板防喷器的关、开井操作步骤

用闸板防喷器封井时，其关井操作步骤应按下述顺序进行：

（1）液压关井。

在液控台上操作换向阀进行关井动作。

（2）手动锁紧。

顺时针旋转两操纵杆手轮，使锁紧轴伸出到位将闸板锁住，手轮被迫停转后再逆时针旋转两手轮各 1/8～1/4 圈。手动锁紧操作的要领是：顺旋，到位，回旋。

（3）液控压力油卸压。

在蓄能器装置上操作换向阀使之处于中位（这时液控油源被切断，管路压力油的高压被卸掉)。

闸板防喷器的开井操作步骤应按下述顺序进行:

(1) 手动解锁: 逆时针旋转两操纵杆手轮, 使锁紧轴缩回到位, 手轮被迫停转后再顺时针旋转两手轮。手动解锁的操作要领是: 逆旋, 到位, 回旋。

(2) 液压开井: 在液控台上操作换向阀进行开井动作。

(3) 液控压力油卸压: 在蓄电器装置上操作换向阀使之处于中位。

手动关井的操作步骤应按下述顺序进行:

(1) 操作控制闸板防喷器的换向阀使之处于关位。

(2) 手动关井: 顺时针旋转两操纵杆手轮, 将闸板推向井眼中心, 手轮被迫停转后再逆时针旋转两手轮。

(3) 操作控制闸板防喷器的换向阀使之处于中位。

手动关井的操作要领是: 顺旋, 到位, 回旋。

手动关井操作的实质即手动锁紧操作。然而应特别注意的是: 在手动关井前应首先使液控台上控制闸板防喷器的换向阀处于关位。这样做的目的是使开井油腔里的液压油直通油箱。只有在换向阀处于关位工况下才能实现手动关井。手动关井后应将换向阀手柄扳至中位, 抢修液控装置。

液控失效实施手动关井, 当需要打开防喷器时, 必须利用液控装置, 液压开井, 否则闸板防喷器是无法打开的。手动机械锁紧装置的结构只能允许手动关井, 却不能实现手动开井。

5. 闸板防喷器的使用方法及维护

(1) 动作前的准备工作。

闸板防喷器安装于井口之后, 在未动之前, 注意检查以下各项工作, 认为无问题时方可动作。

①检查油路连接管线是否与防喷器所标示的开关一致。

可由控制台以 2 ~ 3MPa 的控制压力动作一次, 如闸板开关动作与控制台手柄指示位置不一致时, 应倒换一下连接管线, 直到一致时为止。

②检查手动机构是否处于解锁位置, 各放喷管线是否已装好。

③检查各部位连接螺栓是否拧紧。

④进行全面的试压, 检查安装质量, 试压标准应达到防喷器工作压力。试压后对各处连接螺钉再一次紧固, 克服松紧不均现象。

⑤检查手动杆操纵闸板关闭是否灵活好用, 并记下关井时手轮旋转圈数。试完后手轮应左旋退回, 用液压打开闸板。

⑥检查所装闸板芯子尺寸是否与井下钻具尺寸相一致。

(2) 使用方法及注意事项。

①防喷器的使用要指定专人负责, 落实岗位专职, 操作者要做到三懂四会 (懂工作原理、懂设备性能、懂工艺流程; 会操作、会维护、会保养、会排除故障)。

②当井内无管柱, 试验关闭闸板时, 最大液控压力不得超过 3MPa, 当井内有管柱时, 不得关闭全封闸板。

③闸板开或关都应到位, 不得停在中间位置。

④闸板在井场应至少有一套备用，一旦所装闸板损坏可及时更换。

⑤用手轮关闭闸板时应注意：右旋手轮是关闭，手动机构只能关闭闸板不能打开闸板，用液压打开闸板是打开闸板的唯一方法。若想打开已被手动机构锁紧的防喷器闸板，则必须遵循以下规程。

a．向左旋转手轮直至终点，然后再转回 1/8 ～ 1/4 圈，以防温度变化时锁紧轴在解锁位置被卡住。

b．用液压打开闸板。

用手动机构关闭闸板时，控制台上的控制手柄必须放在关的位置，并将锁紧情况在控制台上挂牌说明。

⑥每天应开关闸板一次，检查开关是否灵活。

⑦不允许用开关防喷器的方法来卸压，以免损坏胶芯。

⑧注意保持液压油的清洁。

⑨防喷器使用完毕后，闸板应处于打开位置。

(3) 拆卸安装方法。

①井口安装注意不要将防喷器上下面装反。

②钢圈及槽清洁无损伤、无脏物、锈蚀等，钢圈槽内涂轻质油。

③上紧连接螺栓要用力均匀，对角依次上紧。

④安装好后进行水压试验。

试压标准应达到工作压力值，稳压 5min，防喷器的放置方位，一般是防喷器两翼于井架正面平行。

(4) 维护与保养。

防喷器在使用中，应每班动作一次闸板，检查液控部分，有条件每周试压一次，每完一口井，进行全面的清洗、检查，有损坏零件及时更换，涂油部分应涂满。

6．常见故障及其排除方法

液压闸板防喷器的常见故障及排除方法见表 7-3。

表 7-3 常见故障及排除方法

故障现象	产生原因	排除方法
井内介质从壳体与侧盖连接处流出	防喷器壳体与侧盖之间密封圈损坏	更换损坏的密封圈
	防喷器壳体与侧盖连接螺钉未上紧	上紧所有螺钉
	防喷器壳体与侧盖密封面有脏物或损坏	清除表面脏物，修复损坏部位
闸板移动方向与控制阀铭牌标志不符	控制台与防喷器连接油管线接错	倒换连接防喷器本身的油管线位置
液控系统正常，但闸板关不到位	闸板接触端有其他物质的淤积	清洗闸板及侧门
井内介质窜到油缸内，使油中含水、气	活塞杆密封圈损坏	更换损坏的活塞杆密封圈
	活塞杆变形或表面损坏	修复损伤的活塞杆
防喷器本身液动部分稳不住压	油缸、活塞、活塞杆密封圈损坏	更换各处密封圈
	密封表面损伤	修复密封表面或更换新件

续表

故 障 现 象	产 生 原 因	排 除 方 法
闸板关闭后不密封	闸板密封胶芯损坏	更换闸板密封胶芯
	壳体闸板体腔上部密封面损伤	修复密封面
控制油路正常，用液压打不开闸板	手动锁紧机构未复位闸板被泥砂卡住	清除泥砂，加大控制压力，左旋手轮直到终点使闸板解锁

7．液压闸板防喷器的基本形式

（1）液压单闸板防喷器。

液压单闸板防喷器具体结构如图7-10所示。

图7-10　液压单闸板防喷器

（2）液压双闸板防喷器。

液压双闸板防喷器具体结构如图7-11所示。

图7-11　液压双闸板防喷器

（3）液压三闸板防喷器。

液压三闸板防喷器具体结构如图7-12所示。

8．井下作业用液压闸板防喷器的基本型号

井下作业用液压闸板防喷器的基本型号、性能及加工形式见表8-4。

（二）手动闸板防喷器

手动闸板防喷器是常规井下作业专用防喷器，它的压力等级一般为14 MPa、21MPa，也有一些35MPa手动闸板防喷器。按闸板数量，手动闸板防喷器可分为手动单闸板防喷和手动双闸板防喷器两种。

图 7-12 液压三闸板防喷器

表 7-4 井下作业用液压闸板防喷器的基本型号、性能及加工形式

型 号	通径, mm	工作压力, MPa	单闸板	双闸板	三闸板	铸造	锻造
FZ18-21	179.4/186	21	▲	▲	▲	▲	▲
FZ18-35	179.4/186	35	▲	▲	▲	▲	▲
FZ18-70	179.4/186	70	▲	▲	▲	▲	▲
FZ18-105	179.4/186	105	▲	▲	▲		▲
FZ23-21	228.6	21	▲	▲	▲	▲	
FZ23-35	228.6	35	▲	▲	▲	▲	
FZ23-70	228.6	70	▲	▲	▲	▲	
FZ28-21	279.4	21	▲	▲	▲	▲	
FZ28-35	279.4	35	▲	▲	▲	▲	
FZ28-70	279.4	70	▲	▲	▲	▲	
FZ28-105	279.4	105	▲	▲	▲		▲

手动闸板防喷器常见型号、性能及加工形式见表 7-5。

表 7-5 手动闸板防喷器常见型号、性能及加工形式

型 号	通径, mm	工作压力, MPa	单闸板	双闸板	三闸板	铸造	锻造
FZ12-07	120	7	▲				▲
FZ18-14	179.4/186	14	▲				▲
FZ18-21	179.4/186	21	▲	▲		▲	▲
FZ18-35	179.4/186	35	▲				▲

1．单闸板手动防喷器

（1）结构组成及分类。

单闸板手动防喷器的基本形式是由壳体、闸板总成、侧门、手控总成及密封装置等组成。

手动单闸板防喷器的承压零件如壳体、侧门、闸板等均为合金钢锻件。闸板室采用椭圆形结构，改善了壳体受力分布，提高了壳体安全性能。侧门采用平板式，方便更换闸板，侧门和闸板轴之间采用 Yx 形圈和 O 形圈相结合的密封形式，密封可靠，更换方便。闸板密封采用分体式，由顶密封和前密封组成，装拆更换方便。

单闸板手动防喷器按闸板形式可分为全封单闸板手动防喷器和半封单闸板手动防喷器两种；按连接形式分为双法兰式单闸板手动防喷器和单法兰式单闸板手动防喷器（如图 7−13a 所示）；按性能分为功能多功能单闸板手动防喷器（如图 7−13b 所示）和常规单闸板手动防喷器。

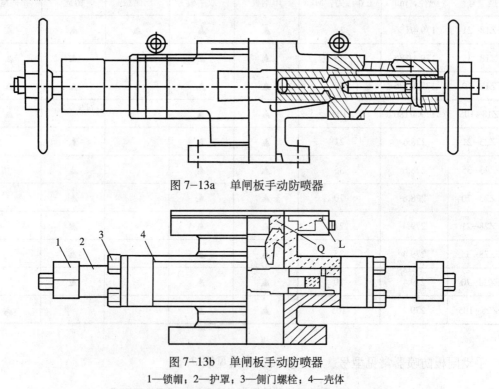

图 7−13a　单闸板手动防喷器

图 7−13b　单闸板手动防喷器

1—锁帽；2—护罩；3—侧门螺栓；4—壳体

（2）工作原理。

手动单闸板防喷器的工作原理是通过手控总成中的丝杠带动闸板环抱住管柱以达到密封。手动控制装置既是闸板开关的传动机构，也是达到封闭管柱外径的自锁机构。闸板总成采用单向密封式闸板。

多功能手动闸板防喷器是由自封封井器和手动单闸板防喷器组合而成（如图 7−13b），在上法兰安装了自封头（自封胶芯），并由四个顶丝固定。当进行起下作业时，自封头在胶芯恢复力和井筒压力的作用下，紧抱于油管，密封油套管环行空间，防止了溢流和井涌的发生，同时也将油管外壁的油污刮落在井筒内。如果井内压力大，自封头不能正常密封或发现井喷征兆时，快速关闭手动闸板，使半封闸板抱住井内管柱，实现油套管环行空间的密封，然后再进行其他作业。空井时，为防止井涌的发生，在防喷器内投入全封棒，并关闭半封闸板，使半封闸板抱住全封棒，封闭整个井筒。如果井内压力过大，直接投全封棒困难时，可将全封棒接于油管下端，用大钩将其送入防喷器。

（3）基本技术参数。

手动闸板防喷器的基本技术参数包括以下内容，具体参数值参阅其说明书。

①公称直径。

②最大工作压力。

③闸板最大行程。

④手轮最大扭矩。

⑤闸板规格。

⑥适用管柱。

⑦适用介质。

如 FZ18-21 型手动闸板防喷器的基本参数：

①公称直径：180mm。

②最大工作压力：21MPa。

③闸板最大行程：105mm。

④手轮最大扭矩：小于 412N·m。

⑤闸板规格：60.3mm、73mm 全封。

⑥适用管柱：60.3mm、73mm 钻杆，50.3mm、62mm 油管。

⑦适用介质：钻井液、清水、原油、天然气。

（4）单闸板的安装调试。

①手动单闸板防喷器上井安装前要进行密封试压至最大工作压力，合格后方能使用。与井口连接时，各连接件和连接部位应保持干净并涂上润滑脂，螺栓应对角上紧。

②闸板尺寸一定要与所用的钻具尺寸一致。如要使用全封式或半封式两套单闸板防喷器，应挂牌标明，不能错关全封式或半封式防喷器。

③保证修井机游动系统、转盘和井口三点呈一垂线，并将防喷器固定好，与井口保持同心。防喷器在单独使用时上部应加装保护法兰保证不碰刮防喷器。

④防喷器和进口连接后，进行压力试验检查各连接部位的密封性。

⑤操作手动控制装置，进行关闭和打开闸板的作业，检查灵活程度，开关无卡阻，轻便灵活方可使用。

⑥如用手控总成进行远距离控制，手控总成在适当位置装支架支撑。

（5）使用注意事项。

①溢流或井喷时可用手动单闸板来封闭与闸板尺寸相同的管柱（井内有管柱时不得关闭全封闸板）。

②起下管柱之前要检查闸板总成是否呈全开状态，起下管柱过程中要保持平稳，保证不碰刮防喷器。

③严禁用打开闸板的方式来泄井口压力。每次打开闸板后，要检查闸板是否全开，不得停留在中间位置，以防管柱或井下工具碰坏闸板。如果开关中有遇阻现象，应将小边盖

打开，清洗内部泥砂后再使用。

④更换闸板总成或闸板密封胶芯时，一定要在防喷器腔内无压力的情况下进行，闸板总成应开到位后再打开侧门。

⑤防喷器使用时，应定期检查开关是否灵活，若遇卡阻，应查明原因，予以处理，不要强开强关，以免损坏机件。

⑥防喷器使用过程中要保持其清洁，特别是丝杠外露部分，应随时清洗，以免泥砂卡死丝杠，造成操作不灵活。

⑦每口井用完后，应对防喷器进行一次清洗检查，运动件和密封件作重点检查，对已损坏和失效零件应更换，对防喷器外部、壳体腔、闸板室、闸板总成、丝杠应作重点清洗。清洗擦干后，在螺栓孔、钢圈槽、闸板室顶部密封凸台、底部支承筋、侧门绞链处均涂上润滑脂。

⑧拆开的小零件及专用工具应点齐清洗装箱。

⑨保养后，应按工作位置摆平，下用木枕垫起，避免日晒雨淋。环境温度 -30 ～ 40℃。

⑩每次起下管柱前，要检查闸板是否打开，严禁在闸板未全开的情况下强行起下。

⑪在进行试压、挤注等施工前一定要将闸板关闭并检验，严禁在闸板未全部关闭的情况下进行挤注等施工，以防刺坏闸板胶芯，造成人身事故。

（6）拆装程序。

手动单闸板防喷器的拆装程序，见表 7-6。

表 7-6　手动单闸板防喷器的拆装程序

序号	步骤	检查注意事项
1	打开侧门	检查 O 形圈，注意：打开侧门时，闸板芯要开到位
2	取下闸板芯	检查闸板总成、防喷器内腔及各连接件，注意：在取闸板时，应将闸板芯向关的方向关一段距离，再左右移动，方可取下闸板芯
3	打开小边盖	注意：固定螺钉不要丢失
4	取出丝杠	注意：首先应卸去止退锁钉，然后顺时针旋转丝杠即可取出丝杠，取出后要检查丝杠
5	卸去大边盖	取下保护套，卸去定位卡环并检查
6	取下密封圈	先取下卡簧，再取密封圈、压圈、轴承、丝杠轴及密封室。注意：在取丝杠闸板轴时，应用软质材料来打，以免损坏零部件

2. 双闸板手动防喷器

双闸板手动防喷器是单闸板手动防喷器的组合，在壳体内分上下两层闸板腔，根据需要可进行不同的闸板组合，满足施工需要，同时降低防喷器组合的高度，利于井下作业施工。在闸板组合形式上分两种形式：一是半、全封闸板组合，即一组半封闸板在上，一组全封闸板在下，适用于常规井下作业。二是半、半封闸板组合，即上下两组均为半封闸板，但半封闸板的规格不同，适用于一次施工中使用两种不同规格井下管柱的作业施工。双闸板手动防喷器结构如图 7-14 所示。

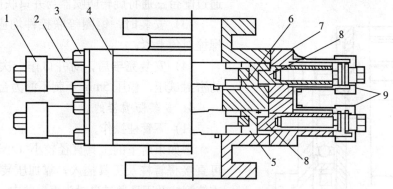

图 7-14　手动双闸板防喷器

1—锁帽；2—护罩；3—侧门螺栓；4—壳体；5—半封板总成；6—全封闸板总成；
7—侧门；8—闸板轴；9—丝杠

在使用及日常维护方面，双闸板手动防喷器和单闸板手动防喷器的要求基本一致。

四、旋转防喷器

旋转防喷器安装在井口防喷器组的上端，即拆掉防溢管换装以旋转防喷器。旋转防喷器可以封闭套管柱与油管管柱、小钻杆等形成的环行空间，并在限定的井口压力条件下允许作业管柱旋转，实施带压作业。

下面以 FS12-5 型旋转防喷器为例，说明旋转防喷器的技术规范、结构组成、工作原理和使用方法等。

1．FS12-5 型旋转防喷技术规范

（1）额定压力：5MPa。

（2）额定转速：80r/min。

（3）最大内通径：120mm。

（4）最大外径：430mm。

（5）高度：950mm。

（6）重量：360kg。

（7）适用管柱：60.3mm、73mm 小钻杆；50.3mm 、62mm 油管；64mm 、76mm 方钻杆。

（8）适用介质：修井液、原油、清水等。

2．FS12-5 型旋转防喷器结构及工作原理

FS12-5 型旋转防喷器主要由外壳与旋转总成两部分组成。旋转总成由自封头（密封胶芯）、人字密封、承压轴承等组成。如图 7-15 所示。

旋转防喷器是依靠密封胶芯自身的收缩、扩张特性，密封作业管柱与套管环行空间，并借助于井压提高密封效果。同时利用承压轴承承担井内管柱负荷并保证旋转灵活。

3．FS12-5 型旋转防喷器的安装

（1）旋转防喷器一般安装在井控系统的最上部，如需要安装防顶装置则将手动安全卡瓦安装在旋转防喷器的上部。

（2）安装前底法兰及钢圈槽、螺栓等均应清洗干净，如果要单独使用旋转防喷器，应

通过配合三通将旋转防喷器与井口联接起来。

（3）安装时，钢圈等联接件均应涂润滑脂，螺栓对角上紧。

（4）安装完毕后，对井口作一次试压 5 MPa 的密封试压，稳压 5min 不刺不漏为合格。

4．旋转防喷器的操作

（1）下管柱操作。

①如果所下的工具直径较小（小于 110mm），可直接将管柱及工具插入，靠加压装置或管柱自重使管柱及工具通过自封头下入井内。

②如果工具直径较大（大于 110mm），由于旋转总成自封头的自封作用，使工具不能直接通过，应将旋转防喷器的卡箍卸掉，将旋转防喷器总成从壳体中提出，在管柱下部接上引锥，然后下放，使引锥和管柱通过旋转总成；将旋转总成随同管柱一起提起，卸掉引锥，接上工具；再将管柱和旋转总成同时放入壳体中，装好卡箍，将管柱带上加压装置下放；当管柱靠自重能克服上顶力自由下落时，可不用加压装置自由下行。

（2）旋转作业。

管柱下到预计井深后，即可旋转作业。如果旋转作业超过 24h，则应接上冷却水循环正常后方可继续旋转作业。

（3）起管柱。

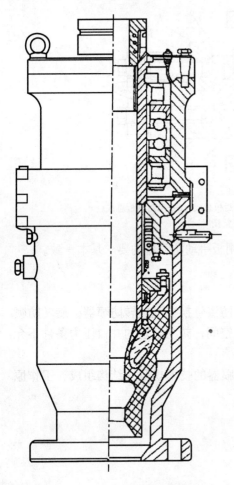

图 7-15　旋转防喷器

起管柱时与正常作业相同，当井内压力作用在管柱上的上顶力略小于管柱重量时，要带上加压装置后才能起管柱。当工具外径小于 110mm 时，可直接从井内将管柱起完。当工具外径较大时，应卸掉卡箍，将井下工具和旋转总成一起提出，然后将井下工具卸掉，如果是带压作业，起管柱时，应将井下工具起到全封闸板之上，先关闭全封闸板防喷器，然后打开旋转防喷器壳体上的卸压塞，当压力确实降为零后，再起出井下工具。

（4）更换胶芯更换胶芯的操作步骤如下：卸掉卡箍，将旋转总成从壳体中起出放在支架上，卸去胶芯固定螺丝，取下胶芯更换所需尺寸胶芯。组装是按相反步骤进行。如果是带压作业中途更换胶芯，就首先关闭半封闸板，必要时带上加压装置，打开卸压塞将压力卸去后再更换胶芯。

5．旋转防喷器的使用注意事项

（1）在使用旋转防喷器前应检查卸压塞是否拧紧。

（2）安装时要保证井架中心、转盘中心、旋转防喷器中心成一条直线，防止起下管柱过程中碰刮。

（3）在安装旋转防喷器时，要将连接螺栓上紧上全，防止工作中出事故。

（4）旋转总成起放时，要扶正，且不能太快，以免损坏胶芯及密封圈。

（5）更换胶芯应注意安全，防止胶芯或旋转总成翻倒碰伤人。

（6）在井口压力超过 5MPa 情况下的施工不可将旋转防喷器当半封单闸板使用，以免将旋转防喷器的密封件刺坏。

（7）在旋转作业时，出现轴承部位或 V 形密封部位温度很高，应停止工作进行检查，及时修理或更换有关零件。

6. 旋转防喷器的维护保养

（1）旋转防喷器的易损件有密封件和胶芯。在每次取出旋转总成时，可检查 O 形密封圈有无损坏，如有损坏应及时更换；对于 V 形密封圈也应同时进行检查。

（2）在累计工作 7d 后，应对轴承加注一次钾基润滑脂。

（3）起下管柱时，应在管柱与旋转防喷器中心管之间加润滑剂，如肥皂水等。

（4）除对易损件进行随时检查更换外，应在每修完一口井后，对该设备进行一次全面检修。

7. 旋转防喷器的拆装步骤

检修旋转防喷器时应按下列步骤拆卸，见表 7-7。

表 7-7　旋转防喷器的拆卸步骤

序号	步骤	检查注意事项
1	拆去卡箍	检查壳体及卡箍，循环水接头，卸压塞
2	提出旋转总成	检查各密封件
3	拆掉旋转胶芯	检查胶芯及连接件
4	拆掉悬挂接头	检查悬挂接头及连接部位
5	拆下 V 形密封压环	检查压环
6	卸掉上压盖	检查上压盖及旋转防喷器上部位置
7	提中心管	
8	拆去轴承上下压盖	
9	卸下轴承	检查中心管，上下压盖及轴承
10	取出 V 形密封	检查 V 形密封及密封压环支承环等零件
11	取出各部位 O 形圈	检查 O 形圈
12	将各零件清洗干净，并将壳体清洗干净	将损坏零件更换，将各零件涂上润滑脂，将零件使用情况进行记录，以备在遇到故障时及时判断处理

五、电缆井口防喷器

电缆井口防喷器，用于带压、负压电缆射孔作业井、生产井的电缆测井、试井等的井口防喷。

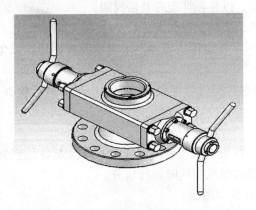

电缆井口防喷器按连接形式有由壬式、丝扣式、法兰式、卡箍式。按控制形式分为手动和液动；按闸板数量有单闸板、双闸板、三闸板、四闸板之分。图7-16是电缆井口防喷器的基本形式。

电缆井口防喷器的工作原理、及使用注意事项，可参考闸板防喷器的工作原理、及使用注意事项。其规格、性能见表7-8。

图 7-16   电缆防喷器的基本形式

表 7-8   电缆井口防喷器的规格型号

型　号	通径，mm	工作压力，MPa	强度试验压力，MPa
DF65-35	65	35	70
DF65-70	65	70	105
DF76-35	76	35	70
DF76-70	76	70	105
DF118-35	118	35	70
DF118-70	118	70	105

第四节   井下作业井控安全措施

井下作业井控工作是防止井喷或井喷失控的主要措施和手段。新井、新层试油、试气，老井调、补层及已注水开发老油田的井下作业，经常会遇到高压油气水层，极易发生井喷及井喷失控，甚至着火爆炸事故。作业的对象也越来越复杂，有高压油气井、含有毒有害气体油气井、高危地带油气井、环境敏感地带油气井等，安全及环保等问题时刻伴随着试油及井下作业工作。

一、关井程序

及时发现溢流是井控技术的关键环节，在作业过程中要有专人观察井口，以便及时发现溢流。发现溢流后要及时发出警报信号（信号统一为：报警一长鸣笛信号，关井两短鸣笛信号，解除三短鸣笛信号），按正确的关井方法及时关井，其关井最高压力不得超过井控装备额定工作压力。有怀疑或确认井内已发生井侵，在地面发现溢流显示后，不论溢流大小，都必须尽快关井。

果断迅速关井，具有下列优点：

制止地层流体继续进入井内，及时控制住井口；保持井内有尽可能高的液面，使关井后的套管压力值较小；可以准确地确定地层压力和压井液密度；使压井时的套压值较小，有利于实现安全压井。

（一）井口安装防喷器时的关井程序

1．起下管柱

发信号	司机、班长
停止作业	全体施工人员
抢装旋塞阀	司机，一、二岗位
开节流管汇的放喷闸门	资料员
关闭防喷器	班长，司机，一、二岗
关井	资料员
观察油套管压力	二岗位、资料

2．空井

发信号	司机、班长
停止作业	全体施工人员
抢下管柱	司机，一、二岗位
开节流管汇的放喷闸门	资料员
关闭防喷器	班长，司机、一、二岗
关井	资料员
观察油套管压力	二岗位、资料员

3．旋转作业

发信号	司机，班长
停止作业	全体施工人员
抢提方钻杆	司机，一、二岗位
开节流管汇的放喷闸门	资料员
关闭防喷器	班长，司机、一、二岗
关井	资料员
观察油套管压力	二岗位、资料员

（二）井口不安装防喷器时的关井程序

1．起下管柱

发信号	司机、班长
停止作业	全体施工人员
抢装油管悬挂器和采油树	司机，一、二岗
开节流管汇的放喷闸门	资料员
关闭旋塞阀或简易井口	班长，司机，一、二岗
关井	资料员，一、二岗
观察油套管压力	资料员

2．空井

发信号	司机、班长

停止作业	全体施工人员
抢下管柱或装简易井口	司机，一、二岗
开节流管汇的放喷闸门	资料员
关闭旋塞阀或简易井口闸门	班长，司机，一、二岗
关井	资料员
观察油套管压力	二岗位、资料员

二、压井工艺

（一）井被压住的特征

井口进口与出口压力近于相等；进口排量等于出口排量；进口的相对密度约等于出口相对密度；出口无气泡，停泵后井口无溢流。

（二）井喷的预兆

进口排量小，出口溢量大，溢流中气泡增多；进口相对密度大，出口相对密度小；出口喷势逐渐增加；停泵后进口压力逐渐增高。

（三）压井安全注意事项

（1）根据设计要求，配制符合条件的压井液。配制液量通常为井筒容积的 1.5 ～ 2 倍。

（2）压井进口管线必须试压达到预计泵压的 1.2 ～ 1.5 倍，不刺不漏。

（3）循环压井作业时，水龙头、水龙带应拴保险绳。

（4）对压力较高的井，应先用油嘴控制出口排气，再用请水压井循环除气，后用高密度的压井液压井。

（5）进出口压井液性能、排量一致。要求进出口密度差小于 2%。

（6）压井中途不宜停泵。

（7）压井时最高泵压不得超过油层吸水启动压力。为了保护油层避免压井时间过长，必须连续施工。

（8）挤注法压井的液体注入的深度应控制在油层顶部以上 50m 处。

（9）若压井失败，必须分析原因，不得盲目加大或降低压井液密度。

（四）影响压井成败的因素

（1）压井液性能的影响。

（2）设备性能的影响。

（3）施工的因素及井况不明；施工准备不充分；技术措施不当。

三、注水井放喷降压

在注水井上进行修井施工时，须用放喷降压或关井降压的方法来代替压井，使井底压力降为零，以便进行作业。

放喷降压：在修注水井之前，控制油管或套管闸门让井筒以至地层内的液体按一定排量喷出地面，直到井口压力降至为零的过程。

关井降压：修井前一段时间注水井关井停注，使井内压力逐渐扩散而达到降压的目的方法。

注水井放喷降压的方式：一般采用油管放喷，在油管不能放喷时采用套管放喷。油管放喷的优点：见水早，易调节；流速高，携带力强；不磨损套管；不易造成砂卡。

初喷率：指开始放喷时的单位时间内的喷水量。一般初喷率控制在 $3m^3/h$，含砂量在 0.3% 以下。

放喷降压的注意事项：

(1) 放喷降压前做好准备工作，不得盲目施工造成生产或安全事故。

(2) 放喷降压时注意环境保护，不得随意乱放毁坏周围环境。

(3) 放喷降压期间要有专人负责监控，根据情况及时调节喷水方案。

(4) 放喷降压时具体操作人员不得正对着水流喷出方向进行操作，应站在水流方向侧面进行操作。

四、不压井作业工艺技术

1．不压井作业技术及意义

不压井作业是在带压环境中，由专业技术人员操作特殊设备起下管柱的一种作业方法。应用不压井作业技术的意义有：

(1) 最大限度保持油气层原始地层状态，正确评价油气层；

(2) 最大限度地降低作业风险；

(3) 解决了常规压井作业的一些疑难问题；

(4) 避免压井液的使用，使产层的开采产量和潜能得以最大的保护；

(5) 降低勘探开发成本，提高了油气田的生产效率和经济效益；

(6) 保护环境，避免了压井液对地面的污染。

2．不压井作业应用情况

(1) 用于油气田的高产井、重点井；

(2) 用于注水井；

(3) 用于欠平衡钻井；

(4) 实现不压井状态下的分层压裂；

(5) 实现负压射孔完井；

(6) 用于带压完成落物打捞、磨铣等修井作业。

3．不压井作业机简介

不压井作业机是指在井筒内有压力的条件下，进行不压井起下作业、实施增产措施井的一种先进的作业设备。根据不同的使用工况及装备投入，主要有以下三种：

(1) 独立运作型；

(2) 与井架配合使用的；

(3) 与液压修井机配合使用的。

五、作业过程井控安全

作业过程的井控工作主要是指在作业过程中按照设计要求，使用井控装备和工具，采取相应的措施，快速安全控制井口，防止发生井涌、井喷、井喷失控和着火或爆炸事故的发生。

（一）起管柱作业

（1）起管柱作业前开井观察 30min 后，方可起管柱作业；

（2）起管柱过程中，必须边起边灌；由资料员坐岗观察，计量、灌注操作并填写坐岗记录。

（3）在起封隔器等大直径工具时，提升速度为 0.2 ~ 0.3m/s。

（4）在起组合管柱和工具串管柱作业时，必须配备与防喷器闸板相符的防喷单根和变扣接头。

（5）施工作业队未接到下步作业方案，不得起管柱作业。

（6）起完管柱后，要立即进行下步作业。

（二）下管柱作业

（1）在下管柱作业时，必须配备与防喷器闸板相符的防喷单根和变扣接头，并按操作规程控制下管速度；

（2）在下管柱作业时，必须连续作业，现场灌注装置必须有水泥车、电潜泵、高架罐三者之一，有资料员进行灌注观察，并填写坐岗记录。如计量返出量大于油管体积，则按程序进行关井。如漏失则保持连续灌入，漏失严重则停止作业采取防漏措施。

（三）不连续起下作业时的井口控制要求

起下管柱必须连续作业，因特殊情况必须停止作业时，要灌压井液至井口，然后按以下三种形式控制井口：

1．油管悬挂器可以通过防喷器操作

（1）不连续起下作业在 8h 以内时，用装有旋塞阀的提升短节将油管悬挂器通过防喷器坐入四通内，对角上紧全部顶丝，关闭旋塞阀、防喷器和采油树两翼套管闸门，油、套管装压力表进行监测；

（2）不连续起下作业超过 8h，用装有旋塞阀的提升短节将油管悬挂器通过防喷器坐入四通内，对角上紧全部顶丝，在防喷器上安装简易井口，关闭油、套管闸门，油、套管装压力表进行监测。

2．油管悬挂器不可以通过防喷器操作

（1）不连续起下作业在 8h 以内时，将吊卡坐在防喷器上，关闭旋塞阀、防喷器和采油树两翼套管闸门，油、套管装压力表进行监测；

（2）不连续起下作业超过 8h，卸防喷器装采油树（按卸防喷器装采油树的程序进行操作），油、套管装压力表进行监测。

3．不装防喷器的作业井

不连续起下作业时必须安装简易井口，油、套管装压力表进行监测。

（四）常规电缆射孔作业

（1）常规电缆射孔要安装防喷器或射孔闸门。

（2）常规电缆射孔过程中井口要有专人负责观察井口显示情况，若液面不在井口，应及时向井筒内灌入同样性能的压井液，保持井筒内静液柱压力不变。

（3）安装射孔防喷器和防喷管进行常规电缆射孔的井，在发生溢流时，应停止射孔，及时起出枪身，来不及起出射孔枪时，应剪断电缆，迅速关闭射孔闸门或防喷器。

（4）射孔结束，要有专人负责监视井口，确定无异常时，才能卸掉射孔闸门并进行下一步施工作业。

（五）诱喷作业

诱喷作业前，采油树必须安装齐全，上紧各密封部位的螺栓。抽汲诱喷作业，必须装防喷盒、防喷管，防喷管长度大于抽子和加重杆的总长的 1.0m 以上；对气层或地层压力系数大于 1.0 的地层，应控制抽汲强度。每抽汲一次，将抽子起至防喷管内，关闭清蜡闸门，观察 5 ~ 10min，无自喷显示时，方可进行下一次抽汲；抽汲出口使用钢制管线与罐连接，并用地锚固定；抽汲放喷管线出口有喷势时，应停止作业。如果防喷管刺漏，应强行起出抽汲工具，关闭清蜡闸门。

用连续油管进行气举排液、替喷等作业时，必须装好连续油管防喷器组，排喷后立即起连续油管至防喷管内，关闭清蜡闸门。油层已射开的井，不允许用空气进行排液，应采用液氮等惰性气体进行排液。

（六）钻塞作业

（1）钻塞前用能平衡目的层地层压力的压井液进行压井。

（2）钻塞作业必须在油管上安装旋塞阀，井口装闸板防喷器和自封封井器。

（3）坐岗观察计量罐的增减情况，增减量为 1m³ 时则停止钻塞作业，循环洗井，出口无灰渣。如条件允许将管柱上提至原灰塞以上，按关井程序进行关井，否则直接关井。

（4）钻穿后，循环洗井一周以上，停泵观察 30min，井口无溢流时方可进行下步施工。

（七）测试作业

（1）APR 地层测试作业，管柱完成后，要安装全套采油树。

（2）MFE 地层测试作业，开井前安装测试树，并与地面压井节流管汇连接。

（3）下联作测试管柱时，必须按操作规程控制起下管柱速度，防止出现挤压和压力激动。

（4）开井后要观察地面出口显示及压力变化，观察密封部位的密封情况，否则进行井下关井。

（5）开井时如果封隔器失效，环空液面下降，灌满井筒后，应换位坐封，如果无效则立即进行井下关井，压井后重新下入测试管柱。

（6）试井作业时，必须安装全套采油树并安装防喷管；作业队人员应配合试井人员做好井口的防喷工作；防喷管如有刺漏应起出试井工具，如果压力过大应剪断钢丝或电缆，关闭清蜡闸门。

（八）套铣、磨铣作业

（1）磨铣前用能平衡目的层地层压力的压井液进行压井。

（2）作业时必须安装闸板防喷器，并按设计试压。

（3）在套铣、磨铣过程中，方钻杆以下安装旋塞阀。

（4）坐岗观察计量罐的增减情况，增减量为 1m³ 时则停止套铣、磨铣作业，循环洗井至出口无砂、铁屑。如条件允许将管柱上提至原套铣、磨铣井段以上，按关井程序进行关井，否则直接关井。

（5）循环洗井一周以上，停泵观察 30min，井口无溢流时方可进行下步施工。

（九）取换套作业

（1）作业前调查浅层气深度、压力等详细资料。

(2) 有表套和技套的井必须安装防喷器。

(3) 没有表套和技套的井下入 30m 导管后固井，再安装防喷器，并按设计进行试压。

(4) 取换套作业前，注水泥塞封闭已经打开的油层，水泥塞必须试压合格。

(5) 取换套作业全过程工作液的液柱压力必须大于浅气层的压力。

(6) 作业时随时观察井口有无油气显示。

(7) 坐岗观察计量罐的增减情况，增减量为 1m³ 时则按关井程序关井。

(8) 取换套作业期间必须连续作业。

（十）起下电泵作业

(1) 起下管柱作业时，执行起下管柱作业的程序。

(2) 井口必须有剪断电缆专用钳子。

(3) 一旦发生紧急情况，立即剪断电缆，按关井程序关井。

（十一）冲砂作业

(1) 冲砂前用能平衡目的层地层压力的压井液进行压井。

(2) 冲砂作业必须安装闸板防喷器和自封封井器，油管要装旋塞阀。

(3) 坐岗观察计量罐的增减情况，增减量为 1m³ 时则停止冲砂作业，循环洗井，出口无砂。如条件允许将管柱上提至原砂面以上，按关井程序关井，否则直接关井。

(4) 循环洗井一周以上，停泵观察 30min，井口无溢流时方可进行下步施工。

（十二）丢手封隔器解封作业

(1) 解封前用能平衡目的层地层压力的压井液进行压井。

(2) 丢手封隔器解封作业前，井口要安装防喷器，油管装旋塞阀。

(3) 丢手解封后，进行洗压井作业，观察 30min 无溢流后，方可进行下步施工。

（十三）拆卸防喷器安装采油树（不包括四通）作业

(1) 用设计要求的压井液循环压住井。

(2) 开井观察 30min，无溢流显示。

(3) 设备正常，采油树及工具配件齐全。

(4) 施工人员到位，有带班干部指挥。

(5) 保持连续灌压井液到井口。

(6) 油管悬挂器可以通过防喷器。

（十四）更换采油树作业（包括四通）

(1) 下入封隔器（丝堵＋封隔器＋联通短节）深度：1000m 以下，封闭所有裸露的油层。

(2) 试压检验封隔器密封性，合格后方可更换采油树。

(3) 修井动力工作正常，采油树及配件工具准备齐全。

(4) 施工人员到位，有带班干部指挥，三级和二级单位相关技术人员现场组织。

(5) 灌压井液至井口。

(6) 在封隔器不解封的状况下，SY/T5587.9—93《换井口装置作业规程》更换采油树。

(7) 从拆下原井采油树开始到装上新采油树的时间控制在 10min 之内。

第八章　井下作业安全基本知识

第一节　井下作业安全用电基本知识

一、触电类型

在企业生产过程中，容易发生的触电有：单相触电、两相触电、跨步电压触电。

1. 单相触电

（1）接地系统的单相触电。

工业企业中，380/220V 的低压配电网络是广泛应用的。这种配电系统均采用中性点接地的运行方式，当处于低电位的人体触及到一相火线时，即发生了单相触电事故。单相触电通过人体的电流与人体和导线的接触电阻、人体电阻、人体与地面的接触电阻以及接地体的电阻有关。在低压配电系统中，单相触电时，人体承受的电压约为 220V，危险性大。

（2）不接地系统的单相触电。

一般电网分布小、绝缘水平高的供电系统，往往采用中性点不接地运行方式。当处于低电位的人体，接触到一根导线时，由于输电线与地之间存在分布电容 C，所以电流通过人体和 C 构成回路，发生单相触电事故。这种触电，在对地绝缘正常时，对地电压较低；当绝缘下降时或电网分布较广时，对地电压可能上升到危险程度，这时同样是十分危险的。

2. 两相触电

当人体同时接触到同一配电系统的两条火线时，即发生了两相触电。两相触电是最危险的，因为加在人体上的是两相间的电压即线电压，电流主要取决于人体电阻，因此电流较大。由于电流通过心脏，危险性一般较大。

对于中性点不接地系统，当存在一相接地故障而又未查找处理时，则形成了一相接地的三相供电系统。当人体接触到不接地的任一条导线时，作用在人体上的都是线电压，这时也发生了两相触电。

3. 跨步电压触电

跨步电压触电事故，主要发生在故障设备的接地点附近，如架空输电线断后落在地面上。或雷击时避雷针接地体附近。因带电体有电流流入大地时，接地电阻越大，电流越大，在接地点周围的土壤中产生的电压降也越大。人在接地点附近行走，两脚间（0.8m）形成跨步电压。当人在这一区域内（20m 以内）时，将因跨步电压的原因，发生跨步电压的触电事故。电流从一只脚，经过腿、胯流向另一只脚。当跨步电压较高时，会引起双腿抽筋而倒地，电流将会通过人体的某些重要器官，危及生命。

二、触电的急救方法

虽然人们制定了各种电气安全操作规程，使用各种安全用具，但是触电事故还是会发生的。石油工业相当数量的用电设备于野外、露天等严酷条件下运行，井下作业施工易发生漏电触电事故，一旦发生触电，应立即进行急救。

触电造成的伤害主要表现为电休克和局部的电灼伤，电休克可以造成假死现象。所谓假死，是触电者失去知觉，面色苍白、瞳孔放大、脉搏和呼吸停止。触电造成的假死，一般都是随时发生的，但也有在触电几分钟、甚至 1～2 天后才突然出现假死的症状。

电灼伤都是局部的，它常见于电流进出的接触处，电灼伤大多为三度灼伤，比较严重。灼伤处呈焦黄色或褐黑色，创面有明显的区域。

发生触电后，现场急救是十分关键的，如果处理得及时、正确，迅速而持久地进行抢救，很多触电人虽心脏停止跳动，呼吸中断，也可以获救；反之，将会产生严重后果。现场急救，包括迅速脱离电源、对症救治、人工呼吸、人工体外心脏挤压和外伤处理几个方面。

1. 迅速脱离电源

人触电后，可能由于痉挛或失去知觉等原因而紧抓带电体，不能摆脱电源，这时应尽快使触电者脱离电源。

(1) 拉下或切断电源开关；或用绝缘钳子截断电源线；对照明线路触电，应将两条电线都截断。

(2) 用干木棍、竹竿等绝缘物，挑开电线或电气设备；或拉住触电者衣服（戴手套或站在绝缘的干木板上），使其脱离电源。

(3) 如系高压触电，应立即通知有关部门停电；或者带上安全用具，拉开高压开关；或者抛掷金属线使高压线短路，造成继电保护动作，切断电源。这时需注意，抛掷的金属线一端要可靠接地，且抛掷的一端不要再触及到人。

2. 对症救治

脱离电源以后，应根据触电者的伤害程度，采取相应的措施。

(1) 若伤势较轻，可使其安静地休息 1～2h，并严密观察。

(2) 若伤势较重，无知觉、无呼吸、但心脏有跳动，应进行人工呼吸。如有呼吸，但心脏停止跳动，应采用人工体外心脏挤压法。

(3) 若伤势严重，心跳呼吸都已停止、瞳孔放大，失去知觉，则应同时进行人工呼吸和人工体外心脏挤压法。人工呼吸要有耐心，尽可能坚持 6h 以上，需去医院抢救的，途中不能停止急救。

(4) 对触电者严禁乱打强心针。

3. 人工呼吸法

人工呼吸法是基本的急救方法之一。具体步骤如下：

(1) 迅速解开触电者上衣、围巾等，使其胸部能自由扩张；清除口腔中的血块和呕吐物；让触电者仰卧，头部后仰，鼻孔朝天。

(2) 救护人用一只手捏紧他的鼻孔，用另一只手掰开其嘴巴。

(3) 深呼吸后对嘴吹气，使其胸部膨胀，每 5s 吹一次；也可对鼻孔吹气。

(4) 救护人换气时，离开触电者的嘴，放松紧捏的鼻，让他自动呼气。

4. 工体外心脏挤压法

这种方法也是基本的急救方法之一。这是用人工的方法对心脏进行有节律的挤压，代替心脏的自然收缩，从而达到维持血液循环的目的。其方法如下：

（1）解开触电者衣服，使其仰卧在地上或硬板上。

（2）救护人骑在触电者腰部，两手相迭，把手掌部放在触电者胸骨下三分之一的部位。

（3）掌根自上而下均衡的向脊背方向挤压。

（4）挤压后，掌根要突然放松，使触电者胸部自动恢复原状。挤压时不要用力过猛过大，每分钟挤压 60 次左右。

用上述方法抢救，需要很长时间，因此要有耐心，不能间断。

5．伤口处理

（1）用食盐水或温开水冲洗伤口，用干净绷带、布类、纸类进行包扎，以防细菌感染。

（2）若伤口出血时，应设法止血；出血情况严重时，可用手指或绷带压住或缠住血管。

（3）高压触电时，由于电弧温度高达几千度，会造成严重的烧伤，现场急救时，为减少感染最好用酒精擦洗，再用干净布包扎。

三、防止触电措施

发生触电事故的原因固然很多，但主要原因可以归纳为以下四点：（1）电气设备安装不合理；（2）维护检修工作不及时；（3）不遵守安全工作制度；（4）缺乏安全用电知识。为确保生产安全用电，电气工作人员首先要做到正确设计、合理安装、及时维护和保证检修质量。其次，应加强技术培训，普及安全用电知识，开展以预防为主的反事故演习。除此以外，要加强用电管理，建立健全安全工作规程和制度，并严格遵照执行。

在电气设备上进行工作，一般情况下均应停电后进行。如因特殊情况必须带电工作时，须经有关领导批准，按照带电工作的安全规定进行。对未经证明是无电的电气设备和导体，均应视作带电体。

1．断开电源

在检修设备时，把从各方面可能来电的电源都断开，且应有明显的断开点。对于多回路的线路，特别要注意防止从低压侧向被检修设备反送电。在断开电源的同时，还要断开开关的操作电源，刀闸的操作把手也必须锁住。

2．验电

工作前，必须用电压等级合适的验电器，对检修设备的进出线两侧各相分别验电。明确无电后，方可开始工作。验电器事先应在带电设备上进行试验，以证明其性能正常良好。

3．装设接地线

装设接地线是防止突然来电的唯一可行的安全措施。对于可能送电到检修设备的各电源测及可能产生感应电压的地方都要装设接地线。装设接地线时，必须先接接地端，后接导体端，接触必须良好。拆接地线的顺序与此相反，先拆导体端，后拆接地端。装拆接地线均应使用绝缘杆或带绝缘手套。

接地线的截面积不可小于 25mm²。严禁使用不符合规定的导线作接地和短路之用。接地线应尽量装设在工作时看得见的地方。

4．悬挂标示牌和装设遮拦

在断开的开关和闸刀操作手柄上悬挂"禁止合闸，有人工作"的标示牌，必要时加锁固定。

四、井下作业井场安全用电规定

井下作业井场用电设备和线路都处在野外环境中，且有易燃易爆区，作业施工搬迁频繁，施工作业应严格执行 SY 5727—1995 井下作业井场用电安全要求，做到安全用电。

（1）井场所用的电线必须绝缘可靠，严禁用裸线或电话线代替，不准用照明线代替动力电线。

（2）井场电线必须架空，高度不低于 2.5m。井架照明不许直接挂在井架上，防止电线漏电、井架打铁通电、工人上下井架触电。探明灯电线不能在人行道上和油水坑中，以防损坏漏电伤人。

（3）井架照明必须用防爆灯，探明灯必须用灯罩，预防天然气或原油喷出打坏电灯泡引起爆炸着火。

（4）探明灯离井口应在 10m 之外，灯光不能直射司钻或井口操作工人，避免工人眼睛受直光刺激，影响操作。搬移探照灯时，必须先拉掉闸刀开关，其位置应离开套管两边闸门管线喷射方向，预防突然出油气将探明灯打坏引起火灾。

（5）电源闸刀应离开井口 25m 以外，并且安装在值班房内。闸刀开关应装闸刀盒，发现闸刀盒损坏应及时更换，不应凑合使用，应具备简易配电箱。

（6）井下作业有发生井喷迹象时，立即将电源切断。

第二节　井下作业现场常用的几种急救技术

据有关资料统计，因多发伤害而死亡的病人，50% 死于创伤现场，30% 死于创伤早期，20% 死于创伤后期的并发症。这足以说明现场有效急救和创伤早期妥善处理的重要意义。实际上，现场急救的第一救护者应是伤员自己和第一目击者。伤员自己在可能的情况下首先要自救，第一目击者、现场人员应立即参与救助，并及时向急救部门呼救，这样就会拯救生命、减少伤残赢得宝贵的时间。

一、心肺脑复苏

通常将心肺脑复苏分为三个阶段：基础生命支持、进一步生命支持和长程生命支持（即脑复苏）。

（一）基础生命支持

基础生命支持亦称基础复苏。其目的是迅速恢复循环和呼吸，维持重要器官供氧和供血，维持基础生命活动，为进一步复苏处理创造有利条件。基础生命支持包括心脏骤停或呼吸停止的识别，气道阻塞的处理、建立气道、人工呼吸和循环。

1. 确定病人是否心脏骤停

发现突然丧失意识的病人时，立即呼唤和摇动病人肩部，观察有无反应，同时触摸病人颈动脉或股动脉有无搏动。

2. 呼唤救助

如果病人无反应，应立即呼唤救助。

3. 安置病人

当确定病人意识丧失时，立即将病人置于平坦、坚硬的地面或硬板上，复苏者位于病人右侧，开始心肺复苏。

4. 保持气道通畅

对意识丧失的病人迅速建立气道，并清除气道内异物或污物。常用开放气道解除梗阻的方法有三种：

(1) 头后仰—下颌上提法。

(2) 头后仰—抬颈法。

(3) 下颌前提法。

5. 人工呼吸

(1) 口对口呼吸。

复苏者用拇指和食指捏住病人鼻孔，深吸气后，向其口腔吹气2次，每次吹气量为800～1200mL。吹气速度均匀，保持肺膨胀压低于20cm水柱。继而以每分钟12次的频率继续人工通气，直至获得其他辅助通气装置或病人恢复自主呼吸。

(2) 口对鼻呼吸。

对有严重口部损伤或牙关紧闭者，采用口对鼻通气法。复苏者一只手前提病人下颌，另一只手封闭病人口唇，进行口对鼻通气。通气量及通气频率同口对口呼吸。

6. 建立人工循环

(1) 判断病人有无脉搏，人工通气支持时，应随时检查颈动脉有无搏动，5～10s无脉搏，立即开始人工循环。

(2) 胸外心脏按压。

采用胸外心脏按压应掌握六个要点：①复苏者应在病人右侧。②按压部位与手法：双手叠加，掌根部放在胸骨中下1/3处垂直按压。③按压深度：成人为4～5cm，儿童为3～4cm，婴儿为1.3～2.5cm。④按压频率：成人和儿童为80～100次／min，婴儿为100次/min以上。⑤按压／放松时间比为1∶1。⑥按压与呼吸频率：单人复苏时为15∶2，双人复苏时为5∶1。

心肺复苏期间，心脏按压中断时间不得超过5s。气道内插管或搬动病人时，中断时间不应超过30s。

(二) 进一步生命支持

进一步生命支持是指在医院急诊部门的急救，主要措施为：

(1) 开放气道与通气支持：①供氧；②开放气道；③机械辅助通气。

(2) 人工辅助循环。

(3) 心电监测。

(三) 脑复苏

复苏成功并非仅指自主呼吸和循环恢复，智能恢复即脑复苏是复苏的最终目的。因此，从现场基础生命支持开始，即应着眼于脑复苏。脑复苏需要借助检测仪器对病情进行严密观察。

二、止血技术

(1) 加压包扎止血法，一般用于较小创口的出血。

(2) 指压止血法，主要用于动脉出血的一种临时止血方法。

(3) 抬高肢体止血法，抬高出血的肢体是减缓血液流速的临床应急止血措施。

(4) 屈肢加垫止血法，主要用于无骨折和关节损伤的四肢出血的止血方法。

(5) 填塞止血法，先可用明胶海绵填入伤口，后用大块无菌敷料加压包扎。

(6) 止血带止血法，主要用于四肢大血管出血加压包扎不能有效止血时。在出血部位近心端肢体上选择动脉搏动处，在伤口近心端垫上衬垫，左手在距止血带一端约 10cm 处用拇指、食指和中指捏紧止血带，手背下压衬垫，右手将止血带绕伤肢一圈，扎在衬垫上，绕第二圈后把止血带塞入左手食指、中指之间，两指夹紧，向下牵拉，打成一个活结，外观呈一个倒置 A 字形。

三、包扎技术

包扎具有保护创面、压迫止血、骨折固定、用药及减轻疼痛的作用。

(1) 包扎用物：绷带、三角巾、多头带、丁字带。

(2) 包扎方法：主要包括绷带和三角巾包扎法。

四、固定技术

对于骨折、关节严重损伤、肢体挤压和大面积软组织损伤的伤病员，应采取临时固定的方法，以减轻痛苦、减少并发症、方便转运。

(1) 固定材料：木制夹板、充气夹板、钢丝夹板、可塑性夹板及其他制品。

(2) 固定方法：脊柱骨折固定、上肢骨折固定、下肢骨折固定。

(3) 固定的注意事项：

①对于各部位骨折，其周围软组织、血管、神经可能有不同程度的损伤，或有体内器官的损伤，应先处理危及生命的伤情、病情，如心肺复苏、抢救休克、止血包扎等，然后才是固定。

②固定的目的是防止骨折断端移位，而不是复位。对于伤病员，看到受伤部位出现畸形，也不可随便矫正拉直，注意预防并发症。

③选择固定材料应长短、宽窄适宜，固定骨折处上下两个关节，以免受伤部位的移动。

④对于开放性骨折合并关节脱位应先包扎伤口。用夹板固定时，先固定骨折下部，以防充血。

⑤固定时动作应轻巧，固定应牢靠，且松紧适度。

五、转运技术

在转运过程中应正确地搬运病人，根据病情选择合适的搬运方法和搬运工具。

(1) 徒手搬运：救护人员不使用工具，而只运用技巧徒手搬运伤病员，包括单人搀扶、背驮、双人搭椅、拉车式及三人搬运等。

(2) 担架搬运的种类：

①铲式担架搬运，适用于脊柱损伤、骨盆骨折的病人。

②板式担架搬运，适用于心肺复苏及骨折病人。

③四轮担架搬运，可以推行、固定于救护车、救生艇、飞机上，也可以与院内担架车

对接，而不必搬运病人即可将病人连同担架移至另一辆担架车上。

④其他包括帆布担架，可折叠式搬运椅等。

第三节　井下作业"八防"措施

一、防井下落物

（1）起下作业时，井口必须装自封封井器或防吊板。

（2）管钳钳牙、吊卡弹簧销子无松动，吊卡销子拴保险绳。

（3）油管、抽油杆、井下工具及配件要上满扣，起下油管50根以上要打背钳。

（4）司钻平稳操作，井口操作人员要由专人指挥，密切配合。

（5）井内无钻具时，要盖好井口或坐好油管挂。

二、防井喷

（1）自喷油气井及高压油气水层的井，进行作业时，必须装性能良好、符合地层压力要求的防喷装置，螺丝齐全紧固，否则不准施工。

（2）低压井施工时，井口应装中、低压自封封井器，抽油管柱底部须连接相应的泄油器，井口应连接好平衡液回灌管线，防止因起下管柱造成井底压力失衡所导致的井喷。

（3）起下大直径工具时（工具外径超过油层套管内径80%），严禁猛提猛下，以防产生活塞效应。起封隔器时，若封隔器胶皮不能收缩，应上下活动破坏胶皮，严禁强提造成井喷。上提时要及时灌注压井液。

（4）压井液性能必须符合设计要求。

（5）射孔前要根据设计选择适当的压井液，灌满井筒。井口装性能良好的防喷装置，射孔时要有专人观察井口变化情况，发现外溢或有井喷先兆时，应停止射孔，起出射孔枪，抢下油管或抢装井口，关闭防喷装置，重建压力平衡后再进行射孔。射孔结束后要迅速下入生产管柱，替喷生产，不准无故停止施工。

（6）采用负压射孔等工艺时，井口必须安装高压封井器及防喷闸门，施工前要明确分工。

（7）保证设备运转正常，发现井喷预兆，应立即抢下油管或采取其他有效防喷措施。

三、防火

（1）油气井作业时，严禁在井场30m以内吸烟及用火。

（2）值班房内不准存放易燃物品，严禁在值班房、发电房、锅炉房内用汽油洗物品。

（3）严格执行工业动火审批制度，要认真落实安全、消防措施。

（4）电器开关统一装在值班房配电盘上，井场照明必须用防爆灯或探照灯。

（5）井场消防器材配备齐全，保证性能良好，按时检查（配备8kg干粉灭火器四个，消防锹两把，消防桶两只）。

（6）要有完善的消防措施及明确的人员分工。

（7）发生井喷时，立即切断电源和消除火种，并立即上报，采取果断措施，制止井喷或防止事态扩大。

四、防井架倒塌

（1）井架安装必须符合井架安装的标准。

（2）严禁单股大绳起下作业。

（3）在起下作业时严禁猛提猛放。

（4）不准超负荷使用，特殊情况要请示有关部门，采取加固和安全措施。

（5）六级以上大风不准立放和校正井架。

（6）车装作业机井架要打牢，受力要均匀。

（7）在校正井架时，严禁把绷绳松掉，松花兰螺丝要加保险绳。

（8）严禁用机车拖拉井架基础。

（9）施工前，首先严格检查各地锚、花兰螺丝、绷绳、各固定螺丝、井架底座。

（10）井架基础附近不准挖坑和积水，防止井架基础下陷。

五、防冻

（1）冬季施工时，地面管线用完后应空净。

（2）冬季用指重表应使用酒精作传压液，并加防冻液。

（3）冬季修井热洗大罐应保温。使用清水时应随用随放，不用时及时放净。

六、防顶

（1）凡有顶钻可能的井，应采取油管卸压、循环压井等措施，防止钻柱突然上顶造成意外。

（2）对顶钻井应制定必要的技术措施，并由专人指挥，保证施工安全。

（3）对有顶钻可能的井，井架绷绳必须加够 6 道。如系折叠式两层井架，大小架间应加 U 形卡子，或用钢丝绳两边对称加固，以防顶出二层井架伤人。

（4）顶钻井应组织力量集中在白天施工，闲散人员应远离危险区域。

七、防漏

（1）对于漏失井应采取泡沫冲砂，或用抽油泵抽砂。

（2）凡漏失层，必须记清漏失液性质及数量。

八、防滑

（1）通井机雨雪天及夜间行车时，要由人指挥领路。若路面打滑，应搞好后再通过。

（2）凡通井机需通过路面易结冰段，应埋设排水管道。蒸汽水不得顺公路排放。

（3）雨雪天、严寒天上下井架要戴好手套，站稳抓牢，防止手滑摔下。

第四节　井下作业防火防爆安全生产管理规定

一、施工准备及完工

（1）吊车停放位置（包括起重吊杆、钢丝绳和重物）与架空线路的距离应按 DL409 规定。

（2）车辆通过裸露在地面上的油、气、水管线及电缆时，应采取保护措施。

（3）在井场内施工作业时，应详细了解井场内地下管线及电缆分布情况。

（4）立、放井架及井口吊装作业时，应有专人指挥。

二、井场布置

（1）井场施工用的锅炉房、发电房、值班房与井口和油池间距离不应小于20m。

（2）井场所用的动力线及照明线应绝缘良好。不应使用裸线或用照明线代替动力线，所有电线应架空。井架照明应使用防爆灯，井场用探照灯时，则应距井口50m以外。电源总闸后应设漏电保护器，分闸应距井口50m以外。

（3）油、气井作业时，应安装或换装好与作业施工要求相适应的井口装置。

（4）油、气井场内应设置明显的防火标志，按规定配置消防器材。

三、压井与起下作业（包括油管、抽油杆、钻杆）

1．压井

（1）油、气井作业、应严格按设计要求压井。

（2）压井管线应试压合格。高压油气井的返出管线，应接钢质管线，并固定牢靠。

（3）压井施工中，各种施工车辆应处于距井口20m以外的上风口。不能满足上述距离时，排气管应戴阻火器。

2．起下作业

对有自喷能力的井，起下管柱时，应密切注意井喷显示，发现异常及时采取有效措施。

四、不压井作业

（1）施工作业井的井口装置和井下管柱结构应具备不压井、不放喷、不停产的作业条件。

（2）作业过程中应接好平衡管线。

（3）不压井井口控制器应开关灵活、密封良好、连接牢固，并有安全卡瓦和加压支架。

（4）起下油管有上顶显示时，应按规定穿好加压绳，加压起下。

五、特殊作业

1．射孔

（1）射孔前应按设计要求压井。

（2）使用过油管及无电缆射孔前，井口应装好控制闸门或井控装置。

（3）射孔时应有专人观察井口，有外溢现象时应立即采取措施。

（4）射孔时应按射孔操作规程作业。

2．替喷

（1）替喷液应符合设计要求。

（2）使用原油，轻质油替喷时，井场50m以内严禁烟火，并配备消防设备和器材。

3．诱喷

（1）抽汲前应检查抽汲工具，并装好防喷盒。

（2）采用空气气举或混气水排液的油气井应有防爆措施。

4．放喷求产

（1）放喷时应用阀门控制。放喷管线应用钢质直管线接至土油池，并固定牢靠。

（2）使用油气分离器时，应按 SY5845 规定。安全阀、压力表应定期校验。分离后的天然气应放空燃烧。

（3）测试天然气流量观察读数时，应站在上风口位置。如用不防爆的手电照明时，不应在油气扩散区开闭。

（4）遇雷电天气时禁止上罐量油、取样。

（5）储油罐量油孔的衬垫、量油尺重锤应采用不产生火花的金属材料。

5．压裂、酸化、解堵

（1）施工设计应有防火、防爆措施，井场应按规定配备消防器材。

（2）地面与井口连接管线和高压管汇，应按设计要求试压合格，各部阀门应灵活好用。

（3）井场内应设高压平衡管汇，各分支应有高压阀门控制。

（4）压裂、酸化、解堵施工所用高压泵安全销子的切断压力不应超过额定最高工作压力。设备和管线泄漏时，应停泵、泄压后方可检修。高压泵车所配带的高压管线、弯头要按规定进行探伤、测厚检查。

（5）施工中使用原油、轻质油替喷时，井场 50m 以内严禁烟火，并配备消防设备和器材。

（6）施工井口或高压管汇如发生故障，应立即采取措施，进行处理。

（7）压裂作业中，不应超压强憋压。

（8）压裂施工时，井口装置应用钢丝绳绷紧固定。

第五节　消防安全知识

一、消防工作的方针

消防工作贯彻"预防为主，防消结合"的方针。这个方针科学、准确地表达了"防"和"消"的辩证关系，反映了人们同火灾做斗争的客观规律。只有全面地把握，正确地理解，认真贯彻执行这个方针，才能把消防工作做好。

二、消防灭火的基本原理

根据燃烧的基本条件要求，任何可燃物产生燃烧或持续燃烧都必须具备燃烧的必要条件和充分条件。因此，火灾发生后，所谓灭火就是破坏燃烧条件使燃烧反应终止的过程。

灭火的基本原理可以归纳为四个方面，即冷却、窒息、隔离和化学抑制。前三种灭火作用主要是物理过程，化学抑制是一个化学过程。不论是使用灭火剂灭火，还是通过其他机械作用灭火，都是通过上述四种作用的一种或几种来实现的。

（一）冷却灭火

对一般可燃物而言，它们之所以能够持续燃烧，其条件之一就是它们在火焰或热的作用下，达到了各自的着火温度。因此，对于一般可燃固体，将其冷却到其燃点以下；对于可燃液体，将其冷却到闪点以下，燃烧反应就会中止。用水扑灭一般固体物质的火灾，主要是通过冷却作用来实现的。水能够大量吸收热量，使燃烧物的温度迅速降低，最后导致燃烧终止。

（二）窒息灭火

各种可燃物的燃烧都需要在其最低氧浓度以上进行，低于此浓度时，燃烧不能持续。一般碳氢化合物的气体或蒸气通常在氧浓度低于15%时不能维持燃烧。用于降低氧浓度的气体有二氧化碳、氮气、水蒸气等。通过稀释氧浓度来灭火的方法，多用于密闭或半密闭空间。

（三）隔离灭火

可燃物是燃烧条件中的主要因素，如果把可燃物与引火源以及氧化剂隔离开来，那么燃烧反应就会自动中止。火灾中，关闭有关阀门，切断流向着火区的可燃气体和液体的通道；打开有关阀门，使已经发生燃烧的容器或受到火势威胁的容器中的液体可燃物通过管道导致安全区域，都是隔离灭火的措施。这样，残余可燃物烧尽后，火也就自熄了。

此外，用喷洒灭火剂的方法，把可燃物同氧和热隔离开来，也是通常采用的一种灭火方法。泡沫灭火剂灭火，就是用产生的泡沫覆盖于燃烧液体或固体的表面，在冷却作用的同时，把可燃物与火焰和空气隔开，达到灭火的目的。

（四）化学抑制灭火

物质的有焰燃烧中的氧化反应，都是通过链式反应进行的。碳氢化合物的气体或蒸气在热和光的作用下，分子被活化，分裂出活泼氢自由基 $H\cdot$，$H\cdot$ 与氧作用生成 $H\cdot$、$OH\cdot$、$O\cdot$ 等自由基成为链式反应的媒介物使反应迅速进行。对于含氧的化合物，燃烧的速度决定于 $OH\cdot$ 的浓度和反应的压力。对于不含氧的化合物，$O\cdot$ 的浓度决定了燃烧的速度。因此，如果能够有效地抑制自由基的产生或者能够迅速降低火焰中的 $H\cdot$、$OH\cdot$、$O\cdot$ 等自由基的浓度，燃烧就会中止。许多灭火剂都能起到这样的作用，如干粉灭火剂，其表面能够捕获 $OH\cdot$ 和 $H\cdot$ 使之结合成水，自由基浓度急剧下降，导致燃烧的中止。

三、用火用电设备管理

火灾统计结果表明，85%以上的火灾是由于违反电器的安装使用规则、用火不慎、违章操作等原因所致。着火源作为燃烧的三个必要条件之一，一直是单位消防安全管理的重点。对单位所有的用火设备，应在使用中注重查找和发现事故隐患和不安全因素，切不可麻痹大意，掉以轻心。操作使用人员应严格执行安全规程或规定，杜绝违章作业、冒险蛮干行为。

从用火、用电设备、器具来看，常见的违反消防安全管理规定以及存在的火灾隐患主要有：

（一）违反电器的安装使用安全规定

几年来，由于电器产品安装不当、违反使用、操作规定和使用产品质量低劣的电器引起的火灾明显增多。表现的特征主要有：

（1）短路。包括因导线绝缘老化、导线裸露相碰、导电体搭接导体、导体受潮、雨水浸湿、对地短路、电器设备绝缘击穿、插座短路等。

（2）过负荷。包括滥用保险丝、电气设备过负荷、导线过负荷、保险丝熔断起火等。

（3）接触不良。包括连接松动、导线连接处有杂质、铜铝接头接触点处理不当等。

（4）其他。包括电热器具接触可燃物、接通（切断）电路时冒火、电器设备摩擦发热（打火）、灯泡爆碎、静电放电、长时间通电致使电热器发热。

检查要点：

（1）选择使用的导线是否与其场所、环境相一致；是否潮湿或被雨水浸湿。

（2）导线的绝缘层有无老化、破损；是否有导线裸露。

（3）导线与导线、导线与设备（器具）是否连接牢固、可靠，无松动，有无接触不良。

（4）线路是否采用了正确的保险或保险装置。

（5）电热器具、大功率照明灯具与可燃物之间的距离是否符合安全要求；有无长时间使用或改变原使用功能。

（6）易燃易爆场所是否选用并安装了防爆电器及其装置。

（7）防雷、防静电装置是否安装，使用是否可靠，并定期检测。

（8）灯具开关、电源插座及其他电气开关是否安装在可燃物材料上。

（二）用火不慎

用火不慎包括灶具设置、使用不当，燃气炉具设备故障及使用不当，照明不慎等。

检查要点：

（1）是否对炉灶进行了定期检修，有无裂缝和滋火。

（2）使用液化石油气时，钢瓶是否合格并有效，皮管连接是否牢固，是否有漏气。

（三）违反安全规定

（1）焊割。包括焊割处或焊割渣掉落处存放有可燃物，焊割含有易燃物的设备，违反动火规定等。

（2）其他。包括设备缺乏维修保养、仪表仪器失灵、设备故障、违反用火规定、火源与易（可）燃物接触、混入杂质打火、车辆排气管未安装防火罩等。

检查要点：

（1）动火作业是否按规定经过审批同意，并落实了安全可靠的防范措施。

（2）操作人员是否经过安全专业培训，作业时在岗在位，并按安全操作规程作业。

设备应该按其使用和维修保养要求，正确、及时、合理地操作使用和定期维修保养。

四、吸烟与使用明火的管理

（一）吸烟管理

香烟是日常生活中常见的火种，比较容易引起火灾。从火灾发生的原因来看，因吸烟引起的火灾占有较大比例。据分析，吸烟火灾中，乱扔烟头所占比例最高（40%），其次是点燃的香烟掉落在可燃物上，再其次是乱扔未熄灭的火柴梗。

香烟的火源很小，又不发出火焰，但表面温度却很高，据测算，一只点燃的香烟，其烟蒂的表面温度达 $300 \sim 450℃$，中心温度达 $700 \sim 800℃$。如果随意乱扔烟蒂，一旦落到纸张、沙发等含有空气的可燃物中，这些物品具有非常好的蓄热条件，极容易被引燃，并处于长时间阴燃的状态，不易被人发现察觉，直至阴燃扩大引发明火，导致火灾发生。为了防止此类事故的发生，在检查中要特别引起注意。

（二）使用明火管理

《消防法》第18条和第20条，对在火灾、爆炸危险场所使用明火做出了明确而具体的规定。禁止在具有火灾、爆炸危险场所使用明火。

在这类场所，单位应当按照法定的要求，在这些部位设置明显的警示标志。如"严禁吸烟"、"严禁使用明火"、"严禁携带危险品进入公共场所"等，以警示并确定履行这些义务的关系人。

使用明火包括：

（1）焊接、切割、热处理、烘烤、熬炼等明火作业。

（2）炉灶及灼热的炉体、烟筒、电热器等生活用火。

（3）吸烟、明火复燃、明火照明等。

由于使用明火潜伏着极大的火灾危险性，因此，单位必须加强对使用明火的管理，建立严格的管理制度。因特殊情况，确需动用明火时，动火部门的消防安全责任人应当制定动火方案，在操作人员和安全防范措施"双落实"的前提下，申请办理动火手续，经单位消防安全责任人（或单位消防安全管理人）审批同意，并在确认现场无火灾、爆炸危险后，方可动火作业。公众聚集场所或两个以上单位共同使用的建筑物内，当一家需施工动火时，施工单位必须与其他使用单位共同采取措施，将施工区和使用区进行防火分隔，消除动火区域的易燃、可燃物，配置消防器材，专人监护，保证施工及使用范围的消防安全。商场、商店等营业场所和公共娱乐场所在营业期间禁止动火施工。

五、灭火和应急疏散演练

（一）初起火灾扑救的重要性

发生火灾，一般在使用水桶、灭火器等器具进行灭火扑救的同时，还应向"119"报警。火灾中，自己的生命、财产自己保护，这是扑救初起火灾的基本点。

扑救初起火灾是发生火灾时，为把火灾对人、对财产的危害降低到最低程度所采取的扑救、报警、逃生、疏散等一系列活动。

从调查发现，多数致人死亡的火灾事故，发现迟、报警晚以及没有及时引导、疏散，初起火灾扑救不成功，以至于小火酿大灾是造成火灾致人死亡的主要原因。从这一点来分析，为了从火灾中保护自己的生命和财产安全，火灾发生时，及时发现并组织初起火灾的扑救非常重要。

（二）初起火灾扑救的重点

火灾初期，烟淡火弱，扑救人员不易被烟、火所扰乱。过去之所以会发生的重特大恶性火灾事故，都是因为初起火灾扑救失利或者没有实施初起火灾的扑救，致使小火变成大灾，造成重大人员伤亡和经济损失。在实施灭火、组织引导受困人员逃生自救活动中，扑灭初起火灾可以说整个活动是非常重要。在进行扑救过程中为达到预期效果，灭火队员要把握灭火的有利时机，采取正确的方法，事先仔细体会琢磨灭火器、室内消火栓等灭火器材的使用方法。

1. 干粉、二氧化碳灭火器（手提式）使用方法

提取灭火器；拔下保险栓；握住喷嘴；用力压下压把（手柄）；对准燃烧物直接喷射。使用上应注意：

（1）不要被烟迷惑，尽可能靠近燃烧物 5m 左右处喷射。

（2）室外要站在上风方向。

（3）使用前先把灭火器颠倒数次，使筒内干粉松动。

（4）二氧化碳灭火器，按住压把，可反复喷射（点射）。

（5）事先要掌握可能喷射的时间。

2．报警、联络

为了把火灾灾害事故对人的侵害、对物的危害降低到最低程度，必须要及时、迅速组织实施高效的义务消防队的初起灭火和公安消防队的灭火救援活动。公安消防队即使是作为灭火救援的专业队伍，倘若在赶到火灾现场时，一旦火势已发展到猛烈燃烧阶段，要把它及时控制、扑灭，同样也是非常困难。如果发生这种情况，往往是因为"报警晚"所酿成的恶果。因此，发生火灾后，任何单位和个人都有义务立即向"119"报警，告之公安消防队，争取最佳灭火扑救时机。所以，为实施人命救助、扑救火灾，减少火灾的危害，早报警，是单位发现起火后应采取首要行动。

向"119"报警，任何单位和个人都应提供报警上的便利。同时，要迅速通知、通报、联络周围以及相关的单位和人员。

火灾发生时候，起火的场所或单位要立即组织人员，在公安消防队赶到火灾现场前，进行火灾初起扑救，防止火势蔓延，组织引导人员疏散到安全地带。

报警要点：

向"119"报警最优先。由于通讯工具的普及，报警十分便利。报警人在报告火警时，讲话要清楚，内容要全面，并要耐心回答受警人的提问。在通讯工具不便的情况下，应当以其他迅速、有效的方法报告火警。

报警人报警完毕后，应派人到路口接引消防车。

报警人在报警时应告知的内容：

（1）报警人的姓名、住址、工作单位、联系电话。

（2）是火灾还是要求救助。

（3）事故现场的地点、名称和准确地理位置。

（4）事故现场的基本情况；如什么时间，烧什么物质，火势大小、是否有人受困、有无贵重物品、周围有何明显标记、消防车从哪个地方驶入最方便等。

但是，在突然发现火灾的情况下，报警人报警时，往往由于紧张或者不能掌握报警的要求而不得要领，造成报警信息不全面，延误时间。

3．不同种类的电话，报警方法不同

使用电话进行报警，由于电话的种类不同，其电话报警的方法也不同，请注意结合本地、本单位的实际情况，明确最简便的报警方式。一般有以下四种情况：

"119"专用报警电话，一种直通公安消防指挥中心的报警专用电话。

设有总机的分机报警，往往在报警前加拨号码或者另有本单位的报警电话号码。

移动电话报警，不要加拨区号，直拨"119"即可。

普通住宅、公用电话报警，直拨"119"火警电话即可。

（三）安全疏散的组织与引导

在火灾发生的建筑物内，要与建筑物内的人员及时联系，最大限度地防止或者消除引起室内人员火场恐慌的各种可能。根据火灾的规模、位置以及火灾当时的状况决定安全疏散方法。在造成人员恐慌的情况下，通过配置的引导员，下达正确的引导指示，安全及时的把室内人员疏散出来。必须做到：

（1）有组织的疏散。使火场有组织、有秩序的进行疏散。

（2）通报情况，防止混乱。将疏散通道、安全场所和安全疏散设施等情况及时通知处于火场的人员，防止引起室内人员的混乱。

（3）正确实施引导。为人们指明各种疏散通道，并用镇定的语言呼喊，消除人们面临危险时所产生的恐惧情绪，使人们有条不紊的安全疏散。

（4）制止脱险者重返火场。避免产生新的威胁、造成新的混乱。

（5）寻找被困人员。及时清点疏散出来的人员，搜寻火场，以免遗漏。

六、常见灭火介质的灭火机理

（一）水

水在常温下具有较低的黏度、较高的热稳定性、较大的密度和较高的表面张力，是一种古老而又使用范围广泛的天然灭火剂，易于获取和储存。水主要依靠冷却和窒息作用进行灭火。

水的比热为 $4.186J/g \cdot ℃$、潜化热为 $2260J/g$。每千克水自常温加热至沸点并完全蒸发汽化，可以吸收 $2593.4kJ$ 的热量。因此，它利用自身吸收显热和潜热的能力发挥冷却灭火的作用，是其他灭火剂无法比拟的。

此外，水被汽化后形成的水蒸气为惰性气体，且体积将膨胀 1700 倍左右。在灭火时，由水汽化产生的水蒸气将占据燃烧区域的空间、稀释燃烧物周围的氧含量，阻碍新鲜空气进入燃烧区，使燃烧区内的氧浓度大大降低，从而达到窒息灭火的目的。

当水呈喷淋或喷雾状时，形成的水滴和雾滴的表面积将大大增加，增强了水与火之间的热交换作用，从而强化了其冷却和窒息灭火作用。另外，对一些易溶于水的可燃、易燃液体还可起稀释作用；采用强射流产生的水雾可使可燃、易燃液体产生乳化作用，使液体表面迅速冷却、可燃蒸气产生速度下降而达到灭火的目的。

（二）泡沫灭火剂

泡沫灭火剂是通过与水混溶、采用机械或化学反应的方法产生泡沫的灭火剂。一般由化学物质、水解蛋白或由表面活性剂和其他添加剂的水溶液组成。通常有化学泡沫灭火剂、机械烷基泡沫灭火剂、洗涤剂泡沫灭火剂。而泡沫则是通过专用设备与水按规定的比例混合、稀释后与空气或其他气体混合形成的有无数气泡的集聚状态。

化学泡沫是用碳酸氢钠和硫酸铝的水溶液在泡沫发生器内反应产生的，构成泡沫的气泡为二氧化碳。这种灭火剂通常用于灭火器中。机械烷基泡沫是由某些化学剂（主要有蛋白、氟蛋白泡沫液等）的水溶液用机械的方式产生的泡沫。洗涤剂泡沫是对含石油洗涤剂 $2\% \sim 3\%$ 的水溶液进行机械充气产生的一种低浓度泡沫。洗涤剂泡沫液比烷基泡沫液便宜，但稳定性差。

目前，在灭火系统中使用的泡沫主要是空气机械烷基泡沫。按发泡倍数可分为三种：发泡倍数在 20 倍以下的称低倍数泡沫；在 $21 \sim 200$ 倍之间的称为中倍数泡沫；在 $201 \sim 1000$ 倍之间的称为高倍数泡沫。

泡沫灭火剂灭火主要依靠冷却、窒息作用，即在着火的燃烧表面上形成一个连续的泡沫层，通过泡沫本身和所析出的混合液对燃料表面进行冷却，以及通过泡沫层的覆盖作用使燃料与氧气隔绝而灭火。此外，在灭火过程中，泡沫可使已被覆盖的燃料表面与尚未被泡沫覆盖的燃料的火焰隔离开来，既防止火焰与被覆盖的燃料表面直接接触，又可遮断火焰对此部分燃料表面的热辐射，有助于强化冷却和窒息作用。

（三）干粉灭火剂

干粉灭火剂是用于灭火的干燥、且易于流动的微细固体粉末，由具有灭火效能的无机盐和少量的添加剂经干燥、粉碎、混合而成。它是一种在消防中得到广泛应用的灭火剂，主要用于灭火器中。除扑救金属火灾的专用干粉化学灭火剂外，干粉灭火剂一般分 BC 干粉和 ABC 干粉两大类，如碳酸氢钠干粉、钾盐干粉、磷酸干粉和氢基干粉灭火剂等。

干粉灭火剂主要通过在加压气体作用下喷出的粉雾与火焰接触、混合时发生的物理、化学作用灭火。一是靠干粉中的无机盐的挥发性分解物，与燃烧过程中燃料所产生的自由基或活性基团发生化学抑制和负催化作用，使燃烧的链式反应中断而灭火；二是靠干粉的粉末落到可燃物表面上，发生化学反应，并在高温作用下形成一层玻璃状覆盖层，从而隔绝氧、进而窒息灭火。另外，还有部分稀释氧和冷却作用。

（四）二氧化碳

二氧化碳灭火剂也是一种具有百多年历史的天然灭火剂，且价格低廉，获取、制备容易，但灭火浓度较高，在灭火浓度下会使人员受到窒息毒害。早期主要用于灭火器中，其后逐步发展到固定灭火系统中。现在，国内二氧化碳灭火剂是在灭火器和灭火系统中使用量都较大的气体灭火剂。

二氧化碳灭火主要依靠窒息作用和部分冷却作用。

二氧化碳具有较高的密度，约为空气的 1.5 倍。在常压下，液态的二氧化碳会立即汽化。一般 1kg 的液态二氧化碳可产生约 $0.5m^3$ 的气体。因而，灭火时，二氧化气体可以排除空气而包围在燃烧物体的表面或分布于较密闭的空间中，降低可燃物周围或防护空间内的氧浓度，产生窒息作用而灭火。另外，二氧化碳从储存容器中喷出时，会由液体迅速汽化成气体，而从周围吸收部分热量，起到冷却的作用。

（五）卤代烷灭火剂

卤代烷灭火剂的发展已有近百年的历史。它是以卤素原子取代一些低级烷烃类化合物分子中的部分或全部氢原子后，所生成的具有一定灭火能力的化合物的总称。卤代烷灭火剂灭火效率高、时间短，主要不是靠冷却、稀释氧和隔绝空气来实现的。其灭火机理普遍认为是卤代烷接触高温表面或火焰时，分解产生的活性自由基，通过溴和氟等卤素氢化物的负化学催化作用和化学净化作用，大量捕捉、消耗燃烧链式反应中产生的自由基，破坏和抑制燃烧的链式反应，而迅速将火焰扑灭，是靠化学作用灭火。另外，还有部分稀释氧和冷却作用。由于近年来的研究表明卤代烷灭火剂有破坏大气臭氧层的作用，世界各国纷纷都在研究开发它的替代品。

七、消防设施和器材管理

（1）消防设备、器材不应挪作他用，应保持完好。

（2）固定、半固定消防设施的灭火能力应满足所保护装置的要求，发生器与比例混合器相协调。

（3）固定、半固定消防设施的管线应固定牢靠、畅通，附件齐全完好。消防泵应定期保养、试运。

（4）岗位值班人员和干部对消防器材和消防设备应做到懂原理、性能、用途，会使用、维护、检查。

（5）各种不同类型的消防器材应定期按标准、要求进行校验检查。

（6）灭火器的管理。

①日常管理。

a. 泡沫灭火器。

环境温度为 4 ~ 45℃，每次使用后应及时打开筒盖，将筒体和瓶胆清洗干净，并充装新的灭火药液。使用 2 年后，应进行水压试验，并在试验后标明试验日期。

b. 二氧化碳灭火器。

环境温度大于 55℃，不能接近火源，每年用称重法检查一次重量，泄漏量不大于充装量的 5%，否则，重新灌装。每 5 年进行一次水压试验，并标明试验日期。

c. 卤代烷灭火器。

环境温度为 -10 ~ 45℃ ，通风、干燥，远离火源和采暖设备，避免日光直接照射，每隔半年检查一次灭火器上的压力表，如压力表的指针指示在红色区域内，应立即补足灭火剂和氮气。每隔 5 年或再次充装灭火剂前应进行水压试验，并标明试验日期。

d. 干粉灭火器。

环境温度为 -10 ~ 55℃，通风、干燥，定期检查干粉是否结块和动力气体压力是否不足。经打开使用，不论是否用完，都必须进行再充装，充装时不得变换品种。动力气瓶充装二氧化碳气体前，应进行水压试验，并标明试验日期。

②灭火器的检查。

a. 灭火器种类、数量是否与所处场所相等。

b. 是否放置在易发现、易操作使用的地点。

八、工业动火安全管理

井下作业工业动火管理是一项非常重要的风险作业，具有专业性、技术性、风险性、协调性、经验性，要严格执行 SY/T5858《石油工业动火作业安全规程》。

1. 工业动火管理的范围

在油气装置及相连接的工艺上和区域内使用多种焊接切割作业；使用喷灯、火炉等明火作业；打磨、喷砂等可能产生火花的作业。

2. 工业动火级别的管理

根据油气生产装置的规模及生产状态，将工业动火分为几级，根据级别来确定危险区域、危险程度、影响范围和审批权限。动火作业施工前，由施工单位负责办理并填写《工业动火申请报告单》，按动火级别和审批权限上报审批，批准后方可实施动火。

3. 动火施工的安全责任

动火施工过程危险程度大，参加动火的人员多，设备多，在整个过程中各个部门，人员应各负其责，使整个动火施工安全顺利进行。

(1) 严格限制动火，凡能拆下设备、管线应拆下来移到安全地带动火。

(2) 节假日、夜间非生产必须一律禁止动火。

(3) 一份工业动火报告申请只限一处一次使用。

(4) 进入有限空间和高处动火必须符合安全要求，与正在生产的工艺管线应加盲板隔离。

(5) 动火现场 5m 内应达到无易燃物、无积水、无障碍物。

(6) 各种安全设施齐全完好，按安全措施要求配备足够的消防器材和设备。

(7) 遇有五级（含五级）以上大风不准动火，特殊情况可围隔作业。

(8) 严禁无《工业动火申请报告书》的动火、无监护人的动火、动火措施不落实的动火、与动火报告内容不符的动火。

4. 工业动火过程的几个原则

(1) 严格执行工业动火级别的原则。

(2) 安全措施必须到位的原则。

(3) 防护用品配备齐全的原则。

(4) 情况不清、安全措施不到位、危险程度大就不干的原则。

(5) 动火过程相互协调好的原则。

(6) 一套工艺流程中间无切断，不能两处或多处同时动火的原则。

第九章　事故案例分析

第一节　火灾爆炸事故

1. 事故案例

1999 年 8 月 15 日 14 时，某作业队起油管引起着火操作员丧生。

在抽油机井起油管作业时。班长张某将闸门打开放空，然后将土油池点着，大约烧了 20min，明火熄灭。接着便进行起油管作业，当起到第 37 根油管时，原油喷到土油池边上，被原火种引燃。尤某发现后让其他人扑救，自己跑到井口想让油不要喷向土油池，但因井喷得很猛，无法控制，井场连成一片火海。尤某急忙上作业机，将作业机开出 5～6m。因没有切开滚筒离合器，把井架拉倒，砸在机车的操作室上，井架连接处断裂。尤又将作业机向东南开了近 15m，下车扑作业机引擎盖保温被上的火。因尤全身都是油，立即被烧着，受重伤。因抢救无效死亡，经济损失 4.5 万元。

2. 原因分析

(1) 违章操作，没有执行安全规章制度及井场 50m 以内严禁动火的规定。

(2) 小队主要领导平时对安全工作教育不够，缺乏深入、细致的检查，工作只停留在表面上。

(3) 班里员工相互监督不利，发现后没有及时制止，听之任之。

(4) 现场第一责任人没有按照遇有突发事件的反映程序来指挥，处理措施不当，延误了最佳的抢救时机并使事故没有得到及时的制止。

3. 预防措施

(1) 对班组员工加强安全教育，树立"安全第一"的思想，严格执行安全操作规程。

(2) 定期对岗位员工进行安全消防演练，增强处理突发事件的能力。

(3) 加强现场检查和抽查，发现问题及时解决，并对当事人进行安全教育和严厉的处罚。

第二节　高空坠落事故

一、驴头坠落，伤人致死

1. 事故案例

2000 年 1 月 3 日零点 40 分，某修井队在执行普修任务。解卡打捞作业中，发现存在井喷预兆，提管柱过程中，瞬间遇卡又解卡，致使管柱上窜，造成游动滑车摆动，撞击驴头，将驴头撞落，下落的驴头将井口工砸伤，送医院抢救无效于 2000 年 1 月 3 日 3 点 30 分死亡。经济损失 10 万元。

2. 原因分析

(1) 客观原因。

由于井下液面上返，预测有井喷可能，进行压井，取油管挂坐井口，上提管柱遇卡，遇卡后突然解卡，管柱上跳带动大钩将驴头撞落。

（2）主观原因。

①作业施工前与采油厂交接井，存在交接不细的环节，尤其是对驴头固定部件的检查交接不到位。

②该队副队长在施工中已经感觉到有井喷可能，但没有在井口亲自指挥，对该班安全生产没有提出具体要求，对作业环境不认真分析，检查不力，致使在驴头固定、平台梯子和围栏等方面存在安全隐患。

③井下作业开工许可制度执行不严格，存在不符合安全要求的隐患，未加以整改就擅自开工作业。

④该队书记在现场值班，对该班安全生产监督不力。

⑤各生产班组交接班时，对施工现场没有风险预测和整改存在隐患的措施。

二、弯头高空落下，砸死职工1人

1. 事故案例

某修井队是一支专业队伍，具有井下大修作业乙级资质。2005年2月开始进行试油施工。3月13日17时，进行冲砂作业。司钻唐某检查活动弯头的和尚头，发现用手扳动困难，而用36in管钳则可转动。于是司钻唐某、井架工张某用油壬连接活动弯头和油管，并用大头敲击，确认已上紧扣。17时09分，司钻唐某负责操作刹把并上提油管，井架工胡某在二层台操作，试油工梁某、张某、廖某在井口负责接73mm油管。用管钳上扣4~5圈时，听见现场的技术员李某大喊："糟了！"即见2in高压软管和活动弯头从距离钻台面12.4m的高空掉下，击中站在井口左侧靠司钻方向的张某头部。发现人员受伤后，在场的梁某和廖某立即喊人。代队长黄某立即电话通知120急救及队上值班车立即返队，派人到附近公路上去拦过往车辆。17时30分，在120急救车未到井场时，即用队值班车将张某送至距离井场最近的贵州省赤水市人民医院抢救。17时50分，抢救无效死亡。

2. 事故原因分析

（1）直接原因。

活动弯头的和尚头转动不灵活，造成活动弯头的和尚头转动阻力较大。因油管上下部均为正扣连接，当在油管的下部进行对扣上扣作业时，致使在活动弯头油壬连接处产生倒扣，造成活动弯头被倒脱扣，并随2in高压软管从距离钻台面12.4m的高空掉下。

（2）间接原因。

采取活动弯头及2in高压软管直接与油管柱连接进行冲砂洗井时，其2in高压软管上、下端未拴保险绳，不能防止活动弯头倒脱扣后随2in高压软管的下落。

（3）管理原因。

①采取活动弯头、高压软管与油管柱连接进行冲砂洗井时，未制定和采取相应的预防措施。对油管上下部均为正扣，当油管下部对扣上扣时，油管上部易倒扣脱落的潜在危害认识不足，且未采取相应的预防措施。

②发现压裂车的活动弯头的和尚头转动不灵活这一事故隐患，未能有效整改或纠正，使用存在事故隐患的活动弯头与油管、2in高压软管连接。

③现场安全管理不到位。未进行现场安全技术交底，未按期进行安全检查，对重点井、特殊工艺井的关键施工环节组织不力、措施不明、管理不严。

④对于大斜度井的试油作业，没有派驻现场安全监督，使现场的违章指挥和违章操作不能得到有效制止。

三、违章作业，坠落身亡

1．事故案例

2001 年 10 月 14 日，某采油厂作业队白班在 ×× 井刺油管和泵。10 时 30 分，该队副队长叫锅炉车司机一同去另外一口井。此井隶属采油四矿中八队，不属于当日的工作计划，当时该队的两名采油工也在井上。11 时 35 分左右，副队长站在抽油机上刺洗驴头，不慎坠落，送油田总医院，抢救无效，当日 13 时 10 分死亡。

2．原因分析

（1）在抽油机支架上刺驴头，属高处作业，应佩戴安全带或采取其他保护措施。由于死者安全意识淡薄，违章作业，致其从高处坠落。

（2）计量间井长、采油工安全意识淡薄、责任心不强，配合不得力。特别是井长按死者的要求调换驴头位置、拉紧刹车后就离开了，监护不到位。

（3）锅炉车司机没有遵守作业大队安全生产管理措施，不严格执行路单制度，没按路单行使。

（4）该队队长对安全工作重视不够，违章指挥。在工作中，执行规章制度不严。在没有落实具体的安全措施情况下，私自派锅炉车到另一口井干活。

四、起管遇卡，大绳断裂砸死操作工

1．事故案例

2000 年 3 月 3 日 6 时 30 分，某修井队在某井起磨铣管柱施工，起出方钻杆和第一根立柱后，在第二柱中间管接头刚出平台时，管柱遇卡，大绳断裂，游动大钩将二层平台的一半砸落，将正在二层平台操作的作业工带下摔伤，送医院抢救无效于 2000 年 3 月 3 日 7 时 40 分死亡。

2．原因分析

（1）直接原因。

管柱遇卡，大绳断裂。

（2）间接原因。

①施工设计不完善，对异常复杂的地下情况的风险预测及风险削减考虑不全。

②施工前对游动系统检查不细。

五、大钩落下，砸人死亡

1．事故案例

某井是在 19 日 16 ～ 24 时班开始安装冲砂的，在安装以前没有对大钩进行过检查。该大钩自 1987 年出厂使用后一直没有进行过保养与检查，大钩销子损坏和公母扣接不上，使用人根本不了解。由于大钩笨重，搬运是用拖拉机拉，加上承压弹子盘与外套间隙大，而

使砂子进去影响弹子的灵活。在安装水龙头时，队长刘某布置将活接头靠油管接，死弯头靠外面，结果工长赵某把活接头安反，由于安装不对，在上油管时要用人抬上水龙带转，同时水龙头和吊环相砸，由于螺纹已松与水龙带和吊环相砸，促使了事故发生。

16～24时班在正常冲砂，发生钢丝绳打扭，分析其原因是，承压弹子盘有卡现象，大钩不转。0～8时班接班后，上一班将这种情况交给下一班，因而本班就注意打扭现象，但一直没有发现，仅发现一次油管丝扣上不上，分析其原因是大钩放的太少，上下顶紧后放大钩才上好了。油管刚上完，刘某发现大钩掉下来，便说跑，当时张某、丁某分别向两边跑，而罗某、姚某向前跑，由于速度快，人没跑到，就被打在头部致命。

2．原因分析

(1) 没有按规程向工人进行教育，据了解，所有在场的同志都不知道大钩的装置和弹子盘，工人也就没有检查、保养，由于工人不懂得其构造，即使检查也难以发现问题。

(2) 设备本身存在问题，大钩公母扣共计24扣，从事故现场来看，母扣就有14扣没有和公扣结合。另外，固定销已断，从事故后检查来看，销子断的时间很长，同时销子也不合乎要求。

(3) 弹子盘有问题，看是设备问题，实际是人的问题，从1987年至现在没有打过黄油，加上对大钩保管不好，承压弹子盘和外套磨损，间隙处进沙子。

(4) 工长赵某工作责任心不强，有失职现象。

六、油管下落，砸死作业工

1．事故案例

某队搬家到某井，进行清蜡检泵，5时开始工作先将光杆拔出，即起油管，因蜡卡严重起不动，即开始起油管和油杆倒扣，7时陆某接班后继续进行直至11时50分起出油杆87根，油管87根把螺纹起开将油管向栈桥上拉，在提的过程中由于起油管时吊卡月牙随同一方向旋转（因无保险锁）而自动开口，下落时正打准陆的头部，铝盔打凹，当场晕倒鼻孔出少量血，立即送往医院经急救无效，于9月2日17时死亡。

2．原因分析

(1) 吊卡月牙保险柄失效（无弹簧柄），使吊卡月牙在卸油管螺纹的同时随油管同一方向旋转而自动开口，油管脱离吊卡掉下。

(2) 工长梁某有严重的失职行为。吊卡销子在8月31日就已坏，梁当时知道，9月1日下午将吊卡销柄拿回后放在自己办公室内就再未管，直至1日晚上才将销柄给区队安全员了事，对安全不重视。

(3) 区队安全员工作拖拉，缺乏对职工生命和国家财产安全的责任感。吊卡销柄坏了，刘在8月31日检查工作时既已发现，9月1日又将销柄拿去放在办公室桌上不管，直至事故发生。

(4) 区队领导存在着严重的官僚主义和重生产轻安全的思想。

第三节　机械伤害事故

一、操作不当，车轧人亡

1．事故案例

4月24日14时左右，4号联合作业机开往特车大队喷漆，由于当时喷漆的车辆较多，喷漆用的胶皮管子短，将右面喷完以后需绕道倒车，才能使左边靠近喷漆地点，作业机由熊某驾驶，张某指挥转动方向，使左边靠近喷漆地点。当作业机挂挡倒车时，张发现左后千斤履带翻起的土冲脱挂钩，张未叫司机停车，就蹲卧在履带板下接挂千斤。当时司机不知道履带下面有人，即挂挡往后倒车将张的腿上部压住，熊某听见履带下面有人的喊声后立即刹车，探头往下看，由于当时惊慌，脚一松刹车未踩住，车又往后溜了约10cm，把张的胸部也压伤；15时8分急送职工医院。经抢救无效于17时30分死亡。

2．原因分析

张在下面担任指挥，未叫司机停车即蹲卧在履带板下面去挂千斤是造成事故的主要原因，而司机熊倒车时未主动和张联系即往后倒车；同时听见喊声后一时心慌脚刹车未踩住，致使作业机向后倒10cm，从而增加了事故的严重性。

领导对安全工作教育不够，缺乏深入、细致的检查；千斤挂钩保险片失灵，但过去一直未发现，未能及时检查解决。

二、猫头挂人，导致死亡

1．事故案例

夏某班在6月1日上8～16时班，接班后班长进行了班前讲话和分工，本班4人分工是：孙某拉油管，季某操作通井机，夏某和吕某井口操作，但实际工作中，季某让吕某操作车子，他和夏某在井口。12时50分，大班司机李某到现场，准备保养车子(一保)，这时，其他同志进行打油准备工作。李某和季某2人保养车，13时20分左右，车子保养好后，季某吃了中午饭，14时左右又开始起油管。大班司机李某看季某累了，李就由通井机右面上车替换季操作，季同意后李就接过刹把，这时季随手拿了一块棉纱擦了驾驶室里的油桶后，将手中的棉纱放在油桶底下。这时李将季起上来的一根油管下放，开始下放时季还在驾驶室，事后李就未注意季的动向，接着又开始起油管，进行正常工作。李集中看井口，当李操作第一根油管快起出井口时，班长夏某看到拖拉机履带上有个人跳下来又上去时，急忙喊停车，车停后，发现季已摔在地上，左臂已被挂在猫头上摔断，头部严重碰伤，当即送往医院进行抢救无效，于6月3日22时30分季某死亡。

2．原因分析

(1) 季某身为司机，对安全生产从思想上重视不够，在车子运转部分搞工作，并未与任何人联系，违章检查设备，被猫头挂住了左胳膊。

(2) 人员组织混乱。李在往下放油管时，季将擦过油桶的棉纱放入油桶底下，但由于操作人员缺乏警惕，互相联系不够，未了解季的动向，当油管放下后，紧接着推上离合器在170r/min的猫头上将人挂住无人知道，在油管起至高达7m左右，才发现季挂进猫头。

（3）小队平时对安全教育抓得不紧。该队事故较多，安全意识淡薄，但该队并没有因此而吸取教训，致使 6 月 1 日又发生恶性伤亡事故。

（4）大队对安全生产抓得不紧，重视不够，没有把安全生产提到一定高度，一般的抓得多，具体地抓得少，一年来人身事故较多，没有采取有效措施，只在电话会上讲一下，直至本次事故发生后，才召开了会议，全面发动了群众，找根源，查隐患，修改有关安全生产的制度。

三、违章上架扶油管，滚筒绞死修井工

1. 事故案例

某井要下封隔器进行分采，决定先下通井规进行通井。该井在落实砂面以后，于 9 时开始起油管，当时由于井口不正，游动滑车摆动，油管扣不好卸，班长徐某叫程某上井架扶油管，程某走在大架子腿跟前，准备要上架子的时候，副班长兼安全员王某说："油矿规定不要上架子扶油管，你不要上去。"程某没有上架子去。后来徐某又叫昌某上去扶油管，昌某穿好保险带上架子，司机何某发现昌上架子，主动将滚筒刹住，停止转动，等昌某上了架子站稳后，才开始工作。就这样，上午起完了井内 79 根油管。

上午昌某上架子扶油管，三小队副队长唐某、技术员宋某在场工作，但没有及时制止。油管起完后，接上通井规又下了 2 根油管才吃饭，吃完饭后 12 时 10 分又开始下油管，王某、程某、蒋某开始在井口工作，下了 5 根油管，因油管短，游动滑车摆动，扣不好上，徐某对蒋某说："上去扶一下，好上扣。"蒋说："不要扶了，难下就难下，这么多人，轮流着下。"说罢，徐某将他的铝盔扣在蒋某的头上，去穿保险带准备上架子。拉油管的王某发现徐某穿保险带要上架子扶油管，喊了 5 次叫徐不要上去扶。但徐说："搬不动，扶着快。"就这样，徐某不听劝阻，上了架子扶油管。下了 70 根油管，井深 503m 处通井规遇阻，在架子上的徐某从架子上下来，要研究处理。当他从架子上往下下的时候，司机何某在通井规遇阻后，随即上提下放，结果油管下去了，当徐某下到车子支架和大架子连接部位时，发现油管下去了，他说："人也下来了，油管也下去了。"此时，蒋某叫再活动一下看情况，程某指挥招手，司机何某用高速 3 挡加大油门，上下顺利活动一次，徐某坐在支架和大架子连接的销子部位，右手抓着架子拉筋，左手拿着保险绳，眼看着井口活动油管。当油管活动顺利无问题，吊卡座在井口法兰盘上时，他站起来，转身要下来，当他经过滚筒护罩，两手抓着驾驶室顶棚的时候，保险带绳掉下去了，就在这个时候，蒋某又指挥司机活动油管，当游动滑车上起 3m 的时候，保险绳的环子挂在立放大架子的钢丝绳绳卡螺上，将徐某拉下来。司机何某听有响声，发现有人影倒下，立即刹车，出来一看，徐某被滚筒绞住，当时在场的人及时处理送医院抢救，因伤势严重经抢救无效，于 15 时 15 分死亡。

2. 原因分析

（1）小队干部发现工人上架子扶油管违反油矿规定，但没有及时制止，要求不严，组织不力，上午扶油管没有出问题，但没有严肃制止违章作业，而造成了下午下油管继续违章作业，上架子扶油管。

（2）班长徐某违反大队不许上架子扶油管的规定。不听安全员劝阻，当井下遇阻发生问题后，他从架子上下来，没有一直下到地面，而是坐在不安全部位，是造成事故的主要原因。

（3）徐某违章作业上架子扶油管，井下通井规遇阻，他从架子上下来要研究处理的时候，井口操作人员蒋某目无高空作业人员而擅自二次指挥司机活动油管，就在徐某转身要下来的时候，他又指挥活动，而造成滚筒绞住保险绳将徐拉倒绞住，是造成事故的重要原因。

（4）问题发生后，司机何某在处理时操作不当，猛松刹车造成滚筒倒转 3 圈，加速了徐某的死亡。

第四节　物体打击事故

一、粗心大意，殃及无辜

1. 事故案例

2002 年 5 月 4 日 3 时 50 分某作业队队长张某上完 3 日 16～24 时班，交班时对 4 日 0～8 时班班长周说'"我们班下油管 27 个单根，你们的任务是继续把油管下完，水龙带接好，联系水冲鱼顶，等我明天上井再造扣打捞。"班长周某分工江某和他本人在井口操作，王上车操作，陈拉油管，殷打背钳，帮助拉油管。并对陈说："拉油管时身子向后倾斜，不要把油管拖在地上，这样会把油管扣弄脏。他们下第 54 根油管时，陈手里拉油管的绳子滑脱，人坐在地上，他又爬起来忙用手抬油管，未抬起，闪了一下趴在地上，司机发现后立即停车，这时班长责成殷去替换陈，陈坚决不肯，殷回井口。继续下油管至 133 根，都很顺利。但在上提第 134 根油管时，由于周粗心大意，配合不好，司机操作过猛，致使油管接箍钻进套管头法兰下面，尾端翘起打伤陈上颚骨和右眼部，当场昏倒，造成眼球被打坏的重伤事故。

2. 原因分析

套管头法兰高出井场地平面 0.5m。队长在思想上也意识到这个问题，但他只是把地平面用木方向高处垫了垫，而没有采取措施防止此类事故重复发生，11 号车曾在 J15 井下油管时也发生过同样事故。

二、油管飞出，致人死亡

1. 事故案例

2002 年 8 月 15 日 9 时 30 分某作业队在一口井作业时，发现油层串通，因此决定测压。8 月 13 日测压平稳，进行起封隔器，正转油管 113 圈卸压，以后进行起油管。8 月 14 日 16～24 时班，发现油管有上顶现象，随着油管的不断起出，负荷的减少，油管上顶现象越来越严重。8 月 15 日 0～8 时班，技术员会同工人一道共同商定，给井口固定地滑车 1 个，井口油管扣吊卡 1 个，钢丝绳一端固定在游动滑车上，通过井口滑车，另一端固定在井口油管吊卡上；游动滑车徐徐下放，井口油管即徐徐上升，该班用此办法起出了油管 4 根，至此井内尚余油管 11 根。8～16 时接班后安全讲话，9 时 30 分左右继续起油管；当起出油管 4～5m 时，突然发现井口滑车脱掉，控制失效，在场的技术员立即喊叫"快跑"，井口操作的 3 人向井口前方跑去，而王某却向井口后方跑去，只听一声巨响，井内 120m 长的钻具全部从井筒飞出，王某虽已跑离井口 38m，但仍被飞出之油管击中右腿，造成大腿骨及盆骨骨折，10时10分即送至管理局医院，经急救无效，于11时44分死亡。

2．原因分析

（1）封隔器结构不完善，起封隔器前不能保证顺利卸压，主要问题是卸压方式不好，胶皮质量差，下井后时间一长胶皮便串层，即使地面操作无误，胶皮压力也不能卸掉。

（2）技术措施不力，1次下4个水力密闭式封隔器分层测压，在油矿是第1次，但在此次施工中，油矿工程技术干部却没有慎重进行研究，如果封隔器卸不了压怎么办？没有研究出强有力的措施和办法来。

（3）施工操作不当，工作马虎凑合。下封隔器时油管上扣不紧，正转卸压时，油管为上扣，虽然旋转了113圈，但力量没有完全作用到封隔器上，这也是不能卸压的一方面原因。后发现封隔器上顶，虽采取了一些措施，但是工作中麻痹大意，马虎凑合，地滑车绳扣应用卡子卡死，可是却给穿了1根4m长的管子。由于固定不牢靠，所以时间一长，管子滑脱，便失掉了控制，随即就发生了事故。

第五节　触电伤害事故

1．事故案例

2000年5月13日10时20分左右，某作业大队准备队在某采油井打桩施工。因当地村民不允许在草原打桩，致使打桩车在狭小的井场内与1万伏高压线距离过近，而打桩作业场地原为洼地，后垫沙土，较松，打桩车下沉下滑，打桩车游梁顶端与上方的1万伏高压线距离过近，造成放电，致使1人触电受伤，送医院抢救无效死亡。

2．原因分析

（1）环境不良是事故发生的主要原因。由于井场较小，村屯百姓不让在草原打桩，所以在靠近高压线附近打桩，另外，场地后垫泥土松软不实，致使打桩车受力后下沉下滑，导致事故发生。

（2）安全意识淡薄，施工前对现场环境勘察不够，没有发现场地松软不实，是事故发生的间接原因。

第六节　中　毒　事　故

一、CO中毒死3人

2005年3月30日，某试油队，在进行抽汲作业时，发生CO中毒事故，造成3人死亡。

1．事故案例

2005年3月29日，该井进行射孔、高能气体压裂施工，该井是一口注水井，完钻井深2229m，完钻层位长8m，甲方地质方案要求采用TY-102枪127弹射孔，并进行高能气体压裂，抽汲排液合格后完井。

射孔前，副班长王某主持召开班前会，会议记录内容：

（1）该井施工技术交底。

（2）该井位于庄62-22井附近，可能会有有毒气体产生，射孔时甚至会产生井涌或井喷，井口装有防喷器，发现异常立即关防喷器，若电缆未起出，紧急情况下可切断电缆，抢装井口。

（3）副队长兼技术员慕某和试井工张某24h时坐岗观察，准备好防毒面具，射孔时用检测仪进行监测做好记录。

（4）下高能气体压裂钻具开始时要慢，保持平稳。

16时30分，射孔结束，21时53分，高能气体压裂成功。23时，慕某叫试油工王某、马某、张某、郭某做抽汲准备。23时40分，发现井口有溢，按照作业规程要将井口溢流引入计量罐内。由于水龙带与计量罐之间的连接油壬丢失，慕某安排王某、左某在罐顶将导流水龙带从罐口引入罐内，马某在井口配合开关闸门。

第一次打开闸门后，水龙带摆动幅度大，关闭闸门，王某进入罐内用棕绳将水龙带绑在罐内直梯上，然后出罐。第二次打开闸门，水龙带仍然摆动，再次关闭闸门，王某又进入罐内，用铁丝加固水龙带时昏倒在罐内。

左某在罐上呼叫王某，没有回应，立即呼救，马某和慕某佩戴过滤式防硫化氢面具，先后进入罐内救人，相继晕倒在罐内。苗某立即拨打120，同时驻井质量监督张某向监督公司汇报，左某与其他两名试油工戴正压式空气呼吸器准备入罐救助。左某从后罐口进入罐内，用绳子绑住马某救出。为便于抢救，司钻王某用通井机拖倒大罐，使罐口接近地面，救出王某和慕某。3月30日凌晨1时20分将3人送往医院，经抢救无效死亡。经法医鉴定，3人均为一氧化碳中毒死亡。

2. 原因分析

（1）直接原因。

计量罐内含有井口溢流出的高浓度一氧化碳气体，造成进入计量罐内的王某、慕某、马某中毒死亡。

（2）间接原因。

①高能气体压裂后井筒内产生大量一氧化碳有毒气体。本次高能气体压裂施工所使用的主要原料是火箭推进剂，在组分上氧化剂组成相对较少，爆燃时碳组分不完全燃烧，以尽可能得到更多的一氧化碳气体，由于一氧化碳气体分子量相对较小而体积相对较大，从而会产生更大的爆燃压力，达到更好的压裂改造效果。在高能气体压裂后，大量的一氧化碳气体从井筒射孔段随井内液体返至井口，通过水龙带进入计量罐，导致计量罐含有高浓度一氧化碳气体。

②水龙带与计量罐之间的连接油壬丢失。

③在未对大罐进行气体检测的情况下，员工违章进罐作业。

④出现险情后，错误佩戴过滤式防硫化氢面具，盲目进入罐内救人，导致事故扩大。慕某与马某在救援时，违反防毒面具滤毒罐使用说明书中"要根据毒气来源选择相应的滤罐（盒）类型"，"不要在狭窄的或不通风的房间、蓄水池或容器内使用"，"如果工作环境中的情况不明确或不稳定时，要采用自给式呼吸器"的规定，错误的选用不能防一氧化碳，又不能在密闭有限空间使用的防毒面具（注：该防毒面具只防硫化氢），进入大罐救人，造成事故扩大。

（3）管理原因。

①没有对高能气体压裂工艺进行风险评估，没有制定相应的操作规程，而是沿用液体压裂工艺的操作规程组织施工。高能气体压裂作为一种应用时间较长的施工工艺，一直以来没有进行全面深入的 HSE 风险评估，管理人员和操作人员都不清楚这种施工工艺可能带来的气体中毒风险，以致地质设计没提供地层中有毒有害气体种类、含量，工程设计没有制定导流过程中有毒有害气体检测措施，现场人员没对井筒溢出流体出口、罐口及时检测。同时没有编制专门的防一氧化碳、硫化氢等有毒有害气体井下作业施工操作规程和高能气体压裂安全操作规程，使职工无章可循。

②设备管理不严，设备设施有缺陷，没有及时补配丢失的油壬。

该机组连接油壬在 2004 年 12 月时丢失，冬休时停工，此次作业是春节后第一次开工，开工前，井下技术作业处组织了开工前验收，没发现水龙带与计量罐没有连接油壬，但签发了开工令。

该施工作业违反了井下技术作业处关于"油井压裂后放喷时，水龙带必须用油壬与计量罐闸门连接"的规定，导致职工习惯违章用水龙带绑在大罐顶部罐口进行放喷。

③基层干部违章指挥。

副队长慕某违反井下技术作业处《安全管理须知》第 6 条"安全施工七不准"中"大罐未经检查、允许，不准进入大罐内施工"的规定，指挥王某进入罐内作业。而"大罐未经检查、允许，不准进入大罐内施工"的规定，在执行上流于形式，没有制定相关的操作程序，长期以来习惯性违章。

④对员工培训不到位。

在出现异常情况时，员工应急知识不掌握，不清楚如何正确选用安全防护用具。2005年年初，该试油队搬迁到庄 19 井区施工；项目一部未进行专项监督检查和培训指导，队里人员对一氧化碳气体的毒性认识不到位，防范措施掌握不够。2005 年 3 月 16 日，该队在上一口井施工前，进行了 3 天的防井喷、防气体中毒培训和演习，内容仅限于毒气类型、特性、危害机理及急救方法，没有对防毒面具和正压式空气呼吸器的使用条件和方法进行培训，造成职工救援时防护用具选择不当。

3．事故教训及预防措施

从事故原因分析鱼刺图来看，暴露出过程失控，管理缺位。

在人的操作行为方面表现为：习惯性违章突出，基层干部安全意识差违章指挥职工进罐，现场员工防范意识弱化，未按规程进罐作业，在发生人员中毒的异常情况下，应急处置能力不强，错误使用防护用具。

在设备的不安全状态方面表现为：现场设备管理不到位，设备设施附件不齐全，连接油壬丢失。

在物料方面表现为：对作业环境内的物料危害性认识不足，对高能气体压裂作业过程中可能产生的一氧化碳有毒气体的危害性认识不清。

在执行制度方面表现为：现行的规章制度在现场执行无力，工艺技术缺乏有效的操作规程和相关制度。

在环境方面表现为：作业环境与夜间、有限空间作业有关。

从这起事故反映出的管理层面问题，需要我们进一步分析研究，在今后的工作中加以改进：

（1）必须提高规章制度的现场执行力，严肃处理违章行为。

这起事故暴露出管理方面的缺陷之一就是行之有效的规章制度在现场执行不力，形同虚设，基层干部违章指挥，岗位员工违章操作。因此，要加大对违章的处罚力度，提高安全生产规章制度在现场的执行力，不断提高基层干部员工的安全意识和操作技能，杜绝违章指挥和违章操作。

（2）必须提高安全培训质量，突出抓好专业技能培训。

这起事故暴露出管理方面的缺陷之二是安全培训针对性不强、培训质量不高、培训效果不好。对"岗位员工应该掌握什么、达到什么程度"不清楚。因此，在加强通用性安全生产知识培训的基础上，要结合提高"三种意识"、增强"三种能力"的要求，加大针对性专业技能培训和应急处置能力培训，规范和强化岗位应知应会教育。

（3）必须加强设备设施完整性管理，提高本质安全性能。

这起事故暴露出的管理缺陷之三是设备管理方面存在重大缺陷。水龙带和计量罐之间连接油壬丢失，为事故发生埋下隐患。因此，必须加强对设备设施完整性的管理，加大隐患治理力度，及时消除设备设施存在的问题，提高设备设施的本质安全性能。

（4）必须定期对工艺技术进行评估，持续完善工艺操作规程。

这起事故暴露出管理缺陷之四就是没有对高能气体压裂等工艺技术进行认真的风险评估，对可能出现的危害认识不到位，没有编制相应的安全操作规程。因此，要对生产施工作业各环节重新审视，缺少操作规程的要进行制定，对现行的操作规程要重新评估，对存在缺陷的操作规程要及时修订完善。

（5）须加强动态风险管理，提高对有毒有害气体的应急处置能力。

这起事故暴露出的管理缺陷之五是风险管理不到位，对作业过程中出现的有毒有害气体分布和危害性认识不清，应急救援处置不正确。因此，在任何作业前都要全面、系统地进行危险危害识别，在作业中不断进行动态风险识别，制定和落实风险削减、控制和应急措施。同时要加强对员工进行有毒有害气体防护知识的培训，并经常演练，提高员工的风险识别意识和应急处置能力。

二、H_2S 中毒死 3 人

2005 年 10 月 12 日，某修井队在进行除垢作业前的配液过程中，发生重大硫化氢中毒事故，导致 3 人死亡，1 人受伤。

1. 事故案例

10 月 12 日下午，该队接到设计后，由技术员进行技术交底，副队长组织现场施工。按设计要求清理储液罐内井下返出物，将 40 袋除垢剂搬至罐顶平台上，副队长带领其他 3 名员工站在平台上向罐内倒除垢剂。19 时 50 分，当倒至第 24 袋（每袋 25kg）时，4 人突然晕倒，其中 3 人掉入罐内，1 人倒在平台上，现场人员发现后，立即将倒在平台上的人员抢救到安全地带。感觉有难闻气味，怀疑是有害气体中毒，未贸然入罐抢救，立即向分公司汇报，并向周边作业队求救。该修井分公司接到报告后，立即启动应急处置预案，20 时 20 分应急抢险人员到达事故现场，戴正压呼吸器将掉入罐内的 3 人救出，送往医院进行抢救。井下作业公司接到报告后，启动应急救援预案，公司经理带队赶赴现场和医院。油田集团公司接到报告后，总经理立即组织召开紧急会议，并派副总经理周某赶赴现场和医院，组织现场调查和伤员抢救。经医院抢救，倒在罐内 3 人抢救无效死亡，倒在罐顶平台上的 1 人经抢救很快脱离危捡。

2. 原因分析

（1）直接原因。

除垢剂的主要成分氨基磺酸与储液罐内残泥中的硫化亚铁发生化学反应，产生硫化氢气体，导致人员中毒死亡。

①硫化亚铁产生的原因。

经检测分析：一是该井含有大量硫酸根离子。地层水硫酸根离子 898mg/L，注入水硫酸根离子 2402mg/L；二是该井含有大量硫酸盐还原菌。在 77h 内，其繁殖量达到 25000 个 /mL，是 SY/T 5329—94 标准要求"不大于 1000 个 /mL"的 25 倍。硫酸根离子在大量硫酸盐还原菌的作用下，由正 6 价硫离子被还原成负 2 价硫离子，负 2 价硫离子与亚铁离子发生化学反应，产生硫化亚铁。硫化亚铁在洗井时返出地面，滞留在配液罐中，返出物中硫化亚铁含量高达 62.4%。

②硫酸盐还原菌产生的原因。

根据专家分析：一是该井洗井深度 1512m，井温 66℃，为硫酸盐还原菌的产生提供了适宜的温度条件；二是该井 2004 年 3 月 21 日到 2005 年 10 月 5 日未进行修井作业，油管与套管环形空间长期静止稳定，形成无氧环境，为硫酸盐还原菌的产生提供了适宜的生存条件。在适宜的温度和无氧环境下，产生大量硫酸盐还原菌。

（2）间接原因。

（1）配液罐底未清理干净。罐底存有洗井作业时的返出物，其中含有大量硫化亚铁。

（2）配液罐结构不合理。罐底内侧有三道凸起加强筋，且仅有一个排放口，不便于清理于净；罐顶工作面小，未安装防护格栅，致使四人晕倒后三人掉人罐内。

（3）现场人员对异常情况没有警觉。在配液过程中，现场作业人员对异常气味没有分析判断其来源及是否有害，没有立即停止作业，也没有采取任何防范措施。

（4）现场环境不利于有毒气体扩散。天气阴沉、空气潮湿、无风，硫化氢气体不易扩散，导致浓度急剧增高，人员在短时间内中毒晕倒。

（3）管理原因。

（1）风险识别不全面。尽管井下作业公司定期组织开展风险识别工作，但由于该工艺已经使用 10 年，每年作业 80 余井次，从未发生类似事故，因此，对成熟工艺没有引起足够的重视，没有识别出配液作业会产生硫化氢的风险。

（2）规章制度不落实。井下作业公司制定的《井场配置修井液质量控制办法》，《井下小修作业指导书》和《施工设计书》等明确规定配液作业前要将配液罐清理干净，但作业人员没有认真执行。

（3）培训教育不到位。员工对硫化氢的相关知识掌握不够，对配液过程中产生的异味，没有引起足够的警觉。

（4）基层干部带头违章。在配液罐没有彻底清理干净的情况下，副队长带领作业人员向罐内倒除垢剂；在罐顶平台工作面小，无防护栅的情况下，带领作业人员在罐顶作业。

（5）设备管理存在漏洞。该井配液时使用的是储液罐，井下作业公司对储液罐当配液使用没有规定，罐本身设计不合理的现象多年就一直存在，一直没有得到及时改进。

3．事故教训

（1）必须要严格按照规章制度办事。

规章制度是员工的行为规范和准则，是实现安全生产的管理基础，在任何情况下，都必须严格执行。

（2）必须提高设备设施本质安全性能。

由于罐底结构不合理，不便于清理残泥；工作面小，罐顶没有防护栅，人员昏倒时掉入罐内。因此必须提高设备设施的本质安全性能，才能有效避免事故的发生。

（3）必须定期对成熟生产工艺进行安全评估。

风险是随时间、条件等变化而产生的，风险识别不可能一劳永逸，即使是成熟工艺也要进行风险识别与评估。使用十几年的成熟工艺，却发生了重大事故，必须引起我们足够的重视。

（4）必须进一步提高基层员工的素质。

基层员工的素质和行为直接决定着现场的安全水平。抓基层安全工作，应该首先从提高基层员工的基本素质抓起。

4．预防措施

（1）进一步强化各级领导的安全责任制。

本着"谁主管、谁负责"、"谁受益、谁管理、谁负责"、"谁主办、谁负责"的原则，修订《安全生产责任制管理办法》，全面完善各级领导、部门、单位直至基层班组和岗位员工的安全生产责任，进一步明确了各级分管领导和非安全生产管理部门的安全工作职责，实行硬性考核，刚性兑现，全面促进安全生产责任制的有效落实。

（2）改进安全检查方式方法。

出台了《两级机关安全检查管理办法》，明确检查职责、检查方式、检查组织、检查内容、检查标准、问题整改、责任追究等内容。采取"领导参加、内行组团、穿戴劳保、事先不约、多用时间、多查隐患、整改闭环"的方式，加强突击抽查，每月不少于2次，每次不少于2个小时。凡检查后两周内，在同一现场发生事故的，要追究检查组织部门和检查人员的责任。

（3）全面实施安全述职制度。

油田集团公司和油田集团公司党委联合下发了《所有处级及以上领导干部必须进行安全、稳定、廉政述职的规定》，对处级及以上领导安全工作履职情况进行年度考核，督促各级领导落实安全生产责任。

（4）狠反"三违"行为。

出台《违章管理办法》，制定违章管理实施细则，推行月度违章查纠统计与汇报制度，实行违章检查与登记、分析与处理、上报与统计的动态管理，从源头上控制和减少违章现象。

（5）加大隐患治理力度。

公司全面开展事故隐患的排查和评估工作，确定重大事故隐患项目，对井下作业公司配液罐进行立项治理，彻底消除事故隐患。

（6）完善安全监督机制。

在10个二级单位成立安全监督站的基础上，公司成立了安全监督总站，列为处级单位管理，初步定员 18 人，其中设站长 1 人，副站长 1 人，处级巡视员 6 人，安全监督 10 人。实行局处两级监督。

（7）全面开展风险管理。

认真吸取"10.12"事故教训，组织各单位对所有生产作业现场、工艺流程、作业工序和岗位进行风险识别。对危险化学品生产、使用、储存及配比中可能产生的有毒有害物质（气体）进行全面的分析。进一步制定安全监控措施，完善各项操作规程和规章制度，有效堵塞管理漏洞。对于配液作业，制定有针对性的规章制度，具体明确岗位职责、工作程序、方式方法和应达到的效果，确保制度健全、责任落实到位。

（8）强化作业场所监控。

为强化对各个作业场所的有效监控，对所有作业场所都实行科级以上干部挂点联系。其中，A 级危险场所由油田集团公司 HSE 委员会委员挂点联系，B 级危险场所由所属单位HSE 委员会委员挂点联系，其他场所由科级干部挂点联系。

（9）强化作业过程控制。

制定出台《作业许可管理办法》，对除垢作业，打开油气层钻井、井下作业，进入有限空间作业等采取许可、检测、防护和监护措施，确保各种危险作业处于全过程监控状态。井下除垢作业前，对井筒水进行取样分析，若含有硫化亚铁成分禁止使用酸性液体除垢；在配制除垢剂作业前，进行除垢剂与井筒返出物反应检测实验，确认无有毒气体产生后，方可进行作业。

（10）加强应急管理。

油田集团公司成立了以总经理为组长的应急预案修订领导小组，全面修订、补充和完善井喷、火灾等 17 个专项应急救援预案以及所有 A、B 级危险场所的应急处置预案，定期组织开展演练，确保应急有效。

（11）加强全员安全培训。

改变以往的培训方式、方法，按照"谁主管、谁负责"的原则，由原来的质量安全环保部负责组织安全培训改成劳动工资部负责牵头组织培训，进一步强化管理，提高培训的实效性。同时，从领导层、管理层和岗位操作层三个层次制定具体培训实施计划，规范培训内容、学时及要求，全面提高各级人员的安全意识和技能。

（12）深入开展基层达标创优活动。

组织编写了主要队种的"三标"建设考核标准，制定实施了《基层 HSE 建设达标创优考核管理办法》，采取基层自我创建、二级单位检查指导、油田集团公司考核推动等方式，积极选树样板，促进基层现场管理上水平。

参 考 文 献

[1] 王新纯．修井施工工艺技术．北京：石油工业出版社，2006

[2] 白玉，王俊亮主编．井下作业实用数据手册．北京：石油工业出版社，2007

[3] 陈凤棉．压力容器安全技术．北京：化学工业出版社，2004

[4] 吴奇主编．井下作业工程师手册．北京：石油工业出版社，2002

[5] 徐厚生，赵双其．防火防爆．北京：化学工业出版社，2004

[6] 孙振纯，王守谦，徐明辉．井控设备．北京：石油工业出版社，1997

[7] 李悦，杨海宽．电器安全工程．北京：化学工业出版社，2004

[8] 王登文，周长江．油田生产安全技术．北京：中国石化出版社，2003

[9] 霍红．危险化学品储运与安全管理．北京：化学工业出版社，2004

参考文献